移动互联网开发技术丛书

从Java
到Android游戏编程开发

刘卫光 夏敏捷 著

清华大学出版社
北京

内 容 简 介

本书是一本面向广大编程爱好者的游戏设计类图书。本书从最基本的Java图形开发入手,对游戏的原理及其Java程序实现进行了详细介绍,包括动画的实现、音效的处理、鼠标和键盘事件的处理,最后在前面的基础上介绍使用Java开发Android手机游戏。本书最大的特色在于通过具体游戏案例讲解Java和Android游戏开发,书中涉及的游戏都是大家非常熟悉的,例如推箱子、连连看、网络中国象棋、五子棋、两人麻将、俄罗斯方块等。本书让读者对枯燥的语言学习充满乐趣,对于初中级的Java学习者而言是一个很好的参考资料。本书不仅列出了完整的游戏代码,而且对所有的源代码进行了详细的解释,做到了通俗易懂、图文并茂。

本书适用于游戏编程爱好者、程序设计人员和Java语言学习者。

本书封面贴有清华大学出版社防伪标签,无标签者不得销售。
版权所有,侵权必究。举报: 010-62782989, beiqinquan@tup.tsinghua.edu.cn。

图书在版编目(CIP)数据

从Java到Android游戏编程开发/刘卫光,夏敏捷著.—北京:清华大学出版社,2021.1
(移动互联网开发技术丛书)
ISBN 978-7-302-55787-6

Ⅰ. ①从… Ⅱ. ①刘… ②夏… Ⅲ. ①移动电话机-游戏程序-程序设计 ②JAVA语言-程序设计 Ⅳ. ①TP317.67 ②TP312.8

中国版本图书馆CIP数据核字(2020)第105276号

策划编辑:魏江江
责任编辑:王冰飞
封面设计:刘　键
责任校对:徐俊伟
责任印制:沈　露

出版发行:清华大学出版社
　　　　网　　址: http://www.tup.com.cn, http://www.wqbook.com
　　　　地　　址: 北京清华大学学研大厦A座　　　　邮　编: 100084
　　　　社 总 机: 010-62770175　　　　　　　　　　邮　购: 010-83470235
　　　　投稿与读者服务: 010-62776969, c-service@tup.tsinghua.edu.cn
　　　　质量反馈: 010-62772015, zhiliang@tup.tsinghua.edu.cn
　　　　课件下载: http://www.tup.com.cn, 010-83470236
印　刷　者: 北京富博印刷有限公司
装　订　者: 北京市密云县京文制本装订厂
经　　　销: 全国新华书店
开　　　本: 185mm×260mm　　　印　张: 27.75　　　字　数: 696千字
版　　　次: 2021年1月第1版　　　　　　　　　　　印　次: 2021年1月第1次印刷
印　　　数: 1~2000
定　　　价: 99.80元

产品编号: 083072-01

前 言
PREFACE

　　Java语言的出现迎合和满足了人们对应用程序跨平台运行的需求，已成为软件设计开发者应当掌握的一门基础语言，很多新的技术领域都使用Java语言。目前无论是高等院校的计算机专业还是IT培训学校，都将Java语言作为主要的教学内容之一，这对于培养学生的计算机应用能力具有重要的意义。掌握Java语言已经成为人们的共识。经过多年的发展，Java集动画、多媒体集成、人机交互、网络通信、数据处理等功能于一身，这也使得Java成为动画、网络游戏开发的平台。随着Android智能手机的普及和手机游戏开发的需求，本书增加了使用Java开发Android手机游戏的内容。

　　本书编者长期从事Java教学与应用开发，在长期的工作和学习中积累了丰富的经验，了解在学习编程的时候需要什么样的书才能提高Java开发能力，以最少的时间投入得到最快的实际应用。

　　本书游戏实例涵盖了益智、射击、棋牌、休闲、网络等游戏类型。

　　本书内容丰富、全面，其中的通用代码可直接应用于一般的游戏。每个游戏实例均提供了详细的设计思路、关键技术分析以及具体的实现步骤。每个游戏实例都是活的、实用的Java编程实例。

　　本书是步入Java动画和游戏设计行列的敲门砖，为读者以后进行手机Android游戏开发打下坚实的基础。

　　需要说明的是学习编程是一个实践的过程，而不仅仅是看书、看资料的过程，亲自动手编写、调试程序才是至关重要的。通过实际的编程以及积极的思考，读者可以很快地掌握很多编程技术，而且在编程中会积累许多宝贵的编程经验。在当前的软件开发环境下，这种编程经验对开发者而言尤其显得不可或缺。

　　本书提供教学课件、程序源码，扫描封底的"课件下载"二维码，在公众号"书圈"可以下载教学课件，扫描每章章首的二维码可以下载本章的程序源码。

　　本书由刘卫光和夏敏捷（中原工学院）主持编写，单芳芳编写第1、2章，宋宝卫（郑州轻工业大学）编写第3～19章，张锦歌（河南工业大学）编写第20章，其余章节由夏敏捷和刘卫光编写。在本书的编写过程中，为确保内容的正确性，作者参阅了很多资料，并且得到了资深 Java 和 Android 程序员的支持，孔梦荣、李志民（中原工学院信息商务学院）参与了本书的校对工作，在此谨向他们表示衷心的感谢。

由于编者水平有限，书中难免有错，敬请广大读者批评指正。

刘卫光　夏敏捷
2020 年 8 月

目　录

CONTENTS

第一部分　Java

第1章　计算机游戏开发的Java基础 ········· 3
- 1.1　计算机游戏的发展历史 ········· 3
- 1.2　计算机游戏的类型 ········· 5
  - 1.2.1　RPG游戏 ········· 5
  - 1.2.2　SLG游戏 ········· 6
  - 1.2.3　AVG游戏 ········· 6
  - 1.2.4　PUZ游戏 ········· 7
  - 1.2.5　STG游戏 ········· 8
  - 1.2.6　ACT游戏 ········· 8
  - 1.2.7　RAC游戏 ········· 9
- 1.3　计算机游戏的策划和开发工具 ········· 9
  - 1.3.1　游戏的策划 ········· 9
  - 1.3.2　游戏设计的基本内容 ········· 10
  - 1.3.3　游戏的开发工具 ········· 11
- 1.4　开发游戏的Java技术 ········· 12
  - 1.4.1　标识符 ········· 12
  - 1.4.2　基本类型 ········· 13
  - 1.4.3　运算符和表达式 ········· 14
  - 1.4.4　类型转换 ········· 16
  - 1.4.5　打印语句 ········· 16
  - 1.4.6　逻辑控制语句 ········· 17
- 1.5　Java语言的类和对象 ········· 20
  - 1.5.1　对象 ········· 20
  - 1.5.2　成员方法和类的特点 ········· 23
  - 1.5.3　包 ········· 26
  - 1.5.4　Java访问权限修饰符 ········· 27
  - 1.5.5　Java语言注释 ········· 28

1.6 Java 数组和 Vector 容器的应用 ·· 29
　　1.6.1　Java 数组 ·· 29
　　1.6.2　Vector 容器 ·· 30
1.7 文件操作 ·· 32
　　1.7.1　字节流 ·· 32
　　1.7.2　字符流 ·· 34

第 2 章　游戏图形界面开发基础 ·· 36

2.1 AWT 简介 ·· 36
2.2 Swing 基础 ·· 37
2.3 Swing 组件 ·· 37
　　2.3.1　JButton ·· 37
　　2.3.2　JRadioButton ·· 38
　　2.3.3　JCheckBox ·· 39
　　2.3.4　JComboBox ·· 40
　　2.3.5　JList ·· 41
　　2.3.6　JTextField 和 JPasswordField ·· 42
　　2.3.7　JPanel ·· 43
　　2.3.8　JTable ·· 44
　　2.3.9　JFrame ·· 45
2.4 布局管理器 ·· 45
　　2.4.1　布局管理器概述 ·· 46
　　2.4.2　流布局管理器 ·· 46
　　2.4.3　边界布局管理器 ·· 46
　　2.4.4　卡片布局管理器 ·· 47
　　2.4.5　网格布局管理器 ·· 47
　　2.4.6　null 布局管理器 ·· 48
2.5 常用事件处理 ·· 48
　　2.5.1　动作事件处理 ·· 48
　　2.5.2　鼠标事件处理 ·· 50
　　2.5.3　键盘事件处理 ·· 52

第 3 章　Java 图形处理和 Java 2D ·· 54

3.1 Java 图形坐标系统和图形上下文 ·· 54
3.2 Color 类 ·· 55
3.3 Font 类和 FontMetrics 类 ·· 56
　　3.3.1　Font 类 ·· 56
　　3.3.2　FontMetrics 类 ·· 57
3.4 常用的绘图方法 ·· 58

	3.4.1	绘制直线	58
	3.4.2	绘制矩形	58
	3.4.3	绘制椭圆	59
	3.4.4	绘制弧形	61
	3.4.5	绘制多边形和折线段	61
	3.4.6	清除绘制的图形	63

3.5 Java 2D 简介 ······ 63
    3.5.1 Java 2D API ······ 63
    3.5.2 Graphics2D 简介 ······ 63
    3.5.3 Graphics2D 的图形绘制 ······ 65
    3.5.4 Graphics2D 的属性设置 ······ 66
    3.5.5 路径类 ······ 70
    3.5.6 平移、缩放和旋转图形 ······ 73

第 4 章 Java 游戏程序的基本框架 ······ 74

4.1 动画的类型及帧频 ······ 74
    4.1.1 动画的类型 ······ 74
    4.1.2 设置合理的帧频 ······ 75

4.2 游戏动画的制作 ······ 75
    4.2.1 绘制动画以及设置动画循环 ······ 75
    4.2.2 消除屏幕闪烁现象——双缓冲技术 ······ 78

4.3 使用定时器 ······ 81
4.4 设置游戏难度 ······ 83
4.5 游戏与玩家的交互 ······ 83
4.6 游戏中的碰撞检测 ······ 84
    4.6.1 矩形碰撞 ······ 85
    4.6.2 圆形碰撞 ······ 87
    4.6.3 像素碰撞 ······ 87

4.7 游戏中的图像绘制 ······ 88
    4.7.1 图像文件的装载 ······ 88
    4.7.2 图像文件的显示 ······ 89
    4.7.3 绘制卷轴型图像 ······ 93
    4.7.4 绘制砖块型图像 ······ 93

4.8 游戏角色开发 ······ 95
4.9 游戏声音效果的设定 ······ 98

第 5 章 推箱子游戏 ······ 101

5.1 推箱子游戏介绍 ······ 101
5.2 程序设计的思路 ······ 102

5.3 程序设计的步骤 ··· 104
  5.3.1 设计地图数据类 ·· 104
  5.3.2 设计地图类 ··· 105
  5.3.3 设计游戏面板类 ·· 106
  5.3.4 设计播放背景音乐类 ·· 114

第 6 章 飞机射击游戏 ··· 116
6.1 飞机射击游戏介绍 ··· 116
6.2 程序设计的思路 ··· 117
  6.2.1 游戏素材 ··· 117
  6.2.2 地图滚动的实现 ·· 117
  6.2.3 飞机和子弹的实现 ·· 118
  6.2.4 主角飞机的子弹与敌机的碰撞检测 ··· 119
6.3 关键技术 ··· 120
  6.3.1 多线程 ··· 120
  6.3.2 Java 的 Thread 类和 Runnable 接口 ··· 121
6.4 程序设计的步骤 ··· 125
  6.4.1 设计子弹类 ··· 125
  6.4.2 设计敌机类 ··· 126
  6.4.3 设计游戏界面类 ·· 127
  6.4.4 设计游戏窗口类 ·· 133

第 7 章 21 点扑克牌游戏 ··· 134
7.1 21 点扑克牌游戏介绍 ·· 134
7.2 关键技术 ··· 135
  7.2.1 扑克牌面的绘制 ·· 135
  7.2.2 识别牌的点数 ·· 135
  7.2.3 庄家要牌的智能实现 ·· 136
  7.2.4 游戏规则的算法实现 ·· 136
7.3 程序设计的步骤 ··· 137
  7.3.1 设计扑克牌类 ·· 137
  7.3.2 设计一副牌类 ·· 138
  7.3.3 设计游戏面板类 ·· 139
  7.3.4 设计游戏主窗口类 ·· 142

第 8 章 连连看游戏 ··· 145
8.1 连连看游戏介绍 ··· 145
8.2 程序设计的思路 ··· 146
  8.2.1 连连看游戏的数据模型 ·· 146

		8.2.2 动物方块的布局	146
		8.2.3 连通算法	147
		8.2.4 智能查找功能的实现	154
	8.3	关键技术	157
		8.3.1 动物方块图案的显示	157
		8.3.2 鼠标相关事件	158
		8.3.3 延时功能	163
	8.4	程序设计的步骤	164
		8.4.1 设计游戏窗口类	164
		8.4.2 设计游戏面板类	165

第 9 章 人物拼图游戏 ... 171

9.1	人物拼图游戏介绍	171
9.2	程序设计的思路	172
9.3	关键技术	172
	9.3.1 按钮显示图片的实现	172
	9.3.2 图片按钮移动的实现	173
	9.3.3 从 BufferedImage 转化成 ImageIcon	173
9.4	程序设计的步骤	173
	9.4.1 设计单元图片类	174
	9.4.2 创建枚举类型	175
	9.4.3 设计游戏面板类	175
	9.4.4 设计主窗口类	179

第 10 章 按钮版对对碰游戏 ... 181

10.1	按钮版对对碰游戏介绍	181
10.2	程序设计的思路	182
	10.2.1 游戏素材	182
	10.2.2 设计思路	183
10.3	关键技术	183
	10.3.1 动态生成 8×8 的按钮	183
	10.3.2 JProgressBar 组件	184
	10.3.3 实现定时器功能	185
10.4	程序设计的步骤	185
	10.4.1 设计游戏窗口类	185
	10.4.2 设计内部定时器类	193

第 11 章 华容道游戏 ... 194

| 11.1 | 华容道游戏介绍 | 194 |

11.2 程序设计的思路 195
   11.2.1 数据结构 195
   11.2.2 游戏逻辑 195
11.3 程序设计的步骤 195
   11.3.1 设计游戏人物按钮类 195
   11.3.2 设计游戏窗口类 196

第 12 章 单机版五子棋游戏 201

12.1 单机版五子棋游戏介绍 201
12.2 程序设计的思路 202
12.3 关键技术 202
   12.3.1 Vector 容器 202
   12.3.2 判断输赢的算法 203
12.4 程序设计的步骤 204

第 13 章 网络五子棋游戏 210

13.1 网络五子棋游戏介绍 210
13.2 程序设计的思路 211
   13.2.1 界面设计 211
   13.2.2 通信协议 211
13.3 关键技术 213
   13.3.1 Socket 技术 213
   13.3.2 InetAddress 类 214
   13.3.3 ServerSocket 类 215
   13.3.4 Socket 类 218
13.4 程序设计的步骤 220
   13.4.1 设计服务器端类 220
   13.4.2 设计客户端类 229

第 14 章 网络中国象棋游戏 236

14.1 网络中国象棋游戏介绍 236
14.2 程序设计的思路 237
   14.2.1 棋盘的表示 237
   14.2.2 棋子的表示 237
   14.2.3 走棋规则 238
   14.2.4 坐标转换 240
   14.2.5 通信协议设计 240
   14.2.6 网络通信传递棋子信息 241
14.3 关键技术 242

14.3.1　UDP 简介 ·················· 242
　　　14.3.2　DatagramPacket 类 ········· 243
　　　14.3.3　DatagramSocket 类 ········· 244
　　　14.3.4　P2P 知识 ·················· 246
　14.4　程序设计的步骤 ·················· 246
　　　14.4.1　设计棋子类 ················ 246
　　　14.4.2　设计棋盘类 ················ 248
　　　14.4.3　设计游戏窗口类 ············ 261

第 15 章　打猎游戏 ······················ 265

　15.1　打猎游戏介绍 ···················· 265
　15.2　程序设计的思路 ·················· 266
　　　15.2.1　游戏素材 ·················· 266
　　　15.2.2　设计思路 ·················· 266
　15.3　关键技术 ························ 266
　　　15.3.1　控制动物组件的移动速度 ···· 266
　　　15.3.2　随机间歇产生动物组件 ······ 267
　　　15.3.3　玻璃面板的显示 ············ 268
　15.4　程序设计的步骤 ·················· 269
　　　15.4.1　设计小鸟类 ················ 269
　　　15.4.2　设计野猪类 ················ 271
　　　15.4.3　设计背景面板类 ············ 272
　　　15.4.4　设计主窗口类 ·············· 273

第 16 章　2.5D 推箱子游戏 ··············· 277

　16.1　2.5D 推箱子游戏介绍 ············· 277
　16.2　程序设计的思路 ·················· 278
　16.3　程序设计的步骤 ·················· 281
　　　16.3.1　设计游戏界面类 ············ 281
　　　16.3.2　设计游戏窗口类 ············ 284

第 17 章　俄罗斯方块游戏 ················ 288

　17.1　俄罗斯方块游戏介绍 ·············· 288
　17.2　程序设计的思路 ·················· 288
　　　17.2.1　俄罗斯方块的形状设计 ······ 288
　　　17.2.2　俄罗斯方块游戏的屏幕 ······ 290
　　　17.2.3　俄罗斯方块游戏的运行流程 ·· 291
　17.3　程序设计的步骤 ·················· 291
　　　17.3.1　设计游戏界面类 ············ 291

17.3.2　设计游戏窗口类 …… 298

第 18 章　两人麻将游戏 …… 300

- 18.1　两人麻将游戏介绍 …… 300
- 18.2　程序设计的思路 …… 301
  - 18.2.1　素材图片 …… 301
  - 18.2.2　游戏逻辑的实现 …… 302
  - 18.2.3　碰牌和吃牌的判断 …… 303
  - 18.2.4　和牌算法 …… 304
  - 18.2.5　实现计算机智能出牌 …… 307
- 18.3　关键技术 …… 309
  - 18.3.1　对 ArrayList 进行排序 …… 309
  - 18.3.2　设置 Java 组件的重叠顺序 …… 311
- 18.4　程序设计的步骤 …… 311
  - 18.4.1　设计麻将牌类 …… 311
  - 18.4.2　设计游戏面板类 …… 313
  - 18.4.3　设计游戏主窗口类 …… 324

第二部分　Android

第 19 章　Android 游戏界面开发基础 …… 329

- 19.1　Android 开发基础 …… 329
  - 19.1.1　Android 开发环境 …… 329
  - 19.1.2　创建第一个 Android 项目 …… 331
  - 19.1.3　Android 程序结构 …… 332
  - 19.1.4　Android 资源的使用 …… 333
  - 19.1.5　Android 常用的视图 …… 333
  - 19.1.6　Android 的四大组件 …… 334
- 19.2　布局管理 …… 335
- 19.3　UI 界面控件 …… 343
  - 19.3.1　TextView 控件 …… 343
  - 19.3.2　EditText 控件 …… 344
  - 19.3.3　Button 控件 …… 345
  - 19.3.4　ImageView 控件 …… 346
  - 19.3.5　ImageButton 控件 …… 347
  - 19.3.6　Android 菜单 …… 348

19.3.7　ImageView 控件的应用——数字拼图游戏 ……………………… 349

第 20 章　Android 游戏图形开发基础 …………………………………… 354

20.1　绘制几何图形 …………………………………………………………… 354
　　20.1.1　画布类 ……………………………………………………………… 354
　　20.1.2　画笔类 ……………………………………………………………… 355
　　20.1.3　路径类 ……………………………………………………………… 356
　　20.1.4　游戏开发中几何图形绘制过程 …………………………………… 356
20.2　Android 游戏开发基础——View 和 SurfaceView 游戏框架 ………… 361
　　20.2.1　View 游戏框架 …………………………………………………… 362
　　20.2.2　View 游戏框架实例 ……………………………………………… 363
　　20.2.3　SurfaceView 游戏框架 …………………………………………… 365
　　20.2.4　SurfaceView 游戏框架实例 ……………………………………… 365
　　20.2.5　SurfaceView 视图添加线程 ……………………………………… 367
　　20.2.6　View 和 SurfaceView 的区别 …………………………………… 373
20.3　检测用户在屏幕上的操作 ……………………………………………… 374
　　20.3.1　单击按键手势识别 ………………………………………………… 374
　　20.3.2　触摸屏幕 …………………………………………………………… 375
　　20.3.3　手势识别 …………………………………………………………… 376
20.4　MediaPlayer 播放音频与视频 ………………………………………… 378
　　20.4.1　MediaPlayer 使用步骤 …………………………………………… 378
　　20.4.2　MediaPlayer 相关方法 …………………………………………… 379
　　20.4.3　MediaPlayer 使用示例 …………………………………………… 379

第 21 章　Android 游戏实例——停车场游戏 …………………………… 384

21.1　Android 停车场游戏介绍 ……………………………………………… 384
21.2　程序设计的思路 ………………………………………………………… 385
21.3　程序设计的步骤 ………………………………………………………… 386
　　21.3.1　设计游戏视图 View(CarView.java) ……………………………… 386
　　21.3.2　设计游戏界面类(CarParking.java) ……………………………… 395

第 22 章　Android 游戏实例——连连看游戏 …………………………… 397

22.1　Android 连连看游戏介绍 ……………………………………………… 397
22.2　Android 连连看游戏设计思路 ………………………………………… 398
　　22.2.1　界面设计 …………………………………………………………… 398
　　22.2.2　连通算法和智能查找功能的实现 ………………………………… 398

22.3 关键技术 ………………………………………………………………… 398
　　22.3.1 动物方块图案的显示 ………………………………………… 398
　　22.3.2 对话框的显示 ………………………………………………… 399
22.4 程序设计的步骤 …………………………………………………………… 401
　　22.4.1 设计游戏视图类(LLKGameView.java) ……………………… 401
　　22.4.2 设计游戏主界面Activity(GameMain.java) ………………… 406
22.5 增强连连看游戏程序的功能 …………………………………………… 407

第23章　Android游戏实例——推箱子游戏 …………………………… 412

23.1 Android推箱子游戏介绍 ……………………………………………… 412
23.2 程序设计的思路 ………………………………………………………… 413
23.3 关键技术 ………………………………………………………………… 414
23.4 程序设计的步骤 ………………………………………………………… 416
　　23.4.1 设计地图数据类(MapFactory.java) ………………………… 416
　　23.4.2 设计地图类(Map.java) ……………………………………… 417
　　23.4.3 设计游戏视图类(GameView.java) ………………………… 418
　　23.4.4 设计游戏主界面Activity(GameMain.java) ………………… 426

参考文献 …………………………………………………………………………… 429

第一部分

Java

第 1 章

源码下载

计算机游戏开发的Java基础

计算机游戏(Personal Computer Games,Computer Games 或 PC Games)是指在电子计算机上运行的游戏软件,这种软件是一种具有娱乐功能的计算机软件。计算机游戏产业与计算机硬件、计算机软件、互联网的发展联系甚密。计算机游戏为游戏参与者提供了一个虚拟的空间,从一定程度上让人可以摆脱现实世界,在另一个世界中扮演真实世界中扮演不了的角色。同时计算机多媒体技术的发展使游戏给了人们很多体验和享受。

1.1 计算机游戏的发展历史

计算机游戏的出现与 20 世纪 60 年代电子计算机进入美国大学校园有密切的联系。1962 年一位叫斯蒂夫·拉塞尔的大学生在美国 DEC 公司生产的 PDP-1 型电子计算机上编制的《宇宙战争》(Space War)是当时很有名的计算机游戏。一般认为,他是计算机游戏的发明人。20 世纪 70 年代,随着电子计算机技术的发展,其成本越来越低。1971 年,被誉为"电子游戏之父"的诺兰·布什内尔发明了第一台商业化电子游戏机。不久他创办了世界上第一家电子游戏公司——雅达利公司(ATARI)。随着苹果电脑的问世,计算机游戏才真正开始了商业化的道路。此时,计算机游戏的图形效果还非常差,但是游戏的类型化已经开始出现了。

从 20 世纪 80 年代开始,计算机大行其道,多媒体技术也开始成熟,计算机游戏则成了这些技术进步的先行者。1985 年 9 月 13 日,日本任天堂公司发售了一款真正的游戏巨作——超级马里奥(Super Mario),这个游戏讲述了一个意大利管子工打败魔王拯救世界迎娶公主的故事。任天堂凭借这台游戏机确立了自己在游戏界霸主的地位。尽管这台游戏机也叫作 Computer,但是它却彻底抛弃了计算机的一部分特征,专心于游戏机平台的营造,计算机游戏和游戏机游戏从这时开始分道扬镳。

尤其是 Windows 的出现,给计算机游戏的制作带来了一次革命,游戏开始向注重感官刺激的 3D 方向发展。1992 年,3D Realms 公司发行了《德军总部 3D》,不久之后 id

Software 公司的 Doom 诞生,它成了第一个被授权引用的商品化的引擎。1996 年,一个划时代的游戏作品诞生了,那就是被称为雷神之锤的 Quake。与之前的第一人称射击游戏不同,这是一款真正意义上的 3D 游戏,它带给玩家一个比以往任何时候都要真实的 3D 虚拟世界。Quake 不仅代表着计算机游戏正式迈进了 3D 门槛,更是带来了电子竞技运动的新概念。

从 20 世纪 90 年代开始,即时战略类游戏成了个人计算机上最引人入胜的游戏类型。从最早的由 Westwood 公司开发的 C&C 和《红色警戒》,到脱胎于《文明》的《帝国时代》,再到集大成者《星际争霸》,即时战略游戏的发展随着各种游戏概念的提出和创新,达到了其发展史上的一个高峰。与此同时,动作游戏(ACT 游戏)在 3D 技术不断进步的条件下也获得了新生,后来的《古墓丽影》系列、《波斯王子》系列等均成为计算机游戏的经典作品。随着 3D 技术的广泛应用,动作游戏的规则也发生微妙变化,原来的动作游戏只能在 2D 平面上进行,所以一些真实的动作无法表现出来,而 3D 技术的引入则带来了新的游戏规则,人物除了前后左右自由平移外,还可通过自己的视角来观察,并能创造出新的动作。在这次 3D 革命中,唯一改变不大的游戏类型是角色扮演游戏(RPG 游戏)。尽管很多游戏机上的 RPG 游戏已经实现了完全的 3D,但实质上这些 3D 游戏除了效果上得到提升之外,并没有给游戏带来本质上的改变和提升。

进入 20 世纪 90 年代后期,计算机软/硬件技术的进步,因特网的广泛使用为计算机游戏的发展带来了强大的动力。进入 21 世纪,网络游戏成了计算机游戏的一个新的发展方向。

网络游戏的英文名称为 Online Game,又称"在线游戏",简称"网游"。网络游戏不同于单机游戏,玩家必须通过互联网连接来进行多人游戏。网络游戏一般指由多名玩家通过计算机网络在虚拟的环境下对人物角色及场景按照一定的规则进行操作以达到娱乐和互动目的的游戏。

网络游戏可以分为大型角色扮演类网络游戏(例如神话 2、大话西游、大唐豪侠、梦幻西游等)、休闲(对战)网络游戏(疯狂赛车Ⅱ、CS、魔兽争霸、彩虹岛、泡泡堂等)和棋牌网络游戏(联众世界棋牌游戏、QQ 棋牌游戏)3 种类型。大型角色扮演类网络游戏使所有的用户都存在于一个大的虚拟世界中,用户可以使用拥有不同特点的角色体验虚拟生活,游戏本身是持续发展的。休闲(对战)网络游戏大多采用平台竞技方式进行,游戏以"局"的形式存在,每局游戏参与的用户数量相对较少。棋牌网络游戏与休闲(对战)网络游戏类似,该种游戏也以平台为基础,区别在于棋牌网络游戏往往从平台自身下载,无须单机游戏支持,内容也多以棋牌等小型互动游戏为主。

根据游戏的提供形式不同,网络游戏分为客户端网络游戏和网页游戏两种类型。客户端网络游戏指的是需要在计算机上安装游戏客户端软件才能运行的游戏。这种类型的游戏是由公司所架设的服务器来提供游戏,而玩家们则是由公司所提供的客户端连上公司服务器以进行游戏,现在人们所说的网络游戏大多属于此类。此类游戏的特征是大多数玩家都会有一个专属于自己的角色(虚拟身份),而一切角色资料以及游戏资讯均记录在服务器端。此类游戏大部分来自欧美以及亚洲地区,这类游戏有 World of Warcraft(魔兽世界)(美国)、穿越火线(韩国)、EVE Online(冰岛)、战地(Battlefield)(瑞典)、最终幻想 14(日本)、天堂 2(韩国)、梦幻西游(中国)等。

网页游戏又称 Web 游戏,指的是用户可以直接通过互联网浏览器玩的网络游戏,它不需要安装任何客户端软件,只需打开 IE 网页,10 秒钟即可进入游戏,不存在机器配置不够的问题,最重要的是关闭和切换极其方便,尤其适合上班族。其类型及题材也非常丰富,典型的类型有角色扮演(功夫派)、战争策略(七雄争霸)、社区养成(洛克王国)、模拟经营(范特西篮球经理)、休闲竞技(弹弹堂)等。

1.2 计算机游戏的类型

目前常见的游戏有动作游戏、传统益智游戏、体育游戏、策略游戏、休闲游戏和角色扮演游戏等类型。不同类型的游戏有着自身的特点,每一种类型的游戏都有一定的支持人群,要开发一款良好的游戏,了解各种类型游戏的基本特点是很有必要的。

游戏厂商在制作游戏时首先要定位游戏类型,例如 SLG(策略类)游戏通常锻炼玩家的智力和策略,玩家通过和计算机进行较量,取得各种各样的胜利;RPG(角色扮演类)游戏通常是指玩家通过控制游戏中的主角进行升级、成长来完成游戏,体验厮杀的快感和故事情节的跌宕。下面介绍几种常见的游戏类型。

1.2.1 RPG 游戏

角色扮演类游戏(Role Playing Game,RPG)分为两种,即动作角色扮演游戏(Action Role Playing Game,ARPG)和模拟角色扮演游戏(Simulation Role Playing Game,SRPG)。

标准 RPG 类游戏的主要特征是主角在与怪物战斗时进入特定的战斗画面,计算机上著名的游戏有《仙剑奇侠传》系列,以及北京捷通华声开发的《神雕侠侣》(如图 1-1 所示)和上海乐游开发的《封神榜》(如图 1-2 所示)。

图 1-1 《神雕侠侣》截图

图 1-2 《封神榜》截图

ARPG类游戏的主要特征是战斗的画面都在地图上进行，而且还能体验标准RPG类游戏中精彩的剧情，例如北京掌中米格的《热血三国之猛将风云》（如图1-3所示）。

图1-3 《热血三国之猛将风云》截图

SRPG类游戏非常类似于策略类游戏，主要区别是SRPG类游戏拥有完善的剧情。

注意：国内大部分手机玩家都喜欢玩RPG类型的游戏，因此如今国内此类型游戏比较多，也比较成熟。

1.2.2 SLG游戏

SLG（Simulation Game，策略类）游戏主要是玩家通过思考执行命令去执行游戏，此类游戏不但可以锻炼玩家的智力，而且也可以体会其中的乐趣。计算机上比较流行的单机经典SLG类游戏有《魔兽争霸》及In-Fusio模仿其制作的《魔兽（白金攻防版）》（如图1-4所示）。

图1-4 《魔兽（白金攻防版）》截图

1.2.3 AVG游戏

AVG（Adventure Game，冒险类）游戏大部分在关卡设定以及游戏节奏上加大投入，游戏时间比较短，并强化其游戏动作的快感和乐趣。大多数的AVG类游戏采用横屏卷轴式方法，例如北京华娱无线的《野人岛》（如图1-5所示）。

有些AVG类游戏采用RPG类游戏风格，带领玩家去逐次破解其中的谜团，这种游戏一般都在剧情上加大投入，使玩家沉醉在曲折的剧情当中，例如北京捷通华声的一款根据电影改编的《古宅魅影》就属于此类型，如图1-6所示。

图 1-5 《野人岛》截图

图 1-6 《古宅魅影》截图

1.2.4 PUZ 游戏

PUZ(Puzzle Game,益智类)游戏不同于其他类型的游戏,它没有选材的局限和核心的游戏系统,一般比较轻松、可爱,而且简单、易玩。例如,从手机游戏开始兴起时就风靡一时的《贪吃蛇》和《俄罗斯方块》等经典的益智类游戏需要的美术造诣极低,而且算法简单,玩家操作极易上手,同时游戏可重复挑战,对玩家有很强的吸引力。PUZ 类游戏的代表为北京掌趣公司根据 PC 版大富翁改编的一款益智休闲类游戏《大富翁-奋斗》,如图 1-7 所示。

图 1-7 《大富翁-奋斗》截图

1.2.5 STG 游戏

STG(Shooting Game，射击类)游戏主要是指依靠远程武器与敌人进行对抗的游戏，一般玩家所说的 STG 类游戏是指飞行射击类游戏，计算机上著名的《雷电》就属于此类型，《雷电Ⅱ》就是根据其更改而成的手机飞行射击类游戏，它拥有绚丽的射击画面，如图 1-8 所示。

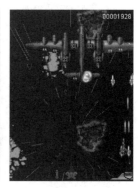

图 1-8　《雷电Ⅱ》截图

STG 类游戏还包括枪支光线射击类游戏，例如计算机上的《VR 战警》，玩家通过控制枪支的光线进行射击。

注意：射击类游戏主要是物体碰撞问题。

1.2.6 ACT 游戏

ACT(Action Game，动作类)游戏讲究的是打斗的快感以及绚丽的画面体验。目前，在国内 ACT 类游戏是下载量最大的游戏类型之一，其打斗的场景以及快速的节奏深受手机玩家的喜爱。

ACT 类游戏的经典作品有育碧的《细胞分裂》系列、《波斯王子》系列以及盛天堂的《刺客-六国相印》等，它也可以和 RPG 类游戏一样加入不同的剧情和关卡，丰富游戏的趣味性，但是一般其通过时间都比较短。北京华娱无线根据四大名著之一《西游记》制作的手机游戏《真西游记》就增加了不少趣味性，如图 1-9 所示。

图 1-9　《真西游记》截图

ACT 类游戏的重点在于动作与打斗的体验上，玩家操作主角进行厮杀、过关以及历险等，此类游戏考验的一般是玩家的反应速度，著名的计算机游戏《魂斗罗》就属于该类型。

1.2.7 RAC 游戏

RAC(Race Game，赛车类)游戏使玩家体验赛车时所产生的速度快感，著名的计算机游戏《极品飞车》就属于该类型。但由于手机平台的性能有限，制作一款很好的赛车类游戏是相当不易的，而且国内此类游戏的下载量也不是很大，此类游戏一般在欧美比较流行。GameLoft 的《街头赛车 3D》可以说是一款不错的赛车类游戏，如图 1-10 所示。

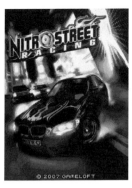

图 1-10 《街头赛车 3D》截图

目前，体育游戏由于比较耐玩，发展得很快，但是这些体育游戏不够真实，因为在图形表现、规则使用以及体育运动本身的多样性方面与实际的体育运动无法相比。现在，很多体育游戏提供了人工智能还过得去的运动游戏，但是粗糙的动画效果和缓慢而僵硬的人物还是很难使人兴奋。随着设备性能的提高，各种类型的体育游戏(例如保龄球、网球、篮球等)都有了很大的提高，可玩性也大幅提高。

同时从统计数据来看，传统益智游戏占了绝大多数。传统益智游戏是年轻一族十分热衷的娱乐项目，耐玩性也很强，是游戏开发的一个重点。

1.3 计算机游戏的策划和开发工具

1.3.1 游戏的策划

策划主要担任游戏的整体规划工作(包含游戏运行的所有细节和开发进度等)，一如建筑工程中施工前要有建筑蓝图一样，策划的工作就是用程序和美工能够理解的方式撰写游戏设计文档，对游戏的整体模式进行叙述。游戏中的所有部分都属于策划的工作范围。所以，策划最好对程序和美术的工作有所了解，这是做游戏策划的基本素质之一。

美术人员则制作各种美术素材，使游戏里的各种东西得以呈现在玩家面前，而程序人员则要把策划人员设计的游戏规则用各种代码加以实现，使美术人员制作的素材按照策划人员制订的游戏规则在游戏里互动。

游戏策划具体分为以下几种。

1. 关卡策划

职责：需要掌握绘图工具设计关卡；配合数值策划设定数值，配合剧情策划进行设计甚至系统设计等方面；需要跟进程序，进行任务系统方面的实现；提出任务编辑器、场景编辑器等方面的需求；提交对美术资源的需求；跟进美术资源的制作等。此外还要架构整个任务系统，进行场景架构，编写任务等。

2. 数值策划

职责：进行数值的平衡和制定，游戏中各种公式的设计，以及整个经济系统的搭建，整个战斗系统的设计等。根据公司和项目的不同，可能还包括与战斗系统和数值密切相关的系统（例如职业系统、技能系统、装备系统、精炼打造系统等）的设计。此外，需要关卡策划的辅助进行怪物数值的制定，需要系统策划配合进行系统中各种数值的设定等。

3. 剧情策划

职责：主要负责游戏的背景、世界观、剧情的扩展，任务的设计，任务对白的撰写等方面。另外，在剧情设计中，剧情策划还需要与关卡策划紧密配合。因为关卡策划在架构世界的时候就是依托于剧情策划设计的世界观和背景，而剧情策划又会根据关卡策划设计的世界设计相关的剧情。

1.3.2　游戏设计的基本内容

1. 游戏的类型

设计者首先确定游戏类型，是一款第一人称射击游戏，还是继承《马里奥》灵感的 3D 平台游戏，或是基于《万智牌》的纸牌游戏，要创造一款什么样的游戏，它与其他游戏类型有什么不同，它的游戏玩法是怎样的，外观和游戏感觉又是怎样的——是黑暗的，现实的，还是模拟现实生活或突出幻想世界等。

2. 市场定位

尽管这主要是市场营销团队的工作，但是对于所有致力于游戏开发的人来说这一点都非常重要，因为如此他们才能掌握自己创造的游戏是面向哪些用户。如果游戏是面向儿童，就需要尽可能减少暴力和性元素；如果游戏是针对于男性或女性玩家，就需要在创造任何游戏元素（游戏帮助包括游戏玩法、游戏图像以及音乐）时始终牢记这一对象。

除此之外，设计者还将在这里提及游戏所面向的平台，以及为何这一平台适合他们的游戏，列出同一类型中最成功的游戏，游戏的潜在竞争对手，如何才能取得竞争优势，并根据市场研究去猜测游戏的潜在销量。

3. 游戏角色

设计者需要确定游戏中的所有角色，从主角开始，必须包括角色的外观，他们的年龄、体重、个性、背景等。除了主角外，还不能漏掉所有的非玩家角色，包括玩家将在游戏中遇到的怪物、好友和敌人等。

4. 故事情节

在这一部分设计中设计者需要设计游戏故事情节，即以线性结构模式告诉玩家将在游戏中经历什么。其中还包含了故事的阐述模式（是否有文本、画外音、过场动画或者所有这些方法相结合),以及背景故事或次要情节(即未依附主要故事情节但是却伴随着它发展的内容)的细节等。

5. 游戏玩法

游戏玩法是设计中最重要的一个环节。设计者需要基于游戏的不同部分完整地绘制出游戏控制,明确玩家在小规模和整体规模下的成功和失败标准,具体 AI 行为模式,武器或升级能力,菜单或任何隐藏目标等内容。总之,这一部分必须详细明确玩家所控制的角色经历的所有内容以及受 AI 控制的非玩家角色的反应。

1.3.3 游戏的开发工具

当前市面上的游戏种类很多,游戏程序开发工具也五花八门,现将它们分门别类进行说明。

1. C/C++ 程序设计语言

大中型游戏大多使用 C/C++ 作为程序设计语言。C/C++ 是所有程序设计人员公认的功能强大的程序设计语言,也是运行时速度比较快的语言。比较著名的 C/C++ 语言开发工具是微软公司的 Visual C++.NET 产品。

2. C♯ 程序设计语言

C♯(读作 C sharp)是由 C++ 和 Java 发展演化而来的程序语言,同时具备了这两种语言的优点,既支持面向对象程序设计,又具有很高的运行速度。微软公司还在 C♯ 语言和 DotNet 框架的基础上推出了一个专用的游戏开发工具——XNA,极大地简化了游戏设计过程。基于 Visual Studio.NET(C♯ 开发环境)的 XNA 游戏开发平台具有快速开发游戏的优势,其提供两种开发模式:基于 Windows 和基于 Xbox。C♯ 作为微软当前最重要的编程开发语言,在 Windows 平台上得到了很好的维护和支持,但是微软并没有提供其他平台上的官方支持。

3. Flash ActionScript

Flash ActionScript 属于一种脚本语言,通常嵌入在 Flash 文件中,负责对 Flash 动画流程进行控制。使用 Flash ActionScript 设计出来的游戏画面精美,容量也较小,所以 Flash ActionScript 在小游戏的设计领域迅速走红。2D(平面)游戏都可以使用 Flash ActionScript 编写,也可适当地规划制作出闯关游戏、平面 RPG 游戏。比较好的 Flash 游戏设计的工具是 Adobe 公司的 Flash CS 系列产品。

4. Java 程序设计语言

Java 程序具有跨平台的优点,程序的移植性好,所以 Java 非常适合进行游戏制作。对于大型网络游戏来说,使用 Java 语言设计则不具备速度优势。比较好的 Java 程序的开发工具有 Eclipse(如图 1-11 所示)以及 NetBeans 等。

优势领域:
- 基于 Applet 的网页游戏;
- 手机游戏。

在目前的手机游戏市场中,平台包括 Java 平台、iOS 平台(苹果手机平台)、Android 平

图 1-11　Eclipse

台(安卓平台)、Windows Mobile 平台。但是在智能手机市场中,iOS 平台受制于终端的数量增长缓慢,而 Android 平台处在爆发式的增长期,主要源于 Android 终端的普及和性能的提升,以及联运平台和运营商的发力。Android 平台的游戏开发采用的是 Java 语言。许多在计算机上开发的 Java 游戏可以移植到 Android 智能手机平台上。

1.4　开发游戏的 Java 技术

　　Java 语言是一种纯面向对象的语言。本章介绍 Java 语言的基本知识点,这些知识点也是开发游戏的基础。读者通过本章的学习,一定要了解一些基础的操作,例如文件操作、容器处理和一些编程方面的规范,如果读者已经具有一定的编程经验,可以忽略本章,直接学习第 2 章。

　　每门语言都有自己的编写规范,下面简单讲解 Java 程序的编写规范以及 Java 语言的编写特点,具体包括标识符、基本类型、运算符和表达式、Java 对象、Vector 容器和文件操作等内容,通过学习,读者能够加深对 Java 语言的了解。

1.4.1　标识符

　　Java 中的标识符必须以字符和下画线开头,其没有长度限制,但大小写是有区别的。变量、方法和类的名称都是标识符,例如 help、mg、W&fire 等为有效的标识符,而 929ding、class 等为错误的标识符,其中 class 为 Java 中的关键字,在 Java 中被系统专用的关键字不能作为标识符使用,参见表 1-1。

表 1-1　Java 中的部分关键字

关　键　字	关　键　字	关　键　字	关　键　字
boolean	break	byte	case
catch	char	class	default
do	double	else	false
final	finally	float	for

1.4.2 基本类型

在 Java 中，常量是指在程序中不能变化的数据，即固定的数据，例如整型常量 100、字符串常量 dingxin 等；而变量则是随着程序运行可以变化的数据，变量的定义包括变量类型、变量名和作用域几部分，其按照作用域不同可以分为局部变量、全局变量等。

变量只有在其作用域中才能起到作用，而离开此作用域时，局部变量将会被清空。当程序进入一个方法时，其中的局部变量将会被创建，在一个作用域中，即一个方法中，变量名是唯一的，不允许重复。声明变量的语句格式如下：

```
类型 变量名
```

其中，"类型"决定了系统为其分配的内存空间大小，而"变量名"则为标识符。当声明了变量之后，必须给变量赋值才可以使用，否则将会出现空指针现象。变量的赋值方法为变量名在等号左边，而右边可以为常数、变量名以及存有返回值的表达式。例如：

```
int width = 30;          //声明变量及赋值
int height;              //声明变量
height = 40;             //给变量赋值
```

基本数据类型包括整型、浮点型、布尔值型和字符型，不同的数据类型表达不同的数据，并且在其存储空间中大小也有所不同。下面分别简单介绍 Java 中的基本数据类型。

1. 整型

Java 中的整型包括 byte、short、int 和 long 4 种，通常使用的大部分数据都为十进制。在 Java 中默认声明整型数据也是以十进制进行处理的，如果定义八进制，则以 0 开头，例如 011 表示十进制 9；如果定义十六进制，则以 0x 开头，例如 0x11 表示十进制 17。其声明方法如下：

```
byte b = 1;
short s = 1;
int i = 1;
```

为了避免浪费内存，用户必须首先了解 4 种整型数据类型在内存中占据的空间大小，具体如表 1-2 所示。

表 1-2 整型数据占用的内存大小

占用内存位数	占用内存字节数	占用内存位数	占用内存字节数
8 位(bit)	1 字节(B)	32 位(bit)	4 字节(B)
16 位(bit)	2 字节(B)	64 位(bit)	8 字节(B)

2. 浮点型

Java 中的浮点型包括 float 和 double 两种，在内存中 float 占用 4 字节，而 double 占用 8 字节。

注意：在声明浮点型数据时默认为 double 类型，当在给 float 变量赋值时必须在其变量后面添加 F 或 f 来表示此数据为 float。例如：

```
float f = 1.1;              //声明变量及赋值
```

3. 布尔值型

现实生活中的"真"和"假"逻辑判断是通过布尔值（boolean）来表示的，其值为 true 和 false。boolean 值并没有指定其在内存空间中的大小，仅是通过 true 和 false 来表示。

4. 字符型

字符型（char）存放的对象只能为一个字符，而每个字符所占用内存空间的大小为 16 位（2 字节）。声明字符型需要用单引号把字符括起来，例如：

```
char c = '定';              //声明变量 c 及赋值
char b = 'a';               //声明变量 b 及赋值
```

1.4.3 运算符和表达式

对于一个长方形，可以通过"长×高"来计算其面积。在程序中可以用很多运算符来处理这类问题，其中编写的语句为表达式，而表达式由变量、运算符和数字组合而成。例如：

```
area = width * height;
```

1. 整数运算符

整数运算符包括单目运算符和双目运算符两种类型。单目运算符包括"－""~""＋＋"和"－－"4 种类型，在程序中经常用到的是后两种类型，其中"＋＋"表示当前整数自增 1，"－－"表示当前整数自减 1。双目运算符包括 12 种类型，如表 1-3 所示。

表 1-3 双目运算符

运算符	含义	运算符	含义
＋	加	|	（位）或
－	减	^	（位）异或
*	乘	<<	左移
/	除	>>	有符号右移
%	取余	>>>	无符号右移
&	（位）与	~	（位）非

"&"运算符按位对两个操作数执行布尔代数运算，当两个操作数对应的数值位都为 1 时，运算结果为 1，否则为 0。例如：

```
1&1 = 1,1&0 = 0,0&0 = 0
```

"|"运算符按位对两个操作数执行布尔代数运算，当两个操作数对应的数值位都为 0

时,运算结果为 0,否则为 1。例如:

```
0|0 = 0,0|1 = 1,1|1 = 1
```

"^"运算符按位对两个操作数执行布尔代数运算,当两个操作数对应的数值位都为 1 或 0 时,运算结果为 0,否则为 1。例如:

```
0^0 = 0,0^1 = 1,1^1 = 0
```

2. 关系运算符

关系运算符用于对两个值进行比较,运算结果为 boolean 值,即 true(真)或 false(假)。Java 中的关系运算符有<(小于)、<=(小于等于)、>(大于)、>=(大于等于)、==(等于)、!=(不等于)。例如:

```
boolean b = (5 > 3);      //返回结果 true 并赋给 b 变量
```

3. 逻辑运算符

逻辑运算符用于对逻辑值进行逻辑运算,可以产生一个 boolean 值,即 true(真)或 false(假)。Java 中的逻辑运算符如表 1-4 所示。

表 1-4 逻辑运算符

运算符	含义
!	取非
||	取或
&&	取与

下面简单介绍 3 种逻辑运算符的含义。

设 a 和 b 是两个参加运算的逻辑值,a&&b 的含义是当 a、b 均为真时,表达式的值为真,否则为假;a||b 的含义是当 a、b 均为假时,表达式的值为假,否则为真;!a 的含义是当 a 为假时,表达式的值为真,否则为假。

例如,x>1&&x<5 是判断数 x 是否大于 1 且小于 5 的逻辑表达式。

4. 条件运算符

条件运算符(?:)是把两个判断条件放在一起来比较,包含 3 个表达式。其实现方式如下:

```
表达式 1?表达式 2:表达式 3
```

其中,当表达式 1 为 true 时,结果为表达式 2;当表达式 1 为 false 时,结果为表达式 3。例如:

```
int a = 6,b = 7,m;
m = a<b? a:b           //m = 6
```

5．赋值运算符

赋值运算符是最简单的一类运算符,其主要对变量进行赋值,在前面的变量赋值语句中就已经使用到此运算符中的一种。赋值运算符如表 1-5 所示。

表 1-5 赋值运算符

运算符	含义	运算符	含义
＝	直接赋值	＊＝	乘赋值
＋＝	加赋值	／＝	除赋值
－＝	减赋值	％＝	取余赋值

表 1-5 中的非直接赋值运算符在执行速度上快于一般的赋值方式,即 A－＝B 相当于 A＝A－B,而前者的执行速度却快于后者。

1.4.4 类型转换

类型转换是一种数据类型转换成另外一种数据类型,包括自动转换和强制转换两类。当把一个低级数据类型转换成高级数据类型时(即占用内存空间字节少的转换成占用内存空间字节多的数据),Java 执行的为自动转换,在程序中不需要作任何说明,例如把 byte 类型转换成 int 类型就属于这种情况。

在表达式中最终的数据类型取决于其中的最大数据类型,例如一个 byte 类型变量和一个 int 类型变量相加,最终的结果为 int 类型。

当把高级数据类型转换成低级数据类型时,称为强制转换,但是此时会出现数据缺失的情况。强制转换必须给出明确的说明,即让虚拟机明白这是强制转换,否则会出现错误。强制转换的表示方式如下:

```
(转换类型) 变量名
int a = 10;
byte b = (byte)a;
```

如果在转换时数据超出了转换类型的取值范围,那么将会造成数据"溢出",导致转换失败。例如:

```
int a = 200;
byte b = (byte)a;
```

在程序中运行上述代码,将会导致失败,因为 byte 类型的取值范围为 －128～127,而 a 的值为 200,已经超出了取值范围。

注意:需要转换的数据类型必须是兼容的,这样才可以进行转换,例如 int 和 byte 之间,但是 int 类型却不能转换成数组,数组也不能转换成 int 类型。

1.4.5 打印语句

为了看到运行的结果,可以把最后的结果显示到控制台上。这里用到的语句如下:

```
System.out.println();
```

上述语句的功能是在控制台上打印一条信息,其中括号中的内容为需要打印在控制台上的信息。System.out 为输出流的一个对象,而 println() 为其一个方法。另外还有一个打印方法,即 print()。这两种方法的区别在于 println() 方法会自动换行,而 print() 方法不能自动换行。下面的代码在控制台上的显示如图 1-12 所示。

```
System.out.println("hello xmj");          //在控制台上打印 hello xmj
System.out.print("hello");
System.out.println("xmj");
```

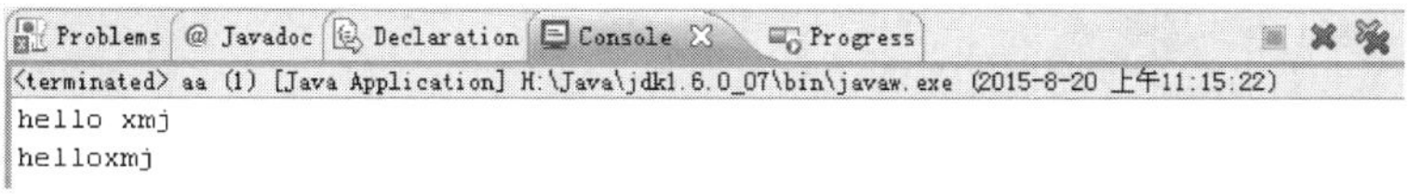

图 1-12　控制台显示情况

从图 1-12 中可以看出,利用 print() 方法打印信息后不能换行再打印下面一段信息,而是直接在同一行中打印出来,但是 println() 方法可以自动换行。

注意:打印语句可以加注标红,利用 System.err.println() 和 System.err.print() 在控制台上打印信息。

1.4.6　逻辑控制语句

在编写程序时,只有合理地控制程序的逻辑结构才能表达出想要的效果。在 Java 中,逻辑控制语句有 if…else、for、while、do…while、return、break、continue 和 switch 等,下面简单介绍这几个语句。

1. if…else 语句

if…else 是逻辑语句中最简单的语句,其中的 else 是作为可选项出现的,因此该语句有以下两种格式:

```
if(布尔表达式)
语句 1
```

和

```
if(布尔表达式)
语句 2
else
语句 3
```

其中布尔表达式的返回值为 boolean 值,当此值为 true 时,执行语句 1 或语句 2,否则执行语句 3。其执行过程如图 1-13 所示。

下面编写一个方法 judge() 来对比用户输入的两个参数的大小情况,其主要实现代码如下:

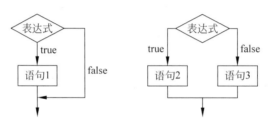

图 1-13 if…else 控制图

```
public void judge(int a,int b){
    if(a > b){
        System.out.println("a > b");
    }else if(a == b){
        System.out.println("a == b");
    }else{
        System.out.println("a < b");
    }
}
```

2. for 语句

for(循环)语句是程序中用的最多的逻辑控制语句,其实现方法为初始化变量值,然后对此变量值进行条件判断,而且在每次循环后都进行指定的变量修改。for 语句的格式如下,其执行过程如图 1-14 所示。

```
for (变量初始化;条件判断;变量修改) {
    循环语句
}
```

其中,变量初始化一般为定义一个赋值语句,它为 for 循环的第一个值;条件判断为一个布尔表达式,也是 for 语句是否继续执行的条件,当此条件判断为 true 时,执行循环语句,否则退出循环,并且每次循环结束后都会对变量进行修改。下面编写一个方法在控制台上循环打印出 1~100 这 100 个数字,其实现代码如下:

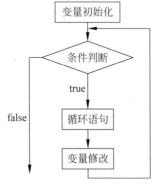

```
for(int i = 1;i < 100;i++){
    System.out.println(i);
}
```

图 1-14 for 控制图

注意:for 语句中的变量初始值、条件判断和变量修改都可以为空,此时就变成了无穷循环语句,即 for(;;)。

3. while 和 do…while 语句

while 语句也称为循环语句,其实现方法为当循环开始时条件判断为 true,此循环将一直进行下去,条件判断为 false 时循环才会结束,并且每执行一次循环体都会重新计算条件判断。其语句格式如下,执行过程如图 1-15 所示。

```
while(条件判断) {
    循环语句
}
```

下面编写一个方法,当循环 3 次时,条件判断表达式为 false,则跳出此 while 循环,其实现代码如下:

```
int i = 0;                          //定义初始值
while(i < 3){                       //判断循环条件
    i++;                            //变量自增
    System.out.println("循环内部" + i);
}
System.out.println("循环外部" + i);
```

do…while 循环和 while 循环的区别就在于其一定会执行一次,而 while 循环并不一定会循环(当条件判断表达式开始就为 false 时)。do…while 语句的格式如下,其执行过程如图 1-16 所示。

```
do
    循环语句
while(条件判断);
```

注意:在实际程序中,while 比 do…while 更加常用。

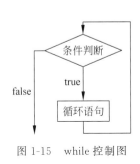
图 1-15 while 控制图

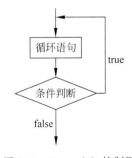
图 1-16 do…while 控制图

4. return、break 和 continue 语句

return 语句被称为跳转语句,其有两个作用:一是指定方法的返回值,二是可以直接从方法中跳出。修改 while 循环的代码,当循环语句变量 i 为 2 时退出循环,其实现代码如下:

```
int i = 0;                          //定义初始值
while(i < 3){                       //判断循环条件
    i++;                            //变量自增
    if(i == 2)                      //当 i 为 2 时
        return;                     //跳出循环
    System.out.println("循环内部" + i);
}
System.out.println("循环外部" + i);
```

break 和 continue 可以控制循环语句的流程,其中 break 为退出循环,不再执行下面剩

余的循环部分,而 continue 则是停止当前循环,跳转到循环起始位置开始下面的循环部分。通过修改代码,把其中的 return 修改成 break 和 continue,然后运行相应代码,在控制台上的显示如图 1-17 所示。

图 1-17　return、break 和 continue 显示图

5. switch 语句

switch 语句被称为选择语句,在程序中如果条件允许,则代替 if 语句来进行判断,这样逻辑结构显示更加整洁。其语句格式如下:

```
switch(变量值) {
    case 常量 1:
            语句 1
            break;
    case 常量 2:
            语句 2
            break;
    //…
            break;
    default:
            语句 3
            break;
}
```

其中变量值只能为 byte、char、short 和 int 类型的表达式,不能为其他类型。当变量值为常量 1 时执行语句 1,当变量值为常量 2 时执行语句 2,如果变量值超出了常量值的范围,则执行语句 3。

注意：通过上面的语句可以看到,每个 case 后面都有一个 break 结尾,这是为了使执行流程跳到 switch 末尾,其中 break 是可选的,如果省略 break 语句,则会继续执行下面的 case 语句。

1.5　Java 语言的类和对象

Java 语言是面向对象开发的语言,其提供一些常用的类库和对象,对于这些类库,开发人员可以方便地利用"拿来主义"进行快速开发。本节介绍 Java 语言的一些常用类库和对象。

本节重点介绍类和对象的使用方法及特点,同时进一步体现 Java 的多态性特点,其中还提及异常类和包。

1.5.1　对象

对象(Object)是实际世界中存在的个体或概念实体,它表示世界中某个具体的事物,例如计算机、书等事物都属于对象。类是 Java 语言面向对象的基本元素,包括对象的行为和结构类别,它是现实事物的抽象描述,并且此类事物具有共同的行为和特点,其中行为称为对象成员方法,特点称为对象成员属性。类的实例才是真正的对象,类的一般定义形式如下:

```
public class ChildName extends superName{
    public int index;              //成员属性
    public String name;
    public void task {             //成员方法
        System.out.println("测试");
    }
}
```

其中 ChildName 为类的名称,并且 extends 关键字表明 ChildName 是 superName 派生出来的子类,superName 为父类。

注意:有个父类为 Object,其是所有 Java 类的父类。在创建一个 Java 程序时都有一个入口类,即所有 Java 程序的起点,内部必有 main 方法,其代码如下:

```
public static void main(String[] args) {
    System.out.println("这是入口类");
}
```

在 Java 中,类名可以作为某个变量的类型,如果此类型是一个类,那么它指向这个类的实例,在此称为类的实例对象。其实现代码如下:

```
ChildName cn;                    //创建对象
cn = new ChildName();            //对象实例
```

其中,cn 为对象实例,通过 new 语句在内存中为 cn 分配了足够的空间,类是对象的描述。在 Java 中必须为对象进行初始化才能使其拥有对象空间。

在上面的程序中,cn 指向 ChildName 对象,同一个对象可以由一个或多个变量来定义。例如,下面的程序创建了另外一个 ChildName 对象实例 cn1。

```
ChindName cn1 = cn;
```

这里 cn1 和 cn 都指向同一个对象,如果更改了此对象,那么 cn1 和 cn 都会更改。当对 cn1 和 cn 赋值时其指向此对象,并没有分配新的内存空间。

在 Java 中可以在类定义中声明变量和方法,其中的变量称为成员属性,方法称为成员方法。例如,下面的代码定义了一个 ChildName 类,其有 3 个成员属性,即 age、birthday 和 sex。

```
public class ChildName {
    public int age;
    public int birthday;
    public String sex;
    public void get() {
    }
}
```

在创建一个新对象时,可以直接为其成员属性赋值,类的不同对象实例的成员属性都是分开的,并不会因为某个对象的成员属性的改变而对其他对象的成员属性产生影响,例如下面的代码:

```java
public class ChildName {
    ChildName cn = new ChildName();        //创建一个对象实例
    ChildName cn1 = new ChildName();       //创建另外一个对象实例
    cn.age = 18;
    cn.birthday = 1990;
    cn.sex = "boy";
    cn1.age = 20;
    cn1.birthday = 1992;
    cn1.sex = "girl";
}
```

类必须通过其对象实例才可以使用,这里通过操作符 new 来创建一个对象实例,例如上面通过 new 操作符创建了一个 ChildName 实例。其中的成员方法是类的一个重要部分,方法可以通过对象实例来调用。成员方法的定义的一般形式如下:

```
type method (parameter) {
    methodBody
}
```

其中,type 为成员方法的返回值类型,如果没有返回值,则用 void 来表示;parameter 为成员方法的参数,如果参数多于两个必须用逗号分隔,没有参数时为空;method 为成员方法的名称。在创建成员方法后,可以使用其对象实例和点操作符(.)来调用其成员方法。

注意:在 Java 中有一个特殊的实例——this,其只能在方法内部使用,表示调用这个方法的对象实例。当在方法内部调用同一个类中的方法时,可以不使用 this,但是当需要明确指出对当前对象实例的调用时必须使用 this,例如:

```java
int a;                                  //定义变量
int c;
public void num(int a, int b){
    this.a = a;                         //必须使用 this
    c = b;
}
```

在上述代码中,this.a 中的 a 为外面定义的变量 a,而等号右边的 a 为方法的参数 a,这里必须使用 this 才能调用外面的 a。

如果想通过一个方法来获得某个值,可以使用 return,即获得方法的返回值,例如:

```java
public int num(int a, int b) {
    int total = a + b;
    return total;
}
```

1.5.2 成员方法和类的特点

在 Java 中提供了一个特殊的成员方法——构造函数,通过构造函数可以确保每个对象都会初始化,在创建一个类时都会提供一个默认的构造函数,即无参的构造函数,这里构造函数的名字和类名相同,而且没有返回值,也没有 void 类型。例如,创建一个名为 Test 的类,其拥有一个默认构造函数 Test(),代码如下:

```java
public class Test {
    Test() {                    //构造函数
        //init                  //初始化
    }
}
```

一个类可以拥有一个或多个构造函数,修改上述代码并在其中创建一个带参的构造函数,其代码如下:

```java
public class Test {
    int num;                    //定义变量
    Test() {                    //构造函数
        //init                  //初始化
    }
    Test(int num) {             //带参构造函数
        this.num = num;         //初始化变量
    }
}
```

1. 方法重载

当一个方法名相同而参数不同时,则说明方法重载。重载是为了可以使用同一个方法名来实现多种功能,默认构造函数和带参构造函数也是重载。下面的代码实现了方法的重载。

```java
public class Test {
    int num;                    //定义变量
    int age;
    Test() {                    //构造函数
        num = 10;               //初始化变量 num
    }
    Test(int age) {
        this.age = age;         //初始化变量 age
    }
    public void num() {
    }
    public void num(int num) {
    }
    public void num(int num, int age) {
    }
}
```

在上述代码中有 3 个方法名相同的方法,因为其参数不同而方法名相同,所以称为方法重载,区分方法重载的办法就是看方法名相同的参数是否为独一无二的。

2. 类的继承

方法继承是所有面向对象语言中不可或缺的部分,在 Java 中一旦创建一个类,都是在继承其他的类,如果没有明确指出,则其继承自 Java 的 Object 类。

在继承中使用 extends 来实现继承,被继承的类称为父类或超类,而继承的类称为子类,子类继承其父类的所有成员属性和成员方法。下面编写一个继承 Test 的子类,其实现代码如下:

```java
public class ChildTest extends Test {              //继承 Test 父类
    public void num(int num, int age, int birth) {  //子类特有方法
    }
}
```

上述代码中的 ChildTest 继承自 Test 类,其不但拥有 Test 类的所有功能,而且定义了一个自己独有的方法。

注意:一个类只能继承一个父类。

在继承中有一个 super 关键字,它可以直接调用父类的构造函数。下面利用 super 关键字调用 Test 父类中的默认构造函数,实现代码如下:

```java
public class ChildTest extends Test {
    int num;
    ChildTest(int num) {
        super();            //调用父类中的默认构造函数
    }
}
```

3. 方法覆盖

虽然子类继承了父类的所有成员方法,但是并不一定都适合子类的需要,如果子类想修改父类中的某个方法,则需要用 Java 中的方法覆盖,即子类覆盖父类中已经存在的方法。例如,用 ChildTest 子类修改 Test 父类中的方法,其实现代码如下:

```java
public class ChildTest extends Test {
    int num;
    public void num(int num) {
        this.num = num;
    }
}
```

通过上述代码,子类可以自己去修改变量 num 的值来实现子类需要的功能。方法覆盖不能改变参数以及返回类型。

4. 抽象类和抽象方法

抽象是相对于具体来说的,若成员方法仅定义了方法而没有实现其具体功能,则此方法被称为抽象方法。在编写程序时,有时并不需要把成员方法都实现,而只定义了成员方法,

这种类称为抽象类,即如果一个类中存在一个或多个抽象方法,此类必须定义成抽象类,但是抽象类并不一定存在任何抽象方法。不论定义抽象方法还是定义抽象类,用到的关键字都为 abstract。

抽象类和抽象方法可以使程序继承共同的方法,而不必重新编写代码来实现,这在程序中非常有用。例如创建一个门的抽象类,门分为防盗门、自动门等,其在打开和关闭时都会用各自的方法,实现代码如下:

```java
public abstract class Door {
    protected boolean isOpen;                          //定义 boolean 变量
    public void setOpen(boolean isOpen) {
        this.isOpen = isOpen;                          //设置门的状态
    }
    public boolean getOpen() {
        return this.isOpen;                            //判断门是否为打开状态
    }
    public void state() {                              //判断门是否打开
        if(isOpen) {
            System.out.println("门已经打开");
        }else {
            System.out.println("门已经关闭");
        }
    }
    public abstract void setOpenMethod(int num);       //抽象方法
}
public class guardDoor extends Door {                  //防盗门
    public void setOpenMethod(int num) {               //实现抽象方法
        if(num == 8)                                   //当按 8 次时可以打开
            this.isOpen = true;
    }
}
public class AutoDoor extends Door {                   //自动门
    public void setOpenMethod(int num) {
        if(num == 1)                                   //当按 1 次时可以打开
            this.isOpen = true;
    }
}
```

第 2 行定义一个 boolean 值变量,用其来控制门当前的状态,当其为 true 时,门打开,否则门关闭。

第 16 行定义了一个抽象方法,即设置门的打开方法,可以根据门的不同而自行设定。

上述代码包括两类门,一为防盗门(guardDoor),其打开的方法为按 8 次;一为自动门(AutoDoor),其只需要按 1 次就可以打开。

注意:如果多个类存在共同的方法,则可以定义一个抽象的成员方法或类,这样可以节省很多资源。

5. 接口

一个类只能继承一个抽象类,如果此抽象类不能够满足其要求,又不能随便更改抽象类,则可以用接口解决这一难题。一个类可以实现多个接口,一个接口也可以被多个类实现。

其实接口也是一个抽象类,即接口只提供了方法的一种形式,而没有具体实现。创建一个接口,必须使用 Java 中的 interface 关键字代替 class 关键字。例如简单创建一个接口,其实现代码如下:

```java
public interface Test {
    public void open();                    //抽象方法
    public void close();
}
```

如果想实现上述接口,则必须使用 Java 中的关键字 implements。例如用 ChildTest 实现 Test 接口,其实现代码如下:

```java
public ChildTest implements Test {
    public void open() {
    //方法体
    }
    public void close() {
    //方法体
    }
}
```

接口和抽象的区别:接口中的方法在其实现类中必须实现,而继承抽象类的子类不必全部实现。

6. final 和 static 关键字

final 关键字定义的成员不能改变,可以定义类、方法和数据。当用 final 关键字定义类时,表明此类不允许其他类继承,这也许是出于安全的考虑;当用 final 关键字定义方法时,表明此方法在其子类中不能被修改;当用 final 关键字定义数据时,表明这个数据是一个不可改变的常量。例如利用 final 关键字定义一个常量,如果在程序中对其进行更改,则会发生错误,其代码如下:

```java
final int num = 4;              //定义整型 num 的初始值为 4
...                             //程序体
num = 5;                        //更改 num 值为 5
```

当在后续程序中更改 num 值时,程序会报出 The final field num cannot be assigned 的错误,这就说明 num 被定义为 final 时其值不能改变。

static 关键字定义的成员为静态的,即程序启动时就把此成员加载进内存。

1.5.3 包

包(Packages)是管理一组类的"工具",这一组类都在同一名字的空间中存储。包名可以是任何名字,并且都以分隔符(.)分开命名。当创建一个类时,如果没有指明其所在的包,那么其将被放在一个默认的无名包中。为了编程方便,一般把不同种类的类分别放在不同的包中。

当把一个类放在包中时，如果需要调用此包中的类，可以利用关键字 import 直接导入，也可以写类的全名，即"包名.类名"。例如，常用类 System 的全名为 java.lang.System。同一个包中类的调用不需要添加包的名字，但是当调用另外一个包中的类时需要导入此类，方法有以下两种。

1. 全名写法

全名写法即上面举例中 java.lang.System 的形式，把包名和类名用"."组合在一起来命名。例如，在控制台上打印一行字符串，其代码如下：

```
java.lang.System.out.println("Test");
```

在上述代码中 java.lang 为包的名字，System 为类的名字。在 Java 中 Java.lang 包是默认被导入的，所以在其下面的类中不需要明确导入。

2. import 导入包

使用 import 语句可以导入一个包中的类，也可以把此包中的所有类都导入。如果只导入包中的某个类，其格式如下：

```
import 包名.类名
import java.lang.System;
```

如果导入一个包，那么此包中的所有类都可以在此类中使用，只需要把上面格式中的类名用 * 来代替，其格式如下：

```
import 包名.*;
import java.lang.*;
```

注意：包名最好使用英文，且为小写，应避免用中文名字。其工程路径也一样，最好使用英文，这样可以避免一些预料不到的错误。

如果想创建独一无二的包名，那么按照惯例，包名的分隔符的第一部分为读者 Internet 域名的反顺序。假如域名为 DingXin.net，那么创建的包名为 net.dingxin。因为 Internet 域名是唯一的，所以读者创建的包名也是独一无二的，这样在发布自己的 Java 程序时就可以避免和其他人的混淆。

1.5.4 Java 访问权限修饰符

在 Java 中无论是接口、方法还是变量，都经常用到 public、protected 和 private 这 3 个修饰符，这 3 个修饰符只能分开使用，不能在定义方法或变量时同时使用。

1. 包访问权限

如果没有添加任何修饰符，则默认为包限制修饰符，其没有提供关键字。包访问权限即包内的所有类都可以调用那个成员，但是包以外的类不能对其进行调用。

2. public

public 为公共修饰符，即被其修饰的方法或变量可以被包内或者包外的类调用，而不受任何限制。

3. protected

protected 为受保护修饰符,即相同包内的其他类可以调用或修改,但是包外的类不能对其进行操作。它一般用在继承中,只能让其子类使用而不能被其他类调用,这样就相当于加了一把锁。

4. private

private 为私有修饰符,即其只能被自己的所有类调用,而不能被其他任何类调用。在同一个包中,用 private 定义的成员也不能被其他类调用,这就真正地把自己与其他类分隔开,所以称为私有修饰符。

1.5.5　Java 语言注释

语言都需要相应的注释来搭配,这有利于日后的代码维护和代码更改。在 Java 中有多种注释格式,以"/*"开头并以"*/"结尾的注释形式可以跨越多行代码,中间为注释内容,这种注释方式也称为多行注释。例如:

```
/*
*这是测试部分
*请读者注意
*/
```

注释的内容不会被编译,所以也可以把上面的分行注释改写成单行。例如:

```
/*这是测试部分请读者注意*/
```

另外一种注释方式为当行注释,以"//"开头,后面紧跟注释内容,此内容必须和"//"符号在同一行。例如:

```
//这是测试部分请读者注意
```

另外还有一种注释方法,即文档注释,也称为多行注释,其以"/**"开头,以"*/"结尾,也可以跨越多行代码,中间为注释内容。此注释方式可以把注释内容转化为超文本文件,这里需要用到 Java 中的 Javadoc 命令。例如:

```
/**这是测试部分
*请读者注意
*/
/**这是测试部分*请读者注意*/
```

注意:如果利用文档注释"/**…*/"注释某个变量,当在 IDE 工具中把鼠标指针移动到此变量上面时会出现注释的内容,这样可以方便程序员更快地知道此变量的含义。例如,注释下面的代码,当在 Eclipse 中把鼠标指针移动到方法中的变量 age 的上面时显示效果如图 1-18 所示。

图 1-18　文档注释

```java
/**
 * 参加者最小年龄
 */
int age = 4;
/**
 * 获得参加者需交的钱数
 */
private int note(){
        int note = age * 2 - 5;
        return note;
}
```

在上述程序中，如果把鼠标指针移动到 note() 方法的上面，则会发现并不能显示出文档注释的内容。

1.6 Java 数组和 Vector 容器的应用

1.6.1 Java 数组

简单地说，数组就是用来存放数据的容器，可以定义任意类型的数组。其实，数组也是对象，并且数组也是通过关键字 new 创建的。例如，创建一个 int 数组 array，并指定其大小为 5，其实现代码如下：

```java
int array[ ] = new int[5];
int[ ] array = new int[5];
```

数组的索引都是从 0 开始的，即上面创建的数组中最大的索引为 4，如果在程序中调用 array[5] 将会抛出数组越界异常。数组中有一个获得长度的属性 length，通过该属性可以获得数组的最大长度，而其最大索引为 array.length-1。

在创建了数组后就应该进行初始化，初始化数组和初始化其他对象一样，即给其中的每项赋值，如果不给其赋值，则 int 数组默认为 0，其他类型的数组默认为其类型默认值。例如，String 类型数据的默认值为 null。初始化刚才创建的 int 数组 array，其实现代码如下：

```java
array[0] = 1;
array[1] = 2;
array[3] = 4;
```

上面的代码初始化了数组的第 1、2、4 项，而没有对其他项进行初始化，这时在程序中通过下面的代码在控制台上打印数组的各项数值，得到的结果如图 1-19 所示。

```java
for(int i = 0;i < array.length;i++){
    System.out.println("array[" + i + "] = " + array[i]);
}
```

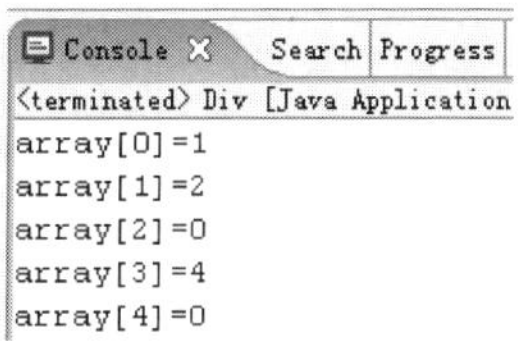

图 1-19 控制台上 array 数组的各项数值

通过图 1-19 可以看出，在没有给数组的各项初始化时，其值为 0。在程序中一般都要给各项赋值。用户可以通过下面的方法直接初始化数组 array，即在创建时便进行初始化：

```
int array[ ] = {1,2,0,4,0};
```

上述代码创建的数组 array 与通过关键字 new 创建并进行初始化的 array 是等同的。

上述介绍的数组为一维数组，下面简单介绍多维数组。例如，创建一个宽为 3、高为 5 的 int 数组，其实现代码如下：

```
int array[ ][ ] = new int[5][3];
int[ ][ ] array = new int[5][3];
```

其中可以通过 array.length 获得数组的高度，通过 array[0].length 获得数组的宽度，刚才创建的数组也可以称为二维数组。数组在游戏中的使用是很频繁的，例如地图数据、人物属性、人物列表等内容都是利用数组来实现的，这一点将在后面的游戏实例中讲到。

注意：数组是不可变的对象。

1.6.2　Vector 容器

Vector 是一个能够自行扩展大小的容器，可以在里面存放任何对象，可以通过下面的代码来创建对象实例：

```
Vector vec = new Vector();                              //默认
Vector vec = new Vector(int initLength);
Vector vec = new Vector(int initLength, int step);
```

上面代码中的参数 initLength 表示初始化 Vector 容器的大小，而参数 step 表示当 Vector 容器的大小大于原先大小时，容器大小步进 step，即增加 step 大小。例如，创建一个容器大小为 1、步进值为 2 的 Vector 对象，并把第 1.6.1 节创建的数组 array 添加到此对象中，其实现代码如下：

```
Vector vec = new Vector(1,2);                //创建 Vector 对象
vec.addElement(array);                        //添加 array 数组
System.out.println(vec.capacity());           //打印 Vector 容器的容量
```

运行上述代码，则在控制台上打印出容器的容量大小为 1，而当在此基础上继续添加 array 数组时，此容器的容量大小变为 3，即容器增加了 2。以此类推，如果继续添加，当容器大小变为 3 时，则再添加容器大小将会变成 5。

上述代码的第 2 行中的 addElement(Object obj) 方法表示把 obj 对象添加到 Vector 对象实例中，第 3 行中的 capacity() 方法表示返回 vec 的容量大小。

注意：size() 方法返回的是当前容器的大小（容器中的对象数量），而 capacity() 方法返回的是容器的容量大小，此时 capacity() 方法获得的大小一定大于或等于 size() 方法的返回值。

当在 Vector 容器中添加对象后，可以通过 elementAt(int index) 方法获得 index 索引

指定的对象，而 firstElement()和 lastElement()方法可以获得第 1 个添加的对象和最后一个添加的对象。如果不需要某个对象或者 Vector 容器中的整个对象，则调用 removeElementAt (int index)或 removeAllElements()方法。下面创建一个 Vector 对象实例，并通过调用添加、获得和删除对象等操作实现对应的功能，其实现代码如下：

```java
int array[ ] = {1};                                 //创建 int 型数组
int array1[ ] = {2};
int array2[ ] = {3};
Vector vec = new Vector(4)                          //创建 Vector 对象实例
vec.addElement(array);                              //添加对象
vec.addElement(array1);
vec.addElement(array2);
System.out.println("刚开始添加：");
System.out.println("Vector 容器容量大小：" + vec.capacity());
System.out.println("Vector 容器当前大小：" + vec.size());
System.out.println("判断是否为第 2 个对象：" + vec.elementAt(1).equals(array1));
System.out.println("第 1 个对象：" + vec.firstElement().equals(array));
System.out.println("最后一个对象：" + vec.lastElement().equals(array2));
vec.removeElementAt(0);                             //删除第 1 个对象
System.out.println("删除第 1 个对象：");
System.out.println("Vector 容器容量大小：" + vec.capacity());
System.out.println("Vector 容器当前大小：" + vec.size());
System.out.println("判断第 1 个对象是否为 array：" + vec.firstElement().equals(array));
vec.addElement(array);                              //添加 array 数组
System.out.println("再次添加 array：");
System.out.println("Vector 容器容量大小：" + vec.capacity());
System.out.println("Vector 容器当前大小：" + vec.size());
System.out.println("判断最后一个对象是否为 array：" + vec.lastElement().equals(array));
vec.removeAllElements();                            //全部删除
System.out.println("全部删除：");
System.out.println("Vector 容器容量大小：" + vec.capacity());
System.out.println("Vector 容器当前大小：" + vec.size());
```

通过运行上述代码，可以查看添加、获得和删除各个方法的具体用法以及含义，在控制台上的显示如图 1-20 所示。

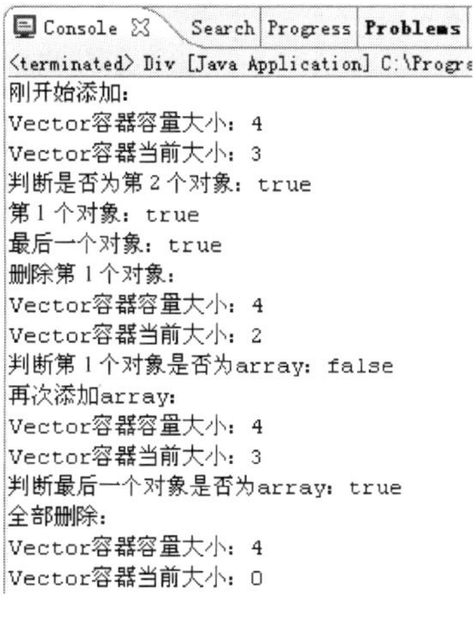

图 1-20　控制台信息图

1.7 文件操作

文件操作是通过流实现的,流用来实现程序直接的通信,或读/写外部设备和文件等。流为 I/O 操作,因此所有的文件操作都在 java.io 开发包中。

流中最重要的就是方向,根据方向的不同可以将流分为输入流和输出流两类。输入流只能读取信息,不能执行写入信息操作,而输出流只能写入信息,不能执行读取信息操作。流可以简单地理解为一个管道,其两端连接着文件和程序。

流还可以根据操作对象分为字节流和字符流,字节流操作的对象类型是字节,字节输入流的父类为 InputStream,输出流的父类为 OutputStream;而字符流操作的对象类型是字符,字符输入流的父类为 Reader,输出流的父类为 Writer。下面简单介绍文件操作中常用的流。

1.7.1 字节流

常用的两个字节流为文件输入流 FileInputStream 和文件输出流 FileOutputStream,其构造方法都是通过文件的路径名来创建的,其实现代码如下:

```
FileInputStream fis = null;                        //输入流
fis = new FileInputStream(path);                   //创建输入流
FileOutputStream fos = null;                       //输出流
fos = new FileOutputStream(path);                  //创建输出流
```

上述代码中的参数 path 为打开的文件路径,例如打开 C 盘下的文件 file.txt 时,path 可以赋值为"C:/file.txt"。

注意:输入流中的 path 路径指定的文件必须存在并且是可读的,而输出流中的 path 路径指定的文件如果存在,则必须是可以覆盖的,如果不存在此文件,则会新建一个文件。

例如,在 C 盘根目录下新建一个名为 file.txt 的文档,并写入"游戏开发"4 个汉字,然后通过流读出其中的内容,其实现代码如下:

```java
import java.io.*;
public class test1 {
    public static void main(String[ ] args) {
        FileInputStream fis = null;                    //定义输入流
        FileOutputStream fos = null;                   //定义输出流
        try {
            fos = new FileOutputStream("C:/file.txt"); //打开文件
            String str = "游戏开发";                    //定义字符串
            byte data[ ] = new byte[1024];             //字节数组
            data = str.getBytes();                     //字符串转换为字节数组
            fos.write(data);                           //写入文件
            fis = new FileInputStream("C:/file.txt");  //打开文件
            int length;                                //定义长度
            length = fis.available();                  //获得文件内容的长度
```

```
            fis.read(data,0,length);                    //读取文本内容
            System.out.println(new String(data,"gb2312").trim());
            fos.close();                                 //关闭流
            fis.close();
        } catch (Exception e) {
            System.out.println("此文件不存在");
        }
    }
}
```

第 7 行为打开文件，如果指定的 C 盘根目录下存在 file.txt 文件，则将其覆盖；如果不存在，则新建此文件。第 8～11 行表示把字符串转换为字节数组，并通过输出流把 str 字符串写进刚才建立或打开的文本文档中。

第 14～15 行通过输入流的 available()方法获得文件内容的长度，并通过输入流的 read()方法把此数据读取出来。

第 16 行表示把字节数组转换为字符串显示在控制台上，其中的 gb2312 为文件的编码格式，trim()方法表示把读取的所有空格都去掉。如果文本内容都为英文字符，那么可以通过其他方法来读取文本内容，其主要实现代码如下：

```
fis = new FileInputStream("C:/file.txt");        //打开文件
int num;                                          //记录位数
while((num = fis.read())!= -1){                   //判断是否到文件末尾
    System.out.println((char)num);
}
```

第 3 行表示当读取到文件末尾时就不再继续执行，即文件末尾的返回值为−1，而 read()方法返回的是数字，需要通过 char 强制转换成字符格式。

在字节流中还有两个比较常用的数据流，即数据输入流（DataInputStream）和数据输出流（DataOutputStream），这两个类允许读/写任何数据，并将 InputStream 和 OutputStream 作为输入和输出流对象。其构造方法如下：

```
DataInputStream dis;                              //数据输入流
dis = new DataInputStream(InputStream is)
```

上述代码是以 InputStream 输入流作为参数来实现数据读取的。数据流一般应用在网络数据的传输上。

例如，在 C 盘根目录下创建一个新文件，向其中输入不同类型的数据，然后读取出来，其主要实现代码如下：

```
DataInputStream dis;                              //数据输入流
DataOutputStream dos;                             //数据输出流
InputStream is = null;
OutputStream os = null;
try {
    os = new FileOutputStream("C:/file.txt");    //创建输出流
```

```
        is = new FileInputStream("C:/file.txt");          //创建输入流
        dos = new DataOutputStream(os);
        dis = new DataInputStream(is);
        dos.writeUTF("游戏开发");                          //输入内容
        dos.writeChar('d');
        dos.writeBoolean(true);
        String str = "";                                   //字符串
        char c;                                            //字符
        boolean flag;                                      //布尔值
        str = dis.readUTF();                               //读取内容
        c = dis.readChar();
        flag = dis.readBoolean();
        System.out.println("str == " + str + "||c == " + c + "||flag == " + flag);
    } catch (Exception e) {
        e.printStackTrace();
    }
```

第10～12行表示把字符串、字符和 boolean 值都写入文件,根据不同的数据类型需要调用不同的写入方法,而这些方法还包括对其他数据类型的写入方法,这里不再一一列举,读者可以通过圆点操作符来查找对应的方法。

第16～18行表示把刚才写入文件的内容读取出来。

注意：流的读/写操作是相反的,无论任何文件都必须知道它是怎么写入的,这样才能正确地读取出来。如果在上述代码中把读取顺序颠倒一下,那么将会抛出异常。

1.7.2 字符流

常用的两个字符流为输出流(OutputStreamWriter)和输入流(InputStreamReader),创建方法都以 InputStream 和 OutputStream 为对象进行操作。其基本操作和字节流相同,这里不再赘述,读者可以通过下面的一个例子来了解字符流的用法。

例如,在 C 盘根目录下创建一个新文件,命名为 char.txt,并把 dingxin 字符串写入此文件,然后通过流读取出来,其主要实现代码如下：

```
FileInputStream fis = null;                            //输入流
FileOutputStream fos = null;                           //输出流
OutputStreamWriter osw;                                //字符输出流
InputStreamReader isr;                                 //字符输入流
try {
    fos = new FileOutputStream("C:/char.txt");
    fis = new FileInputStream("C:/char.txt");
    osw = new OutputStreamWriter(fos);
    isr = new InputStreamReader(fis);
    osw.write("dingxin");                              //写入数据
    osw.flush();                                       //强制刷新流
    int num;                                           //记录位数
    while((num = isr.read())!= -1){                    //判断是否到文件末尾
        System.out.print((char)num);
    }
    fis.close();                                       //关闭所有流
```

```
            fos.close();
            osw.close();
            isr.close();
        } catch (IOException e) {
            e.printStackTrace();
        }
```

第11行表示把写入流的数据强制输出到文件中,如果这里不调用 flush()方法,则写入输出流的内容不会输出到文件中。

第 2 章

源码下载

游戏图形界面开发基础

对于一个游戏软件来说,不仅要有比较强大、完善的功能,还要有一个简洁、美观的界面。本章主要学习如何进行图形界面编程,其中包括 AWT 和 Swing 两部分内容。

2.1 AWT 简介

AWT 的英文全称是 Abstract Window Toolkit(抽象窗口工具集)。它是一个特殊的组件,其中包含其他的组件。它的库类也非常丰富,包括了创建 Java 图形界面程序的所有工具。用户可以利用 AWT 在容器中创建标签、按钮、复选框、文本框等用户界面元素。

在 AWT 中包括了图形界面编程的基本类库。AWT 是 Java 语言 GUI 程序设计的核心,它为用户提供基本的界面构件。这些构件可以用来建立图形用户界面的独立平台,从而使得用户和机器之间能够更好地进行交互。图形界面主要由组件类(Component)、容器类(Container)、布局管理器(LayoutManager)和图形类(Graphics)几部分组成。

- Component(组件类):按钮、标签、菜单等组件的抽象基本类。
- Container(容器类):扩展组件的抽象基本类,例如 Panel、Applet、Window、Dialog 和 Frame 等是由 Container 演变的类。容器中可以包括多个组件。
- LayoutManager(布局管理器):定义容器中组件摆放位置和大小的接口。在 Java 中定义了几种默认的布局管理器。
- Graphics(图形类):组件内与图形处理相关的类,每个组件都包含一个图形类的对象。

在 AWT 中存在缺少剪贴板、打印支持等缺陷,甚至没有弹出式菜单和滚动窗口等,因此 Swing 的产生也就成为必然。Swing 是纯 Java 实现的轻量级(lightweight)组件,它不依赖系统的支持。本章主要讨论 Swing 组件的基本使用方法和使用 Swing 组件创建用户界面的初步方法。

2.2 Swing 基础

Swing 是 Sun 公司推出的第二代图形用户接口工具包,通过 Swing 可以开发出功能强大、界面优美的客户应用程序。在 Swing 中不仅提供了很多功能完善的组件,它还具有良好的扩展能力,用 Swing 进行交互界面的开发是一件令开发人员非常愉快的工作。

Swing 元素的屏幕显示性能比 AWT 好,而且 Swing 是使用纯 Java 来实现的,所以 Swing 理所当然地具有 Java 的跨平台性。但 Swing 并不是真正使用原生平台提供设备,而是仅仅在模仿,因此可以在任何平台上使用 Swing 图形界面组件。Swing 被称为轻量级(lightweight)组件,AWT 被称为重量级(heavyweight)组件。当重量级组件与轻量级组件一同使用时,如果组件区域有重叠,则重量级组件总是显示在上面。

虽然 AWT 是 Swing 的基础,但是 Swing 中却提供了比 AWT 更多的图形界面组件。而且 Swing 中组件的类名都是以字母 J 开头,还增加了一些比较复杂的高级组件,例如 JTable、JTree。

2.3 Swing 组件

Swing 组件与 AWT 组件相似,但是又为每一个组件增加了新的方法,并提供了更多的高级组件。对于 Swing 组件,本节选取几个比较典型的组件进行详细讲解,对于没有讨论到的组件,如果读者在使用中遇到困难,可参阅 API 文档。

与 AWT 组件不同,Swing 组件不能直接添加到顶层容器中,它必须添加到一个与 Swing 顶层容器(JFrame、JDialog 等)相关联的内容面板(ContentPane)容器上。内容面板是顶层容器包含的一个普通容器,它是一个轻量级组件。顶层容量都含有一个默认内容面板可供 Swing 组件放入其中。

2.3.1 JButton

Swing 中的按钮是 JButton,它是 javax.swing.AbstracButton 类的子类,Swing 中的按钮可以显示图像,并且可以将按钮设置为窗口的默认图标,还可以将多个图像指定给一个按钮。

在 JButton 中有以下几个比较常用的构造方法。
- JButton(Icon icon):按钮上显示图标。
- JButton(String text):按钮上显示字符。
- JButton(String text,Icon icon):按钮上既显示图标又显示字符。

JButton 类的方法如下。
- setText(String text):设置按钮的标签文本。
- setIcon(Icon defaultIcon):设置按钮在默认状态下显示的图片。
- setRolloverIcon(Icon rolloverIcon):设置当鼠标指针移动到按钮上方时显示的图片。
- setPressedIcon(Icon pressedIcon):设置当按钮被按下时显示的图片。

- setContentAreaFilled(boolean b)：设置按钮的背景为透明，若设置为 true，则按钮将绘制内容区域。如果希望有一个透明的按钮，那么应该将此属性设置为 false。默认为绘制。
- setBorderPainted(boolean b)：设置为不绘制按钮的边框，当设置为 false 时表示不绘制，默认为绘制。

按钮组件是 GUI 中最常用的一种组件。按钮组件可以捕捉到用户的单击，同时利用按钮事件处理机制响应用户的请求。JButton 类是 Swing 提供的按钮组件，在单击 JButton 类对象创建的按钮时会产生一个 ActionEvent 事件。

2.3.2　JRadioButton

JRadioButton 组件实现一个单选按钮。JRadioButton 类可以单独使用，也可以与 ButtonGroup 类联合使用。当单独使用时，该单选按钮可以被选定或取消选定；当与 ButtonGroup 类联合使用时，需要使用 add()方法将 JRadioButton 添加到 ButtonGroup 中，这样组成了一个单选按钮组，此时用户只能选定单选按钮组中的一个单选按钮。

注意：使用 ButtonGroup 对象进行分组是逻辑分组而不是物理分组。创建一组按钮通常需要创建一个 JPanel 或者类似容器，并将按钮添加到容器中。

JRadioButton 组件的常用方法如下。
- public void setText(String text)：设置单选按钮的标签文本。
- public void setSelected(boolean b)：设置单选按钮的状态，在默认情况下未被选中，当设为 true 时表示单选按钮被选中。
- public void add(AbstractButton b)：添加按钮到按钮组中。
- public void remove(AbstractButton b)：从按钮组中移除按钮。
- public int getButtonCount()：返回按钮组中所包含按钮的个数，返回值为 int 型。
- public Enumeration < AbstractButton > getElements()：返回一个 Enumeration 类型的对象，通过该对象可以遍历按钮组中包含的所有按钮对象。
- public boolean isSelected()：返回单选按钮的状态，true 为选中。
- public void setSelected(boolean b)：设定单选按钮的状态。

【例 2-1】　本示例的功能是选择自己所喜欢的城市。

```
import java.awt.*;
import java.awt.event.*;
import javax.swing.*;
public class JRadioButtonTest {
    JFrame f = null;
    JRadioButtonTest() {
        f = new JFrame("单选按钮示例");              //创建一个 JFrame 对象(窗口)
        Container contentPane = f.getContentPane();  //获取窗口的内容面板容器
        contentPane.setLayout(new FlowLayout());     //设置这个窗口的布局
        JPanel p1 = new JPanel();                    //创建一个面板对象 p1
        p1.setLayout(new GridLayout(1,3));           //设置布局管理器的格式
        p1.setBorder(BorderFactory.createTitledBorder("选择你喜欢的城市"));
        //定义 3 个单选按钮
        JRadioButton r1 = new JRadioButton("北京");
```

```
            JRadioButton r2 = new JRadioButton("上海");
            JRadioButton r3 = new JRadioButton("青岛");
            p1.add(r1);
            p1.add(r2);
            p1.add(r3);
            r1.setSelected(true);                    //设置"北京"单选按钮的状态为被选中
            contentPane.add(p1);                     //将面板对象 p1 添加到内容面板容器中
            f.pack();
            f.setVisible(true);
            f.addWindowListener(new WindowAdapter() {    //添加一个窗口监听器
                    public void windowClosing(WindowEvent e) {
                        System.exit(0);
                    }
                });
    }
    public static void main(String args[]) {
        new JRadioButtonTest();
    }
}
```

程序运行结果如图 2-1 所示。程序首先要创建 JFrame 对象 f、内容面板 contentPane，并设置窗口的布局格式为流布局(FlowLayout())；定义 3 个 JRadioButton 对象，并设置它们各自的显示文本同时添加到面板对象 p1 中；然后为窗口设置事件监听；最后创建主方法，并在主方法中调用构造方法 JRadioButtonTest()。

图 2-1　选择喜欢的城市

2.3.3　JCheckBox

JCheckBox 组件用来创建复选框，使用复选框可以完成多项选择。Swing 中的复选框和 AWT 中的复选框相比，优点是在 Swing 复选框中可以添加图片。复选框可以为每一次的单击操作添加一个事件。

JCheckBox 的构造方法如下。

- JCheckBox(Icon icon)：创建一个有图标，但未被选定的复选框。
- JCheckBox(Icon icon,boolean selected)：创建一个有图标的复选框，并且指定是否被选定。
- JCheckBox(String text)：创建一个有文本，但未被选定的复选框。
- JCheckBox(String text,boolean selected)：创建一个有文本的复选框，并且指定是否被选定。
- JCheckBox(String text,Icon icon)：创建一个指定文本和图标，但未被选定的复选框。
- JCheckBox(String text,Icon icon,boolean selected)：创建一个指定文本和图标，并指定是否被选定的复选框。

其常用方法如下。

- public boolean isSelected()：返回复选框的状态，true 为选中。
- public void setSelected(boolean b)：设定复选框的状态。

【例 2-2】 设计一个继承面板的 Favorite 类,类别有运动、计算机、音乐和读书,界面如图 2-2 所示。

图 2-2 选择爱好

```
import javax.swing.*;
import java.awt.*;
class Favorite extends JPanel{
  JCheckBox sport,computer,music,read;
  Favorite(){
    sport = new JCheckBox("运动");
    computer = new JCheckBox("计算机");
    music = new JCheckBox("音乐");
    read = new JCheckBox("读书");
    add(new JLabel("爱好"));
    add(sport);add(computer);add(music);add(read);
    sport.setSelected(false);
    computer.setSelected(false);
    music.setSelected(false);
    read.setSelected(false);
} }
```

下面实现显示 Favorite 面板对象的窗口。

```
import javax.swing.*;
import java.awt.*;
public class JCheckBoxExample extends JFrame{
    public JCheckBoxExample (){
        super("复选框");
        Container container = getContentPane();
        container.setLayout(new FlowLayout());
        Favorite f = new Favorite();
        container.add(f);              //添加对象 f 到内容面板容器
        pack();
        setVisible(true);
    }
    public static void main(String args[]){
        JCheckBoxExample jcbe = new JCheckBoxExample ();
        jcbe.setDefaultCloseOperation(JFrame.EXIT_ON_CLOSE);
    }
}
```

2.3.4 JComboBox

JComboBox 组件用来创建组合框对象。根据组合框是否可编辑,可以将组合框分成两种常见的外观,即可编辑状态外观和不可编编辑状态外观。可编辑状态外观可视为文本框和下拉列表的组合，不可编辑状态外观可视为按钮和下拉列表的组合。在按钮或文本框的右侧有一个带三角符号的下拉按钮，用户单击该下拉按钮可以出现一个内容列表。组合框通常用于从列表的多个项目中选择一个的操作。

JComboBox 的构造方法有以下几种。

- JComboBox()：创建一个默认模型的组合框。
- JComboBox(ComboBoxModel aModel)：创建一个指定模型的组合框。
- JComboBox(Object[] items)：创建一个具有数组定义列表内容的组合框。

【例 2-3】 利用 JComboBox 设计一个选择城市的程序，界面如图 2-3 所示。

```
import javax.swing.*;
import java.awt.*;
public class JComboBoxExample extends JFrame{
    JComboBox comboBox1,comboBox2;
    String cityNames[] = {"北京","上海","重庆","南京","武汉","杭州"};
    public JComboBoxExample(){
        super("组合框");
        Container container = getContentPane();
        container.setLayout(new FlowLayout());
        comboBox1 = new JComboBox(cityNames);
        comboBox1.setSelectedIndex(3);
        comboBox1.setEditable(false);
        comboBox2 = new JComboBox(cityNames);
        comboBox2.setSelectedItem(cityNames[1]);
        comboBox2.addItem(new String("长沙"));
        comboBox2.setEditable(true);
        container.add(comboBox1);
        container.add(comboBox2);
        pack();
        setVisible(true);
    }
    public static void main(String args[]){
        JComboBoxExample jcbe = new JComboBoxExample();
        jcbe.setDefaultCloseOperation(JFrame.EXIT_ON_CLOSE);
    }
}
```

图 2-3　选择城市

2.3.5　JList

JList 组件用于定义列表，允许用户从中选择一个或多个项目。与 JTextArea 类似，JList 本身不支持滚动功能，如果要显示超出显示范围的项目，可以将 JList 对象放置到 JScrollPane 对象中，从而为列表对象实现滚动操作。

JList 的构造方法如下。

- JList()：创建一个空模型的列表。
- JList(ListModel dataModel)：创建一个指定模型的列表。
- JList(Object[] listdatas)：创建一个具有数组指定项目内容的列表。

其常用方法如下。

- int getFirstVisibleIndex()：获取第 1 个可见单元的索引。
- void setFirstVisibleIndex(int)：设置第 1 个可见单元的索引。
- int getLastVisibleIndex()：获取最后一个可见单元的索引。
- void setLastVisibleIndex(int)：设置最后一个可见单元的索引。
- int getSelectedIndex()：获取第 1 个已选的索引。
- void setSelectedIndex(int)：设置第 1 个已选的索引。
- Object getSelectedValue()：获取第 1 个已选的对象。
- void setSelectedValue(Object)：设置第 1 个已选的对象。
- Object[] getSelectedValues()：获取已选的所有对象。
- Color getSelectionBackground()：获取选中项目的背景色。
- void setSelectionBackground()：设置选中项目的背景色。
- Color getSelectionForeground()：获取选中项目的前景色。
- void setSelectionForeground()：设置选中项目的前景色。

2.3.6　JTextField 和 JPasswordField

JTextField 组件用于创建文本框，文本框是用来接收单行文本信息输入的区域。通常文本框用于接收用户信息或其他文本信息的输入。在用户输入文本信息后，如果为 JTextField 对象添加事件处理，按 Enter 键会激发一定的动作。

JPasswordField 是 JTextField 的子类，它是一种特殊的文本框，也是用来接收单行文本信息输入的区域，但会用回显字符串代替输入的文本信息，因此 JPasswordField 组件也称为密码文本框。JPasswordField 的默认回显字符是 *，用户可以自行设置回显字符。

JTextField 的构造方法有以下几种。

- JTextField()：创建一个空文本框。
- JTextField(String text)：创建一个具有初始文本信息的文本框。
- JTextField(String text,int columns)：创建一个具有初始文本信息以及指定列数的文本框。

JTextField 的常用方法如下。

- void setText(String)：设置显示内容。
- String getText()：获取显示内容。

JPasswordField 的构造方法有以下几种。

- JPasswordField()：创建一个空的密码文本框。
- JPasswordField(String text)：创建一个指定初始文本信息的密码文本框。
- JPasswordField(String text,int columns)：创建一个指定文本和列数的密码文本框。
- JPasswordField(int columns)：创建一个指定列数的密码文本框。

因为 JPasswordField 是 JTextField 的子类，所以 JPasswordField 具有和 JTextField 类似名称和功能的方法，此外它还具有自己的独特方法。
- boolean echoCharIsSet()：获取设置回显字符的状态。
- void setEchoChar(char)：设置回显字符。
- char getEchoChar()：获取回显字符。
- char[] getPassword()：获取组件的文本。

2.3.7　JPanel

JPanel 组件定义的面板实际上是一种容器组件（中间层容器），用来容纳其他各种轻量级的组件。此外，用户还可以用这种面板容器绘制图形。

JPanel 的构造方法如下。
- JPanel()：创建具有双缓冲和流布局（FlowLayout）的面板。
- JPanel(LayoutManager layout)：创建具有指定布局管理器的面板。

JPanel 的常用方法如下。
- void add(Component)：添加组件。
- void add(Component,int)：添加组件到索引指定位置。
- void add(Component,Object)：按照指定布局限制添加组件。
- void add(Component,Object,int)：按照指定布局管理限制添加组件到指定位置。
- void remove(Component)：移除组件。
- void remove(int)：移除指定位置的组件。
- void removeAll()：移除所有组件。
- void paintComponent(Graphics)：绘制组件。
- void repaint()：重新绘制。
- void setPreferredSize(Dimension)：设置最佳尺寸。
- Dimension getPreferredSize()：获取最佳尺寸。

【例 2-4】 利用 JPanel 设计一个程序，界面如图 2-4 所示。

```
import javax.swing.*;
import java.awt.*;
public class JPanelExample extends JFrame{
JButton[] buttons;
JPanel panel1;
    CustomPanel panel2;
    public JPanelExample(){
        super("面板示例");
        Container container = getContentPane();
        container.setLayout(new BorderLayout());
        panel1 = new JPanel(new FlowLayout());          //创建一个流布局管理的面板
        buttons = new JButton[4];
        for(int i = 0;i < buttons.length;i++){
            buttons[i] = new JButton("按钮 " + (i+1));
            panel1.add(buttons[i]);                     //添加按钮到面板 panel1 中
        }
```

```
            panel2 = new CustomPanel();
            container.add(panel1,BorderLayout.NORTH);
            container.add(panel2,BorderLayout.CENTER);
            pack();
            setVisible(true);
    }
    public static void main(String args[]){
        JPanelExample jpe = new JPanelExample();
        jpe.setDefaultCloseOperation(JFrame.EXIT_ON_CLOSE);
    }
    class CustomPanel extends JPanel{                    //定义内部类 CustomPanel
        public void paintComponent(Graphics g){
            super.paintComponent(g);
            g.drawString("Welcome to Java Shape World",20,20);
            g.drawRect(20,40,130,130);
            g.setColor(Color.green);                     //设置颜色为绿色
            g.fillRect(20,40,130,130);                   //绘制矩形
            g.drawOval(160,40,100,100);                  //绘制椭圆
            g.setColor(Color.orange);                    //设置颜色为橙色
            g.fillOval(160,40,100,100);                  //绘制椭圆
        }
        public Dimension getPreferredSize(){             //获取最佳尺寸
            return new Dimension(200,200);
        }
    }                                                    //结束内部类的定义
}
```

图 2-4　运行结果

2.3.8　JTable

JTable 是 Swing 新增加的组件,主要功能是把数据以二维表格的形式显示出来。使用表格,依据 MVC 的思想,最好先生成一个 MyTableModel 类型的对象来表示数据,这个类是从 AbstractTableModel 类中继承来的,其中有几个方法一定要重写,例如 getColumnCount()、getRowCount()、getColumnName()和 getValueAt()。因为 JTable 会从这个对象中自动获取表格显示所必需的数据,AbstractTableModel 类的对象负责表格大小的确定(行、列)、内容的填写、赋值、表格单元更新的检测等一切跟表格内容有关的属性及其操作。JTable 类生成的对象以该 TableModel 为参数,并负责将 TableModel 对象中的数据以表格的形式显示

出来。

2.3.9 JFrame

JFrame 组件用于创建框架,框架是 Swing GUI 应用程序的主窗口,窗口有边界、标题、关闭按钮等。

JFrame 类是 java.awt 包中 Frame 类的子类,它也是一般意义上的"窗口"。JFrame 窗口是一个容器,但却不能把组件直接添加到窗口中,其含有内容面板容器,应该把组件添加到内容面板容器中;不能为窗口设置布局,而应当为窗口的内容面板容器设置布局。

JFrame 窗口通过 getContentPane()方法获取内容面板容器,再对其添加组件:

```
JFrame frame = new JFrame();
Cotainer ct = frame.getContentPane();    //获取内容面板容器
ct.add(childComponent);                   //向内容面板容器中添加组件
```

JFrame 常用的方法和事件如下。

- frame.setVisible(true):显示框架对象代表的框架窗口。
- frame.setSize(200,100)、frame.pack():设置框架的初始显示大小。
- frame.setDefaultCloseOperation(JFrame.EXIT_ON_CLOSE):当用户单击框架的按钮时退出程序,或者添加 WindowListener 监听器实现单击关闭按钮退出程序。

【例 2-5】 基于 JFrame 实现窗口界面,窗口界面中有一个按钮组件。

```
import java.awt.*;
import javax.swing.*;
public class JFrameDemo{
    JFrame f;
    JButton b;
    Container c;
    public JFrameDemo(){
        f = new JFrame("JFrame Demo");
        b = new JButton("Press me");
        c = f.getContentPane();      //获取内容面板容器
        c.add(b);                    //向内容面板容器中添加按钮组件
                                     //或者直接 add(b);向默认内容面板容器添加对象
        f.setSize(200,200);
        f.setVisible(true);
    }
    public static void main(String args[]){
        new JFrameDemo();
    }
}
```

2.4 布局管理器

在 Java 语言中,把创建的组件放置到窗口中,需要设置窗口界面的格式,这时候就必须使用布局管理器(LayoutManager)的类来排列界面上的组件。

2.4.1 布局管理器概述

当组件被加入容器中时,由布局管理器排列组件。在整个程序编写的过程中,容器内的所有组件都由布局管理器进行管理。Java 中的布局管理器包括 FlowLayout、GridLayout、BorderLayout、CardLayout 等。当创建好需要的布局管理器后,就可以调用容器的 setLayout()方法来设定该容器的布局方式。在将组件添加到容器之前,若不设定布局管理器方式,则会采用默认的布局管理器:面板的默认布局管理器是 FlowLayout;窗口及框架的默认布局管理器是 BorderLayout。下面具体介绍几种主要的布局管理器。

2.4.2 流布局管理器

FlowLayout 是流布局管理器。这种布局管理器的特点是组件在容器内依照指定方向按照添加的顺序依次加入容器中。这个指定方向取决于流布局管理器中组件的方向属性。该属性有两种可能,即从左向右和从右向左。在默认情况下,这个指定方向是从左向右。许多容器采用流布局管理器作为默认布局管理器,例如 JPanel。

2.4.3 边界布局管理器

边界(边框)布局管理器是使用 BorderLayout 类来创建的。该布局方式会将容器分为 5 个部分,分别是东、西、南、北、中。也就是说,中间是一个大组件,四周是 4 个小的组件。

如果一个面板被设置成边界布局,则所有填入某一区域的组件都会按照该区域的空间进行调整,直到完全充满该区域。如果此时将面板的大小进行调整,则四周区域的大小不会发生改变,只有中间区域被放大或缩小。

【例 2-6】 一个使用边界布局管理器的示例。

```
import java.awt.*;
import java.awt.event.*;
import javax.swing.JButton;
import javax.swing.JFrame;
import javax.swing.JLabel;

public class BorderLayoutTest {
    public BorderLayoutTest() {
        JFrame jf = new JFrame();
        Container contentPane = jf.getContentPane();
        //设置容器的布局方式为 BorderLayout
        contentPane.setLayout(new BorderLayout());
        contentPane.add(new JButton("东"),BorderLayout.EAST);    //将按钮放到东侧
        contentPane.add(new JButton("西"),BorderLayout.WEST);    //将按钮放到西侧
        contentPane.add(new JButton("南"),BorderLayout.SOUTH);   //将按钮放到南侧
        contentPane.add(new JButton("北"),BorderLayout.NORTH);   //将按钮放到北侧
        //将标签放到中间
        contentPane.add(new JLabel("中",JLabel.CENTER),
                                    BorderLayout.CENTER);
        jf.setTitle("BorderLayout 布局管理器示例");              //设置标题
        jf.pack();
```

```
        jf.setVisible(true);
        //对一个窗口进行关闭操作的事件
        jf.addWindowListener(new WindowAdapter() {
            public void windowClosing(WindowEvent e) {
                System.exit(0);
            }
        });
    }
    public static void main(String[] args) {
        new BorderLayoutTest();
    }
}
```

在以上程序中,首先创建容器并设置布局方式为边界布局;然后在容器中添加 4 个按钮,分别设置为东、西、南、北,再添加一个标签,设置为中;最后对窗口属性进行设置。程序运行效果如图 2-5 和图 2-6 所示。

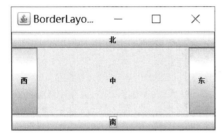

图 2-5 边界布局管理器效果

图 2-6 边界布局管理器效果对比

2.4.4 卡片布局管理器

卡片布局管理器(CardLayout)能将容器中的组件看成不同的卡片层叠排列,每次只能显示一张卡片。每张卡片只能容纳一个组件,初次显示时,显示的是第 1 张卡片。卡片布局管理器是通过 AWT 包的 CardLayout 类来创建的。用一个形象的比喻,卡片布局就像是一副扑克牌,而每次只能看到最上面的一张。

选项卡面板(JTabbedPane)的默认布局是 CardLayout。

2.4.5 网格布局管理器

网格布局是一种常用的布局方式,容器的区域被划分成矩形网格,每个矩形的大小规格一致,组件可以放置到其中的一个矩形中。在 Java 语言中通过 java.awt.GridLayout 类创建网格布局管理器对象,实现对容器中的各组件的网格布局排列。具体的排列方向取决于容器中组件的方向属性,组件的方向属性有两种,即从左向右和从右向左。用户可以根据实际要求设定方向属性,默认的方向是从右向左。

【例 2-7】 网格布局管理器的示例,运行效果如图 2-7 所示。

```
import javax.swing.*;
import java.awt.*;
```

```
public class GridLayoutExample extends JFrame{
    JButton buttons[];
    GridLayout layout;
    public void init(){
        this.setTitle("网格布局管理器示例");
        layout = new GridLayout(4,3,20,10);
        setLayout(layout);               //设置4行3列的网格布局
        buttons = new JButton[10];
        for(int i = 0;i < buttons.length;i++){
            buttons[i] = new JButton("按钮" + (i + 1));
            add(buttons[i]); }
    }
    public static void main(String args[]){
        GridLayoutExample gle = new GridLayoutExample();
        gle.init();
        gle.pack();
        gle.setVisible(true);
        gle.setDefaultCloseOperation(JFrame.EXIT_ON_CLOSE);
    }
}
```

图 2-7　网格布局效果

2.4.6　null 布局管理器

null 布局管理器是空的管理器,这意味着用户可以利用 GUI 组件对象的方法 setBounds()设定各个组件的位置和大小。GUI 组件的方法 setBounds()有两种形式,即 void setBounds (int x,int y,int width,int height)和 setBounds(Rectangle rect)。这种方式应用起来比较复杂,多用于组件可以随意移动的情况。

2.5　常用事件处理

在开发应用程序时对事件的处理是必不可少的,只有这样才能够实现软件与用户的交互。

常用事件包括动作事件处理、鼠标事件处理、键盘事件处理。

一般事件类处于 java.awt.event 包中。

2.5.1　动作事件处理

动作事件由 ActionEvent 类定义,最常用的动作事件是单击按钮后将产生动作的事件,可以通过实现 ActionListener 接口处理相应的动作事件。

ActionListener 接口只有一个抽象方法,将在动作发生后被触发。例如单击按钮之后,ActionListener 接口的具体定义如下:

```
public interface ActionListener extends EventListener {
    public void actionPerformed(ActionEvent e);
}
```

实现接口 ActionListener 的监听器类必须给出抽象方法 actionPerformed()的方法体,即对动作事件 ActionEvent 处理的代码。如果要处理事件源(按钮、文本框等)产生的动作事件,按钮和文本框等对象必须调用 addActionListener 方法注册监听器对象,创建监听器对象的类必须实现 ActionListener 接口中的抽象方法。

【例 2-8】 按钮动作事件示例。程序运行界面如图 2-8 所示。

图 2-8 按钮动作事件

```
import java.awt.Color;
import javax.swing.*;
import java.awt.event.*;
public class Action2 extends JFrame{
    static JButton b1 = new JButton("红色");
    static JButton b2 = new JButton("蓝色");
    static JButton b3 = new JButton("黄色");
    static JPanel p = new JPanel();
    static JLabel l = new JLabel("请单击下面按钮");
    public Action2(){
        super("动作事件");
        setBounds(10,20,220,200);
        l.setOpaque(true);
        l.setBounds(0,0,220,150);
        l.setHorizontalAlignment(JLabel.CENTER);
        add(l,"Center");
        p.add(b1); p.add(b2); p.add(b3);
        add(p,"South");
        b1.addActionListener(new B());         //注册动作事件的监听器对象
        b2.addActionListener(new B());         //注册动作事件的监听器对象
        b3.addActionListener(new B());         //注册动作事件的监听器对象
        setVisible(true);
    }
    public static void main(String args[]){
        Action2 f = new Action2(); }
}
```

```
class B implements ActionListener{                //创建监听器对象的类
    public void actionPerformed(ActionEvent e){
        if(e.getSource() == Action2.b1){          //事件源是 b1 按钮
            Action2.l.setText("按下的是红色按钮");
            Action2.l.setBackground(Color.red);
        }
        if(e.getSource() == Action2.b2){          //事件源是 b2 按钮
            Action2.l.setText("按下的是蓝色按钮");
            Action2.l.setBackground(Color.blue);
        }
        if(e.getSource() == Action2.b3){          //事件源是 b3 按钮
            Action2.l.setText("按下的是黄色按钮");
            Action2.l.setBackground(Color.yellow);
        }
    }
}
```

2.5.2 鼠标事件处理

鼠标事件由 MouseEvent 类捕获,所有的组件都能产生鼠标事件,可以通过实现 MouseListener 接口处理相应的鼠标事件。创建鼠标事件监听器对象的类必须实现 MouseListener 接口中的抽象方法。

MouseListener 接口有 5 个抽象方法,分别在鼠标指针移入(出)组件时、鼠标按键被按下(释放)时和发生单击事件时触发。

所谓单击事件,就是按键被按下并释放。

需要注意的是,如果按键是在移出组件之后才被释放,则不会触发单击事件。

MouseListener 接口的具体定义如下:

```
public interface MouseListener extends EventListener {    //创建鼠标事件监听器对象的类
    //鼠标指针移入组件时被触发
    public void mouseEntered(MouseEvent e);
    //鼠标按键被按下时触发
    public void mousePressed(MouseEvent e);
    //鼠标按键被释放时触发
    public void mouseReleased(MouseEvent e);
    //发生单击事件时被触发
    public void mouseClicked(MouseEvent e);
    //鼠标指针移出组件时被触发
    public void mouseExited(MouseEvent e);}
```

鼠标事件信息被封装到 MouseEvent 类中,MouseEvent 类中比较常用的方法如表 2-1 所示。

表 2-1 MouseEvent 类中常用的方法

方 法	功 能
getSource()	用来获得触发此事件的组件对象,返回值为 Object 类型
getButton()	用来获得代表触发此次按下、释放或单击事件的按键的 int 型值
getClickCount()	用来获得单击按键的次数

用户可以通过表 2-2 中的静态常量判断通过 getButton()方法得到的值代表哪个键。

表 2-2 MouseEvent 类的静态常量

静态常量	常量值	代表的键
BUTTON1	1	代表鼠标左键
BUTTON2	2	代表鼠标滚轮
BUTTON3	3	代表鼠标右键

【例 2-9】 鼠标事件示例。

```java
import javax.swing.*;
import java.awt.*;
import java.awt.event.*;
public class Mouse1 extends JFrame implements MouseListener{
    JLabel l = new JLabel();
    public Mouse1() {
        super("鼠标事件");
        setBounds(10,10,400,300);
        setLayout(null);
        l.setOpaque(true);
        l.setBackground(Color.ORANGE);
        l.setBounds(30,30,200,150);
        add(l);
        l.addMouseListener(this);           //对文本标签添加鼠标事件监听器(框架对象本身)
        setVisible(true);
    }
    public static void main(String args[]){
        Mouse1 f = new Mouse1();
    }
    public void mouseEntered(MouseEvent e){
        System.out.println("鼠标进入标签");
    }
    public void mousePressed(MouseEvent e){
        if(e.getButton() == 1)                  //左键
            System.out.println("鼠标左键被按下");
        if(e.getButton() == 2)                  //滚轮
            System.out.println("鼠标滚轮");
        if(e.getButton() == 3)                  //右键
            System.out.println("鼠标右键被按下");
    }
    public void mouseReleased(MouseEvent e){
        System.out.println("鼠标被释放");
    }
    public void mouseClicked(MouseEvent e){
        System.out.println("鼠标单击");
        System.out.println("鼠标单击了" + e.getClickCount() + "次");
    }
    public void mouseExited(MouseEvent e){
        System.out.println("鼠标移出了标签"); }
}
```

运行结果如下：

```
鼠标进入标签
鼠标左键被按下
鼠标被释放
鼠标单击
鼠标单击了 1 次
鼠标移出了标签
鼠标进入标签
鼠标移出了标签
```

2.5.3 键盘事件处理

键盘事件由 KeyEvent 类捕获，最常用的键盘事件是当向文本框输入内容时发生的键盘事件，可以通过实现 KeyListener 接口处理相应的键盘事件。创建键盘事件监听器对象的类必须实现 KeyListener 接口中的抽象方法。

KeyListener 接口有 3 个抽象方法，分别在发生击键事件、键被按下和释放时触发。KeyListener 接口的具体定义如下：

```java
public interface KeyListener extends EventListener {
    public void keyTyped(KeyEvent e);
    public void keyPressed(KeyEvent e);
    public void keyReleased(KeyEvent e);
}
```

键盘事件信息被封装到 KeyEvent 类中，KeyEvent 类中比较常用的方法如表 2-3 所示。

表 2-3 KeyEvent 类中常用的方法

方法	功能
getSource()	获得触发此事件的组件对象，返回值为 Object 类型
getKeyChar()	获得与此事件中的键相关联的字符
getKeyCode()	获得与此事件中的键相关联的整数 keyCode
getKeyText(int keyCode)	获得描述 keyCode 的标签，例如 F1、Home 等
isActionKey()	查看此事件中的键是否为"动作"键
isControlDown()	查看 Ctrl 键在此次事件中是否被按下
isAltDown()	查看 Alt 键在此次事件中是否被按下
isShiftDown()	查看 Shift 键在此次事件中是否被按下

【例 2-10】 键盘事件示例。

```java
import javax.swing.*;
import java.awt.event.*;
public class Key1 extends JFrame implements KeyListener {
    JTextArea t = new JTextArea();
    public Key1() {
        super("键盘事件");
        setBounds(0,0,400,300);
        JScrollPane sp = new JScrollPane();
```

```java
            sp.setViewportView(t);
            add(sp,"Center");
            t.addKeyListener(this);
            setVisible(true);
    }
    public void keyPressed(KeyEvent e) {
            String keyText = KeyEvent.getKeyText(e.getKeyCode());
            if (e.isActionKey())
                System.out.println("您按下的是动作键"" + keyText + """);
            else {
                System.out.println("您按下的是非动作键"" + keyText + """);
            }
    }
    public void keyTyped(KeyEvent e) {
            System.out.println("此次输入的是"" + e.getKeyCode() + """);
    }
    public void keyReleased(KeyEvent e) {
            System.out.println("您释放的是"" + e.getKeyChar() + """);
    }
    public static void main(String args[]) {
            Key1 f = new Key1();
    }
}
```

第 3 章

源码下载

Java图形处理和Java 2D

Java 语言的类库提供了丰富的绘图方法,其中大部分对图形、文本、图像的操作方法都定义在 Graphics 类中,Graphics 类是 java.awt 程序包的一部分。本章介绍的内容包括颜色设置、字体处理、基本图形绘制方法、文本处理,以及 Java 2D 中 Graphics2D 提供的基本图形绘制和图形特殊效果处理等方面。

3.1 Java 图形坐标系统和图形上下文

如果要将图形在屏幕上绘制出来,必须有一个精确的图形坐标系统来给该图形定位。与大多数其他计算机图形系统所采用的二维坐标系统一样,Java 的坐标原点(0,0)位于屏幕的左上角,坐标度量以像素为单位,水平向右为 X 轴的正方向,竖直向下为 Y 轴的正方向,每个坐标点的值表示屏幕上的一个像素点的位置,所有坐标点的值都取整数,如图 3-1 所示。这种坐标系统与传统坐标系统(如图 3-2 所示)有所不同。

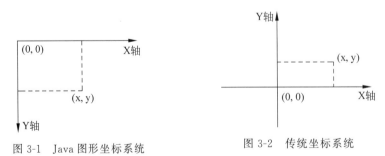

图 3-1 Java 图形坐标系统　　　　图 3-2 传统坐标系统

在屏幕上绘制图形时,所有输出都是通过一个图形上下文(Graphics Context)来产生的。图形上下文有时也称为图形环境,指允许用户在屏幕上绘制图形的信息,它由 Graphics 类封装,可以通过 Component 类的 getGraphics() 方法获得。图形上下文表示一个绘制图层,例如组件的显示区、打印机上的一页或一个屏幕外图像缓冲区。它提供了绘制 3 种图形对象(形状、文本和图像)的方法。

在 Java 中,可以通过 Graphics 的对象对图形上下文进行管理。Graphics 类定义了多种绘图函数,用户可以通过这些函数实现不同的图形绘制和处理。

在游戏编程开发中,经常在组件的 paint() 方法内获得 java.awt 包中的 Graphics 类的对象,然后调用 Graphics 类中相应的绘制函数实现输出。paint() 方法是 java.awt.Component 类(所有窗口对象的基类)提供的一个方法,当系统需要重新绘制组件时将调用该方法。paint() 方法只有一个参数,该参数是 Graphics 类的实例。下面给出一个实例。

```
public void paint(Graphics g)
{   Color myColor = new Color(255, 0, 0);
    g.setColor(myColor);
    g.drawString("这是 Java 中带颜色的文字串", 100,100) ;
    g.drawRect( 10,10,100 ,100 ) ;
}
```

组件的绘制时机如下:

(1) 当组件的外观发生变化时,例如窗口的大小、位置、图标等有更新,AWT 将自动从高层到叶结点组件相应地调用 paint() 方法,但可能有迟后感。

(2) 程序员也可直接调用某个组件的 repaint() 或 paint() 方法,以立即更新外观(例如在添加新的显示内容后)。

注意:如果要求保留上次的输出结果,可以调用 paint();如果不要求保留上次的输出结果,只希望用户看到最新的输出结果,可以调用 repaint()。

3.2　Color 类

用户可以使用 java.awt.Color 类为绘制的图形设置颜色。Color 类使用了标准 RGB (standard RGB,sRGB)颜色空间来表示颜色值。颜色由红(R)、绿(G)、蓝(B)三原色构成,每种原色的强度用一个 byte 值表示,每种原色的取值为 0(最暗)~255(最亮),这 3 种颜色值的不同组合显示不同的颜色效果,例如(0,0,0)表示黑色,(255,255,255)表示白色。

在 Java 中 Color 类定义了 13 种颜色常量供用户使用,它们分别为 Color.black、Color.blue、Color.cyan、Color.darkGray、Color.gray、Color.green、Color.lightGray、Color.magenta、Color.orange、Color.pink、Color.red、Color.white 和 Color.yellow。从 JDK1.4 开始,可以使用 Color 类中定义的新常量,它们和上述颜色常量一一对应,分别为 Color.BLACK、Color.BLUE、Color.CYAN、Color.DARK_GRAY、Color.GRAY、Color.GREEN、Color.LIGHT_GRAY、Color.MAGENTA、Color.ORANGE、Color.PINK、Color.RED、Color.WHITE 和 Color.YELLOW。

除此之外,用户也可以通过 Color 类提供的构造方法 Color(int r,int g,int b)创建自己需要的颜色。该构造方法通过指定红、绿、蓝 3 种颜色的值来创建一个新的颜色,参数 r、g、b 的取值范围为 0~255。例如:

```
Color color = new Color(255,0,255);
```

一旦用户生成了自己需要的颜色,就可以通过 java.awt.Component 类中的 setBackground(Color c)和 setForeground(Color c)方法来设置组件的背景色和前景色,也可以将该颜色作为当前的绘图颜色。

3.3 Font 类和 FontMetrics 类

3.3.1 Font 类

用户可以使用 java.awt.Font 类创建字体对象。在 Java 中提供了物理字体和逻辑字体两种字体。AWT 定义了 5 种逻辑字体,分别为 SansSerif、Serif、Monospaced、Dialog 和 DialogInput。

Font 类的构造方法为:

```
Font(String name,int style,int size);
```

其中,参数 name 为字体名,可以设置为系统上可用的任一字体,例如 SansSerif、Serif、Monospaced、Dialog 或 DialogInput 等;参数 style 为字形,可以设置为 Font.PLAIN、Font.BOLD、Font.ITALIC 或 Font.BOLD + Font.ITALIC 等;参数 size 为字号,其取值为正整数。例如:

```
Font font = new Font("Serif",Font.ITALIC,10);
```

如果需要找到系统上的所有可用字体,可以通过创建 java.awt.GraphicsEnviroment 类的静态方法 getLocalGraphicsEnviroment()的实例,调用 GetAllFonts()方法来获得系统中的所有可用字体,或通过 getAvailableFontFamilyNames()方法来获得可用字体的名字。例如在生成可用的字体对象后,可以通过 java.awt.Component 类中的 setFont(Font f)方法设置组件的字体。

【例 3-1】 在控制台上输出系统中所有的可用字体。程序源代码见 ShowAvaliableFont.java,程序运行结果如图 3-3 所示。

```
//ShowAvaliableFont.java
import java.awt.*;
public class ShowAvaliableFont {
    public static void main(String[] args) {
        GraphicsEnvironment e =
            GraphicsEnvironment.getLocalGraphicsEnvironment();
        String[] fontNames = e.getAvailableFontFamilyNames();        //获得可用字体的名称
        int j = 0;
        for(int i = 0; i < fontNames.length; i++)
        {
            System.out.printf("%25s",fontNames[i]);
            j++;
            if(j%3 == 0) System.out.println();
        }
    }
}
```

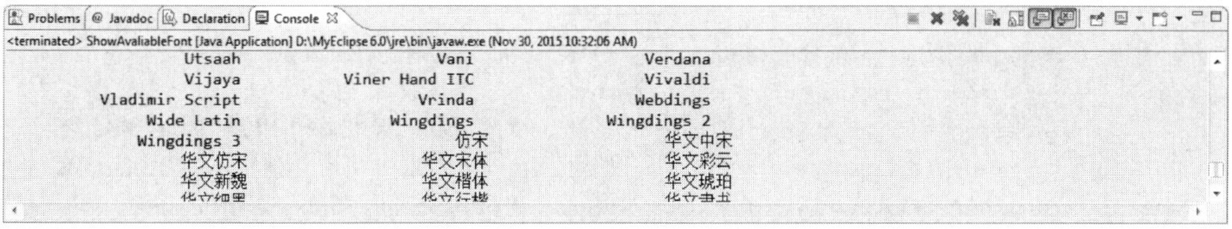

图 3-3 例 3-1 的运行结果

3.3.2 FontMetrics 类

使用 drawString(String s,int x,int y)方法可以指定在框架的(x,y)位置开始显示字符串,但是如果想在框架的中央显示字符串,需要使用 FontMetrics 类。FontMetrics 类是一个抽象类,如果要使用 FontMetrics 对象,可以通过调用 Graphics 类中的 getFontMetrics()方法。FontMetrics 定义字体的度量,给出了关于在特定的组件上描绘特定字体的信息。这些字体信息包括 ascent(上升量)、descent(下降量)、leading(前导宽度)和 height(高度)。其中 leading 用于描述两行文本间的间距,如图 3-4 所示。

图 3-4 字体信息示意图

FontMetrics 类提供了下面几种方法用于获取 ascent、descent、leading 和 height。
- int getAscent():取得由当前 FontMetrics 对象描述的字体的 ascent 值。
- int getDescent():取得由当前 FontMetrics 对象描述的字体的 descent 值。
- int getLeading():取得由当前 FontMetrics 对象描述的字体的 leading 值。
- int getHeight():取得使用当前字体的一行文本的标准高度。

【例 3-2】 在框架的中央位置显示字符串"Java Programming",并将字体设置为 Serif、粗斜体,大小为 30,颜色为红色,将框架背景设置为淡灰色。程序源代码见 FontMetricsDemo.java,程序运行结果如图 3-5 所示。

```java
//FontMetricsDemo.java
import java.awt.*;
import javax.swing.JFrame;
public class FontMetricsDemo extends JFrame{
    public FontMetricsDemo() {
    super();
    setTitle("FontMetrics Demo");
    setSize(300,200);
    setVisible(true);
    }
    public void paint(Graphics g) {
        Font font = new Font("Serif",Font.BOLD + Font.ITALIC,30);   //建立字体
        g.setFont(font);                                              //设置当前使用字体
        setBackground(Color.LIGHT_GRAY);                              //设置框架的背景颜色
```

```
        g.setColor(Color.RED);
        FontMetrics f = g.getFontMetrics();              //建立 FontMetrics 对象
        int width = f.stringWidth("Java Programming");    //取得字符串的宽度
        int ascent = f.getAscent();                       //取得当前使用字体的 ascent 值
        int descent = f.getDescent();                     //取得当前使用字体的 descent 值
        int x = (getWidth() - width)/2;
        int y = (getHeight() + ascent)/2;
        g.drawString("Java Programming",x,y);
    }
    public static void main(String[] args) {
        FontMetricsDemo fmd = new FontMetricsDemo();
        fmd.setDefaultCloseOperation(JFrame.EXIT_ON_CLOSE);
    }
}
```

图 3-5　例 3-2 的运行结果

3.4　常用的绘图方法

3.4.1　绘制直线

在 Java 中可以使用下面的方法绘制一条直线：

```
drawLine(int x1,int y1,int x2,int y2);
```

其中，参数 x1、y1、x2、y2 分别表示该直线的起点(x1,y1)和终点(x2,y2)的坐标值。

3.4.2　绘制矩形

在 Java 中提供了绘制空心矩形(只绘制矩形的轮廓)和填充矩形的方法，对于普通直角矩形、圆角矩形和三维矩形有不同的绘制方法。

1. 普通直角矩形

用户可以使用下面的方法绘制普通直角矩形的轮廓：

```
drawRect(int x,int y,int width,int height);
```

如果需要绘制一个有填充颜色的普通直角矩形,可以使用下面的方法:

```
fillRect(int x,int y,int width,int height);
```

这两种方法的参数的含义相同,x、y 分别表示矩形左上角的 x 坐标和 y 坐标,width、height 分别表示矩形的宽和高。

2. 圆角矩形

用户可以使用下面的方法绘制圆角矩形的轮廓:

```
drawRoundRect(int x,int y,int width,int height,int arcWidth,int arcHeight);
```

如果需要绘制一个有填充颜色的圆角矩形,可以使用下面的方法:

```
fillRoundRect(int x,int y,int width,int height,int arcWidth,int arcHeight);
```

这两种方法的参数的含义相同,x、y 分别表示矩形左上角的 x 坐标和 y 坐标,width、height 分别表示矩形的宽和高,arcWidth 和 arcHeight 分别表示圆角弧的水平直径和竖直直径,如图 3-6 所示。

3. 三维矩形

用户可以使用下面的方法绘制三维矩形的轮廓:

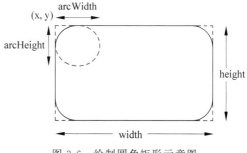

图 3-6 绘制圆角矩形示意图

```
draw3DRect(int x,int y,int width,int height,boolean raised);
```

如果需要绘制一个有填充颜色的三维矩形,可以使用下面的方法:

```
fill3DRect(int x,int y,int width,int height,boolean raised);
```

这两种方法的参数的含义相同,x、y 分别表示矩形左上角的 x 坐标和 y 坐标,width、height 分别表示矩形的宽和高,raised 为真(true)表示矩形从表面凸起,raised 为假(false)表示矩形从表面凹进。

3.4.3 绘制椭圆

用户可以使用下面的方法绘制空心椭圆:

```
drawOval(int x,int y,int width,int height);
```

如果需要绘制一个有填充颜色的椭圆,可以使用下面的方法:

```
fillOval(int x,int y,int width,int height);
```

这两种方法的参数的含义相同，x、y 分别表示该椭圆的外接矩形左上角的 x 坐标和 y 坐标，width、height 分别表示外接矩形的宽和高，如图 3-7 所示。如果设置外接矩形为正方形，即 width 和 height 相等，则可以绘制圆。

【例 3-3】 在框架中绘制直线、矩形和椭圆。程序源代码见 DrawImageDemo.java，程序运行结果如图 3-8 所示。

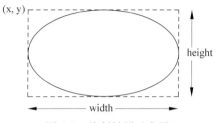

图 3-7　绘制椭圆示意图

```java
//DrawImageDemo.java
import java.awt.*;
import javax.swing.*;
public class DrawImageDemo extends JFrame{
    public DrawImageDemo() {
        super();
        setTitle("Draw Line Rectangle Ellipse");
        setSize(300,300);
        setVisible(true);
    }
    public void paint(Graphics g) {
        //绘制直线、空心矩形和空心椭圆
        g.setColor(Color.red);
        g.drawRect(10,30,getWidth()/2-50,getHeight()/2-50);
        g.drawOval(10,30,getWidth()/2-50,getHeight()/2-50);
        g.drawLine(10,30,5+getWidth()/2-50,30+getHeight()/2-50);

        //绘制填充色为淡灰色的 3D 矩形、圆角矩形和椭圆
        g.setColor(Color.LIGHT_GRAY);
        g.fill3DRect(10,180,getWidth()/2-50,getHeight()/2-50,true);
        g.fillRoundRect(130,30,getWidth()/2-50,getHeight()/2-50,30,40);
        g.fillOval(130,180,getWidth()/2,getHeight()/2-50);
    }
    public static void main(String[] args) {
        DrawImageDemo d = new DrawImageDemo();
        d.setDefaultCloseOperation(JFrame.EXIT_ON_CLOSE);
    }
}
```

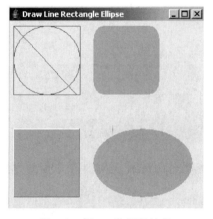

图 3-8　例 3-3 的运行结果

3.4.4 绘制弧形

弧形可以看作椭圆的一部分，因此它的绘制也是根据其外接矩形进行的。通过 drawArc()方法和 fillArc()方法可以分别绘制弧线和扇形。这两种方法如下：

```
drawArc(int x, int y, int width, int height, int startAngle, int arcAngle);
fillArc(int x, int y, int width, int height, int startAngle, int arcAngle);
```

其中，x、y、width、height 参数的含义和 drawOval()方法的参数的含义相同，参数 startAngle 表示该弧的起始角度，参数 arcAngle 表示生成角度（从 startAngle 开始转了多少度），且水平向右方向表示 0 度，从 0 度开始沿逆时针方向旋转为正角，如图 3-9 所示。

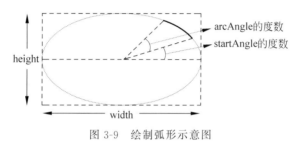

图 3-9 绘制弧形示意图

3.4.5 绘制多边形和折线段

1. 绘制多边形

使用 drawPolygon()方法和 fillPolygon()方法可以分别绘制多边形的外框轮廓和填充多边形：

```
drawPolygon(int[] xPoints, int[] yPoints, int nPoints);
fillPolygon(int[] xPoints, int[] yPoints, int nPoints);
```

其中，多边形的顶点是由数组 xPoints 和 yPoints 中对应下标的相应元素组成的坐标来指定，数组 xPoints 存储所有顶点的 x 坐标，数组 yPoints 存储所有顶点的 y 坐标，参数 nPoints 指定多边形的顶点个数。drawPolygon()方法在绘制多边形时并不自动关闭多边形的最后一条边，而是一段开放的折线。所以，若想绘制封闭的边框型多边形，不要忘了在数组的尾部再添上一个起始点的坐标。

除此以外，drawPolygon(Polygon p)方法和 fillPolygon(Polygon p)方法也可以用来绘制多边形。这两种方法的参数是一个 Polygon 类的对象。

若想在多边形上增加一个顶点，可以使用 addPoint(int x, int y)方法。因此可以先创建一个空的 Polygon 对象，再重复调用 addPoint()方法将所有多边形的顶点加入创建的 Polygon 对象中，然后通过调用 drawPolygon(Polygon p)方法或 fillPolygon(Polygon p)方法绘制多边形。

2. 绘制折线段

使用 drawPolygonline()方法可以绘制折线段：

```
drawPolygonline(int[ ] xPoints,int[ ] yPoints,int nPoints);
```

其中,数组 xPoints 存储所有顶点的 x 坐标,数组 yPoints 存储所有顶点的 y 坐标,nPoints 指定折线段顶点的个数。

【例 3-4】 在 JPanel 中绘制扇形和星形。程序源代码见 SimpleDraw.java,程序运行结果如图 3-10 所示。

```java
//SimpleDraw.java
import java.awt.*;
import javax.swing.*;
public class SimpleDraw {
    public static void main(String[] args) {
        DrawFrame frame = new DrawFrame();
        frame.setDefaultCloseOperation(JFrame.EXIT_ON_CLOSE);
        frame.setVisible(true);
    }
}
class DrawFrame extends JFrame {
    public DrawFrame() {
        setTitle("简单图形绘制");
        setSize(300,300);
        DrawPanel panel = new DrawPanel();
        Container contentPane = getContentPane();
        contentPane.add(panel);
    }
}
class DrawPanel extends JPanel {
    public void paintComponent(Graphics g){
        super.paintComponent(g);
        int x1 = 50,y1 = 50,x2 = 50,y2 = 150;
        int radius = 100;                   //半径
        int startAngle = -90;               //起始角度
        int arcAngle = 180;                 //弧的角度
        g.drawLine(x1,y1,x2,y2);            //绘制直线
        g.drawArc(x1 - radius/2,y1,radius,radius,startAngle,arcAngle);
        Polygon p = new Polygon();
        x1 += 150; y1 += 50; radius /= 2;
        for (int i = 0; i < 6; i++)
            p.addPoint((int)(x1 + radius * Math.cos(i * 2 * Math.PI / 6)),
            (int)(y1 + radius * Math.sin(i * 2 * Math.PI / 6)));
        g.drawPolygon(p);                   //绘制六边形
    }
}
```

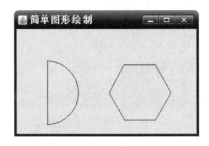

图 3-10 例 3-4 的运行结果

3.4.6 清除绘制的图形

使用 clearRect()方法可以清除绘制的图形：

```
clearRect(int x,int y,int width,int height);
```

以上用背景色填充指定矩形来达到清除矩形的效果。也就是说，当一个 Graphics 对象使用该方法时，相当于在使用一个"橡皮擦"。其中，参数 x、y 是被清除矩形的左上角的坐标，另外两个参数是被清除矩形的宽和高。

3.5 Java 2D 简介

3.5.1 Java 2D API

Java 2D API(Application Programming Interface)增强了抽象窗口工具包(AWT)的图形、文本和图像功能，可以创建高级图形库，开发更加强大的用户接口和新型的 Java 应用程序。Java 2D API 对 AWT 进行了扩展，提供了更加灵活、功能更全面的绘制包，使其支持更多的图形绘制操作。

Java 2D 是 Java 核心类库的一部分，它包含 java.awt、java.awt.image、java.awt.color、java.awt.font、java.awt.geom、java.awt.print、java.awt.image.renderable 和 com.sun.image.codec.jpeg 包。

其中，java.awt 包中包含一般的或比原有类增强的 Java 2D API 类和接口；java.awt.image 和 java.awt.image.renderable 包中包含用于图像定义与绘制的类和接口；java.awt.color 包中包含用于颜色空间定义与颜色监视的类和接口；java.awt.font 包中含用于文本布局与字体定义的类和接口；java.awt.geom 包中包含所有与几何图形定义相关的类和接口；java.awt.print 包中包含用于打印所有基于 Java 2D 的文本、图形和图像的类和接口。

3.5.2 Graphics2D 简介

Graphics2D 扩展了 java.awt.Graphics 包，使得对形状、文本和图像的控制更加完善。Graphics2D 对象保存了大量用来确定如何绘制图形的信息，其中大部分包含在一个 Graphics2D 对象的 6 个属性之中，这 6 个属性如下。

(1) 绘制(Paint)：该属性确定所绘制线条的颜色以及填充图形的颜色和图案等。用户可以通过 setPaint(Paint p)方法进行该属性的设置。

(2) 画笔(Stroke)：该属性可以确定线条的类型、粗细以及线段端点的形状。用户可以通过 setStroke(Stroke s)方法进行该属性的设置。

(3) 字体(Font)：该属性可以确定所显示字符串的字体。用户可以通过 setFont(Font f)方法进行该属性的设置。

(4) 转换(Transform)：该属性确定了图形绘制过程中要应用的转换方法，通过指定转换方法可以将绘制内容进行平移、旋转和缩放。用户可以通过 setTransform()方法进行该属性的设置。

（5）剪切(Clip)：该属性定义了组件上某区域的边界。用户可以通过 setClip(Clip c)方法进行该属性的设置。

（6）合成(Composite)：该属性定义了如何绘制重叠的几何图形，使用合成规则可以确定重叠区域的显示效果。用户可以通过 setComposite(Composite c)方法设置该属性的值。

在一般情况下，使用 Graphics2D 对象的方法进行图形的绘制，Graphics2D 对象的常用方法如下。

（1）abstract void clip(Shape s)：将当前 Clip 与指定 Shape 的内部区域相交，并将 Clip 设置为所得的交集。

（2）abstract void draw(Shape s)：使用当前 Graphics2D 上下文的设置绘制 Shape 的轮廓。

（3）abstract void drawImage(BufferedImage img, BufferedImageOp op, int x, int y)：呈现使用 BufferedImageOp 过滤的 BufferedImage 应用的呈现属性，包括 Clip、Transform 和 Composite 属性。

（4）abstract boolean drawImage(Image img, AffineTransform xform, ImageObserver obs)：呈现一个图像，在绘制前进行从图像空间到用户空间的转换。

（5）abstract void drawString(String s, float x, float y)：使用 Graphics2D 上下文中的当前文本属性状态呈现由 String 指定的文本。

（6）abstract void drawString(String str, int x, int y)：使用 Graphics2D 上下文中的当前文本属性状态呈现由 String 指定的文本。

（7）abstract void fill(Shape s)：使用 Graphics2D 上下文的设置填充 Shape 的内部区域。

（8）abstract Color getBackground()：返回用于清除区域的背景色。

（9）abstract Composite getComposite()：返回 Graphics2D 上下文中的当前 Composite。

（10）abstract Paint getPaint()：返回 Graphics2D 上下文中的当前 Paint。

（11）abstract Stroke getStroke()：返回 Graphics2D 上下文中的当前 Stroke。

（12）abstract boolean hit(Rectangle rect, Shape s, boolean onStroke)：检查指定的 Shape 是否与设备空间中的指定 Rectangle 相交。

（13）abstract void rotate(double theta)：将当前的 Graphics2D Transform 与旋转转换连接。

（14）abstract void rotate(double theta, double x, double y)：将当前的 Graphics2D Transform 与平移后的旋转转换连接。

（15）abstract void scale(double sx, double sy)：将当前的 Graphics2D Transform 与可缩放转换连接。

（16）abstract void setBackground(Color color)：设置 Graphics2D 上下文的背景色。

（17）abstract void setComposite(Composite comp)：为 Graphics2D 上下文设置 Composite，Composite 用于所有绘制方法中，例如 drawImage()、drawString()、draw() 和 fill()，它指定新的像素如何在呈现过程中与图形设备上的现有像素组合。

(18) abstract void setPaint(Paint paint)：为 Graphics2D 上下文设置 Paint 属性。

(19) abstract void setStroke(Stroke s)：为 Graphics2D 上下文设置 Stroke。

(20) abstract void setTransform(AffineTransform Tx)：重写 Graphics2D 上下文中的 Transform。

(21) abstract void shear(double shx，double shy)：将当前的 Graphics2D Transform 与剪裁转换连接。

(22) abstract void translate(double tx，double ty)：将当前的 Graphics2D Transform 与平移转换连接。

(23) abstract void translate(int x，int y)：将 Graphics2D 上下文的原点平移到当前坐标系统中的点（x,y）。

3.5.3　Graphics2D 的图形绘制

Graphics2D 是 Graphics 类的子类，它也是一个抽象类，不能实例化 Graphics2D 对象。为了使用 Graphics2D，可以通过 Graphics 对象传递一个组件的绘制方法给 Graphics2D 对象，例如：

```
public void paint(Graphics g){
    Graphics2D g2 = (Graphics 2D)g;
    …
}
```

Java 2D API 提供了几种定义点、直线、曲线、矩形和椭圆等常用几何对象的类，这些新几何类是 java.awt.geom 包的组成部分，包括 Point2D、Line2D、Arc2D、Rectangle2D 和 Ellipse2D 等。每个类都有单精度和双精度两种像素定义方式，例如 Point2D.double 和 Point2D.float、Line2D.double 和 Line2D.float 等，使用这些类可以很容易地绘制基本的二维图形对象。

【例 3-5】 使用 Graphics2D 绘制直线、矩形和椭圆。程序源代码见 Graphics2DDemo.java，程序运行结果如图 3-11 所示。

```
//Graphics2DDemo.java
import java.awt.*;
import javax.swing.*;
import java.awt.geom.*;
public class Graphics2DDemo extends JFrame{
    public Graphics2DDemo() {
        super();
        setTitle("Draw 2D Shape Demo");
        setSize(300,200);
        setVisible(true);
    }
    public void paint(Graphics g) {
        //建立 Graphics2D 对象
        Graphics2D g2 = (Graphics2D) g ;
        //建立 Line2D 对象
```

```
            Line2D l = new Line2D.Double(50,50,200,50);
            g2.draw(l);
            //建立 Rectangle2D 对象
            Rectangle2D r = new Rectangle2D.Float(30,80,100,100);
            Color c = new Color(10,20,255);
            g2.setColor(c);
            g2.draw(r);

            //建立 Ellipse2D 对象
            Ellipse2D e = new Ellipse2D.Double(150,80,100,100);
            g2.setColor(Color.GRAY);
            g2.fill(e);
        }
        public static void main(String[] args) {
            Graphics2DDemo g = new Graphics2DDemo();
            g.setDefaultCloseOperation(JFrame.EXIT_ON_CLOSE);
        }
    }
```

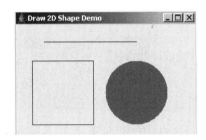

图 3-11 例 3-5 的运行结果

3.5.4 Graphics2D 的属性设置

Graphics2D 通过设置对象的属性来确定如何绘制图形的信息，在前面已经介绍了 Graphics2D 对象的 6 种属性，包括 Paint、Stroke、Font、Transform、Clip 和 Composite。下面介绍如何在 Graphics2D 的图形上下文中设置常用的属性，即 Paint、Stroke 和 Composite。

（1）Paint 用于填充绘制图形的颜色或图案，在 Java 2D API 中提供了两种 Paint 属性的填充方式，即 GradientPaint 和 TexturePaint。GradientPaint 定义在两种颜色间渐变的填充方式，而 TexturePaint 利用重复图像片段定义一种纹理填充方式。用户可以使用 setPaint()方法设置定义好的填充方式并将其应用于绘制的图形中。

GradientPaint 类提供了下面的构造方法来建立颜色渐变方式：

① GradientPaint(float x1,float y1,Color color1,float x2,float y2,Color color2);

② GradientPaint(float x1, float y1, Color color1, float x2, float y2, Color color2, boolean cyclic);

③ GradientPaint(Point2D p1,Color color1,Point2D p2,Color color2);

④ GradientPaint(Point2D p1,Color color1,Point2D p2,Color color2,boolean cyclic)。

其中，构造方法①和②中的参数 x1、y1 指定颜色渐变的起点坐标，x2、y2 指定颜色渐变的终点坐标，填充颜色从 color1 渐变至 color2。当构造方法②中的参数 cyclic 为 true 时，填充方式和构造方法①定义的相同，若 cyclic 为 false，则填充方式为非周期性渐变。构造方法③和构造方法①类似，构造方法④和构造方法②类似，只是在构造方法③和④中使用了 Point2D 对象来指定填充颜色渐变的起始(p1)和结束(p2)位置。

TexturePaint 类的构造方法如下：

```
TexturePaint(BufferedImage txtr,Rectangle2D anchor);
```

其中，txtr 用来定义一个单位的填充图像的材质，anchor 用来复制材质。

【例 3-6】 使用 GradientPaint 渐变填充方式和 TexturePaint 纹理填充方式绘制图形。程序源代码见 PaintDemo.java，程序运行结果如图 3-12 所示，使用纹理填充方式绘制图形的填充单元图像如图 3-13 所示。

```java
//PaintDemo.java
import java.awt.*;
import java.awt.geom.*;
import java.awt.image.BufferedImage;
import javax.swing.*;
public class PaintDemo extends JFrame{
    public PaintDemo() {
    super();
    setTitle("Paint Demo");
    setSize(300,200);
    setVisible(true);
    }
    public void paint(Graphics g) {
        Graphics2D g2 = (Graphics2D) g;

        //建立 Point2D 对象 p1、p2,将它们作为颜色渐变的起点和终点
        Point2D p1 = new Point2D.Double(70,70);
        Point2D p2 = new Point2D.Double(90,90);
        GradientPaint gp = new GradientPaint(p1,Color.white,p2,Color.black,true);
        Ellipse2D e1 = new Ellipse2D.Double(30,60,90,90);
        g2.setPaint(gp);                                   //设置画笔绘制方式
        g2.fill(e1);

        //建立用于填充图形的一个单位的材质
      BufferedImage bi = new BufferedImage(10,10,BufferedImage.TYPE_INT_RGB);
        Graphics2D bg = bi.createGraphics();
        bg.setColor(Color.white);
        bg.fillRect(0,0,10,10);
        bg.setColor(Color.red);
        bg.fillRect(0,0,5,5);
        bg.fillRect(5,5,5,5);
     Rectangle2D r1 = new Rectangle2D.Double(0,0,10,10);   //设置复制填充材质的区域
        Ellipse2D e2 = new Ellipse2D.Double(150,60,90,90); //创建需要绘制的图形
        TexturePaint tp = new TexturePaint(bi,r1);         //设置填充方式
        g2.setPaint(tp);                                   //设置绘制方式
```

```
            g2.fill(e2);
        }
        public static void main(String[] args) {
            PaintDemo p = new PaintDemo();
            p.setDefaultCloseOperation(JFrame.EXIT_ON_CLOSE);
        }
    }
```

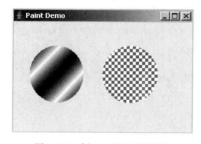

图 3-12　例 3-6 的运行结果

图 3-13　用于填充图形的单元图像

（2）Stroke 用于在绘制图形的轮廓时确定线条的形状和粗细，通常使用 BasicStroke 对象来定义，通过 setStroke() 方法设定 Stroke 属性的值。BasicStroke 定义的特性包括线条宽度、笔形样式、线段连接样式和点画线图案等。在使用 Stroke 属性设定图形轮廓的绘制方式时，首先调用 setStroke() 方法设定轮廓的绘制方式，然后使用 setPaint() 方法定义画笔如何绘制该图形，最后使用 draw() 方法绘制该图形。

在 BasicStroke 中定义了一组基本的简单图形轮廓的直线绘制和点画线绘制方式，它提供了 3 种绘制粗线的末端样式，即 CAP_BUTT、CAP_ROUND 和 CAP_SQUARE，以及 3 种线段连接样式，即 JOIN_BEVEL、JOIN_MITER 和 JOIN_ROUND。

BasicStroke 类提供了下面的构造方法来建立画笔的绘制方式：

① BasicStroke()；
② BasicStroke(float width)；
③ BasicStroke(float width,int cap,int join)；
④ BasicStroke(float width,int cap,int join,float minterlimit)；
⑤ BasicStroke(float width,int cap,int join,float minterlimit,float[] dash,float dash_phase)。

其中，width 表示轮廓线的宽度；cap 表示轮廓线末端的样式；join 表示相交线段的连接样式；minterlimit 表示在 JOIN_MITER 模式下若相交的尖形末端大于 minterlimit，则超过部分被削去；dash 为虚线的样式，数组内的值为点画线和空白间距的值；dash_phase 为虚线样式数组的起始索引。

【例 3-7】　使用 BasicStroke 类设定画笔的绘制方式。程序源代码见 StrokeDemo.java，程序运行结果如图 3-14 所示。

```
//StrokeDemo.java
import java.awt.*;
import javax.swing.*;
```

```java
import java.awt.geom.*;
public class StrokeDemo extends JFrame{
    public StrokeDemo() {
    super();
    setTitle("Stroke Demo");
    setSize(300,200);
    setVisible(true);
    }
    public void paint(Graphics g) {
        Graphics2D g2 = (Graphics2D) g ;
        Line2D l = new Line2D.Double(30,50,100,80);
        //创建一个 BasicStroke 对象来设置直线的绘制方式
        Stroke stroke = new BasicStroke(10.0f,
                BasicStroke.CAP_ROUND,BasicStroke.JOIN_BEVEL);
        g2.setStroke(stroke);
        g2.draw(l);

        Ellipse2D e = new Ellipse2D.Double(150,50,90,90);
        //创建一个 BasicStroke 对象来设置椭圆的绘制方式
        stroke = new BasicStroke(8,BasicStroke.CAP_BUTT,
                BasicStroke.JOIN_BEVEL,0,new float[] { 10,5 },0);
        g2.setStroke(stroke);
        g2.draw(e);
        Rectangle2D r = new Rectangle2D.Double(30,100,80,80);
        //创建一个 BasicStroke 对象来设置矩形的绘制方式
        stroke = new BasicStroke(10,BasicStroke.CAP_SQUARE,
                BasicStroke.JOIN_ROUND,0);
        g2.setStroke(stroke);
        g2.draw(r);
    }
    public static void main(String[] args) {
        StrokeDemo s = new StrokeDemo();
        s.setDefaultCloseOperation(JFrame.EXIT_ON_CLOSE);
    }
}
```

图 3-14　例 3-7 的运行结果

（3）Composite 用于定义重叠图形的绘制方式。在绘制多个图形时，若遇到图形重叠的情况，需要确定重叠部分的颜色显示方式，重叠区域的像素颜色决定了该部分图形的透明程度。在 Composite 的定义中，最常用的就是 AlphaComposite，可以通过 setComposite()方法将 AlphaComposite 对象添加到 Graphics2D 上下文中，设置图形重叠部分的复合样式。

在 AlphaComposite 类中定义了多种新颜色与已有颜色的复合规则,例如 SRC_OVER 表示混合时新颜色(源色)覆盖在已有颜色(目标色)之上;DST_OUT 表示混合时去除已有颜色;SRC_OUT 表示混合时去除新颜色;DST_OVER 表示混合时用已有颜色覆盖新颜色。在设置混合颜色的同时还可以设置颜色的 alpha 值,它用百分比表示在颜色重叠时当前颜色的透明度,alpha 值为 0.0(完全透明)～1.0(完全不透明)。

3.5.5　路径类

在 java.awt.geom 包中定义了几何图形类,包括点、直线、矩形、圆、椭圆、多边形等。该包中各类的层次结构如下:

```
|- java.lang.Object
       |- java.awt.geom.AffineTransform
       |- java.awt.geom.Area
       |- java.awt.geom.CubicCurve2D
              |- java.awt.geom.CubicCurve2D.Double
              |- java.awt.geom.CubicCurve2D.Float
       |- java.awt.geom.Dimension2D
       |- java.awt.geom.FlatteningPathIterator
       |- java.awt.geom.Line2D
              |- java.awt.geom.Line2D.Double
              |- java.awt.geom.Line2D.Float
       |- java.awt.geom.Path2D
              |- java.awt.geom.Path2D.Double
              |- java.awt.geom.Path2D.Float
                     |- java.awt.geom.GeneralPath
       |- java.awt.geom.Point2D
              |- java.awt.geom.Point2D.Double
              |- java.awt.geom.Point2D.Float
       |- java.awt.geom.QuadCurve2D
              |- java.awt.geom.QuadCurve2D.Double
              |- java.awt.geom.QuadCurve2D.Float
       |- java.awt.geom.RectangularShape
              |- java.awt.geom.Arc2D
                     |- java.awt.geom.Arc2D.Double
                     |- java.awt.geom.Arc2D.Float
              |- java.awt.geom.Ellipse2D
                     |- java.awt.geom.Ellipse2D.Double
                     |- java.awt.geom.Ellipse2D.Float
              |- java.awt.geom.Rectangle2D
```

路径类用于构造直线、二次曲线和三次曲线的几何路径,它可以包含多个子路径。如上面的类层次结构所描述,Path2D 是基类(它是一个抽象类),Path2D.Double 和 Path2D.Float 是其子类,它们分别以不同精度的坐标定义几何路径。在 Java 1.5 及以前的版本中,GeneralPath 是一个独立的最终类,在 1.6 版本中进行了调整与划分,其功能由 Path2D 替代,为了兼容,把它划分为 Path2D.Float 派生的最终类。下面以 GeneralPath 类为例介绍路径类的功能与应用。

1. 构造方法

构造路径对象的方法如下。

（1）GeneralPath(int rule)：以 rule 指定的缠绕规则构建对象。缠绕规则确定路径内部的方式，缠绕规则有两种，其中 Path2D.WIND_EVEN_ODD 用于确定路径内部的奇偶（even-odd）缠绕规则，Path2D.WIND_NON_ZERO 用于确定路径内部的非零（non-zero）缠绕规则。

（2）GeneralPath()：以默认的缠绕规则 Path2D.WIND_NON_ZERO 构建对象。

（3）GeneralPath(int rule, int initialCapacity)：以 rule 指定的缠绕规则和 initialCapacity 指定的容量（以存储路径坐标）构建对象。

（4）GeneralPath(Shape s)：以 Shape 对象 s 构建对象。

2. 常用方法

路径对象的常用方法如下。

（1）void append(Shape s, boolean connect)：将指定 Shape 对象的几何形状追加到路径中，也许使用一条线段将新几何形状连接到现有的路径段。如果 connect 为 true，并且路径非空，则被追加的 Shape 几何形状的初始 moveTo 操作将被转换为 lineTo 操作。

（2）void closePath()：回到初始点，使之形成闭合的路径。

（3）boolean contains(double x, double y)：测试指定坐标是否在当前绘制边界内。

（4）void curveTo(float x1, float y1, float x2, float y2, float x3, float y3)：将 3 个新点定义的曲线段添加到路径中。

（5）Rectangle2D getBounds2D()：获得路径的边界框。

（6）Point2D getCurrentPoint()：获得当前添加到路径的坐标。

（7）int getWindingRule()：获得缠绕规则。

（8）void lineTo(float x, float y)：绘制一条从当前坐标到(x,y)指定坐标的直线，将(x,y)坐标添加到路径中。

（9）void moveTo(float x, float y)：从当前坐标位置移动到(x,y)指定位置，将(x,y)坐标添加到路径中。

（10）void quadTo(float x1, float y1, float x2, float y2)：将两个新点定义的曲线段添加到路径中。

（11）void reset()：将路径重置为空。

（12）void setWindingRule(int rule)：设置缠绕规则。

（13）void transform(AffineTransform at)：使用指定的 AffineTransform 变换此路径的几何形状。

【例 3-8】 使用 GeneralPath 类绘制一个正三角形和一个倒三角形。程序源代码见 AddPathExample.java，程序运行结果如图 3-15 所示。

```
//AddPathExample.java
import java.awt.*;
import java.awt.geom.*;
import javax.swing.JFrame;
public class AddPathExample extends JFrame{
```

```java
public AddPathExample() {
    super();
    setTitle("GeneralPath Demo");
    setSize(200,200);
    setVisible(true);
}
public void paint(Graphics g) {
    Graphics2D g2 = (Graphics2D) g;
    GeneralPath myPath, myPath2;
    // myArray 包含正三角形的所有顶点
    Point[] myArray =
     {
         new Point(130,130), new Point(160,160),
         new Point(100,160), new Point(130,130)
     };
    myPath = new GeneralPath();                              //建立 GeneralPath 对象
    myPath.moveTo(myArray[0].x, myArray[0].y);               //起始顶点
    for(int i = 1; i < myArray.length; i++ )                 //创建正三角形的路径
        myPath.lineTo(myArray[i].x, myArray[i].y);           //绘制直线
    g2.draw(myPath);                                         //绘制正三角形
    // myArray2 包含倒三角形的所有顶点
    Point[] myArray2 =
     {
         new Point(130,130),    new Point(100,100),
         new Point(160,100),    new Point(130,130)
     };
    myPath2 = new GeneralPath();                             //建立 GeneralPath 对象
    myPath2.moveTo(myArray2[0].x, myArray2[0].y);            //起始顶点
    for(int i = 1; i < myArray2.length; i++ )                //创建倒三角形的路径
        myPath2.lineTo(myArray2[i].x, myArray2[i].y);        //绘制直线
    g2.draw(myPath2);                                        //绘制倒三角形
}
public static void main(String[] args) {
    AddPathExample gp = new AddPathExample();
    gp.setDefaultCloseOperation(JFrame.EXIT_ON_CLOSE);
}
}
```

图 3-15　使用 GeneralPath 类创建正三角形和倒三角形路径对象

GeneralPath 还可以包含多个图形，其中每一个图形被称为子路径（figures）。如果在 GeneralPath 对象中使用了 closePath 函数，则在这之后对路径添加的线条将构成一个子路径。

3.5.6 平移、缩放和旋转图形

如果需要平移、缩放或旋转图形，可以使用 AffineTransform 类来实现。

（1）使用 AffineTransform 类创建一个对象：

```
AffineTransform trans = new AffineTransform();
```

trans 对象通过最常用的 3 个方法（平移、缩放和旋转）来实现对图形的变换操作。

- translate(double a,double b)：将图形在 X 轴方向移动 a 个像素单位，在 Y 轴方向移动 b 个像素单位。当 a 是正值时向右移动，是负值时向左移动；当 b 是正值时向下移动，是负值时向上移动。
- scale(double a,double b)：将图形在 X 轴方向缩放 a 倍，在 Y 轴方向缩放 b 倍。
- rotate(double number,double x,double y)：将图形沿顺时针或逆时针方向以 (x,y) 为轴点旋转 number 个弧度。

（2）进行需要的变换，例如要把一个矩形绕点（100,100）顺时针旋转 60°，那么就要先做好准备：

```
trans.rotate(60.0 * 3.1415927/180,100,100);
```

（3）把 Graphics 对象（例如 g_2d）设置为具有 trans 功能的"画笔"：

```
g_2d.setTransform(trans);
```

假如 rect 是一个矩形对象，那么 g_2d.draw(rect) 所绘的就是旋转后的矩形。

第 4 章

源码下载

Java游戏程序的基本框架

游戏开发是艺术与科学的结合,是策划、美术、程序三者间的协调以及创意与商业的平衡,集故事、音乐、动画等多元素于一身。不论是2D还是3D的动画、程序设计,不仅要做出动画,更要做出互动的游戏。一些剧情游戏是根据互动的情况而有不同的故事结局,这些都是可以点燃一个游戏开发人员的创作激情的。目前Java不仅可以开发台式机游戏,而且随着智能手机的普及,支持Java的手机在性能上已经接近第二代控制台游戏机,因此手机游戏大规模使用的时代已经来临,可见Java游戏的开发市场广大。

4.1 动画的类型及帧频

动画的制作是游戏设计的基础,几乎所有的游戏都是在动画的基础上添加人机交互功能以及增加剧情等延伸而来的。因此动画的制作是游戏开发必须了解的知识,也是游戏制作的基本元素。

4.1.1 动画的类型

动画主要分为影视动画和游戏动画两种。影视动画就是使用专业动画软件编辑出来的效果很好的动画视频,当投影机以每秒24格的速度投射到屏幕上,或录像机以每秒30格的扫描方式在电视荧光屏上呈现影像时,它会把每格中不同的画面连接起来,从而在观者脑中产生物体在"运动"的印象,这就是"视觉暂留"现象。

游戏动画则不同于影视动画,是在屏幕上显示一系列连续动画画面的第1帧图形,然后每隔很短的时间显示下一帧图形,如此反复,利用人眼的视觉暂留现象,感觉好像画面中的物体在运动,显示的图形不一定是图片,也可能是其他绘图元素,例如正方体等。同时由于游戏动画的特殊性,一个游戏人物的动画往往只有几个简单的动作,所以可以循环绘制这几个简单的人物动画图片达到动画效果。游戏动画的背景则可以由很多相同的小图片以贴图的形式表现出来。

4.1.2 设置合理的帧频

帧频(fps),顾名思义,就是每秒钟的帧数。每一帧就是一幅静态图像,电影的播放速度是 24fps,但是一般游戏的速度达到 10fps 就能明显感觉到动画的效果了。屏幕上显示的图像越大,占用的内存越多,处理的速度就越慢,尤其是那些需要大量动画的游戏,因此如果想使用较高的 fps,就必须在显示大小上做出牺牲。目前计算机游戏分为 640×480、1024×768 等多种分辨率的游戏类型就是这个道理。如果要设计一款良好的手机游戏,需要充分考虑设备本身的限制,在游戏中设置好最佳的 fps。

4.2 游戏动画的制作

4.2.1 绘制动画以及设置动画循环

既然动画就是将一连串的图像快速地循环播放,所以需要使用循环语句控制图像的连续播放。由于动画需要一定的播放速度,所以需要在连续播放动画的同时能够控制动画的播放速度,最好使用线程中的暂停函数来实现。

不论用户希望动画播放几次都可以通过一个循环语句来实现,例如希望动画无限制播放的方法如下:

```
while(true){
    处理游戏功能;
    使用 repaint()函数要求重绘屏幕
    暂停一小段时间;    //帧频控制
}
```

在 Java 游戏程序中是用 repaint()函数请求重绘屏幕的,可以请求重绘全部屏幕,也可以仅请求重绘部分屏幕。

下面举一个简单的例子,详细地讲解如何使用线程和循环实现一个简单的自由落体小球动画。自由落体的基本动画就是从屏幕的顶端往下自由降落小球,一个复杂的动画总是由一些基本的元素组成,因此实现自由落体动画,首先设计一个自由降落的小球,同时控制降落的速度。控制速度就需要实现一个继承了 Runnable 线程接口和继承了 JPanel 类的 TetrisPanel 面板类,继承 JPanel 类是为了使用 JPanel 的 Paint()方法实现小球在屏幕上的绘制,继承 Runnable 是为了实现动画的暂停控制。

TetrisPanel 类程序的整体结构如下:

```
class TetrisPanel extends JPanel implements Runnable {
    public TetrisPanel() {
    }
    public void paint(Graphics g) {
    }
    public void run() {
```

```
    }
}
```

在 TetrisPanel() 构造方法函数中创建线程,并启动这个线程。在做好这些准备工作以后,当 TetrisPanel 对象第 1 次被显示时就会创建线程对象的一个实例,并把 this 对象作为构造方法的参数,相当于开启一个本地的线程,之后就可以启动动画了。

```
public TetrisPanel()
{
    //创建一个新线程
    Thread t = new Thread(this);
    //启动线程
    t.start();
}
```

现在来实现线程的 run() 方法,它使用无限循环语句 while(true) 每隔 30 毫秒重绘动画场景。Thread.sleep() 方法很重要,如果在 run() 方法的循环语句中没有该部分,小球的重绘动作将执行得很快,其他一些功能不能完全执行,在屏幕上完全看不出动画的效果,即在屏幕上看不到小球的显示。

```
public void run()                              //重载 run() 方法
{
    while(true)                                //线程中的无限循环
    {
        try{
            Thread.sleep(30);                  //线程休眠 30ms
        }catch(InterruptedException e){}
        ypos += 5;                             //修改小球左上角的纵坐标
        if(ypos > 300)                         //小球离开窗口后重设左上角的纵坐标
            ypos = -80;
        repaint();                             //窗口重绘
    }
}
```

小球的重绘将在 paint() 方法中实现,通过不断更改小球要显示的 y 坐标,同时清除上一次显示的小球,就可以看到小球的自由落体动画。由于是演示程序,并没有实现局部清除上一次显示的小球的方法,使用了清除全屏的简单方法,让读者把重点放在动画控制的程序流程中。具体的代码如下:

```
public void paint(Graphics g)                  //重载绘图方法
{
    //super.paint(g);将面板上原来绘的东西擦掉
    g.setColor(Color.RED);                     //设置小球的颜色
    g.fillOval(90,ypos,80,80);                 //绘制小球
}
```

小球的下落则通过不断改变小球的 y 坐标达到目的。TetrisPanel 类的完整代码如程序 4-1 所示:

【程序 4-1】 TetrisPanel.java：

```java
import java.awt.*;
import javax.swing.JPanel;
public class TetrisPanel extends JPanel implements Runnable {   //绘图线程类
    public int ypos = -80;                                       //小球左上角的纵坐标
    //在类中添加两个私有成员
    private Image iBuffer;
    private Graphics gBuffer;
    public TetrisPanel()
    {
        //创建一个新线程
        Thread t = new Thread(this);
        //启动线程
        t.start();
    }
    public void run()                        //重载 run()方法
    {
        while(true)                          //线程中的无限循环
        {
            try{
                Thread.sleep(30);            //线程休眠 30ms
            }catch(InterruptedException e){}
            ypos += 5;                       //修改小球左上角的纵坐标
            if(ypos > 300)                   //小球离开窗口后重设左上角的纵坐标
                ypos = -80;
            repaint();                       //窗口重绘
        }
    }
    public void paint(Graphics g)            //重载绘图方法
    {
        //super.paint(g);将面板上原来绘的东西擦掉
        //先清屏幕,否则原来绘的东西仍在
        //g.clearRect(0,0,this.getWidth(),this.getHeight());
        g.setColor(Color.RED);               //设置小球的颜色
        g.fillOval(90,ypos,80,80);           //绘制小球
    }
}
```

通过不断改变坐标系统的 y 坐标 ypos 达到红色小球向下移动的效果。屏幕的每次刷新都会根据改变后的 y 坐标 ypos 重新绘制红色小球。

运行 TetrisPanel 类的主程序并没有添加其他控制,仅为动画屏幕添加了一个窗口关闭处理方法,用来关闭程序。程序 4-1 的主程序具体如下：

```java
import java.awt.*;
import java.awt.event.*;
import javax.swing.*;
public class MyWindow extends JFrame
{
    MyWindow()
    {
        //设置窗口标题
```

```
            this.setTitle("这是测试窗口");
            Container c = this.getContentPane();          //获取面板容器
            c.add(new TetrisPanel());
            //设置窗口开始显示时距离屏幕左边 400 个像素点
            //距离屏幕上边 200 个像素点
            //窗口宽 300 个像素点,窗口高 300 个像素点
            this.setBounds(400,200,300,300);
            //设置窗口"关闭"按钮具有关闭整个程序的功能
            this.setDefaultCloseOperation(JFrame.EXIT_ON_CLOSE);
            this.setResizable(false);                     //设置窗口大小不会改变
            this.setVisible(true);                        //显示该窗口
        }
        public static void main(String args[])
        {
            //创建该窗口的实例 DB,开始整个程序
            MyWindow DB = new MyWindow();                 //创建主类的对象
            DB.addWindowListener(new WindowAdapter()      //添加窗口关闭处理方法
              {
                    public void windowClosing(WindowEvent e)
                    {
                        System.exit(0);
                    }});
        }
    }
```

程序运行以后效果如图 4-1 所示,一个红色小球从上往下以一定的速度慢慢落下来,当红色小球移动到屏幕底端的时候,将循环从上开始继续下落,只要不关闭程序,将会无休止地重复下落的动画。

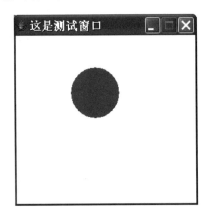

图 4-1　简单的小球下落动画

4.2.2　消除屏幕闪烁现象——双缓冲技术

一个动画在运行的时候,如果图像的切换是在屏幕上完成的,则可能会造成屏幕闪烁,消除屏幕闪烁现象的最佳方法是使用双缓冲技术。

双缓冲技术是在屏幕外做一个图像缓冲区,事先在这个缓冲区内绘制图像,然后将这个

图像送到屏幕上去。虽然动画中的图像切换很频繁，但是双缓冲技术很好地避免了在屏幕上进行消除和刷新时处理工作所带来的屏幕闪烁情况。但是在屏幕外的缓冲区需要占用一部分的内存资源，特别是当图像比较大的时候，内存占用非常严重，所以一般需要考虑动画的质量和运行速度之间的重要性，有选择性地进行开发。

1. 屏幕产生闪烁的原因

在 Java 游戏编程和动画编程中最常见的就是对于屏幕闪烁的处理。屏幕产生闪烁的原因是先用背景色覆盖组件，再重绘图像。即使时间很短，如果重绘的面积较大，花掉的时间也是比较可观的，这个时间甚至可以长到足以让闪烁严重到让人无法忍受的地步。就像以前课堂上老师用的旧式幻灯机，放完一张胶片，老师会将它拿下去，这个时候屏幕上一片空白，直到放上第 2 张胶片，中间的时间间隔较长。当然，这不是在放动画，但上述闪烁的产生原因与其很类似。

运行图 4-1 所示简单的小球下落动画程序后，大家会看到窗口中有一个从上至下匀速下落的小球，但仔细观察，发现小球会不时地被白色的不规则横纹隔开，即所谓的屏幕闪烁，这不是我们预期的结果。

这种闪烁是如何出现的呢？

首先分析一下代码。在 MyWindow 类的对象 DB 建立后，显示窗口，程序首先自动调用重载后的 paint(Graphics g)方法，在窗口上绘制一个小球，绘图线程启动后，该线程每隔 30ms 修改一下小球的位置，然后调用 repaint()方法。

注意，这个 repaint()方法并不是我们重载的，而是从 JPanel 类继承而来的。它先调用 update(Graphics g)方法，update(Graphics g)再调用 paint(Graphics g)方法。问题就出在 update(Graphics g)方法上，下面来看这个方法的源代码：

```
public void update(Graphics g)
{
    if (isShowing())
    {
        if (! (peer instanceof LightweightPeer))
        {
            g.clearRect(0,0,width,height);
        }
        paint(g);
    }
}
```

以上代码的意思是，如果该组件是轻量级组件，先用背景色覆盖整个组件，然后调用 paint(Graphics g)方法，重新绘制小球。这样我们每次看到的都是一个在新的位置绘制的小球，前面的小球都被背景色覆盖掉了。这就像一帧一帧的画面匀速切换，以此来实现动画的效果。

但是，正是这种先用背景色覆盖组件再重绘图像的方式导致了闪烁。在两次看到不同位置小球的中间时刻，总是存在一个在短时间内被绘制出来的空白画面(颜色取背景色)。

另外，用 paint(Graphics g)方法在屏幕上直接绘图的时候，由于执行的语句比较多，程序不断改变窗口中正在被绘制的图像，会使绘制缓慢，这也在一定程度上加剧了闪烁。知道了闪烁产生的原因,我们就有了更具针对性的解决闪烁的方案。

2. 双缓冲技术

所谓双缓冲,就是在内存中开辟一片区域作为后台图像,程序对它进行更新、修改、绘制完成后再显示到屏幕上。

双缓冲技术的工作原理是先在内存中分配一个和动画窗口一样大的空间(内存中的空间我们是看不到的),然后利用 getGraphics()方法获得双缓冲画笔,接着利用双缓冲画笔给空间绘制想要的东西,最后将其一次性地显示到屏幕上。这样在动画窗口上面显示出来就非常流畅了,避免了上面的闪烁现象。

3. 双缓冲的使用

一般采用重载 paint(Graphics g)实现双缓冲。这种方法要求开发人员将对双缓冲的处理放在 paint(Graphics g)方法中,那么具体应该怎么实现呢?先看下面的代码(基于前面的代码段修改)。

在 TetrisPanel 类中添加两个私有成员:

```
private Image iBuffer;
private Graphics gBuffer;
//重载 paint(Graphics g)方法:
public void paint(Graphics g)
{
    if(iBuffer == null)
    {
        iBuffer = createImage(this.getSize().width,this.getSize().height);
        gBuffer = iBuffer.getGraphics();
    }
    gBuffer.setColor(getBackground());
    gBuffer.fillRect(0,0,this.getSize().width,this.getSize().height);
    gBuffer.setColor(Color.RED);
    gBuffer.fillOval(90,ypos,80,80);
    //将此缓冲图像一次性地绘制到代表屏幕的 Graphics 对象,即该方法传入的 g 上
    g.drawImage(iBuffer,0,0,this);
}
```

分析上述代码:添加了两个成员变量 iBuffer 和 gBuffer 作为缓冲(这就是所谓的双缓冲名字的来历)。在 paint(Graphics g)方法中首先检测 iBuffer,如果为 null,则创建一个和屏幕上的绘图区域大小一样的缓冲图像,再取得 iBuffer 的 Graphics 类型的对象的引用,并将其赋值给 gBuffer,然后对 gBuffer 这个内存中的后台图像先用 fillRect(int,int,int,int)清屏,再进行绘制操作,完成后将 iBuffer 直接绘制到屏幕上。

这段代码看似可以完美地完成双缓冲,但是运行之后发现还是产生了严重的闪烁。这是为什么呢?问题出现在 update(Graphics g)方法上,这段修改后的程序中的 update(Graphics g)方法还是从父类继承的。在 update(Graphics g)中,clearRect(int,int,int,int)对前端屏幕进行了清屏操作,而在 paint(Graphics g)中,对后台图像又进行了清屏操作。那么如果保留后台清屏,去掉多余的前台清屏应该就会消除闪烁。所以,只需要重载 update(Graphics g)即可:

```
public void update(Graphics g)
{
    paint(g);
}
```

这样就避开了对前端图像的清屏操作,避免了屏幕的闪烁。

运行上述修改后的程序,会看到完美的消除闪烁后的动画效果。就像在电影院里看电影,每张胶片都是在后台准备好的,播放完一张胶片之后,下一张很快就会被播放到前台,自然不会出现闪烁的情形。

为了让读者对双缓冲有个全面的认识,现将双缓冲的实现概括如下:

(1) 定义一个 Graphics 对象 gBuffer 和一个 Image 对象 iBuffer。按屏幕大小建立一个缓冲对象给 iBuffer,然后取得 iBuffer 的 Graphics 赋给 gBuffer。此处可以把 gBuffer 理解为逻辑上的缓冲屏幕,而把 iBuffer 理解为缓冲屏幕上的图像。

(2) 在 gBuffer(逻辑上的屏幕)上用绘制图像。

(3) 将后台图像 iBuffer 一次性地绘制到前台窗口。

以上就是一次双缓冲的过程。注意,将这个过程联系起来的是 repaint()方法。paint(Graphics g)是一个系统调用语句,不能由程序员手工调用,只能通过 repaint()方法调用。

双缓冲方法只是消除闪烁的方法中的一种。在 Swing 中,组件本身就提供了双缓冲的功能,只需要进行简单的方法调用就可以实现组件的双缓冲,而在 AWT 中却没有提供此功能。另外,一些硬件设备也可以实现双缓冲,每次都是先把图像绘制在缓冲中,然后再绘制在屏幕上,而不是直接绘制在屏幕上。当然,还有其他用软件消除闪烁的方法,但双缓冲是一个简单的、值得推荐的方法。

4. 关于双缓冲的补充

双缓冲技术是编写 Java 游戏的关键技术之一。双缓冲付出的代价是较大的额外内存消耗,但现在节省内存已经不再是程序员们考虑的首要问题了,游戏的画面在游戏制作中才是至关重要的,所以以额外的内存消耗换取程序质量的提高还是值得肯定的。

有时,动画中相邻的两幅画面只有很少部分不同,这就没必要每次都对整个绘图区域进行清屏。我们可以对文中的程序进行修改,使之每次只对部分屏幕清屏,这样既能节省内存,又能减少绘制图像的时间,使动画更加连贯。

4.3 使用定时器

定时器在游戏开发中是相当重要的,前面提到动画的实现就是通过控制显示时间达到视觉暂留的效果,除了使用线程的暂停函数 sleep()外,还有一个重要的计时工具,那就是 Timer 组件。

Timer 组件可以定时执行任务,这在游戏动画编程上非常有用。Timer 组件可以使用 javax.swing.Timer 包中的 Timer 类来实现,该类的构造方法如下:

```
Timer(int delay, ActionListener listener);
```

该构造方法用于建立一个 Timer 组件对象,参数 listener 用于指定一个接收该计时器操作事件的侦听器,指定所要触发的事件,而参数 delay 用于指定每一次触发事件的时间间隔。也就是说,Timer 组件会根据用户指定的 delay 时间周期性地触发 ActionEvent 事件。如果要处理这个事件,就必须实现 ActionListener 接口类以及接口类中的 actionPerformed()方法。

Timer 组件类中的主要方法如下。
- void start():激活 Timer 组件对象。
- void stop():停止 Timer 组件对象。
- void restart():重新激活 Timer 组件对象。

在游戏编程中,当组件内容更新时经常用到 Timer,例如 JPanel、JLabel 等内容的更新。本书中的俄罗斯方块游戏就是使用定时器 Timer 实现控制方块的下落的。

程序 4-2 是一个简单的每隔 500ms 显示时间的程序,通过该程序,读者可以加深对 Timer 的使用的理解。

【程序 4-2】 TimerTest.java:

```java
import java.awt.event.ActionEvent;
import java.awt.event.ActionListener;
import java.text.DateFormat;
import java.text.SimpleDateFormat;
import java.util.Date;
import javax.swing.*;
/**
 * 测试 Swing 中 Timer 的使用,一个显示时间的 GUI 程序
 */
public class TimerTest extends JFrame implements ActionListener {
    //一个显示时间的 JLabel
    private JLabel jlTime = new JLabel();
    private Timer timer;
    public TimerTest() {
        setTitle("Timer 测试");
        setDefaultCloseOperation(JFrame.EXIT_ON_CLOSE);
        setSize(180,80);
        add(jlTime);
        //设置 Timer 定时器,并启动
        timer = new Timer(500,this);
        timer.start();
        setVisible(true);
    }
    /**
     * Timer 要执行的部分
     */
    public void actionPerformed(ActionEvent e) {
        DateFormat format = new SimpleDateFormat("yyyy-MM-dd HH:mm:ss");
        Date date = new Date();
        jlTime.setText(format.format(date));
    }
    public static void main(String[] args) {
        new TimerTest();
    }
}
```

TimerTest 类实现了 ActionListener 接口,所以直接 timer=new Timer(500,this),使用 this 初始化计时器。

在计时器启动后(timer.start()执行后),每隔 500ms 执行一次 ActionListener 接口中 actionPerformed()的方法体。

4.4 设置游戏难度

一般来说,一款游戏要增强它的可玩性,就需要有合理的游戏难度,使玩家不容易感觉厌烦,同时增加玩家的挑战欲望。例如智力游戏可以在人工智能方面下功夫,但是由于人工智能在游戏里面很难真正地控制游戏本身的难度,所以往往使用其他手段实现游戏的难度控制,比如增加游戏进行的速度(例如俄罗斯方块,可以增加方块下落的速度),或者增加游戏关数、减少玩家的思考时间等。难度设置需要根据具体的游戏情况而定,很难一概而论。

如果使用速度控制游戏难度,则可以把游戏设计成具有很多个级别,每个级别游戏的运行速度都不一样,类似的代码如下:

```java
public void level(){
    if(level == 3)
        speed = 1;              //设置游戏速度为 1
    else if(level == 4)
        speed = 2;              //设置游戏速度为 2
}
```

4.5 游戏与玩家的交互

对于游戏而言,交互性就是生命,优秀的作品总是体现在人物与场景之间的高互动性、人物与人物(NPC)之间的高互动性以及玩家与玩家之间(多人模式)的高互动性,这是真正能让人融入其中的动力所在,因此一款好的游戏必然有一个良好的游戏与玩家之间的互动方式。

游戏与玩家的交互都是通过键盘或者鼠标实现的,具体的方法已经在第 2 章中详细介绍。下面举一个简单的例子,在小球下落时可以通过键盘控制其左右移动。由于实现键盘监听,所以 TetrisPanel 加入 KeyListener 接口,同时为控制 x 坐标增加 xpos 变量。

```java
import java.awt.*;
import java.awt.event.*;
import javax.swing.JPanel;
public class TetrisPanel extends JPanel implements Runnable,KeyListener {
    public int ypos = -80,xpos = 90;         //小球左上角的坐标
    public TetrisPanel()
    {
        Thread t = new Thread(this);         //创建一个新线程
        t.start();                           //启动线程
        //设定焦点在本面板并作为监听对象
        setFocusable(true);
```

```java
            addKeyListener(this);
    }
    public void run()                              //重载 run()方法
    {
        while(true)                                //线程中的无限循环
        {
            try{
                Thread.sleep(30);                  //线程休眠 30ms
            }catch(InterruptedException e){}
            ypos += 5;                             //修改小球左上角的纵坐标
            if(ypos > 300)                         //小球离开窗口后重设左上角的纵坐标
                ypos = -80;
            repaint();                             //窗口重绘
        }
    }
    public void paint(Graphics g)                  //重载绘图方法
    {
        //super.paint(g);将面板上原来绘的东西擦掉
        //先清屏幕,否则原来绘的东西仍在
        g.clearRect(0,0,this.getWidth(),this.getHeight());
        g.setColor(Color.RED);                     //设置小球的颜色
        g.fillOval(xpos,ypos,80,80);               //绘制小球
    }
    public void keyPressed(KeyEvent e) {
        int keyCode = e.getKeyCode();              //获得按键编号
        switch (keyCode) {                         //通过 keyCode 识别用户的按键
        case KeyEvent.VK_LEFT:                     //当触发 Left 时
            xpos -= 10;
            break;
        case KeyEvent.VK_RIGHT:                    //当触发 Right 时
            xpos += 10;
            break;
        }
        repaint();                                 //重新绘制窗口图像
    }
    public void keyReleased(KeyEvent arg0) {
    }
    public void keyTyped(KeyEvent arg0) {
    }
}
```

这样在游戏过程中,玩家通过键盘就可以控制小球左右移动了。

4.6 游戏中的碰撞检测

在游戏开发中,开发人员总会遇到这样或那样的碰撞,并且会很频繁地去处理这些碰撞,这也是游戏开发的一种基本算法。常见的碰撞有矩形碰撞、圆形碰撞、像素碰撞,其中矩形碰撞使用最多。

4.6.1 矩形碰撞

假如把游戏中的角色统称为一个一个的 Actor，并且把每个 Actor 看成一个与角色大小相等的矩形框，那么在游戏中每次的循环检查就是围绕每个 Actor 的矩形框之间是否发生了相交。为了简单，这里用一个主角与一个 Actor 来分析，其他的类似。

一个主角与一个 Actor 的碰撞其实就成了对两个矩形的检测，检测它们是否相交。

1. 第 1 种方法

通过检测一个矩形的 4 个顶点是否在另一个矩形的内部来完成，可以简单地设定一个 Actor 类：

```java
public class Actor {
    int x,y,w,h;
    public int getX() {
        return x;
    }
    public int getY() {
        return y;
    }
    public int getActorWidth() {
        return w;
    }
    public int getActorHeight() {
        return h;
    }
}
```

检测的处理为：

```java
public boolean isCollidingWith (int px,int py){
        if(px > getX() && px < getX() + getActorWidth()
        && px > getY() && px < getY() + getActorHeight())
            return true;
        else
        return false;
}
public boolean isCollidingWith(Actor another) {
    if(isCollidingWith(another.getX(),another.getY())
||isCollidingWith(another.getX() + another.getActorWidth(),another.getY())
||isCollidingWith(another.getX(),another.getY() + another.getActorHeight())
   ||isCollidingWith(another.getX() +
       another.getActorWidth(),another.getY() + another.getActorHeight())
     )
        return true;
else
        return false;
}
```

对于以上处理，运行应该没有什么问题，但是没有考虑到运行速度，而在游戏中需要大量的碰撞检测工作,所以要求碰撞检测尽量快。

2. 第 2 种方法

从相反的角度考虑,第 1 种方法是考虑什么时候相交,现在考虑什么时候不相交。可以处理 4 条边,左边 a 矩形的右边界在 b 矩形的左边界以外,同理,a 矩形的上边界需要在 b 矩形的下边界以外,对 4 条边都判断,则可以知道 a 矩形是否与 b 矩形相交,如图 4-2 所示。

(a) a 矩形　　　　(b) b 矩形

图 4-2　矩形检测

其代码如下:

```
/**
 * ax——a 矩形左上角的 x 坐标
 * ay——a 矩形左上角的 y 坐标
 * aw——a 矩形的宽度
 * ah——a 矩形的高度
 * bx——b 矩形左上角的 x 坐标
 * by——b 矩形左上角的 y 坐标
 * bw——b 矩形的宽度
 * bh——b 矩形的高度
 */
public boolean isColliding(int ax, int ay, int aw, int ah, int bx, int by, int bw, int bh)
{
    if(ay > by + bh || by > ay + ah
        || ax > bx + bw || bx > ax + aw)
        return false;
    else
        return true;
}
```

该方法比第 1 种方法简单,且运行快。

3. 第 3 种方法

这种方法其实是第 2 种方法的一个变异,保存两个矩形的左上角和右下角的坐标值,然后对两个坐标作对比,就可以得出两个矩形是否相交。该方法应该比第 2 种方法更好一点。

其代码如下:

```
/*
 * rect1[0]: 矩形 1 左上角的 x 坐标
 * rect1[1]: 矩形 1 左上角的 y 坐标
 * rect1[2]: 矩形 1 右下角的 x 坐标
 * rect1[3]: 矩形 1 右下角的 y 坐标
```

```
 * rect2[0]: 矩形 2 左上角的 x 坐标
 * rect2[1]: 矩形 2 左上角的 y 坐标
 * rect2[2]: 矩形 2 右下角的 x 坐标
 * rect2[3]: 矩形 2 右下角的 y 坐标
 */
static boolean IsRectCrossing (int rect1[],int rect2[])
    {
    if (rect1[0] > rect2[2]) return false;
    if (rect1[2] < rect2[0]) return false;
    if (rect1[1] > rect2[3]) return false;
    if (rect1[3] < rect2[1]) return false;
    return true;
    }
```

该种方法的速度应该很快,推荐使用该方法。

4.6.2 圆形碰撞

下面介绍一种测试两个对象的边界是否重叠的方法,可以通过比较两个对象间的距离与两个对象的半径的和很快地实现这种检测。如果它们之间的距离小于半径的和,就说明产生了碰撞。

为了计算半径,可以简单地取高度或者宽度的一半作为半径的值。

其代码如下:

```
public static boolean isColliding(int ax,int ay,int aw,int ah,int bx,int by,int bw,int bh)
{
        int r1 = (Math.max(aw,ah)/2 + 1);
        int r2 = (Math.max(bw,bh)/2 + 1);
        int rSquare = r1 * r1;
        int anrSquare = r2 * r2;
        int disX = ax - bx;
        int disY = ay - by;
        if((disX * disX) + (disY * disY) < (rSquare + anrSquare))
                return true;
        else
                return false;
}
```

这种方法类似于圆形碰撞检测,在进行两个圆的碰撞处理时就可以使用这种方法。

4.6.3 像素碰撞

游戏中角色的大小往往是以一个刚好能够将其包围的矩形区域来表示的。如图 4-3 所示,虽然两个卡通人物并没有发生真正的碰撞,但是矩形碰撞检测的结果是它们发生了碰撞。

如果使用像素检测,往往把角色的背景颜色设置为相同的颜色,而且是最终图像里面很少用到的颜色,在碰撞检测的时候仅判断两个图像除了背景颜色以外的其他像素区域是否发生了重叠的情况。如图 4-4 所示,虽然两个图像的矩形发生了碰撞,但是两个卡通人物并没有发生真正的碰撞,这就是像素检测的好处,其缺点是计算复杂,浪费大量的系统资源,因此若没有特殊要求,尽量使用矩形检测碰撞。

图 4-3　矩形检测　　　　　　　图 4-4　像素检测

以上总结了几种简单的方法,其实在游戏中熟练运用才是最好的。在 Java 中不需要太精密的算法,当然有些需要比以上更复杂,例如一个对象的速度足够快,可能只一步就穿越了一个本该和它发生碰撞的对象,如果要考虑这种情况,就要根据它的运动路径来处理。另外,还有可能碰到不同边界发生不同行为的情况,这就要具体地对碰撞行为进行解剖,然后具体处理。

4.7　游戏中的图像绘制

在 Graphics 类中提供了很多绘制图像的方法,但对于复杂图像,大部分先利用专门的绘图软件绘制好,或者用其他截取图像的工具(例如扫描仪、视频采集卡等)获取图像的数据信息,再将它们按一定的格式存入图像文件。当 Java 程序运行时,将它加载到内存,然后在适当的时机显示在屏幕上。

4.7.1　图像文件的装载

Java 目前支持的图像文件格式有 GIF、PNG 和 JPEG 格式(带有.gif、.jpg、.jpeg 扩展名的文件),具体描述如下。

(1) GIF(Graphics Interchange Format,图像互换格式)的数据是经过压缩的,其压缩率一般在 50% 左右。此外,在一个 GIF 文件中可以存储多幅彩色图像,如果把它们逐幅读出并显示到屏幕上,就可以形成一组简单的动画。

(2) JPEG(Joint Photographic Experts Group,联合图像专家组)是与平台无关的格式,支持最高级别的压缩,不过这种压缩是有损耗的。

(3) PNG(Portable Network Graphic,流式网络图形)是一种位图文件存储格式。当 PNG 用来存储灰度图像时,灰度图像的深度可多达 16 位;当用来存储彩色图像时,彩色图像的深度可多达 48 位,并且可存储多达 16 位的 Alpha 通道数据。PNG 使用无损数据压缩算法,压缩比高,生成的文件容量小。

Java特别提供了java.awt.Image包来管理与图像文件有关的信息，因此在执行与图像文件有关的操作时需要import这个包。java.awt.Image包提供了可用于创建、操纵和观察图像的接口和类。每一个图像都用一个java.awt.Image对象表示。除了Image类以外，java.awt包中还提供了其他的基本图像支持，例如Graphics类的drawImage()方法、Toolkit对象的getImage()方法及MediaTracker类。

Toolkit类提供了两个getImage()方法来加载图像，即Image getImage(URL url)和Image getImage(String filename)。

Toolkit是一个组件类，取得Toolkit的方法如下：

```
Toolkit toolkit = Toolkit.getDefaultToolkit();
```

对于继承了Frame的类来说，可以直接使用下面的方法取得：

```
Toolkit toolkit = getToolkit();
```

下面是两个加载图片的实例：

```
Toolkit toolkit = Toolkit.getDefaultToolkit();
Image image1 = toolkit.getImage("imageFile.gif");
Image image2 = toolkit.getImage(new URL("http://java.sun.com/graphics/people.gif"));
```

在Java中获取一个图像文件，可以调用Toolkit类提供的getImage()方法。但是getImage()方法在调用后会立刻返回，如果马上使用getImage()获取的Image对象，这时Image对象并没有真正加载或者加载完毕。在使用图像文件时，通常使用java.awt包中的MediaTracker跟踪一个Image对象的加载，以保证所有图像都加载完毕。

使用MediaTracker需要以下3个步骤。

(1) 实例化一个MediaTracker，注意要将显示图像的Component对象作为参数传入。

```
MediaTracker tracker = new MediaTracker(Jpanel1);
```

(2) 将要加载的Image对象加入MediaTracker。

```
Toolkit toolkit = Toolkit.getDefaultToolkit();
Image[] pics = new Image[10];
pics[i] = toolkit.getImage("imageFile" + i + ".jpg");
tracker.addImage(pics[i],0);
```

(3) 调用MediaTracker的checkAll()方法，等待加载过程结束。

```
tracker.checkAll(true);
```

下面讲解显示图像的方法，并通过两个实例演示显示图像和缩放图像的过程。

4.7.2 图像文件的显示

getImage()方法只是将图像文件加载进来，交由Image对象管理。如果要把得到的

Image 对象中的图像显示在屏幕上,则通过传递到 paint()方法的 Graphics 对象实现。具体显示需要调用 Graphics 类的 drawImage()方法,它能将 Image 对象中的图像显示在屏幕的特定位置,就像显示文本一样方便。drawImage()方法的常见调用格式如下:

```
boolean drawImage(Image img, int x, int y, ImageObserver observer)
boolean drawImage(Image img, int x, int y, int width, int height, ImageObserver observer)
boolean drawImage(Image img, int x, int y, Color bgcolor, ImageObserver observer)
boolean drawImage(Image img, int x, int y, int width, int height, Color bgcolor, ImageObserver observer)
```

这里介绍常用的情况:

```
boolean drawImage(Image img, int x, int y, ImageObserver observer)
```

其中,img 参数就是要显示的 Image 对象;x 和 y 参数是该图像左上角的坐标值;observer 参数则是一个 ImageObserver 接口(interface),它用来跟踪图像文件的加载是否已经完成,通常将该参数设置为 this,即传递本对象的引用去实现这个接口。组件可以指定 this 作为图像观察者的原因是 Component 类实现了 ImageObserver 接口。当图像数据被加载时,它的实现会调用 repaint()方法。

例如下面的代码在组件区域的左上角(0,0)以原始大小显示一个图像:

```
g.drawImage(myImage,0,0,this);
```

除了将图像文件按原样输出以外,drawImage()方法的另外一种调用格式还能指定图像显示区域的大小:

```
boolean drawImage(Image img, int x, int y, int width, int height, ImageObserver observer)
```

这种格式比第 1 种格式多了两个参数,即 width 和 height,表示图像显示的宽度和高度。若实际图像的宽度和高度与这两个参数值不一样,Java 系统会自动将它们进行缩放,以适合设定的矩形区域。

下面的代码在坐标(90,0)处显示一个被缩放为宽 300 像素、高 62 像素的图像:

```
g.drawImage(myImage,90,0,300,62,this);
```

有时,为了不使图像因缩放而变形、失真,可以将原图的宽和高按相同的比例进行缩小或放大。调用 Image 类中的两个方法可以分别得到原图的宽度和高度,它们的调用格式如下:

```
int getWidth(ImageObserver observer)
int getHeight(ImageObserver observer)
```

和 drawImage()方法一样,通常用 this 作为 observer 的参数值。

程序 4-3 是一个显示图像文件的例子。

【程序 4-3】 ShowImage.java：

```java
import java.awt.*;
import javax.swing.JFrame;
public class ShowImage extends JFrame{
    String filename;
    public ShowImage(String filename){
        setSize(570,350);
        setVisible(true);
        this.filename = filename;
    }
    public void paint(Graphics g){
        Image img = getToolkit().getImage(filename);     //获取 Image 对象,加载图像
        int w = img.getWidth(this);                       //获取图像的宽度
        int h = img.getHeight(this);                      //获取图像的高度
        g.drawImage(img,20,80,this);                      //原图
        g.drawImage(img,200,80,w/2,h/2,this);             //缩小一半
        g.drawImage(img,280,80,w*2,h/3,this);             //宽扁图
        g.drawImage(img,500,80,w/2,h*2,this);             //瘦高图
    }
    public static void main(String args[]) {
        new ShowImage("C:/test.jpg");
    }
}
```

窗口类继承自 JFrame 类,因此可以使用 Toolkit.getDefaultToolkit()方法取得 Toolkit 对象,然后使用 getImage()方法取得一张本地图像文件,最后在 paint()中使用 Graphics 的 drawImage()即可显示该图像并缩放。其运行结果如图 4-5 所示。

图 4-5 效果图

通过 getImage()方法取得的是 java.awt.Image 类型的对象,用户也可以使用 javax.imageio.ImageIO 类的 read()方法取得一个图像,其返回的是 BufferedImage 对象。

其调用格式如下：

```
BufferedImage ImageIO.read(Url);
```

BufferedImage 是 Image 的子类,它描述了具有可访问图像数据缓存区的 Image。用户

可以通过该类实现图片的缩放,例如:

```
Image im = ImageIO.read(getClass().getResource("ball.gif"));
g.drawImage(im,0,0,null);            //图像的绘制方式
```

下面的实例首先读入一个图像文件,然后根据 Image 的 getWidth()和 getHeight()方法取得图像的宽度和高度,再按照该宽度和高度的一半构造新的图像对象 BufferedImage,并将原有的图像写入该实例中,即可实现图像的缩小,最后通过 JPEG 编码保存图像,见程序 4-4。

【程序 4-4】 ZoomImage.java:

```java
import java.io.*;
import java.awt.Image;
import java.awt.image.BufferedImage;
import com.sun.image.codec.jpeg.JPEGCodec;
import com.sun.image.codec.jpeg.JPEGImageEncoder;
public class ZoomImage {
    public void zoom(String file1,String file2) {
        try {
            //读入图像
            File _file = new File(file1);
            Image src = javax.imageio.ImageIO.read(_file);    //构造 Image 对象
            int width = src.getWidth(null);                   //得到图像的宽度
            int height = src.getHeight(null);                 //得到图像的高度
            //缩放图像
            BufferedImage tag = new BufferedImage(width / 2, height / 2, BufferedImage.TYPE_INT_RGB);
            //绘制缩小后的图像
            tag.getGraphics().drawImage(src,0,0,width / 2,height / 2,null);
            FileOutputStream out = new FileOutputStream(file2);
            //输出到文件流,采用 JPEG 编码
            JPEGImageEncoder encoder =
                JPEGCodec.createJPEGEncoder(out);encoder.encode(tag);
            out.close();
        } catch (Exception e) {}}
    public static void main(String args[]) {
        String file1 = "C:/test.jpg";
        String file2 = "C:/testzoom.jpg";
        new ZoomImage().zoom(file1,file2);
    }
}
```

运行该程序,即可生成缩小后的 testzoom.jpg。

游戏中的场景图像可分为两种,即卷轴型图像(ribbon)和砖块型图像(tile)。卷轴型图像的特点是内容多、面积大,常用作远景,例如设计游戏中的蓝天、白云图像,一般不与用户交互;砖块型图像通常面积很小,往往由多块这样的图像共同组成游戏的前景,并且作为障碍物和游戏角色进行交互。

4.7.3 绘制卷轴型图像

卷轴型图像通常都要超过程序窗口的尺寸,若采用4.7.2节介绍的图像绘制方法来绘制卷轴型图像,则只能显示出图像的一部分。

事实上,在绘制卷轴型图像时往往需要让其滚动显示以制造移动效果,让图像的不同部分依次从程序窗口中"经过",就如同坐火车的情形,卷轴型图像好比风景,程序窗口好比车窗。下面具体介绍如何绘制卷轴型图像。

如果要用程序实现这样的滚动显示效果,则需要将卷轴型图像一段一段地显示在程序窗口中,而这又涉及从图像坐标系到程序窗口坐标系的变换问题。如图4-6所示,左侧为程序窗口坐标系,原点在窗口的左上角;右侧为图像坐标系,原点在卷轴型图像区域的左上角。

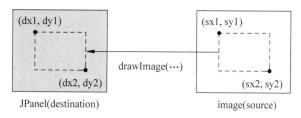

图4-6 图像坐标系到程序窗口坐标系的变换

该图中的坐标变换可通过调用程序窗口的Graphics对象的drawImage()方法来实现,该方法带有10个参数,具体定义如下:

```
drawImage(im,t dx1,f dy1,dx2,dy2,sx1,sy1,sx2,sy2,observer);
```

其中,第1个参数表示源图像,第2~9个参数的含义如图4-6所示。

dx1和dy1为目标区域左上角的坐标;dx2和dy2为目标区域右下角的坐标;sx1和sy1为源区域左上角的坐标;sx2和sy2为源区域右下角的坐标。

为了简化问题,这里仅讨论水平方向的场景滚动,因此dy1和dy2、sy1和sy2的值无须改变,可依据窗口的尺寸设置为固定值,于是可以另写一个drawRibbon()方法来封装该drawImage()方法,程序代码如下:

```
Private void drawRibbon(Graphics g,Image im,int dx1,int dx2,int sx1,int sx2){
    g.drawImage(im,dx1,0,dx2,pHeight,sx1,0,sx2,pHeight,null);     //pHeight为窗口的高度
}
```

本书在开发模拟《雷电》的飞机射击游戏中背景采用类似方法绘制卷轴型图像,不过是采用两幅图像(不是一幅图像)循环移动出现在窗口中不停绘制实现的。

4.7.4 绘制砖块型图像

砖块型图像的尺寸通常较小,其绘制过程类似于在程序窗口中"贴瓷砖",即将窗口区域按砖块型图像的尺寸划分为许多小方格,然后在相应的方格内绘制图像,如图4-7所示。

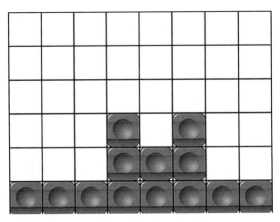

图 4-7 砖块型图像

如果要用多个砖块型图像来绘制窗口中的不同区域,则需要使用砖块地图(Tile Map)。砖块地图可以简单地使用一个文本文件或者二维数组来保存,记录某个位置显示的图像可以通过图像代号来表示。在游戏初始时由程序载入砖块地图文件或者二维数组,并对文件中的信息或者二维数组逐行进行分析,然后根据不同的图像代号分别读取不同种类的砖块型图像。

例如推箱子游戏中每关的地图信息放入二维数组,可以和网格对应。其中,1 代表 pic1.jpg 砖块型图像,2 代表 pic2.jpg 砖块型图像,以此类推。0 代表此处不绘制砖块型图像。

游戏中的图像资源如图 4-8 所示,在推箱子游戏中绘制砖块型图像,效果如图 4-9 所示。

```
static byte map[][] = {
    { 0,0,1,1,1,0,0,0 },
    { 0,0,1,4,1,0,0,0 },
    { 0,0,1,9,1,1,1,1 },
    { 1,1,1,2,9,2,4,1 },
    { 1,4,9,2,5,1,1,1 },
    { 1,1,1,1,2,1,0,0 },
    { 0,0,0,1,4,1,0,0 },
    { 0,0,0,1,1,1,0,0 }};
```

图 4-8 推箱子游戏中的图像资源

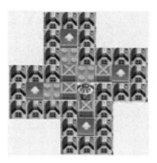

图 4-9 推箱子游戏中绘制砖块型图像的效果图

在本书中许多游戏(例如连连看游戏、推箱子游戏等)都是采用砖块型图像技术实现的。

4.8 游戏角色开发

游戏角色也叫游戏精灵(Sprite),是指游戏中可移动的物体,主要包括玩家控制的角色、NPC(计算机控制角色,例如怪物、敌机等)。在游戏中精灵通常是可以活动的,往往需要通过连续地绘制多幅静态图像来表现其运动效果,如图 4-10 所示。

图 4-10 通过多幅静态图像来表现其运动效果

这里设计一个 Sprite 类,主要用来实现游戏里面的人物动画、移动。使用 Sprite 类可以读取一个个小图片,并且把它们按照一定的顺序存储在数组里面,然后在屏幕上显示出其中的一个小图片,如果连续地更换显示的小图片,则屏幕上表现为一个完整的动画效果。

假如动画有 4 帧状态图片(如图 4-11 所示),在绘制人物时,根据 mPlayID 绘制相应状态的图片。

图 4-11 精灵向右行走的图片

```
//Sprite 类
import java.awt.Graphics;
import java.awt.Image;
import java.awt.Toolkit;
```

```java
import java.awt.image.ImageObserver;
public class Sprite {
    /** Sprite 的 x、y 坐标 **/
    public int m_posX = 0, m_posY = 0;
    private Image pic[] = null;          //Sprite 图片数组
    /** 当前帧的 ID **/
    private int mPlayID = 0;
    /** 是否更新绘制 Sprite **/
    boolean mFacus = true;
    public Sprite() {
        pic = new Image[4];
        for(int i = 0; i < 4; i++)
            pic[i] = Toolkit.getDefaultToolkit().getImage(
                    "images\\d" + i + ".png");
    }
    /** 初始化坐标 **/
    public void init(int x, int y) {
        m_posX = x;
        m_posY = y;
    }
    /** 设置坐标 **/
    public void set(int x, int y) {
        m_posX = x;
        m_posY = y;
    }
    /** 绘制精灵 **/
    public void DrawSprite(Graphics g, JPanel i)
    {
        g.drawImage(pic[mPlayID], m_posX, m_posY, (ImageObserver)i);
        mPlayID++;                      //下一帧图像
        if(mPlayID == 4) mPlayID = 0;
    }
```

Sprite 坐标的更新主要修改 x 坐标（水平方向）值，每次移动 15 像素。当然也可以修改 y 坐标（垂直方向）值，这里为了简单，没有修改 y 坐标值。

```java
    /** 更新精灵的坐标点 **/
    public void UpdateSprite() {
        if (mFacus == true)
            m_posX += 15;
        if(m_posX == 300)               //如果到达窗口的右边缘
            m_posX = 0;
    }
}
```

下面的例子展示如何显示一个精灵走动的动画，一个精灵从屏幕的左侧往右走，显示精灵走动的 SpritePanel 类的代码如下：

```java
import java.awt.*;
import javax.swing.JPanel;
public class SpritePanel extends JPanel implements Runnable {        //绘图线程类
```

```
    private Sprite player;
    public SpritePanel()
    {
        player = new Sprite();              //创建精灵
        Thread t = new Thread(this);        //创建一个新线程
        t.start();                          //启动线程
    }
    public void run()                       //重载 run()方法
    {
        while(true)                         //线程中的无限循环
        {
            player.UpdateSprite();          //更新 Sprite 的 x、y 坐标
            try{
                Thread.sleep(500);          //线程休眠 500ms
            }catch(InterruptedException e){}
            repaint();                      //窗口重绘
        }
    }
    public void paint(Graphics g)           //重载绘图方法
    {
        //super.paint(g);将面板上原来绘的东西擦掉
        //先清屏幕,否则原来绘的东西仍在
        g.clearRect(0,0,this.getWidth(),this.getHeight());
        player.DrawSprite(g,this);          //绘制精灵
    }
}
```

仍然使用程序 4-1 的主程序,在其中做如下修改:

```
//c.add(new TetrisPanel());
c.add(new SpritePanel());
```

运行程序,效果如图 4-12 所示,一个精灵从左往右走动,如果超出屏幕边界,则从左侧重新开始走动,如此循环,直到程序关闭为止。

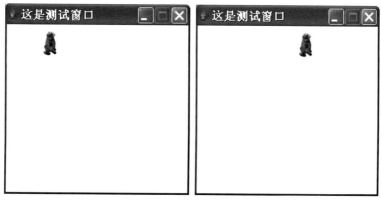

图 4-12　精灵走动

当然，在游戏中人物角色的移动是玩家控制的，这就需要在键盘事件中判断用户按的方向，从而更新角色的 x、y 坐标。

4.9 游戏声音效果的设定

声音能够丰富游戏，同时增强游戏的可玩性。游戏中的声音效果大致分为两类，分别是动作音效和场景音乐。前者用于动作的配音，以便增强游戏角色的真实感；后者用于烘托游戏气氛，通过为不同的背景配备相应的音乐来表达特定的情感。

Java 提供了丰富的 API 用于对声音进行处理和播放，其中最常用的是一个使用数字化样本文件工作的包，专门用于载入声音文件并通过音频混合器进行播放。该包是 javax.sound.sampled，它支持的声音文件格式有 AIFF、AU、WAV。

在 Java 中播放声音文件与显示图像文件一样方便，需要先将声音文件加载进来，然后播放即可。下面以 WAV 文件的播放为例进行说明。首先需要打开声音文件并读取其中的信息，主要包括以下几个步骤。

(1) 新建一个文件对象获取 WAV 文件数据：

```
File file = new File("sound.wav");
```

(2) 将 WAV 文件转换为音频输入流：

```
AudioInputStream stream = AudioSystem.getAudioInputStream(file);
```

(3) 获取音频格式：

```
AudioFormat format = stream.getFormat();
```

众所周知，Java 通过流对象 (Stream) 来统一处理输入与输出数据，声音数据也不例外，处理声音数据输入的流类为 AudioInputStream，它是具有指定音频格式和长度的输入流。除此之外，还需要使用 AudioSystem 类，该类用于充当取样音频系统资源的入口点，它提供了许多在不同格式间转换音频数据的方法，以及在音频文件和流之间进行转换的方法。

AudioFormat 类是在声音流中指定特定数据安排的类。通过检查以音频格式存储的信息，可以发现在二进制声音数据中解释位的方式。

在获取声音文件信息之后，接下来就能够对声音数据进行播放了，主要包括以下几个步骤。

(1) 设置音频行信息：

```
DataLine.Info info = new DataLine.Info(Clip.class, format);
```

(2) 建立音频行：

```
Clip clip = (Clip)AudioSystem.getLine(info);
```

（3）将音频数据流读入音频行：

```
clip.open(stream);
```

（4）播放音频行：

```
clip.start();
```

其中涉及的类如下。
- Line：Line 接口表示单声道或多声道音频供给。
- DataLine：包括一些音频传输控制方法，这些方法可以启动、停止、消耗和刷新通过数据行传入的音频数据。
- DataLine.Info：提供音频数据行的信息，包括受数据行支持的音频格式、内部缓冲区的最小和最大值等。

Clip 接口表示特殊种类的数据行，该数据行的音频数据可以在回放前加载，而不是实时流出。音频剪辑的回放可以使用 start() 和 stop() 方法开始和终止。这些方法不重新设置介质的位置，start() 将从回放最后停止的位置继续回放。

下面建立 SoundPlayer 类来播放声音效果，程序代码如下：

```java
import javax.sound.sampled.*;
import java.io.*;
public class SoundPlayer {
    File file; AudioInputStream stream;
    AudioFormat format; DataLine.Info info;
    Clip clip;
    SoundPlayer() {
    }
    public void loadSound(String fileName) {    //打开声音文件
        file = new File(fileName);
        try {
            stream = AudioSystem.getAudioInputStream(file);
        } catch(UnsupportedAudioFileException ex) {
        } catch(IOException ex) {
        }
        format = stream.getFormat();
    }
    public void playSound() {                    //播放声音
        info = new DataLine.Info(Clip.class,format);
        try {
            clip = (Clip) AudioSystem.getLine(info);
        } catch(LineUnavailableException ex) { }
        try {
            clip.open(stream);
        } catch (LineUnavailableException ex) { }
        catch(IOException ex) { }
        clip.start();
    }
}
```

在程序中给角色动作添加音乐,当用户按空格键控制角色跳跃时播放音乐,代码如下:

```java
public class GamePanel extends Panel implements Runnable,KeyListener {
    public SoundPlayer sound = new SoundPlayer();
    public void keyPressed(KeyEvent e) {
        int keycode = e.getKeyCode();
        switch(keycode) {
            case KeyEvent.VK_DOWN:
                break;
            case KeyEvent.VK_SPACE:
                    sound.loadSound("Sounds/jump.wav");
                    sound.playSound();
        }
    }
}
```

第 5 章

源码下载

推箱子游戏

5.1 推箱子游戏介绍

经典的推箱子游戏是一个来自日本的古老游戏,目的是训练玩家的逻辑思维能力。在一个狭小的仓库中,要求把箱子放到指定的位置,但一不小心就会出现箱子无法移动或者通道被堵住的情况,所以需要巧妙地利用有限的空间和通道合理地安排移动的次序和位置,这样才能顺利地完成任务。

推箱子游戏的规则如下:

游戏运行载入相应的地图,屏幕中出现一个推箱子的工人,其周围是围墙 、人可以走的通道 、几个可以移动的箱子 和箱子放置的目的地 。玩家通过按上、下、左、右键控制工人 推箱子,当把箱子都推到了目的地之后出现过关信息,并显示下一关。如果推错,玩家可以右击撤销上次的移动,还可以按空格键重新玩这一关,直到过完全部关卡。

本章开发推箱子游戏,该游戏的效果如图 5-1 所示。

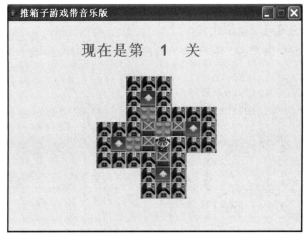

图 5-1 推箱子游戏界面

游戏中的图片资源如图 5-2 所示。

图 5-2 推箱子游戏的图片资源

其中,pic1 为墙;pic2 为箱子;pic3 为在目的地的箱子;pic4 为目的地;pic5 为向下的人;pic6 为向左的人;pic7 为向右的人;pic8 为向上的人;pic9 为通道;pic10 为站在目的地向下的人;pic11 为站在目的地向左的人;pic12 为站在目的地向右的人;pic13 为站在目的地向上的人。

5.2 程序设计的思路

首先确定开发难点。对工人的操作很简单,就是向 4 个方向移动,工人移动,箱子也移动,所以按键的处理也比较简单。当箱子到达目的地时,就会产生游戏过关事件,需要逻辑判断。仔细想一下,所有事件都发生在一张地图中,这张地图包括箱子的初始位置、箱子最终放置的位置和围墙障碍等。每一关地图都要更换,这些位置也要改变,所以每一关的地图数据是最关键的,它决定了每一关的不同场景和物体的位置。下面重点分析一下地图。

可以把地图想象成一个网格,每个格子就是工人每次移动的步长(这里为 30 像素),也是箱子移动的距离,这样问题就简化多了。首先设计一个 mapRow×mapColumn 的二维数组 map,按照这样的框架来思考。对于格子的两个屏幕像素坐标(x、y),可以由二维数组下标(i,j)换算。

换算公式为 leftX + j×30,leftY + i×30

每个格子的状态值分别用枚举类型值:

```
//定义一些常量,对应地图的元素
final byte WALL = 1,BOX = 2,BOXONEND = 3,END = 4,MANDOWN = 5,
    MANLEFT = 6,MANRIGHT = 7,MANUP = 8,GRASS = 9,
    MANDOWNONEND = 10,MANLEFTONEND = 11,
    MANRIGHTONEND = 12,MANUPONEND = 13;
```

其中，WALL(1)代表墙，BOX(2)代表箱子，BOXONEND(3)代表放到目的地的箱子，END(4)代表目的地，MANDOWN(5)代表向下的人，MANLEFT(6)代表向左的人，MANRIGHT(7)代表向右的人，MANUP(8)代表向上的人，GRASS(9)代表通道，MANDOWNONEND(10)代表站在目的地向下的人，MANLEFTONEND(11)代表站在目的地向左的人，MANRIGHTONEND(12)代表站在目的地向右的人，MANUPONEND(13)代表站在目的地向上的人。

原始地图中格子的状态值数组采用相应的整数形式存储。

在玩家通过键盘控制工人推箱子的过程中，需要按游戏规则判断是否响应该按键指示。下面分析工人将会遇到什么情况，以便归纳出所有的规则和对应算法。为了描述方便，假设工人移动趋势方向为向右，其他方向的原理与之相同。p1、p2分别代表工人移动趋势方向前的两个方格，如图5-3所示。

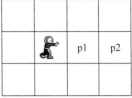

图 5-3 初始位置

1. 前方 p1 是围墙

如果工人前方是围墙(即阻挡工人的路线)
{
　　退出规则判断，布局不做任何改变
}

2. 前方 p1 是通道(GRASS)或目的地(END)

如果工人前方是通道或目的地
{
　　工人可以进到 p1 方格，修改相关位置格子的状态值
}

3. 前方 p1 是箱子

在前面的两种情况中，只要根据前方 p1 处的物体就可以判断出工人是否可以移动，而在第 3 种情况中(如图 5-4 所示)，需要根据箱子前方 p2 处的物体才能判断出工人是否可以移动。此时有以下几种可能：

（1）p1 处为箱子（BOX）或者放到目的地的箱子（BOXONEND），p2 处为通道（GRASS）；工人可以进到 p1 方格；p2 方格的状态为箱子。修改相关位置格子的状态值。

（2）p1 处为箱子（BOX）或者放到目的地的箱子（BOXONEND），p2 处为目的地（END）；工人可以进到 p1 方格；p2 方格的状态为放置好的箱子。修改相关位置格子的状态值。

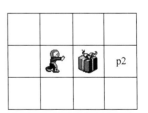

图 5-4 前方 p1 是箱子

（3）p1 处为箱子（BOX），p2 处为墙（WALL）。退出规则判断，布局不做任何改变。

综合前面的分析，可以设计出整个游戏的实现流程。

整个游戏的源文件说明如下。

- GameFrame.java：游戏界面视图。

- Map.java：封装游戏当前状态。
- MapFactory.java：提供地图数据。

5.3 程序设计的步骤

5.3.1 设计地图数据类

地图数据类（MapFactory）保存所有关卡的原始地图数据，每一关的数据为一个二维数组，所以此处 map 是三维数组。

```java
import java.io.InputStream;
public class MapFactory {
    static byte map[][][] = {
        {
            { 0,0,1,1,1,0,0,0 },
            { 0,0,1,4,1,0,0,0 },
            { 0,0,1,9,1,1,1,1 },
            { 1,1,1,2,9,2,4,1 },
            { 1,4,9,2,5,1,1,1 },
            { 1,1,1,1,2,1,0,0 },
            { 0,0,0,1,4,1,0,0 },
            { 0,0,0,1,1,1,0,0 }
        },
        {
            { 1,1,1,1,1,0,0,0 },
            { 1,9,9,5,1,0,0,0 },
            { 1,9,2,2,1,0,1,1 },
            { 1,9,2,9,1,0,1,4,1 },
            { 1,1,1,9,1,1,1,4,1 },
            { 0,1,1,9,9,9,9,4,1 },
            { 0,1,9,9,9,1,9,9,1 },
            { 0,1,9,9,9,1,1,1,1 },
            { 0,1,1,1,1,1,0,0,0 }
        },
        …//省略其余关卡数据
    };
    static int count = map.length;
    public static byte[][] getMap(int grade)
    {byte temp[][];
        if(grade >= 0 && grade < count)
            temp = map[grade];
        else
            temp = map[0];
        int row = temp.length;
        int column = temp[0].length;
        byte[][] result = new byte[row][column];
        for(int i = 0; i < row; i++)
            for(int j = 0; j < column; j++)
                result[i][j] = temp[i][j];
```

```
            return result;
        }
    public static int getCount()
    {
        return count;
    }
}
```

5.3.2 设计地图类

由于每移动一步,都需要保存当前的游戏状态,所以此处定义地图类(Map),保存人的位置和游戏地图的当前状态。若撤销移动,恢复地图时通过该类获取人的位置、地图的当前状态和关卡数。

```
public class Map {
    int manX = 0;
    int manY = 0;
    byte map[][];
    int grade;
    //此构造方法用于撤销操作
    //撤销操作只需要人的位置和地图的当前状态
    public Map(int manX,int manY,byte[][]map)
    {
        this.manX = manX;
        this.manY = manY;
        int row = map.length;
        int column = map[0].length;
        byte temp[][] = new byte[row][column];
        for(int i = 0;i < row;i++)
            for(int j = 0;j < column;j++)
                temp[i][j] = map[i][j];
        this.map = temp;
    }

    //此构造方法用于保存操作
    //恢复地图时需要人的位置、地图的当前状态和关卡数(关卡切换时此为基数)
    public Map(int manX,int manY,byte[][] map,int grade)
    {
        this(manX,manY,map);
        this.grade = grade;
    }

    public int getManX() {
        return manX;
    }
    public int getManY() {
        return manY;
    }
    public byte[][] getMap() {
        return map;
```

```
        }
    public int getGrade() {
        return grade;
    }
}
```

5.3.3 设计游戏面板类

游戏面板类(GameFrame)完成游戏界面的刷新显示以及相应的鼠标、键盘事件。

```
//推箱子游戏带音乐版
//右击——悔棋功能
import java.awt.*;
import java.awt.event.*;
import java.io.File;
import java.util.ArrayList;
import javax.sound.midi.*;
import javax.swing.*;
public class GameFrame extends JFrame implements ActionListener,MouseListener,KeyListener{
    //主面板类
    private int grade = 0;
    //row、column 记录人的行号、列号
    //leftX、leftY 记录左上角图片的位置,避免图片从(0,0)坐标开始
    private int row = 7,column = 7,leftX = 0,leftY = 0;
    //记录地图的行/列数
    private int mapRow = 0,mapColumn = 0;
    //width、height 记录屏幕的大小
    private int width = 0,height = 0;
    private boolean acceptKey = true;
    //程序所用到的图片
    private Image pic[] = null;
    private byte[][] map = null;
    private ArrayList list = new ArrayList();
    Sound sound;
```

关于格子状态值的常量对应地图的元素。

```
final byte WALL = 1,BOX = 2,BOXONEND = 3,END = 4,MANDOWN = 5,
MANLEFT = 6,MANRIGHT = 7,MANUP = 8,GRASS = 9,
MANDOWNONEND = 10,MANLEFTONEND = 11,
MANRIGHTONEND = 12,MANUPONEND = 13;
```

在构造方法 GameFrame()中,调用 initMap()初始化本关 grade 游戏地图,清空悔步信息列表 list,同时播放 MIDI 游戏背景音乐。

```
public GameFrame() {
    super("推箱子游戏带音乐版");
    setSize(600,600);
    setVisible(true);
```

```java
        setResizable(false);
        setLocation(300,20);
        setDefaultCloseOperation(JFrame.EXIT_ON_CLOSE);
        Container cont = getContentPane();
        cont.setLayout(null);
        cont.setBackground(Color.black);
        //初始 13 张图片
        getPic();
        width = this.getWidth();
        height = this.getHeight();
        this.setFocusable(true);
        initMap();                      //初始化本关 grade 游戏地图,清空悔步信息列表 list
        this.addKeyListener(this);
        this.addMouseListener(this);
        sound = new Sound();
        sound.loadSound();              //播放 MIDI 游戏背景音乐
    }
```

在 initMap()方法中调用 getMapSizeAndPosition()和 getManPosition()。

```java
public void initMap() {
    map = getMap(grade);
    list.clear();
    getMapSizeAndPosition();
    getManPosition();
}
```

getManPosition()获取工人当前位置(row,column):

```java
public void getManPosition() {
    for (int i = 0; i < map.length; i++)
        for (int j = 0; j < map[0].length; j++)
            if (map[i][j] == MANDOWN || map[i][j] == MANDOWNONEND
                || map[i][j] == MANUP || map[i][j] == MANUPONEND
                || map[i][j] == MANLEFT || map[i][j] == MANLEFTONEND
                || map[i][j] == MANRIGHT || map[i][j] == MANRIGHTONEND)
            {
                row = i;
                column = j;
                break;
            }
}
```

getMapSizeAndPosition()获取游戏区域大小及显示游戏的左上角位置(leftX,leftY):

```java
private void getMapSizeAndPosition() {
    //TODO Auto-generated method stub
    mapRow = map.length;
    mapColumn = map[0].length;
    leftX = (width -  map[0].length * 30) / 2;
    leftY = (height -  map.length * 30) / 2;
```

```
            System.out.println(leftX);
            System.out.println(leftY);
            System.out.println(mapRow);
            System.out.println(mapColumn);
    }
```

getPic()加载要显示的图片:

```
public void getPic() {
    pic = new Image[14];
    for(int i = 0; i < 13; i++)
    {
        pic[i] = Toolkit.getDefaultToolkit().getImage("images\\pic" + i + ".jpg");
    }
}
```

grassOrEnd(byte man)判断人所在位置是通道 GRASS 还是目的地 END:

```
public byte grassOrEnd(byte man) {
    byte result = GRASS;
    if (man == MANDOWNONEND || man == MANLEFTONEND || man == MANRIGHTONEND || man == MANUPONEND)
        result = END;
    return result;
}
```

游戏逻辑主要有人物移动。人物可以向 4 个方向移动,这里以向上移动作为例子(向下、向左、向右移动类似)进行介绍。推箱子游戏的特殊性决定了人物移动涉及 3 个位置,即人当前位置、人将要移动到的位置和箱子要到达的位置。

向上移动涉及的 3 个位置为人当前位置(map[row][column])、人的上一步位置 p1(map[row-1][column])和人的上上一步位置 p2(map[row-2][column])。

首先判断 p1 处的图像类型,这里的图像类型可能为 BOX、BOXONEND、WALL、GRASS 和 END。

(1) 如果前方 p1 是围墙 WALL,因为不能移动,所以不用处理直接返回即可。

(2) 如果 p1 为 BOX、BOXONEND,则判断 p2 处的图像类型,这里需要处理的图像类型为 END、GRASS,如果 p2 的图像类型是这两种图像,则进行以下处理。

保存当前整个游戏的地图信息到 ArrayList 类型的 list 中,用于撤销动作。

```
Map currMap = new Map(row,column,map);
list.add(currMap);
```

判断 p2 处是否为目的地。如果是目的地,则 p2 方格状态为放置好的箱子,否则为箱子。

```
byte boxTemp = map[row-2][column] == END?BOXONEND: BOX;
map[row - 2][column] = boxTemp;
```

人往上走一步,需判断 p1 处是 BOX 还是 BOXONEND。如果是 BOX,则 p1 方格状态改为 MANUP(人在 p1 位置),否则为 MANUPONEND(人在目的地)。

```
byte manTemp = map[row - 1][column] == BOX ? MANUP: MANUPONEND;
map[row - 1][column] = manTemp;
```

人刚才站的地方变成 GRASS 或者 END。

```
map[row][column] = grassOrEnd(map[row][column])
```

修改人的位置在 map 数组中的行坐标(row--)。
(3) 如果 p1 的图像类型为 GRASS 或者 END,则只需要做以下处理。
保存当前整个游戏的地图信息到 ArrayList 类型的 list 中,用于撤销动作。

```
Map currMap = new Map(row,column,map);
list.add(currMap);
```

判断 p1 处是否为目的地。如果是目的地,则 p1 方格状态改为 MANUPONEND(人在目的地),否则 p1 方格状态改为 MANUP(人在 p1 位置)。

```
byte temp = map[row - 1][column] == END? MANUPONEND: MANUP;
map[row - 1][column] = temp;
```

人刚才站的地方变成 GRASS 或者 END。

```
map[row][column] = grassOrEnd(map[row][column])
```

修改人的位置在 map 数组中的行坐标(row--)。
具体向上移动的代码如下:

```java
private void moveUp() {    //向上
    //上一步 p1 为 WALL
    if (map[row - 1][column] == WALL)
        return;
    //上一步 p1 为 BOX、BOXONEND,需考虑 p2
    if (map[row - 1][column] == BOX || map[row - 1][column] == BOXONEND) {
        //上上一步 p2 为 END、GRASS,则向上一步,其他不用处理
        if (map[row - 2][column] == END || map[row - 2][column] == GRASS) {
            Map currMap = new Map(row,column,map);
            list.add(currMap);
            byte boxTemp = map[row - 2][column] == END?BOXONEND: BOX;
            byte manTemp = map[row - 1][column] == BOX?MANUP:MANUPONEND;
            //箱子变成 boxTemp,箱子往上一步
            map[row - 2][column] = boxTemp;
            //人变成 mapTemp,人往上走一步
            map[row - 1][column] = manTemp;
            //人刚才站的地方变成 GRASS 或者 END
            map[row][column] = grassOrEnd(map[row][column]);
```

```
                //人离开后修改人的坐标
                row--;
            }
        } else {
            //上一步 p1 为 GRASS、END,无须考虑 p2,其他情况不用处理
            if (map[row - 1][column] == GRASS || map[row - 1][column] == END) {
                Map currMap = new Map(row,column,map);
                list.add(currMap);
                byte temp = map[row-1][column] == END?MANUPONEND:MANUP;
                //人变成 temp,人往上走一步
                map[row - 1][column] = temp;
                //人刚才站的地方变成 GRASS 或者 END
                map[row][column] = grassOrEnd(map[row][column]);
                //人离开后修改人的坐标
                row--;
            }
        }
    }
```

向下、向左、向右移动与向上移动类似,这里不再赘述。

```
private void moveDown() {                    //向下
    ...
}
private void moveLeft() {                    //向左
    //左一步 p1 为 WALL
    if (map[row][column - 1] == WALL)
        return;
    //左一步 p1 为 BOX、BOXONEND,需考虑 p2
    if (map[row][column - 1] == BOX || map[row][column-1] == BOXONEND) {
        //左左一步 p2 为 END、GRASS,则向左一步,其他不用处理
        if (map[row][column - 2] == END || map[row][column - 2] == GRASS) {
            Map currMap = new Map(row,column,map);
            list.add(currMap);
            byte boxTemp = map[row][column-2] == END ? BOXONEND: BOX;
            byte manTemp = map[row][column - 1] == BOX ? MANLEFT: MANLEFTONEND;
            //箱子变成 boxTemp,箱子往左一步
            map[row][column - 2] = boxTemp;
            //人变成 manTemp,人往左走一步
            map[row][column - 1] = manTemp;
            //人刚才站的地方变成 GRASS 或者 END
            map[row][column] = grassOrEnd(map[row][column]);
            column--;
        }
    } else {
        //左一步 p1 为 GRASS、END,无须考虑 p2,其他情况不用处理
        if (map[row][column - 1] == GRASS || map[row][column - 1] == END) {
            Map currMap = new Map(row,column,map);
            list.add(currMap);
            byte temp = map[row][column - 1] == END ? MANLEFTONEND: MANLEFT;
```

```
            //人变成 temp,人往左走一步
            map[row][column - 1] = temp;
            //人刚才站的地方变成 GRASS 或者 END
            map[row][column] = grassOrEnd(map[row][column]);
            column--;
        }
    }
}
private void moveRight() { //向右
    ...
}
```

isFinished()验证是否过关。如果有目的地 END 值或人在目的地,则表示没有过关。

```
public boolean isFinished() {
    for (int i = 0; i < mapRow; i++)
        for (int j = 0; j < mapColumn; j++)
            if (map[i][j] == END || map[i][j] == MANDOWNONEND
                || map[i][j] == MANUPONEND || map[i][j] == MANLEFTONEND
                || map[i][j] == MANRIGHTONEND)
                return false;
    return true;
}
```

paint(Graphics g)绘制整个游戏区域图形:

```
public void paint(Graphics g)        //绘图
{
    for (int i = 0; i < mapRow; i++)
        for (int j = 0; j < mapColumn; j++) {
            //绘出地图,i代表行数,j代表列数
            if (map[i][j] != 0)
                g.drawImage(pic[map[i][j]],leftX + j * 30,leftY + i * 30,this);
        }
    g.setColor(Color.RED);
    g.setFont(new Font("楷体_2312",Font.BOLD,30));
    g.drawString("现在是第",150,140);
    g.drawString(String.valueOf(grade + 1),310,140);
    g.drawString("关",360,140);
}
```

getManX()、getManY()返回人的位置:

```
public int getManX() {
    return row;
}
public int getManY() {
    return column;
}
```

getGrade()返回当前关卡数:

```java
public int getGrade() {
    return grade;
}
```

getMap(int grade)返回当前关的地图信息:

```java
public byte[][] getMap(int grade) {
    return MapFactory.getMap(grade);
}
```

DisplayToast(String str)显示提示信息对话框:

```java
/* 显示提示信息对话框 */
public void DisplayToast(String str) {
    JOptionPane.showMessageDialog(null,str,"提示",
            JOptionPane.ERROR_MESSAGE);
}
```

undo()撤销移动操作:

```java
public void undo() {
    if (acceptKey) {
        //撤销
        if (list.size() > 0) {
            //若要撤销,必须走过
            Map priorMap = (Map) list.get(list.size() - 1);
            map = priorMap.getMap();
            row = priorMap.getManX();
            column = priorMap.getManY();
            repaint();
            list.remove(list.size() - 1);
        } else
            DisplayToast("不能再撤销!");
    } else {
        DisplayToast("此关已完成,不能撤销!");
    }
}
```

nextGrade()实现下一关的初始化及调用repaint()显示游戏界面:

```java
public void nextGrade() {
    if (grade >= MapFactory.getCount() - 1) {
        DisplayToast("恭喜你完成所有关卡!");
        acceptKey = false;
    } else {
        grade++;
        initMap();
        repaint();
```

```
            acceptKey = true;
    }
}
```

priorGrade()实现上一关的初始化及调用 repaint()显示游戏界面：

```
public void priorGrade() {
    grade -- ;
    acceptKey = true;
    if (grade < 0)
        grade = 0;
    initMap();
    repaint();
}
```

在键盘事件 keyPressed 中根据用户的按键分别调用向 4 个方向移动的方法。

```
public void keyPressed(KeyEvent e)           //键盘事件
{
    if(e.getKeyCode() == KeyEvent.VK_UP){
        //向上
        moveUp();}
    if(e.getKeyCode() == KeyEvent.VK_DOWN){
        //向下
        moveDown();
        }
    if(e.getKeyCode() == KeyEvent.VK_LEFT){   //向左
        moveLeft();
    }
    if(e.getKeyCode() == KeyEvent.VK_RIGHT){  //向右
        moveRight();
    }
    repaint();
    if (isFinished()) {
        //禁用按键
        acceptKey = false;
        if(grade == 10){JOptionPane.showMessageDialog(this,"恭喜通过最后一关");}
        else
        {
            //提示进入下一关
            String msg = "恭喜您通过第" + grade + "关!!!\n 是否要进入下一关?";
            int type = JOptionPane.YES_NO_OPTION;
            String title = "过关";
            int choice = 0;
            choice = JOptionPane.showConfirmDialog(null,msg,title,type);
            if(choice == 1)System.exit(0);
            else if(choice == 0)
            {
                //进入下一关
                acceptKey = true;
                nextGrade();
```

```
            }
        }
    }
}
public void actionPerformed(ActionEvent arg0) {
    //TODO Auto-generated method stub
}
public void keyReleased(KeyEvent arg0) {
    //TODO Auto-generated method stub
}
public void keyTyped(KeyEvent arg0) {
    //TODO Auto-generated method stub
}
```

鼠标事件的相关代码如下:

```
public void mouseClicked(MouseEvent e) {
    //TODO Auto-generated method stub
    if (e.getButton() == MouseEvent.BUTTON3)  //右击撤销移动
    {
        undo();                                //撤销移动
    }
}
```

main()方法(程序入口)实现一个GameFrame窗口:

```
    public static void main(String[] args)
    {
        new GameFrame();
    }
}
```

5.3.4 设计播放背景音乐类

设计播放背景音乐类(Sound),用于播放背景音乐。

```
import javax.sound.midi.*;
import java.io.File;
class Sound                          //播放背景音乐类
{
    String path = new String("musics\\");
    String file = new String("nor.mid");
    Sequence seq;
    Sequencer midi;
    boolean sign;
    void loadSound()
    {
        try {
            seq = MidiSystem.getSequence(new File(path + file));
            midi = MidiSystem.getSequencer();
            midi.open();
```

```
                midi.setSequence(seq);
                midi.start();
                midi.setLoopCount(Sequencer.LOOP_CONTINUOUSLY);
            }
            catch (Exception ex) {ex.printStackTrace();}
            sign = true;
    }
    void mystop(){midi.stop();midi.close();sign = false;}
    boolean isplay(){return sign;}
    void setMusic(String e){file = e;}
}
```

游戏动作的音效通常比较短小,其播放时间最多只有一两秒钟,而游戏背景音乐需要持续比较长的时间,少则十几秒,多则几分钟甚至更长时间。Java 支持的背景音乐文件格式主要有 CD、MP3 和 MIDI。这里使用的是 MIDI 格式音乐。

MIDI(Musical Instrument Digital Interface,乐器数字接口)是 20 世纪 80 年代初为解决电声乐器之间的通信问题而提出的。MIDI 传输的不是声音信号,而是音符、控制参数等指令,它指示 MIDI 设备要做什么、怎么做,例如演奏哪个音符、多大音量等。它们被统一表示成 MIDI 消息(MIDI Message)。

Java 提供了专门的包来处理和播放 MIDI 音乐,包名为 javax.sound.midi,其中包括与 MIDI 相关的各个类及其方法。读取 MIDI 文件信息的主要步骤如下。

(1) 打开 MIDI 文件:

```
Sequence sequence = MidiSystem.getSequence(new File(filename));
```

(2) 建立音频序列:

```
Sequencer sequencer = MidiSystem.getSequencer();
```

(3) 打开音频序列:

```
sequencer.open();
```

在读取 MIDI 音频序列并初始化音频序列器之后,接下来便可以播放 MIDI 音乐了。播放 MIDI 音乐的步骤如下。

(1) 读取即将播放的音频序列:

```
sequencer.setSequence(sequence);
```

(2) 播放音频序列:

```
sequencer.start();
```

如果要循环播放 MIDI 音乐,则可以使用 Sequencer 的 isRunning()方法进行判断,若该方法的返回值为 false,说明音乐已经播放完毕,此时可以再次调用 start()方法重新开始播放。

源码下载

飞机射击游戏

6.1 飞机射击游戏介绍

《雷电》游戏因为操作简单、节奏明快,被奉为纵轴射击的经典之作。《雷电》系列受到广大玩家的欢迎,可以说已经成为老少皆宜的游戏。

本章开发模拟《雷电》的飞机射击游戏。屏幕下方是玩家的飞机,能自动发射子弹;上方是随机出现的敌方飞机(数量不超过 5 架)。玩家可以通过键盘上的方向键控制自己飞机的移动,当玩家飞机的子弹碰到敌方飞机时,敌方飞机出现爆炸效果。程序运行效果如图 6-1 所示。

图 6-1 飞机射击游戏的运行界面

6.2 程序设计的思路

6.2.1 游戏素材

该游戏中用到敌方飞机、我方飞机、子弹、敌机被击中的爆炸图片等,如图 6-2 所示。

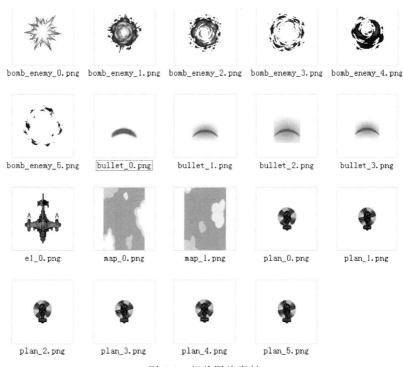

图 6-2 相关图片素材

6.2.2 地图滚动的实现

举个简单的例子,大家在坐火车的时候都遇到过这种情况:自己的火车是停止的,旁边铁轨中的火车正在向后行驶,此时会有一种错觉,感觉自己的火车是在向前行驶。飞机射击游戏的地图滚动原理和这完全一样。玩家控制飞机在屏幕中飞行的位置,背景图片一直向后滚动,从而给玩家一种错觉,感觉自己控制的飞机在向前飞行。如图 6-3 所示,两张地图图片(map_0.png、map_1.png)作为背景在屏幕中交替滚动,这样就会给玩家产生自己控制的飞机在向前移动的错觉。

地图滚动的相关代码如下:

```
private void updateBg() {
    /** 更新游戏背景图片实现向下滚动效果 **/
    mBitposY0 += 10;              //第 1 张地图 map_0.png 的纵坐标下移 10 像素
    mBitposY1 += 10;              //第 2 张地图 map_1.png 的纵坐标下移 10 像素
```

```
        if (mBitposY0 == mScreenHeight) {          //超过游戏屏幕的底边
            mBitposY0 = - mScreenHeight;            //回到屏幕上方
        }
        if (mBitposY1 == mScreenHeight) {          //超过游戏屏幕的底边
            mBitposY1 = - mScreenHeight;            //回到屏幕上方
        }
        ...
}
```

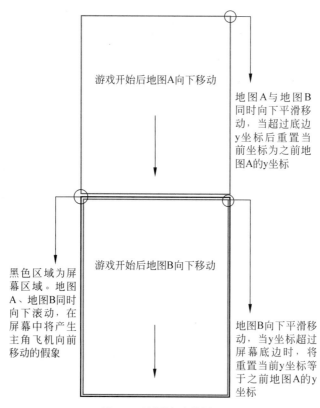

图 6-3　地图滚动的原理

6.2.3　飞机和子弹的实现

游戏中使用的飞机、子弹均采用对应的类实现。因为子弹的数量很多，敌机的数量也很多，所以每一颗子弹需要用一个对象来记录当前在屏幕中的绘制区域的 x、y 坐标。每一架敌机也是一个对象，也记录着它在屏幕中的绘制区域的 x、y 坐标，这样在处理碰撞的时候就是处理每一颗子弹的矩形区域与每一架敌机的矩形区域的碰撞。通过遍历子弹对象与敌机对象就可以计算出碰撞的结果，从而得到碰撞的敌机对象并播放死亡爆炸动画。

如果按照这样的思路，将会频繁地创建子弹对象与敌机对象，这样会造成内存泄漏等严重问题。仔细想一下屏幕中需要绘制的子弹数量与敌机数量肯定是有限的，可以初始化固定数量的子弹对象与敌机对象，只对这些对象进行逻辑更新与绘制。

举个例子，当前游戏屏幕中最多需要 5 架敌机，代码中只产生 5 个敌机对象。分别检测这些对象,如果被子弹打中或者向下移动超过屏幕底边,这时候可以对飞机的属性进行重置,让飞机重新出现在上方的战场,这样就能在不增加飞机对象的情况下让玩家感觉有打不完的飞机。子弹对象同理,这里不再赘述。

游戏开始时将所有飞机、子弹对象初始化,也就是说游戏中不会再给这些对象分配内存。

在游戏过程中不断更新游戏背景图片的位置,下移 10 像素,实现向下滚动效果;更新子弹位置,每次 15 像素;更新敌机位置,每次 5 像素,敌机死亡且爆炸时动画结束,如果敌机超过屏幕还未死亡,则重置敌机的位置;同时每隔 500ms 增加一发子弹,并初始化,其位置坐标在玩家飞机的前方(注意,15 个子弹对象虽然已经存在,但是被初始化在屏幕外不能显示出来);最后调用 Collision() 方法检测子弹与敌机的碰撞。

```
private void updateBg() {
    /** 更新游戏背景图片实现向下滚动效果 **/
    …
    /** 更新每颗子弹的位置坐标,上移 15 像素 **/
    for (int i = 0; i < BULLET_POOL_COUNT; i++) {
        mBuilet[i].UpdateBullet();
    }
    /** 更新敌机的位置坐标 **/
    for (int i = 0; i < ENEMY_POOL_COUNT; i++) {
        mEnemy[i].UpdateEnemy();
        /* 敌机死亡且爆炸时动画结束,如果敌机超过屏幕还未死亡,则重置敌机的位置 */
        if (mEnemy[i].mAnimState == Enemy.ENEMY_DEATH_STATE
        && mEnemy[i].mPlayID == 6 || mEnemy[i].m_posY >= mScreenHeight) {
mEnemy[i].init(UtilRandom(0,ENEMY_POOL_COUNT) * ENEMY_POS_OFF,0);
        }
    }
    /** 根据时间初始化发射的子弹的位置 **/
    if (mSendId < BULLET_POOL_COUNT) {
        long now = System.currentTimeMillis();
        if (now - mSendTime >= PLAN_TIME) {
mBuilet[mSendId].init(mAirPosX - BULLET_LEFT_OFFSET,mAirPosY - BULLET_UP_OFFSET);
            mSendTime = now;
            mSendId++;
        }
    } else {
        mSendId = 0;
    }
    //子弹与敌机的碰撞检测
    Collision();
}
```

6.2.4 主角飞机的子弹与敌机的碰撞检测

将所有子弹对象的矩形区域与敌机对象的矩形区域逐一检测,如果重叠,则说明子弹与敌机碰撞。

```java
public void Collision() {
    //子弹与敌机的碰撞检测
    for (int i = 0; i < BULLET_POOL_COUNT; i++) {
        for (int j = 0; j < ENEMY_POOL_COUNT; j++) {
            if (mBuilet[i].m_posX >= mEnemy[j].m_posX
                    && mBuilet[i].m_posX <= mEnemy[j].m_posX + 30
                    && mBuilet[i].m_posY >= mEnemy[j].m_posY
                    && mBuilet[i].m_posY <= mEnemy[j].m_posY + 30
            ) //发生碰撞时将敌机的状态修改为死亡
            {
                mEnemy[j].mAnimState = Enemy.ENEMY_DEATH_STATE;
            }
        }
    }
}
```

6.3 关键技术

6.3.1 多线程

多线程编程可以使程序具有两条或两条以上的并发执行任务，就像在日常工作中由多人合作共同完成一个任务。这在很多情况下可以改善程序的响应性能，提高资源的利用效率，在多核 CPU 年代，这显得尤为重要。

Java 提供的多线程功能使得在一个程序中可以同时执行多个小任务，CPU 在线程间的切换非常迅速，使人们感觉到所有线程好像是同时进行的。多线程带来的更大好处是更好的交互性能和实时控制性能，当然实时控制性能还取决于操作系统本身。

每个 Java 程序都有一个默认的主线程，对于 Application 而言，主线程是 main() 方法执行的代码。如果要实现多线程，必须在主线程中创建新的线程对象。Java 语言使用 Thread 类及其子类对象来表示线程，新建的线程在它的一个完整的生命周期中通常要经历以下 5 种状态。

1. 新建

当一个 Thread 类或其子类的对象被声明并创建时，新生的线程对象处于新建状态，此时它已经有了相应的内存空间和其他资源，并已经被初始化。

2. 就绪

处于新建状态的线程被启动后，将进入线程队列排队等待 CPU 资源，此时它已经具备了运行的条件，一旦轮到它来享用 CPU 资源，就可以脱离创建它的主线程独立开始自己的生命周期了。另外，原来处于阻塞状态的线程被解除阻塞后也将进入就绪状态。

3. 运行

当就绪状态的线程被调度并获得 CPU 资源时，便进入运行状态。每一个 Thread 类及其子类的对象都有一个重要的 run() 方法，当线程对象被调度执行时，它将自动调用本对象的 run() 方法，从第 1 句开始顺序执行。run() 方法定义了这类线程的操作和功能。

4. 阻塞

一个正在执行的线程,在某些特殊情况下,例如被人为挂起或需要执行费时的输入、输出操作时,将让出 CPU 并暂时中止自己的执行,进入阻塞状态。在阻塞时它不能进入排队队列,只有当引起阻塞的原因被消除时线程才可以转入就绪状态,重新进入线程队列中排队等待 CPU 资源,以便从原来中止处开始继续执行。

5. 死亡

处于死亡状态的线程不具有继续运行的能力。线程死亡的原因有两个:一个是正常运行的线程完成了它的全部工作,即执行完 run()方法的最后一个语句并退出;另一个是线程被提前强制性终止,例如通过执行 stop()方法或 destroy()方法终止线程。

由于线程与进程一样是一个动态的概念,所以它也像进程一样有一个从产生到消亡的生命周期,如图 6-4 所示。

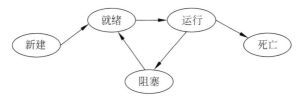

图 6-4　线程状态的改变

线程在各个状态之间的转化及线程生命周期的演进是由系统运行的状况、同时存在的其他线程和线程本身的算法共同决定的,用户在创建和使用线程时应注意利用线程的方法宏观地控制这个过程。

6.3.2　Java 的 Thread 类和 Runnable 接口

在 Java 中编程实现多线程应用有两种途径:一种是创建用户自己的 Thread 线程子类;另一种是在用户自己的类中实现 Runnable 接口。

1. Thread 类

Thread 类是一个具体的类,该类封装了线程的属性和行为。

Thread 类的构造函数有多个,比较常用的有以下几个。

(1) public Thread():这个方法创建了一个默认的线程类的对象。

(2) public Thread(Runnable target):这个方法在上一个构造函数的基础上利用 Runnable 接口参数对象 Target 中所定义的 run()方法,以便初始化或覆盖新创建的线程对象的 run()方法。

(3) public Thread(String name):这个方法在第 1 个构造函数创建一个线程的基础上,利用一个 String 类的对象 name 为所创建的线程对象指定了一个字符串名称供以后使用。

Thread 类的主要方法如下。

(1) 启动线程的 start()方法:public void start()。

start()方法将启动线程对象,使之从新建状态转入就绪状态并进入就绪队列排队。

(2) 定义线程操作的 run() 方法: public void run()。

Thread 类的 run() 方法用来定义线程对象被调用之后所执行的操作,都是系统自动调用,用户程序不得调用的方法。在系统的 Thread 类中,run() 方法没有具体内容,所以用户程序需要创建自己的 Thread 类的子类,并定义新的 run() 方法来覆盖原来的 run() 方法。

run() 方法将运行线程,使之从就绪队列状态转入运行状态。

(3) 使线程暂时休眠的 sleep() 方法:

```
public static void sleep(long millis) throws InterruptedException
```

其中,millis 是以毫秒为单位的休眠时间。

线程的调度执行是按照其优先级的高低顺序进行的,当高级线程未完成,即未死亡时,低级线程没有机会获得处理器。优先级高的线程可以在它的 run() 方法中调用 sleep() 方法使自己放弃处理器资源,休眠一段时间。休眠时间的长短由 sleep() 方法的参数决定。进入休眠的线程仍处于活动状态,但不被调度运行,直到休眠期满。它可以被另一个线程用中断唤醒,如果被另一个线程唤醒,则会抛出 InterruptedException 异常。

(4) 终止线程的 stop() 方法:

```
public final void stop()
public final void stop(Throwable obj)
```

当程序中需要强制终止某线程的生命周期时可以使用 stop() 方法。stop() 方法可以由线程在自己的 run() 方法中调用,也可以由其他线程在其执行过程中调用。

stop() 方法将会使线程由其他状态进入死亡状态。

(5) 判断线程是否未消亡的 isAlive() 方法: public final native Boolean isAlive()。

在调用 stop() 方法终止一个线程之前,最好先用 isAlive() 方法检查一下该线程是否仍然存活,杀死不存在的线程可能会造成系统错误。

若一个类直接或间接地继承自 Thread 类,则该类对象便具有了线程的能力。这是最简单的开发自己线程的方式,采用此方式最重要的是重写继承的 run() 方法。其实,run() 方法中的代码就是线程所要执行任务的描述,这种方式的基本语法如下:

```
class <类名> extends Thread
{
    public void run()
    {
        //线程所要执行任务的代码
    }
}
```

在上述格式中,run() 方法中编写的是线程所要执行任务的代码,一旦线程启动,run() 方法中的代码将成为一条独立的执行任务。

使用 Thread 类的子类创建一个线程,程序员必须创建一个从 Thread 类导出的新类,并且必须覆盖 Thread 的 run() 方法来完成所需要的工作。用户并不直接调用此 run() 方法,而是必须调用 Thread 的 start() 方法,该函数再调用 run() 方法。

下面是用于显示时间的多线程程序。

```java
import java.util.*;
class TimePrinter extends Thread {                    //定义了 Thread 类的子类 TimePrinter
    int pauseTime;
    String name;
    public TimePrinter(int x,String n) {              //构造函数
        pauseTime = x;
        name = n;
    }
    public void run() {                               //用户重载了 run()方法,定义了线程的任务
        while(true) {
            try {
                System.out.println(name + ":" + new
                    Date(System.currentTimeMillis()));
                Thread.sleep(pauseTime);
            } catch(Exception e) {                    //有可能抛出线程休眠被中断异常
                System.out.println(e);
            }
        }
    }
    public static void main(String args[]) {
        TimePrinter tp1 = new TimePrinter(1000,"Fast Guy");    //线程的创建
        tp1.start();                                            //线程的启动
        TimePrinter tp2 = new TimePrinter(3000,"Slow Guy");
        tp2.start();
    }
}
```

这个程序是 Java Application,其中定义了一个 Thread 类的子类 TimePrinter。在 TimePrinter 类中重载了 Thread 类中的 run()方法,用来显示当前时间,并休眠一段时间;为了防止在休眠的时候被打断,用了一个 try…catch 块进行异常处理。在 TimePrinter 类中的 main()方法根据不同的参数创建了两个新的线程 Fast Guy 和 Slow Guy,并分别启动它们,这两个线程将轮流运行。

2. Runnable 接口

Runnable 接口只有一个 run()方法,所有实现 Runnable 接口的用户类都必须具体实现这个 run()方法,为它书写方法体并定义具体操作。当线程转入运行状态时,它所执行的就是 run()方法中规定的操作。

下面给出了一个实现 Runnable 接口的类,代码如下:

```java
//实现了 Runnable 接口
class MyRunnable implements Runnable
{
    //重写 run()方法
    public void run()
    {
        //线程所要执行任务的代码
    }
}
```

可以通过实现 Runnable 接口的方法来定义用户线程的操作。Runnable 接口只有一个 run()方法,如果要实现这个接口,就必须定义 run()方法的具体内容,用户新建线程的操作也由这个方法来决定。通过实现 Runnable 接口的类来创建线程的代码如下:

```
MyRunnable mr = new MyRunnable();    //创建 Runnable 实现类的对象
Thread t = new Thread(mr);           //创建 Thread 对象
t.run();                             //调用 Thread 对象中的 run()方法
```

下面是通过实现 Runnable 接口的方法实现显示时间的多线程程序。

```
import java.util.*;
class TimePrinter implements Runnable{          //定义了实现 Runnable 接口的子类
    int pauseTime;
    String name;
    public TimePrinter(int x,String n) {        //构造函数
        pauseTime = x;
        name = n;
    }
    public void run() {                         //用户重载了 run()方法,定义了线程的任务
        while(true) {
            try {
                System.out.println(name + ":" + new
                    Date(System.currentTimeMillis()));
                Thread.sleep(pauseTime);
            } catch(Exception e) {              //有可能抛出线程休眠被中断异常
                System.out.println(e);
            }
        }
    }
    static public void main(String args[]) {
        Thread t1 = new Thread(new TimePrinter(1000,"Fast Guy"));
        t1.start();
        Thread t2 = new Thread(new TimePrinter(3000,"Slow Guy"));
        t2.start();                             //线程的启动
    }
}
```

这个程序实现了与前面程序相同的功能,只是前面程序中使用了继承 Thread 类的方法,而这个程序中使用了实现 Runnable 接口的方式。它们最后运行的效果完全一样,可见用这两种方式实现多线程的程序的效果是相同的。

3. 两种方式的比较

无论使用哪种方式,都可以通过一定的操作得到一条独立的执行任务,然而二者不是完全相同的。下面对二者之间的异同进行比较。

(1) 继承 Thread 类的方式虽然最简单,但继承了该类就不能继承其他类,这在有些情况下会严重影响开发。其实,在很多情况下编程人员只是希望自己的类具有线程的能力,能扮演线程的角色,而自己的类还需要继承其他类。

(2) 实现 Runnable 接口既不影响继承其他类,也不影响实现其他接口,只是实现 Runnable 接口的类多扮演了一种角色,多了一种能力而已,灵活性更好。

在实际开发中,继承 Thread 类的情况没有实现 Runnable 的多,因为后者具有更大的灵活性,可扩展性强。本章的飞机射击游戏采用 Runnable 实现多线程。

6.4 程序设计的步骤

6.4.1 设计子弹类

在项目中创建一个 Bullet 类,用于表示子弹,实现子弹的坐标更新、绘制功能。
首先导入包及相关类:

```
import java.awt.*;
import java.awt.image.ImageObserver;
import javax.swing.JFrame;
import javax.swing.JPanel;
```

然后在子弹类的构造方法中加载子弹的 4 帧状态图片,如图 6-5 所示。在绘制子弹时,根据 mPlayID 的值绘制相应状态的图片。

图 6-5 子弹图片

```
//子弹类
public class Bullet {
    /** 子弹的 X 轴速度 **/
    static final int BULLET_STEP_X = 3;
    /** 子弹的 Y 轴速度 **/
    static final int BULLET_STEP_Y = 15;
    /** 子弹图片的宽度 **/
    static final int BULLET_WIDTH = 40;
    /** 子弹的 x、y 坐标 **/
    public int m_posX = 0;
    public int m_posY = -20;                    //初始时子弹在游戏屏幕外
    /** 是否更新绘制子弹 **/
    boolean mFacus = true;
    private Image pic[] = null;                 //子弹图片数组
    /** 当前帧的 ID **/
    private int mPlayID = 0;
    public Bullet() {
        pic = new Image[4];
        for (int i = 0; i < 4; i++)
                pic[i] = Toolkit.getDefaultToolkit().getImage(
                        "images\\bullet_" + i + ".png");
    }
    /** 初始化坐标 **/
```

```java
    public void init(int x,int y) {
        m_posX = x;
        m_posY = y;
        mFacus = true;
    }
    /** 绘制子弹 **/
    public void DrawBullet(Graphics g,JPanel i)
    {
        g.drawImage(pic[mPlayID++],m_posX,m_posY,(ImageObserver)i);
        if(mPlayID == 4) mPlayID = 0;
    }
```

子弹的坐标更新主要修改 y 坐标(垂直方向)值,每次 15 像素。当然也可以修改 x 坐标(水平方向)值,这里为了简单,没有修改 x 坐标值。

```java
    /** 更新子弹的坐标 **/
    public void UpdateBullet() {
        if(mFacus)
            m_posY -= BULLET_STEP_Y;
    }
}
```

6.4.2　设计敌机类

在项目中创建一个 Enemy 类,用于表示敌机,实现敌机的坐标更新、绘制功能。其功能与子弹类相似。

首先导入包及相关类:

```java
import java.awt.*;
import java.awt.image.ImageObserver;
import java.io.File;
import javax.swing.JPanel;
```

然后在敌机类中定义一些数据成员:

```java
public class Enemy {                        //敌机类
    /** 敌机存活状态 **/
    public static final int ENEMY_ALIVE_STATE = 0;
    /** 敌机死亡状态 **/
    public static final int ENEMY_DEATH_STATE = 1;
    /** 敌机飞行的 Y 轴速度 **/
    static final int ENEMY_STEP_Y = 5;
    /** 敌机的 x、y 坐标 **/
    public int m_posx = 0;
    public int m_posy = 0;
    /** 敌机状态 **/
    public int mAnimState = ENEMY_ALIVE_STATE;          //敌机最初为存活状态
    private Image enemyExplorePic[] = new Image[6];     //敌机爆炸图片数组
    /** 当前帧的 ID **/
    public int mPlayID = 0;
```

在敌机类的构造方法中加载敌机爆炸时的 6 帧状态图片,在绘制爆炸时,根据 mPlayID 绘制相应爆炸状态的图片(如图 6-6 所示)。敌机本身为存活状态时仅一种状态图片,不需要切换。

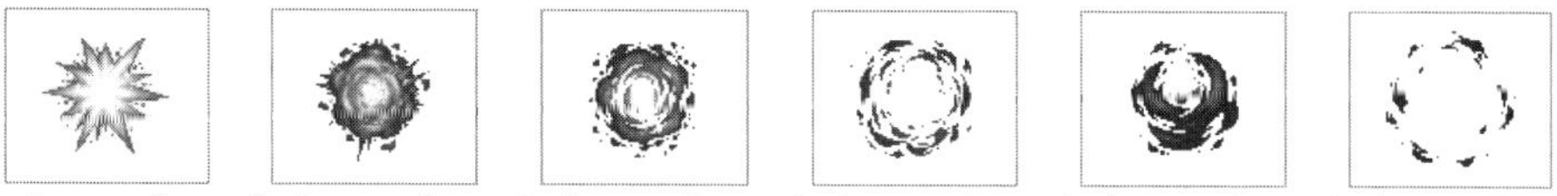

bomb_enemy_0.png　bomb_enemy_1.png　bomb_enemy_2.png　bomb_enemy_3.png　bomb_enemy_4.png　bomb_enemy_5.png

图 6-6　敌机爆炸时的 6 帧图片

```java
public Enemy() {
    for (int i = 0; i < 6; i++)
        enemyExplorePic[i] = Toolkit.getDefaultToolkit().getImage(
                    "images\\bomb_enemy_" + i + ".png");
}
/** 初始化坐标 **/
public void init(int x, int y) {
    m_posX = x;
    m_posY = y;
    mAnimState = ENEMY_ALIVE_STATE;
    mPlayID = 0;
}
/** 绘制敌机 **/
public void DrawEnemy(Graphics g, JPanel i)
{
    //当敌机状态为死亡并且死亡动画播放完毕时,不再绘制敌机
    if(mAnimState == ENEMY_DEATH_STATE && mPlayID < 6) {
        g.drawImage(enemyExplorePic[mPlayID], m_posX, m_posY, (ImageObserver)i);
        mPlayID++;
        return;
    }
    //当敌机状态为存活状态时
    Image pic = Toolkit.getDefaultToolkit().getImage("images/e1_0.png");
    g.drawImage(pic, m_posX, m_posY, (ImageObserver)i);
}
```

敌机的坐标更新主要修改 y 坐标(垂直方向)值,每次 5 像素。当然也可以修改 x 坐标(水平方向)值,这里为了简单,没有修改敌机的 x 坐标值。

```java
/** 更新敌机的坐标 **/
public void UpdateEnemy() {
    m_posy += ENEMY_STEP_y;
}
```

6.4.3　设计游戏界面类

在项目中创建一个继承 JPanel 的 GamePanel 类,用于实现游戏界面,完成子弹发射、敌机移动、碰撞检测等功能。

首先导入包及相关类：

```java
import java.awt.*;
import java.awt.event.KeyEvent;
import java.awt.event.KeyListener;
import java.io.File;
import java.io.IOException;
import java.util.Random;
import javax.imageio.ImageIO;
import javax.swing.*;
```

然后继承 JPanel 的 GamePanel 类实现 KeyListener 接口，实现键盘事件监听；同时实现 Runnable 接口，实现多线程来更新游戏界面。

```java
public class GamePanel extends JPanel implements Runnable,KeyListener {
    /** 屏幕的宽、高 **/
    private int mScreenWidth = 320;
    private int mScreenHeight = 480;
    /** 游戏主菜单状态 **/
    private static final int STATE_GAME = 0;
    /** 游戏状态 **/
    private int mState = STATE_GAME;
    /** 游戏背景资源,两张图片进行切换让屏幕滚动起来 **/
    private Image mBitMenuBG0 = null;
    private Image mBitMenuBG1 = null;
    /** 记录两张背景图片时时更新的 y 坐标 **/
    private int mBitposY0 = 0;
    private int mBitposY1 = 0;
    /** 子弹对象的数量 **/
    final static int BULLET_POOL_COUNT = 15;
    /** 飞机移动的步长 **/
    final static int PLAN_STEP = 10;
    /** 每隔500ms发射一颗子弹 **/
    final static int PLAN_TIME = 500;
    /** 敌机对象的数量 **/
    final static int ENEMY_POOL_COUNT = 5;
    /** 敌机偏移量 **/
    final static int ENEMY_POS_OFF = 65;
    /** 游戏主线程 **/
    private Thread mThread = null;
    /** 线程循环标志 **/
    private boolean mIsRunning = false;
    /** 飞机在屏幕中的坐标 **/
    public int mAirPosx = 0;
    public int mAirPosy = 0;

    /** 敌机对象数组 **/
    Enemy mEnemy[] = null;
    /** 子弹对象数组 **/
    Bullet mBuilet[] = null;
    /** 初始化发射子弹 ID **/
    public int mSendId = 0;
```

```
        /** 上一颗子弹发射的时间 **/
        public Long mSendTime = 0L;
        Image myPlanePic[];              /** 玩家飞机的所有图片 **/
        public int myPlaneID = 0;        /** 玩家飞机的当前帧号 **/
```

GamePanel 类的构造方法设置游戏屏幕区域为 320 像素×480 像素大小，调用 init()方法初始化各种对象，最后启动游戏线程。

```
/**
 * 构造方法
 */
public GamePanel() {
    setPreferredSize(new Dimension(mScreenWidth,mScreenHeight));
    //设定焦点在本窗口并赋予监听对象
    setFocusable(true);
    addKeyListener(this);
    init();
    setGameState(STATE_GAME);
    mIsRunning = true;
    mThread = new Thread(this);          //实例线程
    /** 启动游戏线程 **/
    mThread.start();
    setVisible(true);
}
```

游戏线程主要执行 run()方法，每延时 0.1s 后调用 Draw()方法刷新游戏屏幕。

```
public void run() {                      //重写 run()方法
    while (mIsRunning) {
        /** 绘 制 **/
        Draw();
        //延时 0.1s
        try {
            Thread.sleep(100);
        } catch(InterruptedException e) {
            e.printStackTrace();
        }
    }
}
```

init()初始化各种对象，包括两张背景图片 mBitMenuBG0 和 mBitMenuBG1，通过这两张背景图片的切换实现游戏背景的动态移动效果。初始化玩家飞机的坐标为(150,400)。创建包含 5 个敌机对象的 mEnemy 数组，创建包含 15 个子弹对象的 mBuilet 数组。

```
private void init() {
    /** 游戏背景 **/
    try {
mBitMenuBG0 = Toolkit.getDefaultToolkit().getImage("images\\map_0.png");
mBitMenuBG1 = Toolkit.getDefaultToolkit().getImage("images\\map_1.png");
    } catch(IOException e) {
```

```
            e.printStackTrace();
        }
        /** 第1张图片贴在屏幕上的(0,0)点,第2张图片在第1张图片的上方 **/
        mBitposY0 = 0;
        mBitposY1 = - mScreenHeight;
        /** 初始化玩家飞机的坐标 **/
        mAirPosX = 150;
        mAirPosY = 400;
        /** 初始化与玩家飞机相关的6张图片对象 **/
        myPlanePic = new Image[6];
        for (int i = 0; i < 6; i++)
            myPlanePic[i] = Toolkit.getDefaultToolkit().getImage(
                    "images\\plan_" + i + ".png");
        /** 创建敌机对象 **/
        mEnemy = new Enemy[ENEMY_POOL_COUNT];
        for (int i = 0; i < ENEMY_POOL_COUNT; i++) {
            mEnemy[i] = new Enemy();
            mEnemy[i].init(i * ENEMY_POS_OFF, i * ENEMY_POS_OFF - 300);
        }
        /** 创建子弹对象 **/
        mBuilet = new Bullet[BULLET_POOL_COUNT];
        for (int i = 0; i < BULLET_POOL_COUNT; i++) {
            mBuilet[i] = new Bullet();
        }
        mSendTime = System.currentTimeMillis();
    }
```

Draw()绘制游戏界面(包括背景、敌机、玩家飞机和子弹),更新游戏逻辑。

```
protected void Draw() {
    switch (mState) {
    case STATE_GAME:
        renderBg();     //绘制游戏界面(包括背景、敌机、玩家飞机和子弹)
        updateBg();     //更新游戏逻辑
        break;
    }
}
private void setGameState(int newState) {
    mState = newState;
}
```

renderBg()更新玩家飞机的帧号,绘制游戏地图(由两幅图组成),按帧号绘制玩家自己的飞机,绘制所有子弹及所有敌方飞机。玩家飞机的6帧图片如图6-7所示。

图 6-7　玩家飞机状态图

```
public void renderBg() {
    myPlaneID++;
    if (myPlaneID == 6)
        myPlaneID = 0;
    repaint();
}
public void paint(Graphics g) {
    /** 绘制游戏地图 **/
    g.drawImage(mBitMenuBG0,0,mBitposY0,this);
    g.drawImage(mBitMenuBG1,0,mBitposY1,this);
    /** 绘制玩家飞机动画 **/
    g.drawImage(myPlanePic[myPlaneID],mAirPosX,mAirPosY,this);
    /** 绘制子弹动画 **/
    for (int i = 0; i < BULLET_POOL_COUNT; i++)
        mBuilet[i].DrawBullet(g,this);
    /** 绘制敌机动画 **/
    for (int i = 0; i < ENEMY_POOL_COUNT; i++)
        mEnemy[i].DrawEnemy(g,this);
}
```

updateBg()更新游戏逻辑。更新游戏背景图片的位置,下移10像素,实现向下滚动效果;更新子弹的位置,每次15像素;更新敌机的位置(每次5像素),若敌机死亡或者敌机超过屏幕还未死亡,重置敌机坐标位置。同时每隔500ms添加一颗子弹,并初始化其位置坐标。最后调用Collision()检测子弹与敌机的碰撞。

```
private void updateBg() {
    /** 更新游戏背景图片实现向下滚动效果 **/
    mBitposY0 += 10;
    mBitposY1 += 10;
    if (mBitposY0 == mScreenHeight) {
        mBitposY0 = - mScreenHeight;
    }
    if (mBitposY1 == mScreenHeight) {
        mBitposY1 = - mScreenHeight;
    }
    /** 更新子弹位置 **/
    for (int i = 0; i < BULLET_POOL_COUNT; i++) {
        mBuilet[i].UpdateBullet();
    }
    /** 更新敌机位置 **/
    for (int i = 0; i < ENEMY_POOL_COUNT; i++) {
        mEnemy[i].UpdateEnemy();
        /** 敌机死亡或者敌机超过屏幕还未死亡时重置坐标 **/
        if (mEnemy[i].mAnimState == Enemy.ENEMY_DEATH_STATE
&& mEnemy[i].mPlayID == 6 || mEnemy[i].m_posY >= mScreenHeight) {
mEnemy[i].init(UtilRandom(0,ENEMY_POOL_COUNT) * ENEMY_POS_OFF,0);
        }
    }
    /** 根据时间初始化将要发射的子弹的位置在玩家飞机的前方 **/
    if (mSendId < BULLET_POOL_COUNT) {
        long now = System.currentTimeMillis();
```

```
            if (now - mSendTime >= PLAN_TIME) {
    //每隔500ms发射一颗子弹,此子弹的位置在玩家飞机的前方
            mBuilet[mSendId].init(mAirPosX - BULLET_LEFT_OFFSET,mAirPosY - BULLET_UP_OFFSET);
            mSendTime = now;
            mSendId++;
        }
    } else {
        mSendId = 0;
    }
    Collision();      //子弹与敌机的碰撞检测
}
```

Collision()检测子弹与敌机的碰撞。

```
public void Collision() {          //子弹与敌机的碰撞检测
    for (int i = 0; i < BULLET_POOL_COUNT; i++) {
        for (int j = 0; j < ENEMY_POOL_COUNT; j++) {
            if (mBuilet[i].m_posX >= mEnemy[j].m_posX
                && mBuilet[i].m_posX <= mEnemy[j].m_posX + 30
                && mBuilet[i].m_posY >= mEnemy[j].m_posY
                && mBuilet[i].m_posY <= mEnemy[j].m_posY + 30
            ) {
                mEnemy[j].mAnimState = Enemy.ENEMY_DEATH_STATE;
            }
        }
    }
}
```

UtilRandom(int bottom,int top)返回(bottom,top)区间的一个随机数。

```
private int UtilRandom(int bottom, int top) {
    return ((Math.abs(new Random().nextInt()) % (top - bottom)) + bottom);
}
```

keyPressed(KeyEvent e)事件响应用户的按键操作,修改玩家自己飞机的坐标(mAirPosX,mAirPosY)。在 keyPressed 事件中检测什么键被按下,如果向上键被按下,则玩家自己飞机的垂直坐标 mAirPosY 减少 PLAN_STEP(10像素),其他方向同理。同时控制玩家飞机不能超出游戏区域的左、右边界,如果超出左边界,则 mAirPosX=0;如果超出右边界,则 mAirPosX=mScreenWidth - 30。

```
public void keyPressed(KeyEvent e) {
    int key = e.getKeyCode();
    System.out.println(key);
    if (key == KeyEvent.VK_UP)              //如果向上键被按下
        mAirPosY -= PLAN_STEP;
    if (key == KeyEvent.VK_DOWN)            //如果向下键被按下
        mAirPosY += PLAN_STEP;
    if (key == KeyEvent.VK_LEFT)            //如果向左键被按下
    {
```

```
            mAirPosX -= PLAN_STEP;
            if (mAirPosX < 0)                    //超出左边界
                mAirPosX = 0;
        }
        if (key == KeyEvent.VK_RIGHT)            //如果向右键被按下
        {
            mAirPosX += PLAN_STEP;
            if (mAirPosX > mScreenWidth - 30)    //超出右边界
                mAirPosX = mScreenWidth - 30;
        }
        System.out.println(mAirPosX + ":" + mAirPosY);
    }
}
```

6.4.4 设计游戏窗口类

在项目中创建一个继承 JFrame 的 planeFrame 类,用于显示自定义游戏面板界面。

```
import java.awt.Container;
import javax.swing.JFrame;
public class planeFrame extends JFrame {
    public planeFrame() {
        setTitle("飞机射击游戏");                //窗口标题
        //获得自定义面板的实例
        GamePanel panel = new GamePanel();
        Container contentPane = getContentPane();
        contentPane.add(panel);
        pack();
    }
    public static void main(String[] args) {
        planeFrame e1 = new planeFrame();
        //设定允许窗口关闭操作
        e1.setDefaultCloseOperation(JFrame.EXIT_ON_CLOSE);
        //显示窗口
        e1.setVisible(true);
    }
}
```

第 7 章

源码下载

21点扑克牌游戏

7.1　21点扑克牌游戏介绍

在21点扑克牌游戏中,玩家要取得比庄家更大的点数总和,但点数超过21点即为输牌。J、Q、K算10点,A算1点,其余扑克牌按牌面值计点数。开始时每人发两张牌,一张明,一张暗,若点数不足21点,可选择继续要牌。

本章开发21点扑克牌游戏,游戏运行界面如图7-1所示。为了简化,游戏有两方,Dealer(庄家)和Player(玩家),两方都发明牌。Dealer(庄家)的要牌过程由程序自动实现,能够判断玩家输赢。

图 7-1　21点扑克牌游戏的运行界面

7.2 关键技术

扑克牌游戏的编程关键有两点：一是扑克牌面的绘制；二是扑克牌游戏规则的算法实现。初学扑克牌游戏编程的爱好者可以从一些简单的游戏、借用一些现有资源开始。本节使用图 7-2 所示的图片素材。

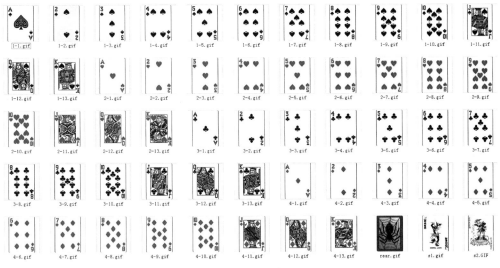

图 7-2 图片素材

7.2.1 扑克牌面的绘制

Graphics 类中的 drawImage() 方法用来绘制扑克牌面。

```
private Image cardImage;      //图片
//绘制牌面
protected void paint(Graphics g)
{
    g.drawImage(cardImage,x,y,null);
}
//绘制牌面
protected void paint(Graphics g,JPanel i)
{
    g.drawImage(cardImage,x,y,(ImageObserver)i);
}
```

7.2.2 识别牌的点数

对于牌的点数，这里用 count 表示。在游戏中使用以下代码计算点数：

```
if(value == "J"||value == "Q"||value == "K")
    this.count = 10;
```

```
else if(value == "A")
    this.count = 1;
else
    this.count = Integer.parseInt(value);
```

7.2.3 庄家要牌的智能实现

Dealer(庄家)要牌的过程是计算机自动实现的,这里的设计比较简单,仅判断点数和是否超过17,如果超过则不要牌了。当然,读者可以设计更复杂的游戏逻辑。

7.2.4 游戏规则的算法实现

在游戏开始时,首先要取一副牌(用 Poker 类实现),然后将牌洗好,xipai()洗牌时取得两个54以内的随机数,将对应 Card 的顺序对调,重复500次可以达到洗牌效果。

发牌时从第1张牌开始发起。两家的牌就保存在 ArrayList 列表中,所以开始时首先清空 ArrayList 列表,同时清空得分(点数和)和输赢标志。得分及输赢判断如下:

calcComputerScore()计算计算机(庄家)得分(点数和)。通过遍历存储计算机牌的 ArrayList 列表 Computercards,获取每张牌的点数 c.count,从而得到计算机得分(点数和)。

```
public void calcComputerScore() {
    Computerscore = 0;
    for (int i = 0; i < Computercards.size(); i++) {
        Card c = (Card) Computercards.get(i);
        Computerscore += c.count;
    }
}
```

calcMyScore()计算玩家得分(点数和)。通过遍历存储玩家手中牌的 ArrayList 列表 Mycards,获取每张牌的点数 c.count,从而得到玩家得分(点数和)。

```
public void calcMyScore() {
    Myscore = 0;
    for (int i = 0; i < Mycards.size(); i++) {
        Card c = (Card) Mycards.get(i);
        Myscore += c.count;
    }
}
```

shuying()计算两家的得分,在不超过21点的情况下比较点数判断输赢。

```
public void shuying() {
    calcComputerScore();
    calcMyScore();
    if (Computerlose == false)            //在超过21点的情况下
        {JOptionPane.showMessageDialog(null,"计算机输了","提示",
```

```
                              JOptionPane.ERROR_MESSAGE);return;}
    {if (Mylose == false)                //在超过 21 点的情况下
        JOptionPane.showMessageDialog(null,"玩家输了","提示",
                              JOptionPane.ERROR_MESSAGE);return;}
    if (Myscore > Computerscore)
        JOptionPane.showMessageDialog(null,"玩家赢了","提示",
                              JOptionPane.ERROR_MESSAGE);
    else
        JOptionPane.showMessageDialog(null,"计算机赢了","提示",
                              JOptionPane.ERROR_MESSAGE);
}
```

7.3 程序设计的步骤

7.3.1 设计扑克牌类

在 21 点扑克牌游戏中,一张牌只有 4 个属性说明,即 value(牌面大小)、color(牌面花色)、count(点数)和 cardImage(牌面图片),这里用 Card 类实现。

```java
import java.awt.Graphics;
import java.awt.Image;
public class Card {
    private String color;              //花色(梅花、方块、红桃、黑桃)
    private String value;              //牌面大小(A、2、3、4、5、6、7、8、9、10、J、Q、K)
    private Image cardImage;           //图片
    public int count;                  //点数
    private int x = 100, y = 100;      //牌所在位置
    //定义一个构造方法用于初始化 2~A 牌的点数
    public Card(String color, String value, Image bmpcard) {
        this.color = color;
        this.value = value;
        this.cardImage = bmpcard;
        if(value == "J" || value == "Q" || value == "K")
            this.count = 10;
        else if(value == "A")
            this.count = 1;
        else
            this.count = Integer.parseInt(value);
    }
    //定义一个构造方法用于初始化大王和小王
    public Card(String value, Image bmpcard) {
        this.color = "王";
        this.value = value;
        this.cardImage = bmpcard;
        this.count = 0;                //大王和小王的点数为 0
    }
    //设置牌要显示的位置
    protected void setPosition(int x, int y)
```

```java
{
    this.x = x;
    this.y = y;
}
//绘制牌面
protected void paint(Graphics g)
{
    g.drawImage(cardImage,x,y,null);
}
//在指定的面板上绘制牌面
protected void paint(Graphics g,JPanel i)
{
    g.drawImage(cardImage,x,y,(ImageObserver)i);
}
//取一张牌的花色
public String getcolor() {
    return color;
}
//取一张牌面大小
public String getvalue() {
    return value;
}
public void print() {
    System.out.print(color);
    System.out.print(value);
}
}
```

7.3.2 设计一副牌类

一副扑克牌有 54 张牌(Card)，所以 Poker 类中的 Card[] cards 是用来保存 54 张牌的。构造方法 Poker()用于生成每张牌，从而初始化这副扑克牌。在游戏开始时，首先要取一副牌，然后将牌洗好。xipai()洗牌时取得两个 54 以内的随机数，将对应 Card 的顺序对调。

```java
import java.awt.Image;
import java.awt.Toolkit;
public class Poker {
    static Card[] cards = new Card[54];
    static String[] colors = {"黑桃","红桃","梅花","方块"};
    static String values[] = { "A","2","3","4","5","6","7","8","9","10",
            "J","Q","K" };
    private Image pic[] = null;              //扑克牌图片数组
    public void getPic() {
        pic = new Image[54];
        for (int i = 0; i < 4; i++) {
            for (int j = 0; j < 13; j++) {
                pic[i * 13 + j] = Toolkit.getDefaultToolkit().getImage(
                        "images\\" + (i + 1) + "-" + (j + 1) + ".gif");
                pic[52] = Toolkit.getDefaultToolkit()
                        .getImage("images\\s1.gif");        //小王
```

```java
                    pic[53] = Toolkit.getDefaultToolkit()
                        .getImage("images\\s2.gif");        //大王
            }
        }
    }
    //构造方法Poker()用于初始化这副扑克牌
    public Poker() {
        getPic();
        for (int i = 0; i < colors.length; i++) {
            for (int j = 0; j < values.length; j++) {        //生成每张牌
                cards[i * 13 + j] = new Card(colors[i],values[j],pic[i * 13 + j]);
            }
        }
        cards[52] = new Card("小王",pic[52]);
        cards[53] = new Card("大王",pic[53]);
    }

    //getCard()方法用于获取所有牌
    public Card[] getCard() {
        return Poker.cards;
    }
    //getCard(int n)方法用于获取一张牌
    public Card getCard(int n) {
        return Poker.cards[n - 1];
    }
    //Show()方法用于显示一副新的扑克牌
    public void Show() {
        for (int i = 0; i < 54; i++) {
            cards[i].print();
        }
        System.out.println();
    }
    public void xipai() {            //洗牌
        int i,j;
        Card tc;
      for (int k = 1; k <= 500; k++)
      {
            i = (int) (Math.random() * 54);
            j = (int) (Math.random() * 54);
            tc = cards[i];
            cards[i] = cards[j];
            cards[j] = tc;
        }
    }
}
```

7.3.3 设计游戏面板类

导入包及相关的类:

```java
import java.awt.*;
import java.awt.event.MouseAdapter;
```

```java
import java.awt.event.MouseEvent;
import java.net.URL;
import java.util.ArrayList;
import javax.swing.*;
public class PokerPanel extends JPanel {
    Poker p = new Poker();
    int n = 1;
    ArrayList Mycards = new ArrayList();            //计算机得到的牌
    ArrayList Computercards = new ArrayList();      //玩家得到的牌
    int Myscore = 0;                                //计算机得分
    int Computerscore = 0;                          //玩家得分
    public boolean ComputerContinue = true;
    public boolean Computerlose = false;            //计算机输的标志
    public boolean Mylose = false;                  //玩家输的标志
```

构造方法 PokerPanel()用于在游戏开始时将一副牌 p 洗好。

```java
public PokerPanel() {
    p.xipai();
    p.Show();
    this.setVisible(true);
    repaint();
}
```

faCard()给玩家发牌。在玩家得到一张牌后，如果玩家的扑克牌点数超过 21 点，则提示"你输了，超过 21 点"。

```java
public void faCard() {
    Mycards.add(p.getCard(n));           //玩家得到一张牌
    calcMyScore();
    n++;
    repaint();
    if (Myscore > 21) {
        Mylose = true;
        /* 显示提示信息对话框 */
        JOptionPane.showMessageDialog(null,"你输了,超过 21 点","提示",
            JOptionPane.ERROR_MESSAGE);
    }
}
```

faCardToComputer()给计算机发牌。如果计算机的扑克牌点数超过 21 点，则提示"超过 21 点，计算机输了"。如果计算机的得分少于 17 点，则计算机要一张牌，否则计算机就不再要牌了。

```java
public void faCardToComputer() {
    calcComputerScore();
    if (Computerscore > 21) {
        JOptionPane.showMessageDialog(null,"超过 21 点,计算机输了","提示",
            JOptionPane.ERROR_MESSAGE);
```

```
                ComputerContinue = false;
                Computerlose = true;              //计算机输了
        }
        if (Computerscore < 17) {
                Computercards.add(p.getCard(n));  //计算机得到一张牌
                n++;
                repaint();
        } else {
                /* 显示提示信息对话框 */
                JOptionPane.showMessageDialog(null,"计算机不再要牌了","提示",
                        JOptionPane.ERROR_MESSAGE);
                ComputerContinue = false;
        }
}
```

calcComputerScore()计算计算机得分(点数和)。

```
public void calcComputerScore() {
    …//见前文
}
```

calcMyScore()计算玩家得分(点数和)。

```
public void calcMyScore() {
    …//见前文
}
```

shuying()计算两家的得分,判断输赢。

```
public void shuying() {
    calcComputerScore();
    calcMyScore();
    if (Computerlose == false)
        JOptionPane.showMessageDialog(null,"计算机输了","提示",
                JOptionPane.ERROR_MESSAGE);
    if (Mylose == false)
        JOptionPane.showMessageDialog(null,"玩家输了","提示",
                JOptionPane.ERROR_MESSAGE);
    if (Myscore > Computerscore)
        JOptionPane.showMessageDialog(null,"玩家赢了","提示",
                JOptionPane.ERROR_MESSAGE);
    else
        JOptionPane.showMessageDialog(null,"计算机赢了","提示",
                JOptionPane.ERROR_MESSAGE);
}
```

paint(Graphics g)事件绘制两家的牌面。

```
/**
 * 游戏绘图
 */
```

```java
public void paint(Graphics g) {
    g.clearRect(0,0,this.getWidth(),this.getHeight());
    g.drawString("玩家牌",400,250);
    //玩家牌在下方
    for (int i = 0; i < Mycards.size(); i++) {
        Card c = (Card) Mycards.get(i);
        c.setPosition(50 * i,200);
        c.print();
        c.paint(g,this);
    }
    System.out.println();
    g.drawString("计算机牌",400,100);
    //计算机牌在上方
    for (int i = 0; i < Computercards.size(); i++) {
        Card c = (Card) Computercards.get(i);
        c.setPosition(50 * i,50);
        c.print();
        c.paint(g,this);
    }
    System.out.println();
}
```

newGame()重新开始游戏。两家的牌就保存在 ArrayList 列表中,所以首先清空 ArrayList 列表,同时清空得分和输赢标志。

```java
public void newGame() {
    //TODO Auto-generated method stub
    Mycards.clear();
    Computercards.clear();
    Myscore = 0;
    Computerscore = 0;
    ComputerContinue = true;
    Computerlose = false;      //计算机输的标志
    Mylose = false;            //玩家输的标志
    //给两家各发两张牌
    for(int i = 1;i <= 2;i++){
        faCard();
        faCardToComputer();
        repaint();
    }
}
```

7.3.4 设计游戏主窗口类

在游戏界面中添加 3 个命令按钮:button1 为"玩家要牌";button2 为"玩家停牌"; button3 为"重新开始"。

导入包及相关的类:

```java
import java.awt.BorderLayout;
import java.awt.FlowLayout;
```

```java
import java.awt.event.MouseAdapter;
import java.awt.event.MouseEvent;
import javax.swing.*;
public class Pai extends JFrame{
    PokerPanel panel2 = new PokerPanel();
    JButton button1 = new JButton("玩家要牌");
    JButton button2 = new JButton("玩家停牌");
    JButton button3 = new JButton("重新开始");
    public Pai() {
        JPanel panel = new JPanel(new BorderLayout());
        JPanel panel3 = new JPanel(new BorderLayout());

        String urlString = "C://rear.gif";          //背面牌 rear.gif
        JLabel label = new JLabel(new ImageIcon(urlString));

        panel.add(label,BorderLayout.CENTER);
        panel2.setLayout(new BorderLayout());
        panel3.setLayout(new FlowLayout());
        panel3.add(button1);
        panel3.add(button2);
        panel3.add(button3);
        this.getContentPane().setLayout(new BorderLayout());
        this.getContentPane().add(panel,BorderLayout.NORTH);
        this.getContentPane().add(panel2,BorderLayout.CENTER);
        this.getContentPane().add(panel3,BorderLayout.SOUTH);
        this.setSize(500,500);
        this.setDefaultCloseOperation(JFrame.EXIT_ON_CLOSE);
        this.setTitle("21点扑克牌游戏");
        this.setVisible(true);
        button1.setEnabled(false);
        button2.setEnabled(false);
        /**
         * 鼠标事件监听
         */
        button1.addMouseListener(new MouseAdapter() {
            @Override
            public void mouseClicked(MouseEvent e) {
                panel2.faCard();
                if(panel2.ComputerContinue)
                    panel2.faCardToComputer();
            }
        });
        button2.addMouseListener(new MouseAdapter() {
            @Override
            public void mouseClicked(MouseEvent e) {
                //若计算机不超过17点,则继续要牌
                while(panel2.ComputerContinue)
                    panel2.faCardToComputer();
                panel2.shuying();
            }
        });
        button3.addMouseListener(new MouseAdapter() {
            @Override
```

```java
            public void mouseClicked(MouseEvent e) {
                panel2.newGame();
                button1.setEnabled(true);
                button2.setEnabled(true);
            }
        });
    }
    public static void main(String[] args) {
        //TODO Auto-generated method stub
        Pai showImage = new Pai();
    }
}
```

在上述编程中用 Card 类描述牌，Card 的 value 取值为("A","2","3","4","5","6", "7","8","9","10","J","Q","K")，color 取值为("黑桃","红桃","梅花","方块")。对游戏规则做了简化，只有两个玩家，且未对玩家属性（例如财富、下注、所持牌、持牌点数等）进行描述。实践表明，用 Card、Poker 类可以较好地描述游戏逻辑。

第 8 章

源码下载

连连看游戏

8.1 连连看游戏介绍

"连连看"是源自我国台湾的桌面小游戏,自从流入内地以来风靡一时,因为它是不分男女老少,适合大众的集休闲、趣味、益智和娱乐于一体的经典小游戏。

"连连看"考验的是玩家的眼力,在有限的时间内,只要把所有能连接的相同图案两个一对地找出来,每找出一对,它们就会自动消失,把所有的图案全部消完即可获得胜利。所谓能够连接,指的是无论横向或者纵向,从一个图案到另一个图案之间的连线不能超过两个弯(中间的直线不超过 3 根),其中连线不能从尚未消去的图案上经过。

本章开发连连看游戏,游戏运行界面如图 8-1 所示。该游戏具有统计消去方块的个数

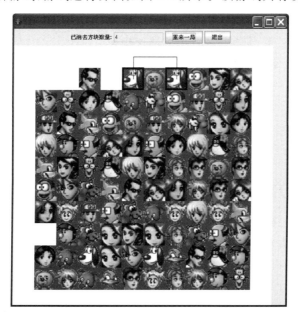

图 8-1 连连看运行界面

的功能,这里由于是 10 行 10 列,所以方块总数为 100 个。如果玩家无法通关,可以重新开始新的一局游戏。

玩家第 1 次使用鼠标单击游戏界面中的动物方块时,该方块为被选中状态,以特殊方式(红色方块)显示;再次单击其他方块,若第 2 个方块与被选中方块的图案相同,且把第 1 个方块与第 2 个方块连起来,中间的直线不超过 3 条,则消掉这一对方块,否则第 1 个方块恢复成未被选中状态,第 2 个方块变成被选中状态。

本游戏增加了智能查找功能,当玩家自己无法找到能够消掉的方块时,可以右击界面,此时系统会提示可以消去的两个方块(被加上蓝色边框线)。

8.2 程序设计的思路

8.2.1 连连看游戏的数据模型

对于游戏玩家而言,在游戏界面上看到"元素"千差万别、变化多端;但对于游戏开发者而言,游戏界面上的元素在底层都是一些数据,只是不同数据绘制的图片有所差异而已,因此建立游戏的状态数据模型是实现游戏逻辑的重要步骤。

连连看游戏的界面是一个 N×M 的"网格"地图,每个网格上显示一张图片。对于游戏开发者来说,这些网格只需要用一个二维数组来定义,而每个网格上所显示的图片,对于底层的数据模型来说,不同的图片对应不同的数值。图 8-2 是数据模型的示意图。

对于图 8-2 所示的数据模型,只要在数值为 −1 (BLANK_STATE)的网格上不绘制动物图片,其他数值是动物方块的图像的 ID,在非 −1 (BLANK_STATE)的网格上绘制相应的动物图片,就可以显示出连连看游戏的界面。本程序实际上并不是直接使用 int 二维数组来保存游戏的状态数据,而是使用一维数组 m_map。对于地图中的行、列数的表达,用一个转换法则即可。

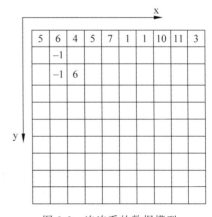

图 8-2 连连看的数据模型

例如,点(x1,y2)对应数组元素 m_map(y2 * m_nCol + x1),其中 m_nCol 是总列数。当然,通过数组元素的下标也可换算出在"网格"地图中的坐标点。

8.2.2 动物方块的布局

现在连连看游戏的数据模型设计好了,在游戏开始之前,怎么对它初始化呢?下面一起来进行分析。由于方块需要成对出现,所以在做地图初始化的时候不应该仅仅对动物方块的图像 ID 做简单的随机取数,然后将随机选出来的图像放到地图区域中,而是需要成对地对动物方块的图像进行选取,也就是说地图区域中的小方块必须是偶数个。怎样使方块图案成对出现呢?这里需要引入临时地图 tmpMap,该临时地图的大小和实际地图 m_map 的大小一致,并且先添置 4 组完全一样的图像类型 ID 数据(0～ m_nCol * m_nRow /4)。也就是说,每种图像方块有 4 个。

首先,按顺序把每种动物方块(实际上就是标号 ID,而且都是 4 个)排好放入 ArrayList 列表 tmpMap(临时的地图)中,然后从 tmpMap(临时的地图)中随机取一个动物方块放入地图 m_map 中。实际上,程序内部是不需要认识动物方块的图像的,只需要用一个 ID 来表示,运行界面上的动物图形是根据地图中的 ID 取资源里的图片而来的。如果 ID 的值为 —1(BLANK_STATE),则说明此处方块已经被消掉了。

```
private void StartNewGame()
{
    //初始化地图,将地图中的所有方块区域置为空方块状态
    for(int iNum = 0;iNum<(m_nCol * m_nRow);iNum++)
    {
        m_map[iNum] = BLANK_STATE;
    }
    Random r = new Random();
    //生成随机地图
    //将所有匹配成对的动物图形放进一个临时的地图中
    ArrayList tmpMap = new ArrayList();
    for(int i = 0;i<(m_nCol * m_nRow)/4;i++)
        for(int j = 0;j < 4;j++)
            tmpMap.add(i);

    //每次从上面的临时地图中取走(获取后从临时地图删除)
    //将一个动物图形放到地图的空方块上
    for (int i = 0; i < m_nRow * m_nCol; i++)
    {
        //随机挑选一个位置
        int nIndex = r.nextInt(tmpMap.size());
        //获取该选定图形放到地图的空方块上
        m_map[i] = (Integer)tmpMap.get(nIndex);
        //从临时地图上删除该动物图形
        tmpMap.remove(nIndex);
    }
}
```

在完成图案方块的摆放以及初始化后,下面对实现整个游戏的关键算法(即图案方块的连通算法)进行分析。

8.2.3 连通算法

分析一下,连通一般分为 3 种情况,如图 8-3 所示。

(1) 直连方式:在直连方式中,要求两个选中的方块 x 或 y 相同,即在一条直线上,并且之间没有其他任何图案的方块。该方式在 3 种连通方式中最简单。

(2) 一个折点:相当于两个方块绘出一个矩形,这两个方块是一对对角顶点,另外两个顶点中的某个顶点(即折点)如果可以同时和这两个方块直连,则说明可以"一折连通"。

(3) 两个折点:这种方式的两个折点($z1,z2$)必定在两个目标点(两个选中的方块)p1、p2 所在的 x 方向或 y 方向的直线上。

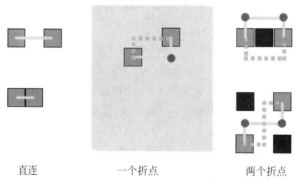

直连　　　　　一个折点　　　　两个折点

图 8-3　两个选中方块之间连接线的示意图

按 p1(x1,y1) 点向 4 个方向探测,例如向右探测,每次 x1＋1,判断 z1(x1＋1,y1) 与 p2(x2,y2) 点可否形成一个折点连通,如果可以形成,则两个折点连通,否则直到超过图形右边界区域。假如超过图形右边界区域,还需要判断两个折点在选中方块的右侧,且两个折点在图案区域之外连通情况是否存在。此时判断可以简化为判断 p2 点(x2,y2)是否可以水平直通到边界。

经过上面的分析,两个方块是否可以抵消的算法流程图如图 8-4 所示。

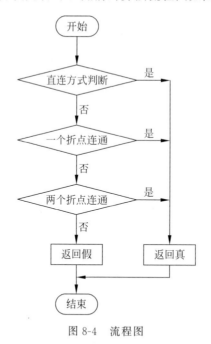

图 8-4　流程图

根据图 8-4 所示的流程图,对于选中的两个方块(分别在(x1,y1)、(x2,y2)位置)是否可以抵消的判断如下实现。把该功能封装在 IsLink() 方法里面,其代码如下:

```
//
//判断选中的两个方块是否可以消除
//
```

```
boolean IsLink(int x1,int y1,int x2,int y2)
{
    //x 直连方式,即垂直方向连通
    if(x1 == x2)
    {
        if(X_Link(x1,y1,y2))
            { LType = LinkType.LineType; return true;}
    }
    //y 直连方式,即水平方向连通
    else if(y1 == y2)
    {
        if(Y_Link(x1,x2,y1))
            { LType = LinkType.LineType; return true; }
    }
    //一个转弯(折点)的连通方式
    if(OneCornerLink(x1,y1,x2,y2))
    {
        LType = LinkType.OneCornerType;
        return true;
    }
    //两个转弯(折点)的连通方式
    else if(TwoCornerLink(x1,y1,x2,y2))
    {
        LType = LinkType.TwoCornerType;
        return true;
    }
    return false;
}
```

直连方式分为 x 或 y 相同情况,分别使用 X_Link()判断 x 直接连通(即垂直方向连通)、使用 Y_Link()判断 y 直接连通(即水平方向连通)。

```
//
//x 直接连通,即垂直方向连通
//
boolean X_Link(int x,int y1,int y2)
{
    //保证 y1 的值小于 y2
    if(y1 > y2)
    {
        //数据交换
        int n = y1;
        y1 = y2;
        y2 = n;
    }

    //直通
    for(int i = y1 + 1;i <= y2;i++)
    {
        if(i == y2)
            return true;
        if(m_map[i * m_nCol + x]!= BLANK_STATE)
```

```
            break;
        }
        return false;
}
//
//y 直接连通,即水平方向连通
//
boolean Y_Link(int x1,int x2,int y)
{
    if(x1 > x2)
    {
        int x = x1;
        x1 = x2;
        x2 = x;
    }
    //直通
    for(int i = x1 + 1;i < = x2;i++)
    {
        if(i == x2)
            return true;
        if(m_map[ y * m_nCol + i ]!= BLANK_STATE)
            break;
    }
    return false;
}
```

一个折点连通使用 OneCornerLink()实现判断。其实相当于两个方块绘出一个矩形,这两个方块是一对对角顶点。图 8-5 所示为两个黑色目标方块的连通情况,右上角打叉的位置就是折点。左下角打叉的位置不能与左上角的黑色目标方块连通,因此不能作为折点。

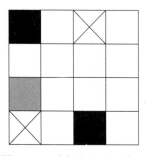

图 8-5　一个折点连通示意图

```
//
//一个折点连通
//
boolean OneCornerLink(int x1,int y1,int x2,int y2)
{
    if (x1 > x2)              //目标点(x1,y1)和(x2,y2)两点交换
    {
        int n = x1;
        x1 = x2;
```

```cpp
            x2 = n;
            n = y1;
            y1 = y2;
            y2 = n;
        }
        if (y2 < y1)              //(x1,y1)为矩形左下顶点,(x2,y2)为矩形右上顶点
        {
            //判断矩形右下角折点(x2,y1)是否为空
            if (m_map[y1 * m_nCol + x2] == BLANK_STATE)
            {
                if (Y_Link(x1,x2,y1) && X_Link(x2,y1,y2))
                //判断折点(x2,y1)与两个目标点是否直通
                {
                    z1.x = x2; z1.y = y1;            //保存折点坐标到 z1
                    return true;
                }
            }
            //判断矩形左上角折点(x1,y2)是否为空
            if (m_map[y2 * m_nCol + x1] == BLANK_STATE)
            {
                if (Y_Link(x2,x1,y2) && X_Link(x1,y2,y1))
                    //判断折点 (x1,y2)与两个目标点是否直通
                {
                    z1.x = x1; z1.y = y2;            //保存折点坐标到 z1
                    return true;
                }
            }
            return false;
        }
        else   //(x1,y1)为矩形左上顶点,(x2,y2)为矩形右下顶点
        {
            //判断矩形左下角折点(x1,y2)是否为空
            if (m_map[y2 * m_nCol + x1] == BLANK_STATE)
            {
                if (Y_Link(x1,x2,y2) && X_Link(x1,y1,y2))
                    //判断折点 (x1,y2)与两个目标点是否直通
                {
                    z1.x = x1; z1.y = y2;            //保存折点坐标到 z1
                    return true;
                }
            }
            //判断矩形右上角折点(x2,y1)是否为空
            if (m_map[y1 * m_nCol + x2] == BLANK_STATE)
            {
                if (Y_Link(x1,x2,y1) && X_Link(x2,y1,y2))
                    //判断折点(x2,y1)与两个目标点是否直通
                {
                    z1.x = x2; z1.y = y1;            //保存折点坐标到 z1
                    return true;
                }
            }
            return false;
        }
    }
}
```

两个折点连通使用 TwoCornerLink() 实现判断。按 p1(x1,y1) 点向 4 个方向探测,判断 z2 点与 p2(x2,y2) 点可否形成两个折点连通。

```java
///
///两个折点连通
///
boolean TwoCornerLink(int x1,int y1,int x2,int y2)
{
    if (x1 > x2)
    {
        int n = x1;    x1 = x2;    x2 = n;
        n = y1;        y1 = y2;    y2 = n;
    }
    //右
    int x,y;
    for (x = x1 + 1; x <= m_nCol; x++)
    {
        if (x == m_nCol)
            //两个折点在选中方块的右侧,且两个折点在图案区域之外
            if (XThrough(x2 + 1,y2,true))
            {
                z2.x = m_nCol; z2.y = y1;
                z1.x = m_nCol; z1.y = y2;
                return true;
            }
            else
                break;
        if (m_map[y1 * m_nCol + x] != BLANK_STATE)
            break;
        if (OneCornerLink(x,y1,x2,y2))
        {
            z2.x = x; z2.y = y1;
            return true;
        }
    }
    //左
    for (x = x1 - 1; x >= -1; x--)
    {
        if (x == -1)
            //两个折点在选中方块的左侧,且两个折点在图案区域之外
            if (XThrough(x2 - 1,y2,false))
            {
                z2.x = -1; z2.y = y1;
                z1.x = -1; z1.y = y2;
                return true;
            }
            else
                break;
        if (m_map[y1 * m_nCol + x] != BLANK_STATE)
            break;
        if (OneCornerLink(x,y1,x2,y2))
        {
```

```cpp
                z2.x = x; z2.y = y1;
                return true;
            }
        }
        //上
        for (y = y1 - 1; y >= -1; y--)
        {
            if (y == -1)
                //两个折点在选中方块的上面,且两个折点在图案区域之外
                if (YThrough(x2,y2 - 1,false))
                {
                    z2.x = x1; z2.y = -1;
                    z1.x = x2; z1.y = -1;
                    return true;
                }
                else
                    break;
            if (m_map[y * m_nCol + x1] != BLANK_STATE)
                break;
            if (OneCornerLink(x1,y,x2,y2))
            {
                z2.x = x1; z2.y = y;
                return true;
            }
        }
        //下
        for (y = y1 + 1; y <= m_nRow; y++)
        {
            if (y == m_nRow)
                //两个折点在选中方块的下面,且两个折点在图案区域之外
                if (YThrough(x2,y2 + 1,true))
                {
                    z2.x = x1; z2.y = m_nRow;
                    z1.x = x2; z1.y = m_nRow;
                    return true;
                }
                else
                    break;
            if (m_map[y * m_nCol + x1] != BLANK_STATE)
                break;
            if (OneCornerLink(x1,y,x2,y2))
            {
                z2.x = x1; z2.y = y;
                return true;
            }
        }
    }
    return false;
}
```

XThrough()用于在水平方向判断到边界的连通性,如果 bAdd 为 true,则从(x,y)点水平向右直到边界判断是否全部为空块;如果 bAdd 为 false,则从(x,y)点水平向左直到边界判断是否全部为空块。

```
boolean XThrough(int x,int y,boolean bAdd)    //在水平方向判断到边界的连通性
{
    if (bAdd)                                 //bAdd 为 true,水平向右判断是否连通(是否为空)
    {
        for (int i = x; i < m_nCol; i++)
            if (m_map[y * m_nCol + i] != BLANK_STATE)
                return false;
    }
    else                                      //bAdd 为 false,水平向左判断是否连通(是否为空)
    {
        for (int i = 0; i <= x; i++)
            if (m_map[y * m_nCol + i] != BLANK_STATE)
                return false;
    }
    return true;
}
```

YThrough()用于在垂直方向判断到边界的连通性,如果 bAdd 为 true,则从(x,y)点垂直向下直到边界判断是否全部为空块;如果 bAdd 为 false,则从(x,y)点垂直向上直到边界判断是否全部为空块。

```
boolean YThrough(int x,int y,boolean bAdd)   //在垂直方向判断到边界的连通性
{
    if(bAdd)                                  //bAdd 为 true,垂直向下判断是否连通(是否为空)
    {
        for(int i = y; i < m_nRow; i++)
            if(m_map[i * m_nCol + x]!= BLANK_STATE)
                return false;
    }
    else        //bAdd 为 false,垂直向上判断是否连通(是否为空)
    {
        for(int i = 0; i <= y; i++)
            if(m_map[i * m_nCol + x]!= BLANK_STATE)
                return false;
    }
    return true;
}
```

8.2.4 智能查找功能的实现

若要在地图上自动查找出一组相同可以抵消的方块,可使用遍历算法。下面通过图 8-6 协助分析此算法。

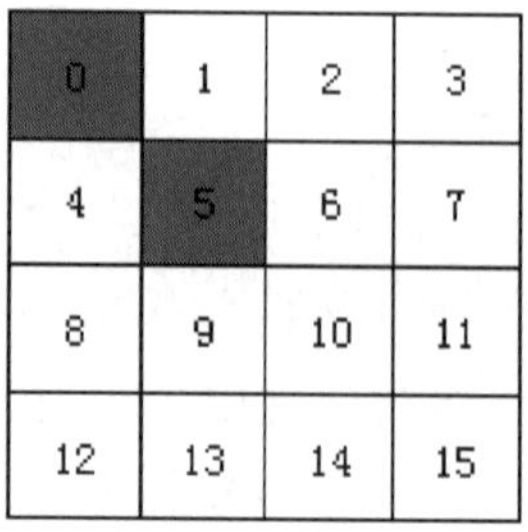

当在图中找相同图形的方块时,将按方块地图数组 m_map 的下标位置对每个方块进行查找,一旦找到一组相同可以抵消的方块,马上返回。在查找相同方块组的时候,必须先确定第 1 个选定方块(例如 0 号方块),然后在此基础上遍历查找第 2 个选定方块,即从 1 号开始按照 1、2、3、4、5、6、7…顺序查找第 2 个选定方块,并判断选定的两个方块是否连通抵消,假如 0 号方块与 5

图 8-6 匹配示意图

号方块连通,则经过(0,1)、(0,2)、(0,3)、(0,4)和(0,5)5组数据的判断对比,成功后立即返回。

如果找不到匹配的第 2 个选定方块,则如图 8-7(a)所示编号加 1 重新选定第 1 个选定方块(即 1 号方块)进入下一轮,然后在此基础上遍历查找第 2 个选定方块,即如图 8-7(b)所示从 2 号开始按照 2、3、4、5、6、7…顺序查找第 2 个选定方块,直到搜索到最后一块(即 15 号方块)。那么为什么是从 2 号开始查找第 2 个选定方块,而不是从 0 号开始呢?因为在将 1 号方块选定为第 1 个选定方块前,0 号已经作为第 1 个选定方块对后面的方块进行可连通的判断,它必然不会与后面的方块连通。

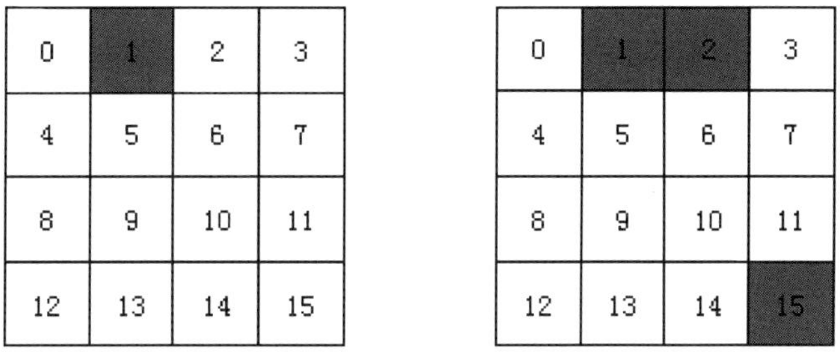

(a) 0号找不到匹配方块,选定1号　　(b) 从2号开始找匹配

图 8-7　找不到匹配的第 2 个选定方块时

如果找不到与 1 号方块连通且相同的,编号加 1 重新选定第 1 个选定方块(即 2 号方块)进入下一轮,从 3 号开始按照 3、4、5、6、7…顺序查找第 2 个选定方块。

按照上面设计的算法,整个流程图如图 8-8 所示。

根据流程图,把自动查找出一组相同可以抵消的方块的功能封装在 Find2Block()方法里面,其代码如下:

```java
private boolean Find2Block()
{
    boolean bFound = false;
    //第 1 个方块从地图的 0 位置开始
    for (int i = 0; i < m_nRow * m_nCol; i++)
    {
        //找到则跳出循环
        if (bFound)
            break;
        //无动物的空格跳过
        if (m_map[i] == BLANK_STATE)
            continue;
        //第 2 个方块从前一个方块的后面开始
        for (int j = i + 1; j < m_nRow * m_nCol; j++)
        {
            //第 2 个方块不为空,且与第 1 个方块的动物相同
            if (m_map[j] != BLANK_STATE && m_map[i] == m_map[j])
            {
                //算出对应的虚拟行、列位置
                x1 = i % m_nCol;
                y1 = i / m_nCol;
```

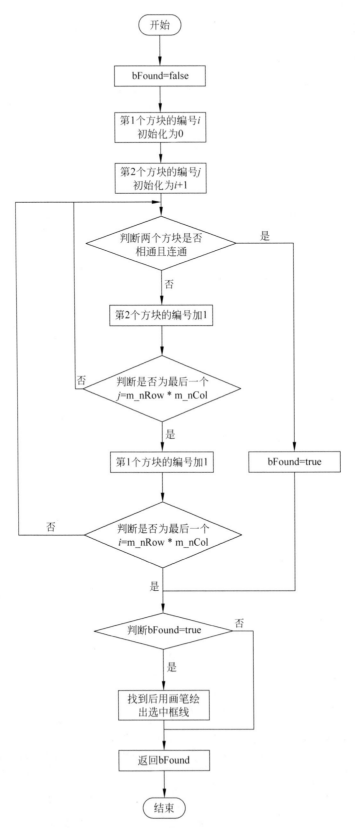

图 8-8　智能查找匹配方块的流程图

```
                    x2 = j % m_nCol;
                    y2 = j / m_nCol;

                    //判断是否可以连通
                    if (IsLink(x1,y1,x2,y2))
                    {
                        bFound = true;
                        break;
                    }
                }
            }
        }
        if (bFound)
        {
            //(x1,y1)与(x2,y2)连通
            Graphics2D g2 = (Graphics2D) this.getGraphics();        //生成 Graphics 对象
            g2.setColor(Color.RED);
            BasicStroke s = new BasicStroke(4);                     //创建宽度为 4 的画笔
            g2.setStroke(s);
            g2.drawRect(x1 * W + 1 + W,y1 * W + 1 + W,W - 3,W - 3);
            g2.drawRect(x2 * W + 1 + W,y2 * W + 1 + W,W - 3,W - 3);
        }
        return bFound;
}
```

8.3 关键技术

8.3.1 动物方块图案的显示

在程序内部是不需要认识动物方块的图像的,只需要用一个 ID 来表示,运行界面上的动物图形是根据地图中的 ID 取资源里的图片而来的。Graphics 类的 drawImage()方法用于在指定位置显示原始图像或者缩放后的图像。该方法的常用形式为:

```
public abstract boolean drawImage(Image img, int x, int y, ImageObserver observer)
```

其中,img 为要绘制的指定图像,如果 img 为 null,则此方法不执行任何动作;x 为 x 坐标;y 为 y 坐标,(x,y)指定所绘制图像的位置;width 为矩形的宽度;height 为矩形的高度,矩形指定所绘制图像的大小,将图像进行缩放以适合该矩形;observer 为当转换了更多图像时要通知的对象。

例如将汽车图片显示在(100,200)位置以 80×80 大小显示。

```
int W = 80;
Image myImage = Toolkit.getDefaultToolkit().getImage("car.jpg");
g.drawImage(myImage,100,200,W,W,this);
```

在程序中需要从一幅图(所有动物图案)截取一部分图案(某个动物图案),该功能通过

BufferedImage 类的 getSubimage()方法可以实现。

```
BufferedImage getSubimage(int x,int y,int w,int h);
```

其返回由指定矩形区域定义的子图像。

以下代码实现在原图 animal2.bmp 文件中从坐标(0,39×3)处截取长、宽为 39 的子图像，并将截取到的子图像生成新的 Image 对象 newpic。

```
int x = 0;
int y = 3 * 39 ;
int w = 39;
int h = 39;
BufferedImage src = null;
BufferedImage newpic = null;
try{
    src = ImageIO.read(new File("pic\\animal2.bmp"));
}
catch(Exception e)
{
    System.out.println(e);
}
//生成新的 Image 对象
Image newpic = src.getSubimage(x,y,w,h);          //截取原图中矩形区域的图形
```

在游戏开发中需要大量使用 Graphics 类的 drawImage()方法，读者要重点掌握该方法。

8.3.2 鼠标相关事件

当用户在游戏面板上单击时，由屏幕像素坐标(e.X,e.Y)计算被单击方块的地图位置坐标(x,y)，另外还需判断用户是左键单击还是右键单击，如果是右键单击，则调用智能查找功能。鼠标相关事件的典型问题，一是读取鼠标的当前位置；二是判断到底是哪个鼠标按键被按动。下面介绍鼠标相关事件。

在 Java 语言中主要提供了 3 种不同类型的鼠标事件，即鼠标键事件、鼠标移动事件和鼠标轮滚动事件。鼠标键事件多用于鼠标的单击处理，鼠标移动事件用于鼠标移动的处理，鼠标轮滚动事件是从 JDK1.4 引入的鼠标事件，用于鼠标轮的动作处理。这 3 种类型的鼠标事件一般是以容器组件作为事件源，它们各有自己的监听器。

1. 鼠标键事件处理

鼠标键事件处理是一种最常见的鼠标事件处理方式。鼠标键事件处理涉及监听器接口 MouseListener 和鼠标键事件 MouseEvent。实现鼠标键事件处理的具体步骤如下：

（1）组件通过 addMouseListener()方法注册到 MouseListener 中，允许监听器对象在程序运行过程中监听组件是否有鼠标键事件发生。

（2）实现 MouseListener 接口的所有方法，提供事件发生的具体处理办法。

鼠标键事件对应的事件类是 MouseEvent，该类的主要方法如表 8-1 所示。鼠标键事件

对应的监听器接口是 MouseListener，这种监听器接口的主要方法如表 8-2 所示。

表 8-1　MouseEvent 的主要方法

方　　法	功　　能
int getButton()	获取鼠标按键变更的状态
int getClickCount()	获取鼠标单击的次数
Point getPoint()	获取鼠标单击的位置
int getX()	获取鼠标的 x 位置
int getY()	获取鼠标的 y 位置
String getMouseModifiersText(int)	获取控制键与鼠标的组合键的字符串

表 8-2　MouseListener 的主要方法

方　　法	功　　能
void mousePressed(MouseEvent)	鼠标按下调用
void mouseReleased(MouseEvent)	鼠标释放调用
void mouseEntered(MouseEvent)	鼠标进入调用
void mouseExited(MouseEvent)	鼠标离开调用
void mouseClicked(MouseEvent)	鼠标单击调用

例如设计一个程序获取并显示鼠标位置和鼠标状态。当按下鼠标时，能在当前位置绘制一个正方形。其运行效果如图 8-9 所示。

```
import java.awt.*;
import java.awt.event.*;
import javax.swing.*;
public class MouseStatus extends JFrame implements MouseListener{
    Container container;
    JTextArea displayArea;          //定义显示详细信息的文本区
    JPanel panel;                   //定义绘制区面板
    JLabel statusLabel;             //定义状态标签
    public MouseStatus(){
        super("鼠标事件示例");
        container = getContentPane();   container.setLayout(new BorderLayout());
        displayArea = new JTextArea(10,20);
        panel = new JPanel();
        panel.setSize(100,100);
        panel.setBackground(Color.yellow);
        panel.addMouseListener(this);            //注册鼠标监听器
        statusLabel = new JLabel("鼠标初始化状态");
        container.add(new JScrollPane(displayArea),BorderLayout.WEST);
        container.add(panel,BorderLayout.CENTER);
        container.add(statusLabel,BorderLayout.SOUTH);
        setSize(400,300);
        setVisible(true);
    }
    public void mouseEntered(MouseEvent e){            //鼠标进入
        statusLabel.setText("鼠标进入面板");
        displayArea.append("鼠标进入,X 位置: " + e.getX() + "Y 位置: " + e.getY() + "\n");
    }
```

```java
    public void mouseExited(MouseEvent e){              //鼠标离开
        statusLabel.setText("鼠标离开面板");
        displayArea.append("鼠标离开" + "\n");
    }
    public void mouseClicked(MouseEvent e){             //鼠标单击
        statusLabel.setText("鼠标在面板单击");
      displayArea.append("鼠标单击,X位置: " + e.getX() + "Y位置: " + e.getY() + "\n");
    }
    public void mousePressed(MouseEvent e){             //鼠标按下
        statusLabel.setText("鼠标在面板按下");
        Graphics g = panel.getGraphics();               //获取图形上下文
        g.setColor(Color.blue);                         //设置颜色
        g.drawRect(e.getX(),e.getY(),40,40);            //在当前位置绘制正方形
        panel.paintComponents(g);
       displayArea.append("鼠标按下,X位置: " + e.getX() + "Y位置: " + e.getY() + "\n");
    }
    public void mouseReleased(MouseEvent e){            //鼠标释放
        statusLabel.setText("鼠标在面板释放");
        displayArea.append("鼠标释放,X位置: " + e.getX() + "Y位置: " + e.getY() + "\n");
    }
    public static void main(String args[]){
        MouseStatus ms = new MouseStatus();
        ms.setDefaultCloseOperation(JFrame.EXIT_ON_CLOSE);
    }
}
```

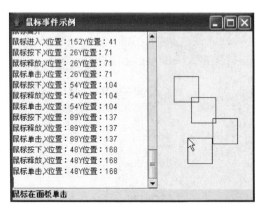

图 8-9　显示鼠标位置和鼠标状态

2. 鼠标移动事件处理

事件类 MouseEvent 还对应另一个监听器接口——MouseMotionListener。该接口可以实现鼠标的两种运动处理，即鼠标移动处理和鼠标拖动处理。实现鼠标移动事件处理的具体步骤如下：

（1）组件通过 addMouseMotionListener()方法注册到 MouseMotionListener 中，允许 MouseMotionListener 监听器对象在程序运行过程中监听组件是否有鼠标移动事件发生。

（2）实现 MouseMotionListener 接口的所有方法，提供事件发生的具体处理办法。

MouseMotionListener 接口的主要方法如表 8-3 所示。

表 8-3 MouseMotionListener 的主要方法

方法	功能
void mouseDragged(MouseEvent)	鼠标拖动调用
void mouseMoved(MouseEvent)	鼠标移动调用

例如设计一个程序,实现文字"Hello,Java 世界"随着鼠标的移动而移动的效果,如果拖动鼠标,会将文字放大显示。其运行效果如图 8-10 所示。

```java
import java.awt.*;
import java.awt.event.*;
import javax.swing.*;
public class MouseMotionText extends JPanel{
    int x = 20,y = 20;                              //设置初始坐标
    int mode = 1;                                   //表示默认绘制模式,1 为拖动,2 为移动
    public MouseMotionText(){
        addMouseMotionListener(new MouseMotionListener(){        //创建匿名内部类
            public void mouseDragged(MouseEvent e){ //鼠标拖动
                x = e.getX();                       //X 轴的坐标
                y = e.getY();                       //Y 轴的坐标
                repaint();
            }
            public void mouseMoved(MouseEvent e){   //鼠标移动
                mode = 2;                           //设置为移动模式
                x = e.getX();
                y = e.getY();
                repaint();
            }
        });
    }
    public void paintComponent(Graphics g){
        g.clearRect(0,0,400,200);                   //清屏
        if(mode == 1) g.setFont(new Font("宋体",Font.BOLD,g.getFont().getSize()+10));
        draw(g,x,y);
    }
    public void draw(Graphics g,int x,int y){
        g.drawString("Hello,Java 世界",x,y);
    }
    public Dimension getPreferredSize(){            //获取最佳尺寸
        return new Dimension(400,200);
    }
    public static void main(String args[]){
        JFrame frame = new JFrame();
        frame.add(new MouseMotionText());
        frame.setTitle("鼠标移动事件示例");
        frame.setSize(400,200);
        frame.setVisible(true);
        frame.setDefaultCloseOperation(JFrame.EXIT_ON_CLOSE);
    }
}
```

图 8-10　移动和拖动效果

3. 鼠标轮滚动事件处理

鼠标轮滚动事件可以处理鼠标中间的鼠标轮的动作。这种事件的实现依赖于事件类 MouseWheelEvent 和接口 MouseWheelListener。实现鼠标轮滚动事件的具体步骤如下：

（1）组件通过 addMouseWheelListener( ) 方法注册到 MouseWheelListener 中，允许监听器在程序运行过程中监听组件是否有鼠标轮事件发生。

（2）实现 MouseWheelListener 接口的所有方法，提供事件发生的具体处理办法。

MouseWheelEvent 类是 MouseEvent 类的直接子类，具有 MouseEvent 类的特点，同时它还具有自身的特点。MouseWheelEvent 的常见方法如表 8-4 所示。

表 8-4　MouseWheelEvent 的常见方法

方　　法	功　　能
int getScrollAmount( )	获取滚动的单位数
int getScrollType( )	获取滚动类型
int getWheelRotation( )	获取鼠标轮旋转的运动量
int getUnitsToScroll( )	实现 MouseWheelListener 的便捷方法

与事件类 MouseWheelEvent 对应的监听器接口是 MouseWheelListener，该接口的方法如表 8-5 所示。

表 8-5　MouseWheelListener 的方法

方　　法	功　　能
void mouseWheelMoved(MouseWheelEvent)	鼠标轮移动调用

例如设计一个程序，实现文字"欢迎来到 Java 世界"的显示，当向下滚动鼠标轮时文字的字体变大，当向上滚动鼠标轮时文字的字体变小。

```
import javax.swing.*;
import java.awt.*;
import java.awt.event.*;
public class MouseWheelText extends JPanel{
    int fontSize = 20;
    int x = 50,y = 120;
    public MouseWheelText(){
        addMouseWheelListener(new MouseWheelListener(){
```

```
            public void mouseWheelMoved(MouseWheelEvent e){     //创建匿名内部类
                if(e.getWheelRotation()<0){                     //鼠标轮向上滚动
                    fontSize -= 2;                              //字体的大小减2
                    if(fontSize < 5) fontSize = 6;
                    repaint();      }
                else if(e.getWheelRotation()>0){                //鼠标轮向下滚动
                    fontSize += 2;                              //字体的大小增2
                    if(fontSize > 40) fontSize = 40;
        repaint();      }
            }
        });                                                     //结束匿名内部类
    }
    public void paintComponent(Graphics g){
        g.clearRect(0,0,400,300);
        g.setFont(new Font("楷体",Font.BOLD,fontSize));
        g.drawString("欢迎来到 Java 世界",x,y);
    }
    public Dimension getPreferredSize(){
        return new Dimension(400,300);
    }
    public static void main(String args[]){
        JFrame frame = new JFrame("鼠标轮滚动事件示例");
        frame.add(new MouseWheelText());
        frame.setSize(400,300);
        frame.setVisible(true);
        frame.setDefaultCloseOperation(JFrame.EXIT_ON_CLOSE);
    }
}
```

本游戏在鼠标的 mouseCliked 事件中判断玩家是左击还是右击,如果是右击,则调用智能查找功能 Find2Block()。

8.3.3 延时功能

在 Java 中,有时候需要使程序暂停一点时间,称为延时。普通延时用 Thread.sleep (int)方法,该方法很简单,它将当前线程挂起指定的毫秒数。例如:

```
try
{
    Thread.currentThread().sleep(1000);        //1000ms
}
catch(Exception e){}
```

在这里需要解释一下线程沉睡的时间。sleep()方法并不能让程序"严格"地沉睡指定的时间。例如当使用 5000 作为 sleep()方法的参数时,线程可能在实际被挂起 5000.001ms 后才会继续运行。当然,对于一般的应用程序来说,sleep()方法对时间控制的精度足够。

但是如果要使用精确延时,最好使用 Timer 类:

```
Timer timer = new Timer();              //实例化 Timer 类
timer.schedule(new TimerTask(){
public void run(){
    System.out.println("退出");
this.cancel();}},500);                  //500ms
```

这种延时比 sleep()精确。上述延时方法只运行一次,如果需要运行多次,可以使用 timer.schedule(new MyTask(),1000,2000),这样每隔 2s 执行一次 MyTask()。

8.4 程序设计的步骤

8.4.1 设计游戏窗口类

在项目中创建一个继承 JFrame 的 LLKFrame 类,用于显示游戏面板 LLKPanel 和实现游戏逻辑。由于其他类访问显示已消去方块数量的文本框 textarea1,所以将 textarea1 定义为 static。

LLKFrame 窗口由两个面板组成,其中,面板 panel1 添加"重来一局"和"退出"按钮以及显示已消去方块数量的文本框 textarea1;面板 centerPanel 显示游戏界面。

```
public class LLKFrame extends JFrame {
    //显示已消去方块数量,由于其他类访问,所以定义为 static
    static JTextField textarea1 = new JTextField(10);
    JPanel panel1 = new JPanel();
    LLKPanel centerPanel;
    public LLKFrame() {
        JLabel label1 = new JLabel("已消去方块数量:");
        JButton exitButton,newlyButton;
        newlyButton = new JButton("重来一局");
        exitButton = new JButton("退出");
        this.setLayout(new BorderLayout());
        panel1.setLayout(new FlowLayout());
        panel1.add(label1);
        panel1.add(textarea1);

        panel1.add(newlyButton);
        panel1.add(exitButton);
        textarea1.setEditable(false);
        textarea1.setText(Integer.toString(0));         //显示已消去方块数量
        Container contentPane = getContentPane();
        contentPane.add(panel1,BorderLayout.NORTH);
        centerPanel = new LLKPanel();
        contentPane.add(centerPanel,BorderLayout.CENTER);
        this.setBounds(280,100,640,660);                //500,450
        this.setVisible(true);
        this.setFocusable(true);
        //鼠标事件监听
        exitButton.addMouseListener(new MouseAdapter() {    //退出
                public void mouseClicked(MouseEvent e) {
```

```
                        System.exit(0);
                    }
                });
        //鼠标事件监听
        newlyButton.addMouseListener(new MouseAdapter() {     //重来一局
                public void mouseClicked(MouseEvent e) {
                    textarea1.setText(Integer.toString(0));   //清除已消去方块数量
                    centerPanel.StartNewGame();
                    centerPanel.Init_Graphic();
                }
            });
    }
    public static void main(String[] args) {
        //TODO Auto-generated method stub
        LLKFrame llk = new LLKFrame();
    }
}
```

8.4.2 设计游戏面板类

游戏面板类 LLKPanel 实现方块的显示、选中方块之间连接线的显示、智能查找等游戏功能。

定义成员变量：

```
private int W = 50;                         //动物方块图案的宽度
private int GameSize = 10;                  //布局大小，即行、列数
private boolean Select_first = false;       //是否已经选中第 1 块
private int x1,y1;                          //被选中第 1 块的地图坐标
private int x2,y2;                          //被选中第 2 块的地图坐标
private Point z1 = new Point(0,0);
private Point z2 = new Point(0,0);          //折点棋盘坐标
private int m_nCol = 10;
private int m_nRow = 10;
private int[] m_map = new int[10 * 10];
private int BLANK_STATE = -1;
```

关于连通方式的枚举类型 LinkType 的定义如下：

```
public enum LinkType {LineType,OneCornerType,TwoCornerType};
private LinkType LType;       //连通方式
```

枚举值 LineType、OneCornerType、TwoCornerType 分别代表直连方式、一个折点连通方式和两个折点连通方式。

在游戏开始时调用 StartNewGame() 实现将动物图案随机放到地图中，地图中记录的是图案的 ID。最后调用 Init_Graphic() 按地图中记录的图案信息将图 8-11 中的动物图案显示在游戏面板中，生成游戏开始界面。

图 8-11　图片 animal2.bmp

```java
public LLKPanel() {
    setPreferredSize(new Dimension(500,450));
    this.addMouseListener(this);        //否则鼠标单击无反应
    StartNewGame();
}
private void StartNewGame(){
    //见前文程序设计的思路
}
private void Init_Graphic()             //生成游戏开始界面
{
    Graphics g = this.getGraphics();    //生成 Graphics 对象
    for (int i = 0; i < 10 * 10; i++)
    {
        g.drawImage(create_image(m_map[i]),W * (i % GameSize) + W,
        W * (i / GameSize) + W,W,W,this);
    }
}
```

create_image()方法实现按顺序标号 n 从所有动物图案的图片 animal2.bmp 中截取相应的动物图案。

```java
//create_image()方法实现按标号 n 从所有动物图案的图片中截图
private Image create_image(int n)       //按标号 n 截图
{
    int x = 0;
    int y = n * 39 ;
    int w = 39;
    int h = 39;
    BufferedImage src = null;
    BufferedImage newpic = null;
    try{
        src = ImageIO.read(new File("pic\\animal2.bmp"));
    }
    catch(Exception e)
    {
        System.out.println(e);
    }
    newpic = src.getSubimage(x,y,w,h);   //截取原图中矩形区域的图形
    return newpic;
}
```

当玩家在游戏面板上单击时,由屏幕像素坐标(e.X,e.Y)计算被单击方块的地图位置坐标(x,y),判断是否为第 1 次选中方块,如果是,则仅对选中方块加上黑色框线。如果是第 2 次选中方块,则要判断图案是否相同且连通。如果连通,则绘制选中方块之间的连接线,延时 0.5s 后,清除第 1 个选中方块和第 2 个选中方块图案,清除选中方块之间的连接线;如果不连通,则重新选中第 1 个方块。

在 mouseClicked 事件中还需要判断玩家是左击还是右击,如果是右击,则调用智能查找功能 Find2Block()。最后调用 IsWin()查看是否已经赢得了游戏。

```java
public void mouseClicked(MouseEvent e) {
    Graphics g = this.getGraphics();                    //生成 Graphics 对象
    int x,y;
    if (e.getButton() == MouseEvent.BUTTON1)            //左击
    {
        //计算单击方块的位置坐标
        x = (e.getX() - W) / W;
        y = (e.getY() - W) / W;
        System.out.print(x);
        System.out.println(x);
        //如果该区域无方块
        if (m_map[y * m_nCol + x] == BLANK_STATE) return;
        if (Select_first == false)
        {
            x1 = x; y1 = y;
            //绘制选定(x1,y1)处的框线
            DrawSelectedBlock(x1,y1,g);
            Select_first = true;
        }
        else
        {
            x2 = x; y2 = y;
            //判断第 2 次单击的方块是否已被第 1 次单击选取,如果是则返回
            if ((x1 == x2) && (y1 == y2)) return;
            //绘制选定(x2,y2)处的框线
            DrawSelectedBlock(x2,y2,g);
            //判断是否连通
            if (IsSame(x1,y1,x2,y2) && IsLink(x1,y1,x2,y2))
            {
                DrawLinkLine(x1,y1,x2,y2,LType);        //绘制选中方块之间的连接线
                System.out.println(x1 + "连通" + y1);
                try
                {
                    Thread.currentThread().sleep(500);  //毫秒,延时 0.5s
                }
                catch(Exception e1){}
                //清空记录方块的值
                m_map[y1 * m_nCol + x1] = BLANK_STATE;
                m_map[y2 * m_nCol + x2] = BLANK_STATE;
                Select_first = false;
                repaint();
            }
            else   //重新选定第 1 个方块
            {
                //重绘(x1,y1)处的动物图案,从而取消原选定(x1,y1)处的框线
                int i = y1 * m_nCol + x1;
                g.drawImage(create_image(m_map[i]),W * (i % GameSize) + W,
                    W * (i / GameSize) + W,W,W,this);
                //设置重新选定第 1 个方块的坐标
                x1 = x; y1 = y;
                Select_first = true;
            }
        }
    }
```

```
        }
        if (e.getButton() == MouseEvent.BUTTON3)    //右击,智能查找功能
        {
            if (!Find2Block())
                JOptionPane.showMessageDialog(this,"没有连通的方块了!");
        }
        //查看是否已经胜利
        if (IsWin())
        {
            JOptionPane.showMessageDialog(this,"恭喜您胜利闯关,即将开始新局");
        }
    }
```

重绘事件重绘所有非空的动物图案方块。由于在消去连接方块时重绘界面上所有的方块,对于没有动物图案(BLANK_STATE)的空白块,用 g.clearRect()清除。由于方块周围可能存在示意连接线,所以需要用 g.clearRect()清除四周连线。

此处没有使用 g.clearRect(0,0,this.getWidth(),this.getHeight())清屏后重绘所有动物方块,是因为会产生闪烁现象。

```
//绘制游戏界面
public void paint(Graphics g) {
    //g.clearRect(0,0,this.getWidth(),this.getHeight());
    for (int i = 0; i < 10 * 10; i++)
    {
        if(m_map[i] == BLANK_STATE)          //此处是空白块
            g.clearRect(W * (i % GameSize) + W,W * (i / GameSize) + W,W,W);
        else
            g.drawImage(create_image(m_map[i]),W * (i % GameSize) + W,
             W * (i / GameSize) + W,W,W,this);
    }
    //清除四周连线
    g.clearRect(0,0,W,12 * W);
    g.clearRect(11 * W,0,W,12 * W);
    g.clearRect(0,0,12 * W,W);
    g.clearRect(0,11 * W,12 * W,W);
}
```

IsWin()检测是否还有未被消除的方块,即地图 m_map 中是否有元素的值为 BLANK_STATE,如果没有,则表示已经赢得了游戏。

```
///
///   检测是否已经赢得了游戏
///
boolean IsWin()
{
    //检测是否还有未被消除的方块
    //(非 BLANK_STATE 状态)
    for(int i = 0;i < m_nRow * m_nCol;i++)
    {
        if(m_map[i] != BLANK_STATE)
```

```
            {
                return false;
            }
        }
        return true;
    }
```

IsSame()判断(x1,y1)与(x2,y2)处的方块图案是否相同。

```
private boolean IsSame(int x1,int y1,int x2,int y2)
{
    if (m_map[y1 * m_nCol + x1] == m_map[y2 * m_nCol + x2])
        return true;
    else
        return false;
}
```

以下是绘制方块之间的连接线、示意框线的方法。DrawLinkLine()绘制选中方块(x1, y1)与(x2,y2)之间的连接线。LinkType LType 参数的含义是连通方式(直连方式、一个折点连通方式和两个折点连通方式)。

```
///<summary>
///绘制选中方块之间的连接线
///</summary>
private void DrawLinkLine(int x1,int y1,int x2,int y2,LinkType LType)
{
    Graphics g = this.getGraphics();      //生成 Graphics 对象
    Point p1 = new Point(x1 * W + W / 2 + W,y1 * W + W / 2 + W);
    Point p2 = new Point(x2 * W + W / 2 + W,y2 * W + W / 2 + W);
    if (LType == LinkType.LineType)
        g.drawLine(p1.x,p1.y,p2.x,p2.y);
    if (LType == LinkType.OneCornerType)
    {
        Point pixel_z1 = new Point(z1.x * W + W / 2 + W,z1.y * W + W / 2 + W);
        g.drawLine(p1.x,p1.y,pixel_z1.x,pixel_z1.y);
        g.drawLine(pixel_z1.x,pixel_z1.y,p2.x,p2.y);
    }
    if (LType == LinkType.TwoCornerType)
    {
        Point pixel_z1 = new Point(z1.x * W + W / 2 + W,z1.y * W + W / 2 + W);
        Point pixel_z2 = new Point(z2.x * W + W / 2 + W,z2.y * W + W / 2 + W);
        if (!(p1.x == pixel_z2.x || p1.y == pixel_z2.y))
        {
            //p1 与 pixel_z2 不在一条直线上,则 pixel_z1 和 pixel_z2 交换
            Point c;
            c = pixel_z1;
            pixel_z1 = pixel_z2;
            pixel_z2 = c;
        }
        g.drawLine(p1.x,p1.y,pixel_z2.x,pixel_z2.y);
        g.drawLine(pixel_z2.x,pixel_z2.y,pixel_z1.x,pixel_z1.y);
```

```
            g.drawLine(pixel_z1.x,pixel_z1.y,p2.x,p2.y);
        }
}
```

DrawSelectedBlock()绘制选中方块的示意框线。

```
private void DrawSelectedBlock(int x,int y,Graphics g)
{
    //绘制选中方块的示意框线
    Graphics2D g2 = (Graphics2D)g;           //生成 Graphics 对象
    BasicStroke s = new BasicStroke(4);      //创建宽度为4像素的画笔
    g2.setStroke(s);
    g.drawRect(x * W + 1 + W,y * W + 1 + W,W - 3,W - 3);
}
```

init()完成窗口的初始化,设置窗口大小,并加入鼠标侦听器。

```
public void init() {
    this.setDefaultCloseOperation(JFrame.EXIT_ON_CLOSE);
    this.setBounds(280,100,640,660);    //500,450
    this.setTitle("连连看游戏");
    this.setVisible(true);
    this.addMouseListener(this);         //否则鼠标单击无反应
    this.setFocusable(true);
}
```

至此完成连连看游戏的开发,运行程序观看效果。

第 9 章

源码下载

人物拼图游戏

9.1 人物拼图游戏介绍

拼图游戏指将一幅图片分割成若干拼块,并随机打乱顺序,当将所有拼块都放回原位置时就完成了拼图(游戏结束)。

在游戏中,拼块以随机顺序排列,网格上有一个位置是空的。完成拼图的方法是利用这个空位置移动拼块,玩家通过单击空位置周围的拼块来交换它们的位置,直到所有拼块都回到原位置。拼图游戏的运行界面如图 9-1 所示。

图 9-1 拼图游戏的运行界面

9.2 程序设计的思路

在游戏中动态生成一个 3×3 的图片按钮数组 cells。将图片 woman.jpg 分割成行、列数均为 3 的小图片，并按顺序编号；每个图片按钮显示一幅小图片，其位置成员 place 存储 0～8 的数，代表正确的位置编号。注意，最后一个图片按钮显示的是空白信息图片 "9.jpg"，而位置成员 place 存储 8。

在游戏开始时，随机打乱图片按钮数组 cells，根据玩家的单击来交换图片按钮数组 cells 对应按钮与空白图片按钮的位置，通过判断图片按钮数组 cells 中所有元素的位置成员 place 是否有序来判断是否已经完成游戏。

9.3 关键技术

9.3.1 按钮显示图片的实现

Swing 中的按钮可以显示图片（图像）。

JButton 中显示图片的构造方法为 JButton(Icon icon)，用来在按钮上显示图片。

JButton 类的方法设置不同状态下按钮显示的图片。

- setIcon(Icon defaultIcon)：用来设置按钮在默认状态下显示的图片。
- setRolloverIcon(Icon rolloverIcon)：设置当鼠标指针移动到按钮上方时显示的图片。
- setPressedIcon(Icon pressedIcon)：设置当按钮被按下时显示的图片。

下面是一个控制鼠标指针移动到按钮上方及按钮被按下时显示不同图片的示例。

```java
import javax.swing.*;
import java.awt.*;
public class MyFrame extends JFrame{
    JButton button = new JButton();        //创建一个不带文本的按钮
    //JButton b = new JButton("开始");     //创建一个带初始文本的按钮
    public MyFrame() {
        super();
        setTitle("利用 JFrame 创建窗体");
        setBounds(100,100,500,375);
        getContentPane().setLayout(null);
        setDefaultCloseOperation(JFrame.EXIT_ON_CLOSE);
        button.setMargin(new Insets(0,0,0,0));
        button.setContentAreaFilled(false);
        button.setBorderPainted(false);
        button.setBounds(10,10,300,300);
        button.setIcon(new ImageIcon("001.gif"));
        button.setRolloverIcon(new ImageIcon("002.gif"));
        button.setPressedIcon(new ImageIcon("003.gif"));
        getContentPane().add(button);
    }
```

```
    public static void main(String args[]){
        MyFrame f = new MyFrame();          //创建窗口对象
        f.setVisible(true);                  //显示窗口
    }
}
```

程序运行结果如图 9-2 和图 9-3 所示。

图 9-2　按钮被按下去时显示的图片

图 9-3　鼠标滚动时显示的图片

9.3.2　图片按钮移动的实现

当图片按钮移动后，按钮的坐标发生改变，此操作通过 setLocation( ) 方法实现。setLocation( ) 方法是从 Component 类继承的，其定义如下：

```
public void setLocation( int x, int y)
```

其中，参数 x 是当前组件的左上角在父级坐标空间中新位置的 x 坐标，参数 y 是当前组件的左上角在父级坐标空间中新位置的 y 坐标。

9.3.3　从 BufferedImage 转化成 ImageIcon

BufferedImage 类是 java.awt.Image 的子类，在 image 的基础上增加了缓存功能。

ImageIcon 类是一个 Icon 接口的实现，它根据 Image 绘制 Icon，可使用 URL、文件名或字节数组创建的图像。

从 BufferedImage 转化成 ImageIcon 只需要使用"ImageIcon im = new ImageIcon (BufferedImage 实例)"。

另外，使用 ImageIcon 的 Image getImage( ) 方法返回此图标的 Image。

9.4　程序设计的步骤

项目组成如图 9-4 所示。

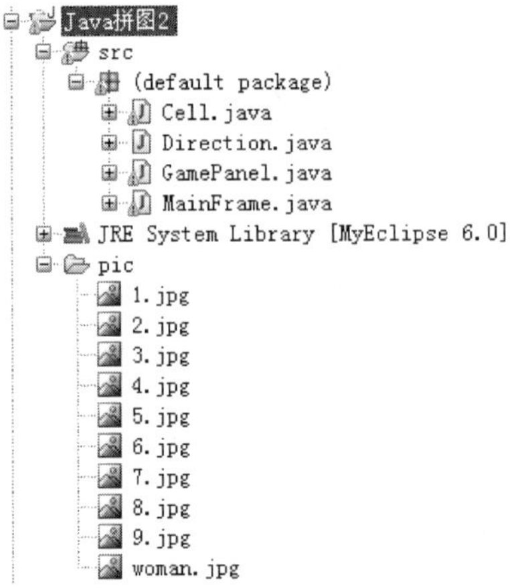

```
    ⊟ 🗁 Java拼图2
      ⊟ 🗁 src
        ⊟ 🗁 (default package)
          ⊞ 🗋 Cell.java
          ⊞ 🗋 Direction.java
          ⊞ 🗋 GamePanel.java
          ⊞ 🗋 MainFrame.java
      ⊞ 🗀 JRE System Library [MyEclipse 6.0]
      ⊟ 🗁 pic
          🖼 1.jpg
          🖼 2.jpg
          🖼 3.jpg
          🖼 4.jpg
          🖼 5.jpg
          🖼 6.jpg
          🖼 7.jpg
          🖼 8.jpg
          🖼 9.jpg
          🖼 woman.jpg
```

图 9-4 项目组成

9.4.1 设计单元图片类

创建名称为 Cell 的类，用于封装一个单元图片对象，此类继承 JButton 对象，并对 JButton 按钮组件进行重写，其代码如下：

```java
import java.awt.Rectangle;
import javax.swing.Icon;
import javax.swing.JButton;
public class Cell extends JButton {
    public static final int IMAGEWIDTH = 100;        //图片的宽度
    private int place;                                //图片的位置

    public Cell(Icon icon, int place) {
        this.setSize(IMAGEWIDTH, IMAGEWIDTH);         //单元图片的大小
        this.setIcon(icon);                           //单元图片的图标
        this.place = place;                           //单元图片的位置
    }

    public void move(Direction dir) {                 //移动单元图片的方法
        Rectangle rec = this.getBounds();             //获取图片的 Rectangle 对象
        switch (dir) {                                //判断方向
            case UP:                                   //向上移动
                this.setLocation(rec.x, rec.y - IMAGEWIDTH);
                break;
            case DOWN:                                 //向下移动
                this.setLocation(rec.x, rec.y + IMAGEWIDTH);
                break;
            case LEFT:                                 //向左移动
```

```
                    this.setLocation(rec.x - IMAGEWIDTH,rec.y);
                    break;
                case RIGHT:                          //向右移动
                    this.setLocation(rec.x + IMAGEWIDTH,rec.y);
                    break;
        }
    }
    public int getX() {
        return this.getBounds().x;              //获取单元图片的 x 坐标
    }
    public int getY() {
        return this.getBounds().y;              //获取单元图片的 y 坐标
    }
    public int getPlace() {
        return place;                            //获取单元图片的位置
    }
}
```

9.4.2 创建枚举类型

在项目中创建一个名称为 Direction 的枚举类型,用于定义图片移动的 4 个方向。

```
//枚举类型,定义 4 个方向
public enum Direction {
    UP,             //上
    DOWN,           //下
    LEFT,           //左
    RIGHT           //右
}
```

9.4.3 设计游戏面板类

在项目中创建一个名称为 GamePanel 的类,此类继承 JPanel 类,实现 MouseListener 接口,用于创建游戏面板对象。在 GamePanel 类中定义长度为 9 个单元的图片数组对象 cells,并通过 init()方法对所有单元图片对象进行实例化。

```
import java.awt.Image;
import java.awt.Toolkit;
import java.awt.event.MouseEvent;
import java.awt.event.MouseListener;
import java.awt.image.BufferedImage;
import java.io.File;
import java.io.IOException;
import java.util.Random;
import javax.imageio.ImageIO;
import javax.swing.*;
public class GamePanel extends JPanel implements MouseListener {
    private Cell[] cells = new Cell[9];          //创建单元图片数组
    private Cell cellBlank = null;               //空白
```

构造方法 GamePanel() 调用 init() 对所有单元图片对象进行实例化。在对单元图片对象进行实例化时可以直接用分割好的图片 1.jpg～9.jpg（如图 9-5 所示）实现，其中 9.jpg 为空白图片。

图 9-5　拼图所用图片

单元图片对象直接用现成的分割好的图片进行实例化，代码如下：

```
for (int i = 0; i < 3; i++) {                              //循环行
    for (int j = 0; j < 3; j++) {                          //循环列
        num = i * 3 + j;                                   //计算图片序号
        icon = new ImageIcon("pic\\" + (num + 1) + ".jpg");//获取图片
        cell = new Cell(icon, num);                        //实例化单元图片对象
```

当然也可以不用现成的分割好的图片，使用 BufferedImage 类的 getSubimage() 方法可以将一个大的图片 woman.jpg 任意分割成子图像。

```
//返回由指定矩形区域定义的子图像
BufferedImage getSubimage(int x, int y, int w, int h)
```

在使用时先得到一幅原图片的长和宽，根据要求分块，算出每块的 x、y 坐标，这样就可以分割了。注意，分割出来的是 BufferedImage 对象，而按钮的图片需要 ImageIcon 类型，从 BufferedImage 转化成 ImageIcon 只需要使用 ImageIcon im = new ImageIcon(BufferedImage 对象)。

```
public GamePanel() {                //构造方法
    super();
    setLayout(null);                //设置空布局
    init();                         //初始化
}
public void init() {                //初始化游戏
    int x = 0;
    int y = 0;
```

```java
        int w = 110;
        int h = 110;
        BufferedImage src = null;
        BufferedImage newpic = null;
        try{
            src = ImageIO.read(new File("pic\\woman.jpg"));
        }
        catch(Exception e)
        {
            System.out.println(e);
        }
        int num = 0;                              //图片序号
        Icon icon = null;                         //图标对象
        Cell cell = null;                         //单元图片对象
        for (int i = 0; i < 3; i++) {             //循环行
            for (int j = 0; j < 3; j++) {         //循环列
                num = i * 3 + j;                  //计算图片序号
                x = j * 100;
                y = i * 100;
                newpic = src.getSubimage(x,y,w,h);
                if(num + 1 == 9)
                    icon = new ImageIcon("pic\\" + (num + 1) + ".jpg");    //获取空白图片
                else
                    icon = new ImageIcon(newpic);
                cell = new Cell(icon,num);        //实例化单元图片对象
                //设置单元图片的坐标
                cell.setLocation(j * Cell.IMAGEWIDTH, i * Cell.IMAGEWIDTH);
                cells[num] = cell;                //将单元图片存储到单元图片数组中
            }
        }
        for (int i = 0; i < cells.length; i++) {
            this.add(cells[i]);                   //向面板中添加所有单元图片
        }
    }
```

random()对图片进行随机排序，产生两个随机数 m、n(0～8)作为被交换图片按钮数组元素的下标，对调这两个被交换图片按钮的位置。

```java
    public void random() {
        Random rand = new Random();               //实例化 Random
        int m,n,x,y;
        if (cellBlank == null) {                  //判断空白图片的位置是否为空
            cellBlank = cells[cells.length - 1];  //最后一个作为空白图片按钮
            for (int i = 0; i < cells.length; i++) {  //遍历所有单元图片
                if (i != cells.length - 1) {
                    cells[i].addMouseListener(this);  //对非空白图片注册鼠标监听
                }
            }
        }
        for (int i = 0; i < cells.length; i++) {  //遍历所有单元图片
            m = rand.nextInt(cells.length);       //产生随机数
```

```
            n = rand.nextInt(cells.length);              //产生随机数
            x = cells[m].getX();                         //获取 x 坐标
            y = cells[m].getY();                         //获取 y 坐标
            //将单元图片调换
            cells[m].setLocation(cells[n].getX(),cells[n].getY());
            cells[n].setLocation(x,y);
        }
    }
```

在图片块单击事件中,通过 e.getSource()获取触发事件的对象 cell,与空白图片块 cellBlank 的位置进行比较,从而决定被单击对象 cell 和空白图片块 cellBlank 的移动方向。

```
    public void mousePressed(MouseEvent e) {
    }
    public void mouseReleased(MouseEvent e) {
    }
    public void mouseClicked(MouseEvent e) {
        Cell cell = (Cell) e.getSource();        //获取触发事件的对象
        int x = cellBlank.getX();                //获取空白图片块的 x 坐标
        int y = cellBlank.getY();                //获取空白图片块的 y 坐标
        if ((x - cell.getX()) == Cell.IMAGEWIDTH && cell.getY() == y) {
            cell.move(Direction.RIGHT);          //向右移动
            cellBlank.move(Direction.LEFT);
        } else if ((x - cell.getX()) == - Cell.IMAGEWIDTH && cell.getY() == y) {
            cell.move(Direction.LEFT);           //向左移动
            cellBlank.move(Direction.RIGHT);
        } else if (cell.getX() == x && (cell.getY() - y) == Cell.IMAGEWIDTH) {
            cell.move(Direction.UP);             //向上移动
            cellBlank.move(Direction.DOWN);
        } else if (cell.getX() == x && (cell.getY() - y) == - Cell.IMAGEWIDTH) {
            cell.move(Direction.DOWN);           //向下移动
            cellBlank.move(Direction.UP);
        }
        if (isSuccess()) {                       //判断是否拼图成功
            int i = JOptionPane.showConfirmDialog(this,"成功,再来一局?","拼图成功",JOptionPane.YES_NO_OPTION);        //提示成功
            if (i == JOptionPane.YES_OPTION) {
                random();                        //开始新一局
            }
        }
    }
    public void mouseEntered(MouseEvent e) {
    }
    public void mouseExited(MouseEvent e) {
    }
```

isSuccess()判断游戏是否成功,只需要判断图片块的原始位置 cells[i].getPlace()是否符合现在的位置,只要有一个单元图片的位置不正确就返回 false,所有单元图片的位置都正确时返回 true。

```java
    public boolean isSuccess() {                    //判断是否拼图成功
        for (int i = 0; i < cells.length; i++) {    //遍历所有单元图片
            int x = cells[i].getX();                //获取 x 坐标
            int y = cells[i].getY();                //获取 y 坐标
            if (y / Cell.IMAGEWIDTH * 3 + x / Cell.IMAGEWIDTH !=
                    cells[i].getPlace()) {          //判断单元图片的位置是否正确
                return false;                       //只要有一个单元图片的位置不正确就返回 false
            }
        }
        return true;                                //所有单元图片的位置都正确时返回 true
    }
}
```

9.4.4 设计主窗口类

在项目中创建一个继承 JFrame 的 MainFrame 类，用于显示自定义游戏面板（GamePanel）。

```java
import java.awt.BorderLayout;
import java.awt.EventQueue;
import java.awt.event.ActionEvent;
import java.awt.event.ActionListener;
import javax.swing.JButton;
import javax.swing.JFrame;
import javax.swing.JPanel;
public class MainFrame extends JFrame {
    public static void main(String args[]) {
        EventQueue.invokeLater(new Runnable() {
            public void run() {
                try {
                    MainFrame frame = new MainFrame();
                    frame.setVisible(true);
                } catch (Exception e) {
                    e.printStackTrace();
                }
            }
        });
    }
    public MainFrame() {
        super();
        getContentPane().setLayout(new BorderLayout());
        setTitle("拼图游戏");
        setBounds(300,300,358,414);
        setDefaultCloseOperation(JFrame.EXIT_ON_CLOSE);
        final JPanel panel = new JPanel();                          //实例化 JPanel
        getContentPane().add(panel,BorderLayout.NORTH);             //添加到上方
        final GamePanel gamePanel = new GamePanel();                //实例化游戏面板
        //添加到中央位置
        getContentPane().add(gamePanel,BorderLayout.CENTER);
        final JButton button = new JButton();                       //实例化按钮
        //注册事件
```

```
        button.addActionListener(new ActionListener() {
            public void actionPerformed(final ActionEvent e) {
                //开始游戏
                gamePanel.random();
            }
        });
        button.setText("开始");
        panel.add(button);
    }
}
```

拼图游戏的总体设计情况如上,并没有很高深的内容,实现的核心在于对按钮数组的操作。拼图游戏成功的效果如图 9-6 所示。

图 9-6　游戏成功的效果

第 10 章

源码下载

按钮版对对碰游戏

10.1 按钮版对对碰游戏介绍

该游戏在 8×8 格子的游戏池中进行,每个格子中有一个图像,用鼠标连续选中两个相邻的图像,它们的位置会互换,互换后如果横排或竖排有 3 个以上相同的图像,则可以消去该图像,并得分。

该游戏的基本规则如下。

(1) 交换:玩家选中相邻(横、竖)的两个图像,则这两个图像的位置发生互换,如果互换成功,消去图像,否则取消位置互换。

(2) 消去:玩家选中两个图像进行位置互换,互换后如果横排或竖排有 3 个以上相同的图像,则消去这几个相同的图像;如果互换后没有可以消去的图像,则选中的两个图像换回原来的位置。消去图像后的空格由上面的图像掉下来补充。每次消去图像,玩家都能得到一定的分数。

(3) 连锁:玩家消去图像后,上面的图像掉下来补充空格。如果这时游戏池中有连续摆放(横、竖)的 3 个或 3 个以上相同的图像,则可以消去这些图像,这就是一次连锁。空格被新的图像填充,又可以进行下一次连锁。每次连锁会有加分。

本章开发的游戏的开始界面如图 10-1 所示,玩家单击"开始"按钮开始游戏,如图 10-2 所示,直到窗口上方的时间进度条为 100% 时结束。在游戏过程中不断刷新显示玩家的得分。

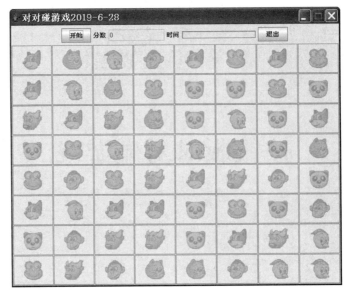

图 10-1　游戏界面

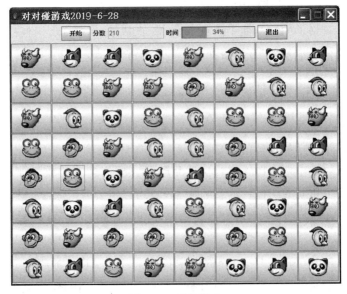

图 10-2　开始游戏

10.2　程序设计的思路

10.2.1　游戏素材

在对对碰游戏中用到游戏池、动物等图片，分别如图 10-3 所示。

图 10-3 相关图片素材

10.2.2 设计思路

游戏屏幕由 8 行 8 列的方块组成,方块上的动物图案各不相同,方块上的动物图案的显示通过图形按钮实现。因为屏幕由 8 行 8 列的方块组成,所以使用二维 JButton 数组 button[8][8];为了方便判断横排或竖排有 3 个以上相同的图形按钮,这里使用二维 int 数组 animal[8][8]储存对应按钮的动物图案 ID(0～6 的数字)。

在定时器 timer 的控制下,不停地统计玩家的得分,并控制时间进度条,如果时间进度条为 100%,则游戏结束,出现游戏结束提示框。

当玩家用鼠标连续选中两个相邻的方块(图形按钮)button[y2][x2]、button [y1][x1]时,交换二维数组 animal 中两个按钮的动物图案 ID,而不是交换位置,交换以后调用 isThreeLinked(y2,x2)和 isThreeLinked(y1,x1)检测屏幕上是否有符合消去规则的方块,如果有,则调用 removeLinked(y2,x2)修改要绘制方块的动物图案 ID 的 animal[8][8]数组对应元素的值,不需要置为 EMPTY(即 7,因为动物图案 ID 是 0～6 的数字),并调用 updateAnimal()从游戏屏幕的该列上方重新随机产生新的动物图案 ID,更新动物图案 ID 数组 animal[8][8]。最后用 print()更新所有按钮的图形 Icon,从而可以看到动态游戏效果。

10.3 关键技术

10.3.1 动态生成 8×8 的按钮

本章 8 行 8 列的方块是通过按钮实现的,Java 能实现这种图形化按钮,仅使用 JButton 的相关方法就可以实现,主要代码如下:

```
JButton button = new JButton();
ImageIcon exitedImageIcon = new ImageIcon("res / exited.png");
ImageIcon enteredImageIcon = new ImageIcon("res / roll.png");
ImageIcon pressedImageIcon = new ImageIcon("res / down.png");
```

```
button.setIcon(exitedImageIcon);            //设置鼠标指针不在按钮上时显示的图片
button.setRolloverIcon(enteredImageIcon);   //设置鼠标指针移到按钮上时显示的图片
button.setPressedIcon(pressedImageIcon);    //设置鼠标单击时显示的图片
button.setContentAreaFilled(false);         //是否显示外围矩形区域,选否
button.setFocusable(false);                 //去掉按钮的聚焦框
button.setBorderPainted(false);             //去掉边框
```

下面是一个控制鼠标指针移动到按钮上方及按钮被按下时显示不同图片的示例。

```
import javax.swing.*;
import java.awt.*;
public class MyFrame extends JFrame{
    JButton button = new JButton();              //创建一个不带文本的按钮
    //JButton b = new JButton("开始");           //创建一个带初始文本的按钮
    public MyFrame() {
        super();
        setTitle("利用 JFrame 创建窗体");
        setBounds(100,100,500,375);
        getContentPane().setLayout(null);
        setDefaultCloseOperation(JFrame.EXIT_ON_CLOSE);
        button.setMargin(new Insets(0,0,0,0));
        button.setContentAreaFilled(false);
        button.setBorderPainted(false);
        button.setBounds(10,10,300,300);
        button.setIcon(new ImageIcon("001.gif"));
        button.setRolloverIcon(new ImageIcon("002.gif"));
        button.setPressedIcon(new ImageIcon("003.gif"));
        getContentPane().add(button);
    }
    public static void main(String args[]){
        MyFrame f = new MyFrame();               //创建窗口对象
        f.setVisible(true);                      //显示窗口
    }
}
```

10.3.2 JProgressBar 组件

使用 JProgressBar 类创建 JProgressBar(进度条)组件。该组件能用一种颜色动态地填充自己,以便显示某任务完成的百分比。

其构造方法如下。

- JProgressBar():创建一个显示边框但不带进度字符串的水平进度条。
- JProgressBar(BoundedRangeModel newModel):创建使用指定的保存进度条数据模型的水平进度条。
- JProgressBar(int orient):创建具有指定方向(JProgressBar.VERTICAL 或 JProgressBar.HORIZONTAL)的进度条。
- JProgressBar(int min,int max):创建具有指定最小值和最大值的水平进度条。
- JProgressBar(int orient,int min,int max):创建使用指定方向、最小值和最大值的进度条。

其常用方法如下。
- pulic void setValue(int n)：将进度条的当前值设置为 n。
- pulic int getValue()：返回进度条的当前值。
- setMinimum(int min)：改变最小值。
- setMaximum(int max)：改变最大值。

10.3.3 实现定时器功能

Timer 组件可以定时执行任务，这在游戏动画编程中非常有用。Timer 组件可以通过 javax.swing.Timer 包中的 Timer 类来实现，该类的构造方法如下：

```
Timer(int delay,ActionListener listener);
```

该构造方法用于建立一个 Timer 组件对象，参数 listener 用于指定一个接收该计时器操作事件的监听器，指定所要触发的事件；参数 delay 用于指定触发事件的时间间隔。也就是说，Timer 组件会根据用户所指定的 delay 时间周期性地触发 ActionEvent 事件。如果要处理这个事件，就必须实现 ActionListener 接口类以及接口类中的 actionPerformed()方法。

例如在"开始"按钮事件代码中创建 Timer 组件对象的代码：

```
if (e.getSource() == buttona) {    //开始 buttona
    timer = new Timer(800,new TimeListener());
    timer.start();
}
```

在本程序内部定时器类 TimeListener 修改进度条的状态，并判断是否达到最大值 100，如果达到，则定时器结束，8×8 的图形按钮无效，而"开始"按钮有效，从而可以开始新游戏。

10.4 程序设计的步骤

10.4.1 设计游戏窗口类

游戏窗口类 MyJframes 实现游戏的全部功能，是继承 JFrame 组件实现的，由上方的 Panel1 和中间的 Panel2 组成。

导入包及相关类：

```
import java.awt.*;
import java.util.Random;
import javax.swing.*;
```

游戏窗口类 MyJframes 定义成员变量：

```
public class MyJframes extends JFrame {
    private JPanel panel1 = new JPanel();
    private JButton buttona = new JButton("开始");
```

```java
        private JLabel label1 = new JLabel("分数");
        private JTextField textarea1 = new JTextField(10);
        private JLabel buttonc = new JLabel("时间");
        private JProgressBar jindu = new JProgressBar();
        private Timer timer;                        //定时器控制时间进度条
        private JButton buttonb = new JButton("退出");
        private JPanel panel2 = new JPanel();
        private JButton button[][] = new JButton[8][8];
        private int animal[][] = new int[8][8];
        private ImageIcon Icon[] = new ImageIcon[7];
        private final int EMPTY = 0;                //无为0,有为1
        private Random rand = new Random();         //随机数
        private boolean isThreeLinked;              //标记是否有3个以上的连接
        private boolean isDoubleClicked;            //标记单击次数
        private int x1;                             //记录第1次被单击按钮的x坐标
        private int y1;                             //记录第1次被单击按钮的y坐标
        private int grade = 0;                      //得分
```

游戏窗口类 MyJframes 的构造方法加载所有动物图片形成 Icon[7] 的数组,同时上方 Panel1 加入"开始"按钮、"退出"按钮及进度条,中间 Panel2 动态添加 8×8 的按钮,并随机产生按钮图标,图标的动物图案 ID 记录在 animal 数组中,并且将这些 8×8 的按钮设置为无效。

```java
MyJframes() {
    //加载图片
    Icon[0] = new ImageIcon("image//cat.png");
    Icon[1] = new ImageIcon("image//cattle.png");
    Icon[2] = new ImageIcon("image//chicken.png");
    Icon[3] = new ImageIcon("image//fox.png");
    Icon[4] = new ImageIcon("image//monkey.png");
    Icon[5] = new ImageIcon("image//panda.png");
    Icon[6] = new ImageIcon("image//frog.png");
    panel1.setLayout(new FlowLayout());
    panel1.add(buttona);
    panel1.add(label1);
    panel1.add(textarea1);
    textarea1.setEditable(false);
    textarea1.setText(Integer.toString(grade));    //显示得分
    panel1.add(buttonc);
    jindu.setMaximum(100);
    panel1.add(jindu);
    panel1.add(buttonb);
    this.setLayout(new BorderLayout());
    this.add(panel1, BorderLayout.NORTH);
    panel2.setLayout(new GridLayout(8,8,1,1));
    MyListener mylisten = new MyListener();        //自定义监听器类
    int m;
    //初始化动物数组
    for (int i = 0; i < 8; i++)
        for (int j = 0; j < 8; j++) {
            m = (int) (Math.random() * 7);
```

```java
                button[i][j] = new JButton(Iocn[m]);
                animal[i][j] = m;
                button[i][j].setSize(50,50);
                //为按钮添加侦听
                button[i][j].addActionListener(mylisten);
                button[i][j].setEnabled(false);//方块按钮无效
                panel2.add(button[i][j]);
            }
        this.add(panel2,BorderLayout.CENTER);
        buttona.addActionListener(mylisten);
        buttonb.addActionListener(mylisten);
}
```

isThreeLinked(int x,int y)判断(x,y)附近是否有 3 个以上连续相同的方块按钮。

```java
private boolean isThreeLinked(int x,int y) {    //是否有 3 个以上连续相同的方块按钮
    int tmp;
    int linked = 1;
    if (x + 1 < 8) {
        tmp = x + 1;
        while (tmp < 8 && animal[x][y] == animal[tmp][y]) {
            linked++;
            tmp++;
        }
    }
    if (x - 1 >= 0) {
        tmp = x - 1;
        while (tmp >= 0 && animal[x][y] == animal[tmp][y]) {
            linked++;
            tmp--;
        }
    }
    if (linked >= 3) {
        return true;
    }
    linked = 1;
    if (y + 1 < 8) {
        tmp = y + 1;
        while (tmp < 8 && animal[x][y] == animal[x][tmp]) {
            linked++;
            tmp++;
        }
    }
    if (y - 1 >= 0) {
        tmp = y - 1;
        while (tmp >= 0 && animal[x][y] == animal[x][tmp]) {
            linked++;
            tmp--;
        }
    }
    if (linked >= 3) {
        return true;
```

```
        }
        return false;
    }
```

removeLinked(int x,int y)将(x,y)附近有 3 个以上连续相同的方块按钮的图案置空（EMPTY），并根据数量计算玩家的得分，每消去一块加 10 分。

```
private void removeLinked(int x, int y) {
    if(animal[x][y] == EMPTY)return;
    int n = 0;
    int tmp;
    int linked = 1;
    if (x + 1 < 8) {
        tmp = x + 1;
        while (tmp < 8 && animal[x][y] == animal[tmp][y]) {
            linked++;
            tmp++;
        }
    }
    if (x - 1 >= 0) {
        tmp = x - 1;
        while (tmp >= 0 && animal[x][y] == animal[tmp][y]) {
            linked++;
            tmp--;
        }
    }
    if (linked >= 3) {
        n = n + linked;
        tmp = x + 1;
        while (tmp < 8 && animal[tmp][y] == animal[x][y]) {

            animal[tmp][y] = EMPTY;
            tmp++;
        }
        tmp = x - 1;
        while (tmp >= 0 && animal[tmp][y] == animal[x][y]) {

            animal[tmp][y] = EMPTY;
            tmp--;
        }
        //当前交换过来的点
        animal[x][y] = EMPTY;
    }
    tmp = 0;
    linked = 1;
    if (y + 1 < 8) {
        tmp = y + 1;
        while (tmp < 8 && animal[x][y] == animal[x][tmp]) {
            linked++;
            tmp++;
        }
    }
```

```
        if (y - 1 >= 0) {
            tmp = y - 1;
            while (tmp >= 0 && animal[x][y] == animal[x][tmp]) {
                linked++;
                tmp--;
            }
        }
        if (linked >= 3) {
            n = n + linked;
            tmp = y + 1;
            while (tmp < 8 && animal[x][y] == animal[x][tmp]) {
                animal[x][tmp] = EMPTY;
                tmp++;
            }
            tmp = y - 1;
            while (tmp >= 0 && animal[x][y] == animal[x][tmp]) {
                animal[x][tmp] = EMPTY;
                tmp--;
            }
            //当前交换过来的点
            animal[x][y] = EMPTY;
        }
        grade += n * 10;
        textarea1.setText(Integer.toString(grade));
    }
```

globalSearch(int flag)全盘扫描是否有 3 个以上连续相同的方块按钮,当参数 flag=1 时仅扫描,当参数 flag=2 时将 3 个连续相同的方块按钮图案置空。

```
    private boolean globalSearch(int flag) {
        if (flag == 1) {
            for (int i = 0; i < 8; i++) {
                for (int j = 0; j < 8; j++) {
                    if (isThreeLinked(i, j)) {
                        return true;
                    }
                }
            }
        } else if (2 == flag) {
            for (int i = 0; i < 8; i++) {
                for (int j = 0; j < 8; j++) {
                    //将(i,j)处 3 个以上连续相同的方块按钮的图案置空
                    removeLinked(i, j);
                }
            }
        }
        return false;
    }
```

downAnimal()从游戏屏幕的该列底部依次下移上方的方块来填充被消去方块(EMPTY)。

```java
//方块下降
private void downAnimal() {
    int tmp;
    for (int j = 8 - 1; j >= 0; j--) {
        for (int i = 0; i < 8; i++) {
            if (animal[j][i] == EMPTY) {
                for (int k = j - 1; k >= 0; k--) {
                    if (animal[k][i] != EMPTY) {
                        tmp = animal[k][i];
                        animal[k][i] = animal[j][i];
                        animal[j][i] = tmp;
                        break;
                    }
                }
            }
        }
    }
}
```

print()重新显示设置按钮的图形 Icon,从而可以看到动态游戏效果。

```java
private void print() {
    for (int i = 0; i < 8; i++) {
        for (int j = 0; j < 8; j++) {
            button[i][j].setIcon(Icon[animal[i][j]]);
        }
    }
}
```

在对对碰游戏中,swapAnimal(int x,int y)交换选中的两个相邻方块,参数(x1,y1)为第 1 个选中方块按钮的数组坐标,参数(x2,y2)为第 2 个选中方块按钮的数组坐标,所以是 animal[y1][x1]和 animal[y2][x2]的交换,即可以交换图案。

在对对碰游戏中,需要检测在交换两个被选中的相邻方块后横排或竖排是否有 3 个以上的方块有相同的图像。isThreeLinked(y2,x2)和 isThreeLinked(y1,x1)检测是否有可以消去的方块,如果有,则调用 removeLinked()修改要绘制方块的动物图案 ID 的 animal[8][8]数组对应元素的值,不需要置为 EMPTY(即 7,因为动物图案 ID 是 0~6 的数字),并调用 updateAnimal()从游戏屏幕的该列上方重新随机产生新的动物图案 ID,更新动物图案 ID 数组 animal[8][8]。最后用 print()重新显示需要绘制的所有方块的图形 Icon,从而可以看到动态游戏效果。

```java
private void swapAnimal(int x, int y) {
    if ((x >= 0 && x <= 8) && (y >= 0 && y <= 8)) {
        //被单击方块的坐标
        int x2;
        int y2;
        if (!isDoubleClicked) {            //第 1 次单击
            isDoubleClicked = true;
            x1 = x;
```

```java
            y1 = y;
            System.out.println("被单击的点的 x 坐标 = " + x1);
            System.out.println("被单击的点的 y 坐标 = " + y1);
        } else {                                        //第 2 次单击
            x2 = x;
            y2 = y;
            isDoubleClicked = false;
            //两点的坐标的绝对值等于 1 时视为相邻的两点
            if (1 == Math.abs(x2 - x1) && y2 == y1
                    || 1 == Math.abs(y2 - y1) && x2 == x1) {
                //------------交换矩阵中相邻的两点的值--------------
                int tmp;
                tmp = animal[y2][x2];
                animal[y2][x2] = animal[y1][x1];
                animal[y1][x1] = tmp;
                //-----------------------------------------------
                if (isThreeLinked(y2,x2)||isThreeLinked(y1,x1)) {
                    System.out.println("消除点");
                    if(isThreeLinked(y2,x2))
                        removeLinked(y2,x2);
                    if(isThreeLinked(y1,x1))
                        removeLinked(y1,x1);
                    downAnimal();           //被消处上方的动物方块下降
                    //该列上方重新随机产生新的动物方块,更新动物方块矩阵
                    updateAnimal();
                    print();
                    //全局扫描判断是否有新的 3 个以上的相连点,有则删除
                    while (globalSearch(1)) {
                        //全局扫描消去 3 个以上相连的点
                        globalSearch(2);
                        //动物方块再次下落
                        downAnimal();
                        //再次更新动物方块矩阵
                        updateAnimal();
                        print();
                    }
                }
                else {//没有 3 个以上相连的点,交换回来
                    System.out.println("交换回来");
                    tmp = animal[y1][x1];
                    animal[y1][x1] = animal[y2][x2];
                    animal[y2][x2] = tmp;
                    print();
                }
            }
        }
    }
}
```

程序启动 main(String[] args) 调用 init() 初始化按钮图标,直到横排或竖排不出现 3 个以上连续相同的图像为止。

```java
public static void main(String[] args) {
    MyJframes frame = new MyJframes();
    frame.setTitle("对对碰游戏 2019－6－28");
    frame.setSize(500,500);
    frame.setVisible(true);
    frame.setDefaultCloseOperation(JFrame.EXIT_ON_CLOSE);
    frame.init();
}
public void init() {
    do {
        System.out.println("重新初始化");
        initAnimalMatrix();
    } while (globalSearch(1));
    print();
    pack();
    setResizable(false);
    setVisible(true);
}
```

由于随机产生按钮图标会出现横排或竖排有 3 个以上连续相同图像的情况，使用 initAnimalMatrix()重新产生按钮图标的动物图案。

```java
//初始化动物方块数组
private void initAnimalMatrix() {
    for (int i = 0; i < 8; i++) {
        for (int j = 0; j < 8; j++) {
            //随机选取动物图案
            animal[i][j] = rand.nextInt(7);
        }
    }
}
```

监听器类判断产生动作的是哪个按钮，如果是开始 buttona，则定时器 new Timer(800, new TimeListener())启动；如果是退出 buttonb，则结束程序。剩下的就是 8×8 的动物按钮产生的，调用 swapAnimal(j,i)实现按钮图标的交换，并消去横排或竖排 3 个以上连续相同的图像。

```java
class MyListener implements ActionListener {
    public void actionPerformed(ActionEvent e) {
        if (e.getSource() == buttona) {           //开始 buttona
            buttona.setEnabled(false);
            jindu.setStringPainted(true);
            jindu.setMaximum(100);
            jindu.setMinimum(0);
            timer = new Timer(800,new TimeListener());
            timer.start();
            grade = 0;
            textarea1.setText(Integer.toString(grade));
            for (int i = 0; i < 8; i++)
                for (int j = 0; j < 8; j++) {
```

```
                    button[i][j].setEnabled(true);      //图形按钮有效
                }
            }
            if (e.getSource() == buttonb) {                    //退出 buttonb
                System.out.println("end");
                System.exit(1);
            }
            for (int i = 0; i < 8; i++) {
                for (int j = 0; j < 8; j++) {
                    if (e.getSource() == button[i][j]) {
                        //System.out.println("第" + i + " " + j + "键");
                        swapAnimal(j,i);
                    }
            }}
        }
    }
```

10.4.2 设计内部定时器类

内部定时器类 TimeListener 修改进度条的状态,并判断是否达到最大值 100,如果达到,则定时器结束,8×8 的图形按钮无效,而"开始"按钮有效,从而可以开始新游戏。

```
class TimeListener implements ActionListener {
    int times = 0;
    public void actionPerformed(ActionEvent e) {
        jindu.setValue(times++);
        if (times > 100) {
            timer.stop();                              //定时器结束
            for (int i = 0; i < 8; i++)
                for (int j = 0; j < 8; j++) {
                    button[i][j].setEnabled(false);    //图形按钮无效
                }
            buttona.setEnabled(true);
        }
    }
}
```

第 11 章

源码下载

华容道游戏

11.1 华容道游戏介绍

华容道游戏是一个比较古老的游戏,其源于三国时期著名的历史故事。作为一个经典游戏,华容道游戏各部分的设计都恰到好处,非常巧妙。

游戏开始时曹操被围在华容道的最里层,玩家需要移动其他角色,使曹操顺利地到达出口。选择需要移动的角色,然后拖动鼠标,被选中的角色就会向鼠标拖动的方向移动。最后,当成功地将曹操移到出口时游戏结束。游戏开始后的界面如图 11-1 所示。本游戏也可以通过方向键移动被选中的人物角色。

图 11-1 游戏开始后的界面

11.2 程序设计的思路

11.2.1 数据结构

华容道整体可以看成 5×4 的表格,其中张飞、关羽、刘备、黄忠和周瑜各占两个格子,兵占一个格子,曹操最大,占 4 个格子。初始时,带有曹操头像的 JButton 组件位于(1,2)(1,3)、(2,2)和(2,3)4 个红色格子中(如图 11-2 所示)。游戏的目的就是将 4 个红色格子中带有曹操头像的 JButton 组件移到下方出口(如图 11-3 所示)。这里每个格子是 50 像素大小。

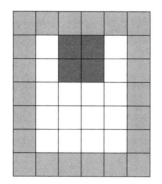

图 11-2 游戏数据结构示意图

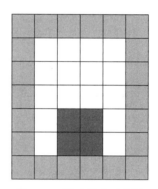

图 11-3 游戏结束示意图

11.2.2 游戏逻辑

程序代码的主要任务是根据玩家的鼠标拖动实现 JButton 组件(头像)的移动。在拖动组件的过程中,首先要判断玩家的拖动方向,此外还要判断 JButton 组件能否拖动到玩家希望的位置。如果能拖动到希望的位置,则调用 setLocation(x,y)设置此组件到目标位置(x,y)。例如,当玩家拖动带有曹操头像的 JButton 时,首先要判断玩家是向上拖、向下拖、向左拖还是向右拖。在确定方向以后,要判断玩家希望的位置能否放置此组件。

11.3 程序设计的步骤

11.3.1 设计游戏人物按钮类

游戏人物采用继承 JButton 的按钮类实现,每个人物均进行编号,例如曹操编号为 0,同时设置按钮获取焦点和失去焦点时的背景色。

```
import java.awt.Color;
import java.awt.event.FocusEvent;
import java.awt.event.FocusListener;
import javax.swing.JButton;
```

```java
class Person extends JButton implements FocusListener {
    int number;          //编号,曹操编号为 0
    Color c = new Color(255,245,170);
    Person(int number,String s) {
        super(s);
        setBackground(c);
        this.number = number;
        c = getBackground();
        addFocusListener(this);
    }
    public void focusGained(FocusEvent e) {          //获取焦点
        setBackground(Color.red);
    }
    public void focusLost(FocusEvent e) {            //失去焦点
        setBackground(c);
    }
}
```

11.3.2 设计游戏窗口类

在项目中创建一个继承 Frame 的 Hua_Rong_Road 类,实现鼠标侦听、键盘侦听及动作侦听接口。Hua_Rong_Road 类定义成员变量:

```java
class Hua_Rong_Road extends Frame implements MouseListener,KeyListener,ActionListener {
    Person person[] = new Person[10];
    JButton left,right,above,below;
    Button restart = new Button("重新开始");
    private Image[] peopleImage = new Image[10];
    private Point P1 = new Point(0,0);      //鼠标拖动时记录鼠标按下时的起始位置
    private Point P2 = new Point(0,0);      //鼠标拖动时记录鼠标松开时的终止位置
```

其中,游戏中方格的大小为 50 像素。游戏开始时,完成按钮头像的添加,并调整含头像的按钮组件到游戏界面中的初始位置,同时在游戏区域的四周添加 4 个按钮(left、right、above 和 below)作为边界。添加这 4 个按钮主要是为了便于判断移动是否越界。

```java
public void init() {
    setLayout(null);
    add(restart);
    restart.setBounds(100,320,120,25);
    restart.addActionListener(this);
    String name[] = { "曹操","关羽","张飞","刘备","周瑜","黄忠",
            "兵","兵","兵","兵" };
    initImage();
    for (int k = 0; k < name.length; k++) {
        person[k] = new Person(k,name[k]);
        ImageIcon icon = new ImageIcon(peopleImage[k]);
        person[k].setIcon(icon);           //添加头像
        person[k].addMouseListener(this);
        person[k].addKeyListener(this);
        add(person[k]);
```

```
    }
    //调整含头像的按钮组件到游戏界面中的初始位置
    person[0].setBounds(104,54,100,100);
    person[1].setBounds(104,154,100,50);
    person[2].setBounds(54,154,50,100);
    person[3].setBounds(204,154,50,100);
    person[4].setBounds(54,54,50,100);
    person[5].setBounds(204,54,50,100);
    person[6].setBounds(54,254,50,50);
    person[7].setBounds(204,254,50,50);
    person[8].setBounds(104,204,50,50);
    person[9].setBounds(154,204,50,50);
    person[9].requestFocus();
    //在游戏区域的四周添加4个按钮(left、right、above和below)作为边界
    left = new JButton();
    right = new JButton();
    above = new JButton();
    below = new JButton();
    add(left);       add(right);
    add(above);      add(below);
    left.setBounds(49,49,5,260);
    right.setBounds(254,49,5,260);
    above.setBounds(49,49,210,5);
    below.setBounds(49,304,210,5);
    validate();
}
```

构造方法调用 init() 调整含头像的按钮组件到游戏界面中的初始位置,并设置窗口大小及相应关闭按钮有效。

```
public Hua_Rong_Road() {
    init();
    setBounds(100,100,320,360);
    setVisible(true);
    validate();
    addWindowListener(new WindowAdapter() {
        public void windowClosing(WindowEvent e) {
            System.exit(0);
        }
    });
}
```

实现头像按钮的移动是最复杂的部分,首先要判断玩家的拖动方向,当鼠标按下时记录起始位置 P1,当鼠标松开时记录终止位置 P2。Direct() 方法根据鼠标拖动的起始位置 P1 和终止位置 P2 的水平方向上偏移量的大小和垂直方向上偏移量的大小判断移动的方向。

```
private String Direct()
{
    int dx,dy;
    String dir;
    dx = P2.x - P1.x;
```

```
        dy = P2.y - P1.y;
        if(dx == 0 && dy == 0)return "nomove";
        if (Math.abs(dx) > Math.abs(dy))        //表示在水平方向上移动
        {
            if (dx > 0) dir = "Right";
            else dir = "Left";
        }
        else                                    //表示在垂直方向上移动
        {
            if(dy > 0)dir = "Down";
            else dir = "Up";
        }
        return dir;
    }
```

鼠标按下事件 mousePressed 记录起始位置 P1,鼠标松开事件 mouseReleased 记录终止位置 P2。此外,鼠标松开事件 mouseReleased 还要判断此 Button 组件能否拖动到玩家希望的位置。

```
    public void mousePressed(MouseEvent e) {    //鼠标按下
        P1.x = e.getX();                        //鼠标相对于组件对象的位置
        P1.y = e.getY();
    }
    public void mouseReleased(MouseEvent e) {   //鼠标松开
        Person man = (Person) e.getSource();
        P2.x = e.getX(); P2.y = e.getY();
        String dir = Direct();
        boolean b;
        if (dir.compareTo("Down") == 0) {       //偏下
            b = go(man,below);
            if (b)return;
        }
        if (dir.compareTo("Up") == 0) {         //偏上
            b = go(man,above);
            if (b)return;
        }
        if (dir.compareTo("Left") == 0) {       //偏左
            b = go(man,left);
            if (b)return;
        }
        if (dir.compareTo("Right") == 0) {      //偏右
            b = go(man,right);
            if (b)return;
        }
    }
```

在鼠标松开事件 mouseReleased 中判断能否拖动到玩家希望的位置。这里调用 go (Person man,JButton direction)判断能否拖动到玩家希望的位置,如果能,则移动组件。

go(Person man,JButton direction)方法首先根据移动方向(direction)修改此人物按钮组件所在矩形(manRect)的左上角的 x 坐标和 y 坐标。移动此组件所在的矩形后,判断移动后的矩形区域与其他人物是否相交,如果相交则不能移动,再判断与作为边界的按钮是否相交,如果相交则不能移动,如果都不相交则可以移动此组件。移动后判断曹操是否移动到出口,如果是,则游戏闯关成功。

```java
public boolean go(Person man,JButton direction) {
    boolean move = true;
    //man 调用 getBounds()方法返回一个矩形对象的引用赋给 manRect
    Rectangle manRect = man.getBounds();
    int x = man.getBounds().x;              //当前人物图块的 x 坐标
    int y = man.getBounds().y;              //当前人物图块的 y 坐标
    if (direction == below)
        y = y + 50;
    else if (direction == above)
        y = y - 50;
    else if (direction == left)
        x = x - 50;
    else if (direction == right)
        x = x + 50;
    manRect.setLocation(x,y);               //矩形实现了一步移动
    Rectangle directionRect = direction.getBounds();
    for (int k = 0; k < 10; k++) {          //对 10 个人物都进行判断
        Rectangle personRect = person[k].getBounds();
        //如果移动后的矩形区域与其他人物相交,则不能移动
        if ((manRect.intersects(personRect)) && (man.number != k)) {
            move = false;                   //不能移动
        }
    }
    if (manRect.intersects(directionRect)) { //超出游戏区域与边界相交
        move = false;                       //不能移动
    }
    if (move == true) {
        man.setLocation(x,y);               //人物图块实现了一步移动
        if (man.LEFT == 104 && man.TOP == 204 && man.number == 0)
            //曹操移动到出口,曹操的 number = 0
            JOptionPane.showMessageDialog(this,"恭喜您胜利闯关");
    }
    return move;
}
```

在键盘按下事件中,根据按键方向调用 go()方法向相应方向移动被选中的按钮组件。

```java
public void keyPressed(KeyEvent e) {
    Person man = (Person) e.getSource();            //被选中的按钮组件
    if (e.getKeyCode() == KeyEvent.VK_DOWN) {
        go(man,below);
    }
    if (e.getKeyCode() == KeyEvent.VK_UP) {
        go(man,above);
    }
    if (e.getKeyCode() == KeyEvent.VK_LEFT) {
        go(man,left);
    }
```

```java
        if (e.getKeyCode() == KeyEvent.VK_RIGHT) {
            go(man,right);
        }
    }
    //加载所有图片
    private void initImage() {
        try {
            //加载所有人物
            String filename;
            for (int i = 0; i < 10; i++) {
                filename = "image/" + i + ".jpg";
                peopleImage[i] = ImageIO.read(new File(filename));
            }
        } catch (IOException ioe) {
            ioe.printStackTrace();
        }
    }
```

在"重新开始"单击事件中,释放所有组件并实例化新的 Hua_Rong_Road 实例。

```java
    public void actionPerformed(ActionEvent e) {
        dispose();
        Hua_Rong_Road h = new Hua_Rong_Road();
        h.setTitle("华容道游戏");
    }
    public static void main(String args[]) {
        Hua_Rong_Road h = new Hua_Rong_Road();
        h.setTitle("华容道游戏");
    }
```

至此完成华容道游戏的设计。

第 12 章

源码下载

单机版五子棋游戏

12.1 单机版五子棋游戏介绍

五子棋游戏是一种家喻户晓的棋类游戏,它以多变吸引了无数玩家,下面介绍单机版五子棋游戏程序。本章的五子棋游戏程序是一个简易的五子棋,棋盘为 15×15,白棋先落;玩家可以右击悔棋,最多悔 3 步;在每次落下棋子前先判断该处有无棋子,有则不能落子,超出边界也不能落子;横向、竖向、斜向或反斜向连到 5 个棋子的胜利。本章五子棋游戏的运行界面如图 12-1 所示。

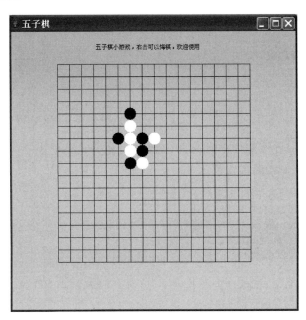

图 12-1 五子棋游戏的运行界面

12.2　程序设计的思路

在下棋过程中,为了保存下过的棋子的位置使用了 Vector 向量 v,v 存储双方的每步走棋信息,每步走棋信息的存储形式为(x 坐标-y 坐标);同时黑、白两方也使用了 Vector 向量 white 和 black,用来保存各自的走棋信息,便于统计是否五子相连。

在游戏运行过程中,在鼠标单击事件中判断单击位置是否合法,既不能在已有棋子的位置单击,也不能超出游戏棋盘边界,如果合法,则将此位置信息加入 Vector 向量 v 及各自的走棋信息向量中,同时调用 this.repaint()刷新屏幕并判断游戏的输赢。

12.3　关键技术

12.3.1　Vector 容器

Vector(向量)是 java.util 包提供的一个用来实现不同类型元素共存的变长数组的工具类。Vector 不仅可以保存一列有序的数据,还封装了许多有用的方法来操作和处理这些数据,比数组的功能强大。

适合用 Vector 类的情况如下:
(1) 需要处理的对象数目不定,序列中的元素都是对象或可以表示为对象;
(2) 需要将不同类的对象组合成一个数据系列;
(3) 需要频繁地插入或删除对象序列中的元素;
(4) 经常需要定位序列中的对象或进行其他查找操作;
(5) 在不同类之间传递大量的数据。

1. 创建向量类的对象

Vector 类有 3 个构造函数,最复杂的是:

```
Public Vector(int initCapacity,int capacityIncrement);
```

其中,initCapacity 表示刚创建时 Vector 序列包含的元素个数;capacityIncrement 表示每次向 Vector 中追加元素时的增量。

例如:

```
Vector MyVector = new Vector(10,5);
```

表示创建的向量序列 MyVector 初始有 10 个元素,以后不够用时以 5 为单位递增。在创建时不需要指明元素的类型,在使用时再确定。

2. 往向量序列中添加元素

方法 1:用 addElement()方法将新元素添加在向量序列的尾部。
格式:addElement(Object obj);

方法 2：用 insertElement()方法将新元素插入向量序列的指定位置处。

格式：insertElement(Object obj,int index);

其中,index 为插入位置,0 表示第 1 个位置。

例如：

```
Vector MyVector = new Vector();
for (int i = 0; i < 10;i++)
{
        MyVector.addElement(new D200_Card(200180000 + i,1111,50.0,"200",0.10));
}
MyVector.insertElement(new IP_Card(123000,22,10.0,"200"),0);
```

3. 修改或删除向量序列中的元素

1) void setElementAt(Object obj,int index)

将向量序列 index 位置处的对象元素设置成 obj,如果此位置原来有元素,则被覆盖。

2) boolean removeElement(Object obj)

删除向量序列中第 1 个与指定的 obj 对象相同的元素,同时将后面的元素前移。

3) void removeElementAt(int index)

删除 index 指定位置处的元素,同时将后面的元素前移。

4) void removeAllElements()

清除向量序列中的所有元素。

4. 查找向量序列中的元素

1) Object elementAt(int index)

返回指定位置处的元素。通常需要进行强制类型转换。

2) boolean contains(Object obj)

检查向量序列中是否包含与指定的 obj 对象相同的元素,如果包含,返回 true,否则返回 false。

3) int indexOf(Object obj,int start_index)

从指定的 start_ index 位置开始向后搜索,返回所找到的第 1 个与指定对象相同的元素的下标位置,若指定对象不存在则返回 −1。

4) int lastindexOf(Object obj,int start_index)

从指定的 start_ index 位置开始向前搜索,返回所找到的第 1 个与指定对象相同的元素的下标位置,若指定对象不存在则返回 −1。

12.3.2　判断输赢的算法

本游戏的关键技术是判断输赢的算法。该算法的具体实现大致分为以下几个部分：

(1) 判断 X＝Y 轴上是否形成五子连珠；

(2) 判断 X＝−Y 轴上是否形成五子连珠；

(3) 判断 X 轴上是否形成五子连珠；

(4) 判断 Y 轴上是否形成五子连珠。

以上 4 种情况只要有一种成立，就可以判断输赢。判断输赢实际上不用扫描整个棋盘，如果能得到刚下的棋子的位置(int x, int y)，就不用扫描整个棋盘，仅在此棋子附近对横、竖、斜方向均判断一遍即可。

在程序中 victory(int x, int y, Vector contain) 方法用来判断输赢。在 victory(int x, int y, Vector contain) 中前两个参数为走棋位置，第 3 个参数保存该方所有走棋信息向量。分别计算以(int x, int y)为中心的 4 个方向上的棋子数量，由于 contain 保存的仅仅是自己的棋子，所以在某方的 4 个方向上判断时只需要判断 contain 是否包含此位置，如果包含此位置，则说明此处有己方棋子。

判断 4 种情况下是否连成五子，返回 true 或 false。

在本程序中每下一步棋子都调用 victory(int x, int y, Vector contain) 方法判断是否已经连成五子，如果返回 true，则说明已经连成五子，显示输赢结果对话框。

12.4　程序设计的步骤

编写一个继承 JFrame 类的 wuziqi2 类，用于完成游戏的各种操作。

导入包及相关类：

```
import java.awt.*;
import java.awt.event.MouseListener;
import java.awt.event.MouseEvent;
import java.util.Vector;
import javax.swing.*;
```

wuziqi2 类实现鼠标侦听接口，并定义一些成员变量。

```
public class wuziqi2 extends JFrame implements MouseListener{
    Vector v = new Vector();              //所有的每步走棋信息
    Vector white = new Vector();          //白方走棋信息
    Vector black = new Vector();          //黑方走棋信息
    boolean b;                            //用来判断是白棋还是黑棋
    int blackcount,whitecount;            //计算悔棋步数
    int w = 25;                           //间距大小,是双数
    int px = 100,py = 100;                //棋盘的坐标
    int pxw = (px + w),pyw = (py + w);
    int width = w * 16,height = w * 16;
    int vline = (width + px);             //垂直线的长度
    int hline = (height + py);            //水平线的长度
```

wuziqi2 类构造方法添加鼠标监听器，设置窗体背景颜色为 Color.orange。

```
/**
 *构造方法
 */
public wuziqi2(){
    super("五子棋");
```

```java
        this.setDefaultCloseOperation(JFrame.EXIT_ON_CLOSE);    //关闭按钮
        Container con = this.getContentPane();
        con.setLayout(new BorderLayout());
        this.addMouseListener(this);                            //添加监听
        this.setSize(600,600);                                  //设置窗口大小
        this.setBackground(Color.orange);
        this.setVisible(true);
    }
```

在 paint(Graphics g)事件中重绘棋盘及所有下过的棋子,这些棋子信息保存在 Vector 向量 **v** 中。

```java
    /**
     * 绘制棋盘及棋子
     */
    public void paint(Graphics g){
        g.clearRect(0,0,this.getWidth(),this.getHeight());    //清除面板
        //URL url = getClass().getResource("qipan.jpg");       //指定图片路径
        //ImageIcon image = new ImageIcon(url);                //创建 ImageIcon 对象
        //g.drawImage(image.getImage(),100,100,this);          //将图片绘制到面板上
        g.setColor(Color.BLACK);                               //设置网格颜色
        g.drawRect(px,py,width,height);                        //网格大小
        g.drawString("五子棋小游戏,右击可以悔棋,欢迎使用",180,70);
        for(int i = 0;i < 15;i++){
            g.drawLine(pxw + i * w,py,pxw + i * w,hline);      //每条横线和竖线
            g.drawLine(px,pyw + i * w,vline,pyw + i * w);
        }
        for(int x = 0;x < v.size();x++){
            String str = (String)v.get(x);
            String tmp[] = str.split(" - ");
            int a = Integer.parseInt(tmp[0]);
            int b = Integer.parseInt(tmp[1]);
            a = a * w + px;
            b = b * w + py;
            if(x % 2 == 0){
                g.setColor(Color.WHITE);
            }else{
                g.setColor(Color.BLACK);
            }
            g.fillArc(a - w/2,b - w/2,w,w,0,360);
        }
    }
```

在鼠标单击事件中判断单击位置是否合法,既不能在已有棋子的位置单击,也不能超出游戏棋盘边界,如果合法,则将此位置信息加入 Vector 向量 **v** 及各自的走棋信息向量中,同时调用 this.repaint()刷新屏幕并判断游戏的输赢。在下子时白棋先落,因此轮到哪方走棋是通过 v.size()数量的奇偶来判断的,如果为偶数则是执黑棋方,如果为奇数则是执白棋方。

悔棋的实现也很简单,只需要从保存下过的棋子位置的 Vector 向量 **v** 中移除最后一项(即刚走的棋子的位置信息)。这样在重绘时刚走的棋子就不重绘显示出来了,因为重绘事件 paint 是根据 Vector 向量 **v** 中保存的棋子位置信息重绘的。

```java
public void mouseClicked(MouseEvent e) {
    if(e.getButton() == e.BUTTON1){
        int x = e.getX();
        int y = e.getY();
        x = (x - x % w) + (x % w > w/2?w:0);
        y = (y - y % w) + (y % w > w/2?w:0);
        x = (x - px)/w;
        y = (y - py)/w;
        if(x >= 0&&y >= 0&&x <= 16&&y <= 16){
            if(v.contains(x + " - " + y)){
                System.out.println("已有棋了");
            }
            else{
                v.add(x + " - " + y);                    //存储走棋信息
                this.repaint();
                if(v.size() % 2 == 0){                   //黑棋走
                    black.add(x + " - " + y);
                    this.victory(x,y,black);
                    System.out.println("黑棋");

                }
                else{                                     //白棋走
                    white.add(x + " - " + y);
                    this.victory(x,y,white);
                    System.out.println("白棋");
                }
                System.out.println(e.getX() + " - " + e.getY());
            }
        }
        else{
            System.out.println(e.getX() + " - " + e.getY() + "|" + x + " - " + y + "\t 超出边界");
        }
    }
    if(e.getButton() == e.BUTTON3){                       //右击悔棋方法
        System.out.println("鼠标右击 - 悔棋");
        if(v.isEmpty()){
            JOptionPane.showMessageDialog(this,"没有棋可以悔");
        }
        else{
            if(v.size() % 2 == 0){                        //判断是白方悔棋还是黑方悔棋
                blackcount++;
                if(blackcount > 3){
                    JOptionPane.showMessageDialog(this,"黑棋已经悔了 3 步");
                }
                else{
                    v.remove(v.lastElement());
                    this.repaint();
                }

            }else{
                whitecount++;
                if(whitecount > 3){
                    JOptionPane.showMessageDialog(this,"白棋已经悔了 3 步");
```

```
                }else{
                    v.remove(v.lastElement());
                    this.repaint();
                }
            }
        }
    }
}
```

本游戏关键的地方在于判断输赢。在判断输赢的方法 victory(int x, int y, Vector contain) 赢中,前两个参数为走棋位置,第 3 个参数保存该方所有走棋信息向量。分别计算以(int x, int y)为中心的 4 个方向上的棋子数量,由于 contain 保存的仅仅是自己的棋子,所以在某方的 4 个方向上判断时只需要判断 contain 是否包含此位置,如果包含此位置,则说明此处有己方棋子。

例如,在以(int x, int y)为中心计算水平方向上的棋子数量时,首先向右最多 4 个位置,判断 contain 是否包含此位置,如果包含,ch 加 1;然后向左最多 4 个位置,判断 contain 是否包含此位置,如果包含,ch 加 1。

```
for(int i = 1; i < 5; i++){        //向右
    if(contain.contains((x + i) + "-" + y))
        ch++;
    else
        break;
}
for(int i = 1; i < 5; i++){        //向左
    if(contain.contains((x - i) + "-" + y))
        ch++;
    else
        break;
}
```

统计完成后,如果 ch≥4,则说明在水平方向上连成五子,因为下子处(int x, int y)还有己方一个棋子。其他方向同理。

```
public void victory(int x, int y, Vector contain){      //判断输赢的方法
    int cv = 0;                                         //计算垂直方向上棋子数量的变量
    int ch = 0;                                         //计算水平方向上棋子数量的变量
    int ci1 = 0;                                        //计算 45°斜面方向上棋子数量的变量
    int ci2 = 0;                                        //计算 135°斜面方向上棋子数量的变量
    //计算水平方向上的棋子数量
    for(int i = 1; i < 5; i++){
        if(contain.contains((x + i) + "-" + y))
            ch++;
        else
            break;
    }
    for(int i = 1; i < 5; i++){
        if(contain.contains((x - i) + "-" + y))
            ch++;
```

```java
        else
            break;
}
//计算垂直方向上的棋子数量
for(int i = 1;i < 5;i++){
    if(contain.contains(x + " - " + (y + i)))
        cv++;
    else
        break;
}
for(int i = 1;i < 5;i++){
    if(contain.contains(x + " - " + (y - i)))
        cv++;
    else
        break;
}
//计算 45°斜面方向上的棋子数量
for(int i = 1;i < 5;i++){
    if(contain.contains((x + i) + " - " + (y + i)))
        ci1++;
    else
        break;
}
for(int i = 1;i < 5;i++){
    if(contain.contains((x - i) + " - " + (y - i)))
        ci1++;
    else
        break;
}
//计算 135°斜面方向上的棋子数量
for(int i = 1;i < 5;i++){
    if(contain.contains((x - i) + " - " + (y + i)))
        ci2++;
    else
        break;
}
for(int i = 1;i < 5;i++){
    if(contain.contains((x + i) + " - " + (y - i)))
        ci2++;
    else
        break;
}
if(ch >= 4 || cv >= 4 || ci1 >= 4 || ci2 >= 4){
    System.out.println(v.size() + "步棋");
    if(v.size() % 2 == 0){
    //判断 v.size(),为偶数时黑棋胜利,为奇数时白棋胜利
        JOptionPane.showMessageDialog(null,"恭喜你,黑棋赢了");
    }
    else{
        JOptionPane.showMessageDialog(null,"恭喜你,白棋赢了");
    }
    this.v.clear();
    this.black.clear();
```

```
            this.white.clear();
            this.repaint();
        }
}
```

由于下子时白棋先落,在判断输赢时,如果 v.size()的值为偶数,黑棋胜利;为奇数,白棋胜利。

本游戏使用 3 个 Vector 向量容器 v、white、black 分别存储双方、白方、黑方走棋位置信息,请读者思考是否可以将本游戏简化为仅仅使用一个 Vector 向量容器 v 存储双方的位置,从而实现游戏功能。

第13章

源码下载

网络五子棋游戏

13.1 网络五子棋游戏介绍

本章介绍使用 Java 的 Socket 编程方法来制作网络五子棋程序。网络五子棋游戏采用 C/S 架构,分为服务器端和客户端。服务器端运行界面如图 13-1 所示,在游戏时服务器首先启动,单击"侦听"按钮启动服务器侦听是否有客户端连接,如果有连接,则进入聊天和下棋功能,同时"侦听"按钮的文字变成"正在聊天…"。

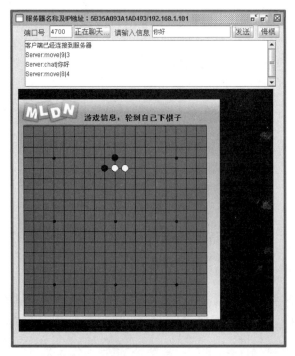

图 13-1 网络五子棋游戏的服务器端界面

玩家根据提示信息，轮到自己下棋才可以在棋盘上落子，通过"悔棋"按钮可以在对方还没落子前悔棋。在下棋过程中服务器端玩家和客户端玩家之间可以聊天，服务器端玩家通过"发送"按钮发送聊天信息。

客户端运行界面如图13-2所示，需要输入服务器IP地址，如果正确且服务器启动则可以连接服务器，连接成功后"连接"按钮的文字变成"正在聊天"。

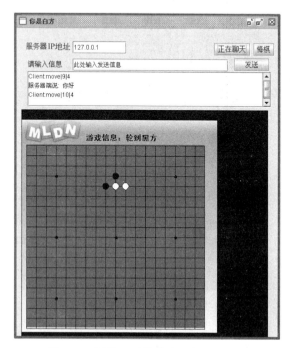

图 13-2　网络五子棋游戏的客户端界面

在下棋过程中客户端通过"发送"按钮发送聊天信息。

13.2　程序设计的思路

13.2.1　界面设计

下棋需要有棋盘，在该程序中通过继承 JPanel 面板类 GobangPanel 显示图 13-3 所示的棋盘背景图片，而棋盘线条、准星点位及双方的落子是绘制出来的。在游戏界面中要求玩家输入服务器 IP、端口等。

13.2.2　通信协议

该程序设计的难点在于需要与对方通信，这里使用了面向连接的 Socket 编程。Socket 编程用于开发 C/S 结构程序，在这类应用中，客户端和服务器端通常需要先建立连接，然后发送和接收数据，在交互完成后需要断开连接，例如聊天室程序等。本章游戏的通信使用面向连接的 Socket 编程实现。这里两台计算机不分主次，在设计时假设一台做服务器端（黑

图 13-3　棋盘背景

方),等待其他玩家加入,当其他玩家想加入的时候输入服务器端主机的 IP。为了区分通信中传送的是输赢信息、下的棋子位置信息还是重新开始等,在发送信息的首部加上代号,因此定义如下协议。

(1) move|下的棋子位置坐标(x,y):例如"move|1|1"表示对方下的棋子位置坐标为(1,1)。

(2) over|哪方赢的信息:例如"over|游戏结束,黑方胜"表示黑方赢了。

(3) quit|:表示游戏结束,对方离开了。

(4) undo|x|y:悔棋命令,表示撤销刚才自己在(x,y)坐标位置的落子。

(5) chat|聊天内容:文字聊天协议。

所以在接收信息的线程中做如下处理:

```java
public void run() {
    try {
        while (true) {
            this.sleep(100);
            instr = new BufferedReader(new InputStreamReader(socket.getInputStream()));
            if (instr.ready()) {              //检查是否有数据
                String cmd = instr.readLine();
                //在每个|字符处进行分解
                ss = cmd.split("\\|");        //字符"|"" "" * "" + "作为分隔符都必须加上转义字符\\
                if (cmd.startsWith("move")) {
                    message = "轮到自己下棋子";
                    int x = Integer.parseInt(ss[1]);    //获取对方下棋位置
                    int y = Integer.parseInt(ss[2]);
                    allChess[x][y] = 2;                 //黑子为 2
                    panel2.repaint();
                    canPlay = true;
                }
                if (cmd.startsWith("undo")) {
```

```java
                        JOptionPane.showMessageDialog(null,"对方撤销上步棋");
                        int x = Integer.parseInt(ss[1]);
                        int y = Integer.parseInt(ss[2]);
                        allChess[x][y] = 0;
                        panel2.repaint();
                        canPlay = false;
                    }
                    if (cmd.startsWith("over")) {
                        JOptionPane.showMessageDialog(null,message);
                        panel2.setEnabled(false);
                        canPlay = false;
                    }
                    if (cmd.startsWith("quit")) {
                        JOptionPane.showMessageDialog(null,"游戏结束,对方离开了");
                        panel2.setEnabled(false);
                        canPlay = false;
                    }
                    if (cmd.startsWith("chat")) {
                        jTextArea1.append("客户端说: " + ss[1] + "\n");
                    }
                }
            }
        } catch (Exception ex) {
            System.out.print("error: " + ex);
        }
    }
}
```

在下棋过程中,为了保存下过的棋子的位置使用了 allChess 数组,allChess 数组的初值为 0,表示此处无棋子。allChess 数组可以存储值 1、2,其中 1 表示这个点是黑子,2 表示这个点是白子。

13.3 关键技术

13.3.1 Socket 技术

基于 TCP/IP 网络的 Java 程序与其他程序的通信依靠 Socket 进行。Socket 可以看成两个程序进行通信连接中的一个端点,一个程序将一段信息写入 Socket 中,该 Socket 将这段信息发送给另外一个 Socket,使这段信息能传送到其他程序中。

无论何时,在两个网络应用程序之间发送和接收信息都需要建立一个可靠的连接,流套接字依靠 TCP 来保证信息正确到达目的地。实际上,IP 包有可能在网络中丢失或者在传送过程中发生错误,任何一种情况发生,作为接收方的 TCP 都将联系发送方 TCP 重新发送这个 IP 包,这就是所谓的在两个流套接字之间建立可靠的连接。

流套接字在 C/S 程序中扮演一个必需的角色,客户端程序(需要访问某些服务的网络应用程序)创建一个扮演服务器端程序的主机的 IP 地址和服务器端程序(为客户端应用程序提供服务的网络应用程序)的端口号的流套接字对象。

客户端流套接字的初始化代码将 IP 地址和端口号传递给客户端主机的网络管理软件,

管理软件将 IP 地址和端口号通过 NIC（网络接口控制器）传递给服务器端主机；服务器端主机读取经过 NIC 传递来的数据，然后查看服务器端程序是否处于监听状态，这种监听依然是通过套接字和端口进行的；如果服务器端程序处于监听状态，那么服务器端网络管理软件就向客户端网络管理软件发出一个积极的响应信号，接收到响应信号后，客户端流套接字初始化代码就给客户端程序建立一个端口号，并将这个端口号传递给服务器端程序的套接字（服务器端程序将使用这个端口号识别传来的信息是否属于客户端程序），同时完成流套接字的初始化。

如果服务器端程序没有处于监听状态，那么服务器端网络管理软件将给客户端传递一个消极信号，收到这个消极信号后，客户端程序的流套接字初始化代码将抛出一个异常对象，并且不建立通信连接，也不创建流套接字对象。这种情形就像打电话一样，在有人的时候通信建立，否则电话将被挂断。

这部分工作包括相关联的 3 个类，即 InetAddress、Socket 和 ServerSocket。其中，InetAddress 描绘了 32 位或 128 位 IP 地址；Socket 代表了客户端程序流套接字；ServerSocket 代表了服务器端程序流套接字，这 3 个类都位于 java.net 包中。

13.3.2　InetAddress 类

InetAddress 类在网络 API 套接字编程中扮演了一个重要角色，它描述了 32 位或 128 位 IP 地址，该功能的完成主要依靠 Inet4Address 和 Inet6Address 两个类。这 3 个类是继承关系，InetAddrress 是父类，Inet4Address 和 Inet6Address 是子类。

由于 InetAddress 类只有一个构造函数，而且不能传递参数，所以不能直接创建 InetAddress 对象，例如下面的语句是错误的：

```
InetAddress ia = new InetAddress();
```

用户可以通过下面 5 个静态方法来创建一个 InetAddress 对象或 InetAddress 数组。

（1）getAllByName(String host) 方法：返回 InetAddress 对象数组的引用，每个对象包含一个表示相应主机名的单独的 IP 地址，这个 IP 地址是通过 host 参数传递的，对于指定的主机，如果没有 IP 地址存在，那么这个方法将抛出一个 UnknownHostException 异常对象。

（2）getByAddress(byte[ ] addr) 方法：返回 InetAddress 对象的引用，这个对象包含一个 IPv4 地址或 IPv6 地址，IPv4 地址是一个 4 字节地址数组，IPv6 地址是一个 16 字节地址数组，如果返回的数组既不是 4 字节的也不是 16 字节的，那么该方法将抛出一个 UnknownHostException 异常对象。

（3）getByAddress(String host, byte[ ] addr) 方法：返回 InetAddress 对象的引用，这个 InetAddress 对象包含一个由 host 和 4 字节的 addr 数组指定的 IP 地址，或者由 host 和 16 字节的 addr 数组指定的 IP 地址，如果这个数组既不是 4 字节的也不是 16 字节的，那么该方法将抛出一个 UnknownHostException 异常对象。

（4）getByName(String host) 方法：返回一个 InetAddress 对象，该对象包含一个与 host 参数指定的主机相对应的 IP 地址，对于指定的主机，如果没有 IP 地址存在，那么该方法将抛出一个 UnknownHostException 异常对象。

（5）getLocalHost()方法：返回一个 InetAddress 对象，这个对象包含本地主机的 IP 地址，考虑到本地主机既是客户端程序主机又是服务器端程序主机，为避免混乱，通常将客户端程序主机称为客户端主机，将服务器端程序主机称为服务器端主机。

InetAddress 和它的子类型对象处理主机名到主机 IPv4 或 IPv6 地址的转换，完成这个转换需要使用域名系统，下面的代码示范了如何通过调用 getByName(String host)方法获得 InetAddress 子类对象的方法，这个对象包含与 host 参数相对应的 IP 地址：

```
InetAddress ia = InetAddress.getByName("www.sun.com");
```

一旦获得了 InetAddress 子类对象的引用，就可以调用 InetAddress 的各种方法来获得 InetAddress 子类对象中的 IP 地址信息。例如，可以通过调用 getCanonicalHostName()从域名服务中获得标准主机名；通过调用 getHostAddress() 获得 IP 地址；通过调用 getHostName()获得主机名；通过调用 isLoopbackAddress() 判断 IP 地址是否为一个 Loopback 地址。

下面的程序使用 InetAddress 获取本机 IP 及主机名等信息。

```
import java.net.*;
class InetAddressDemo{
    public static void main(String[] args) throws UnknownHostException{
        String host = "localhost";
        InetAddress ia = InetAddress.getByName(host);
        System.out.println("Canonical Host Name = " +
            ia.getCanonicalHostName());
        System.out.println("Host Address = " + ia.getHostAddress());
        System.out.println("Host Name = " + ia.getHostName());
        System.out.println("Is Loopback Address = " + ia.isLoopbackAddress());
    }
}
```

在 Eclipse 中进行调试，控制台窗口的输出结果如下：

```
Canonical Host Name = localhost
Host Address = 127.0.0.1
Host Name = localhost
Is Loopback Address = true
```

InetAddressDemo 通过调用 getByName(String host)方法获得 InetAddress 子类对象的引用，通过这个引用获得标准主机名、主机 IP 地址、主机名以及 IP 地址是否为 Loopback 地址的输出。

13.3.3 ServerSocket 类

由于 SocketDemo 使用了流套接字，所以服务器端程序也要使用流套接字，这就要创建一个 ServerSocket 对象。ServerSocket 有几个构造方法，最简单的构造方法如下：

```
ServerSocket(int port);
```

当使用 ServerSocket(int port)创建一个 ServerSocket 对象时，port 参数传递端口号，这个端口就是服务器监听连接请求的端口。如果在这时出现错误将抛出 IOException 异常对象，否则将创建 ServerSocket 对象并开始准备接收连接请求。

接下来服务器端程序进入无限循环之中。无限循环从调用 ServerSocket 的 accept()方法开始，在调用开始后 accept()方法将导致调用线程阻塞直到连接建立。在建立连接后 accept()返回一个最近创建的 Socket 对象，该 Socket 对象绑定了客户端程序的 IP 地址或端口号。

由于存在单个服务器端程序与多个客户端程序通信的可能，所以服务器端程序响应客户端程序不应该花很多时间，否则客户端程序在得到服务前有可能花很多时间来等待通信的建立，然而服务器端程序和客户端程序的会话有可能是很长的（这与电话类似），因此为加快对客户端程序连接请求的响应，典型的方法是服务器端主机运行一个后台线程，这个后台线程处理服务器端程序和客户端程序的通信。

为了示范上面谈到的概念并完成 SocketDemo 程序，下面创建一个 ServerDemo 程序。该程序将创建一个 ServerSocket 对象来监听端口 10000 的连接请求，如果成功，服务器端程序将等待连接输入，开始一个线程处理连接，并响应来自客户端程序的命令。

ServerDemo 示例程序如下：

```java
import java.io.*;
import java.net.*;
import java.util.*;
class ServerDemo{
    public static void main(String[] args) throws IOException{
        System.out.println("Server starting…\n");
        ServerSocket server = new ServerSocket(10000);   //端口 10000
        while (true) {
            Socket s = server.accept();
            System.out.println("Accepting Connection…\n");
            new ServerThread(s).start();                 //启动线程处理连接响应客户端命令
        }
    }
}
class ServerThread extends Thread{
    private Socket s;
    ServerThread(Socket s){
        this.s = s;
    }
    public void run(){
        BufferedReader br = null;
        PrintWriter pw = null;
        try{
            InputStreamReader isr;
            isr = new InputStreamReader(s.getInputStream());
            br = new BufferedReader(isr);
            pw = new PrintWriter(s.getOutputStream(),true);
            Calendar c = Calendar.getInstance();
            do{
```

```java
                String cmd = br.readLine();
                if (cmd == null)
                    break;
                cmd = cmd.toUpperCase();
                if (cmd.startsWith("BYE"))
                    break;
                if (cmd.startsWith("DATE") || cmd.startsWith("TIME"))
                    pw.println(c.getTime().toString());
                if (cmd.startsWith("DOM"))
                    pw.println("" + c.get(Calendar.DAY_OF_MONTH));
                if (cmd.startsWith("DOW"))
                    switch (c.get(Calendar.DAY_OF_WEEK)) {
                        case Calendar.SUNDAY: pw.println("SUNDAY");
                        break;
                        case Calendar.MONDAY: pw.println("MONDAY");
                        break;
                        case Calendar.TUESDAY: pw.println("TUESDAY");
                        break;
                        case Calendar.WEDNESDAY: pw.println("WEDNESDAY");
                        break;
                        case Calendar.THURSDAY: pw.println("THURSDAY");
                        break;
                        case Calendar.FRIDAY: pw.println("FRIDAY");
                        break;
                        case Calendar.SATURDAY: pw.println("SATURDAY");
                    }
                if (cmd.startsWith("DOY"))
                    pw.println("" + c.get(Calendar.DAY_OF_YEAR));
                if (cmd.startsWith("PAUSE"))
                    try{
                        Thread.sleep(3000);
                    }
                    catch (InterruptedException e){}
            } while (true);
        }
        catch (IOException e){
            System.out.println(e.toString());
        }
        finally{
            System.out.println("Closing Connection…\n");
            try{
                if (br != null)
                    br.close();
                if (pw != null)
                    pw.close();
                if (s != null)
                    s.close();
            }
            catch (IOException e){}
        }
} }
```

13.3.4　Socket 类

当客户端程序需要与服务器端程序通信时,客户端程序在客户机上创建一个 Socket 对象。Socket 类有几个构造方法,常用的两个构造方法如下:

```
Socket(InetAddress addr,int port);
Socket(String host,int port);
```

两个构造方法都创建了一个基于 Socket 的连接服务器端流套接字的流套接字。对于第 1 个构造方法,InetAddress 子类对象通过 addr 参数获得服务器主机的 IP 地址;对于第 2 个构造方法,host 参数被分配到 InetAddress 对象中,如果没有 IP 地址与 host 参数一致,那么将抛出 UnknownHostException 异常对象。这两个构造方法都通过参数 port 获得服务器的端口号。假设已经建立了连接,网络 API 将在客户端基于 Socket 的流套接字中捆绑客户端程序的 IP 地址和任意一个端口号,否则两个构造方法都会抛出一个 IOException 对象。

如果创建了一个 Socket 对象,那么它可能通过调用 Socket 的 getInputStream()方法从服务器端程序获得输入流传送来的信息,也可能通过调用 Socket 的 getOutputStream()方法获得输出流来发送信息。在读/写活动完成之后,客户端程序调用 close()方法关闭流和流套接字。下面的代码创建了一个服务器端程序主机地址为 198.163.227.6、端口号为 13 的 Socket 对象,然后从这个新创建的 Socket 对象中读取输入流,再关闭流和 Socket 对象。

```
Socket s = new Socket("198.163.227.6",13);
InputStream is = s.getInputStream();      //从 Socket 流中读入
is.close();
s.close();
```

接下来示范一个流套接字的客户端程序,这个程序将创建一个 Socket 对象,Socket 将访问运行在指定主机端口 10000 上的服务器端程序,如果访问成功,客户端程序将给服务器端程序发送一系列命令并打印服务器端程序的响应。Socket 示例程序 SocketDemo.java 的源代码如下:

```
import java.io.*;
import java.net.*;
class SocketDemo{
    public static void main(String[] args){
        String host = "localhost";
        if (args.length == 1)
            host = args[0];
        BufferedReader br = null;
        PrintWriter pw = null;
        Socket s = null;
        try{
            s = new Socket(host,10000);
            InputStreamReader isr;
```

```
                isr = new InputStreamReader(s.getInputStream());
                br = new BufferedReader(isr);
                pw = new PrintWriter(s.getOutputStream(),true);
                pw.println("DATE");
                System.out.println(br.readLine());
                pw.println("PAUSE");
                pw.println("DOW");
                System.out.println(br.readLine());

                pw.println("DOM");
                System.out.println(br.readLine());
                pw.println("DOY");
                System.out.println(br.readLine());
            }
            catch (IOException e){
                System.out.println(e.toString());
            }
            finally{
                try{
                    if (br != null)
                    br.close();
                    if (pw != null)
                    pw.close();
                    if (s != null)
                    s.close();
                }
                catch (IOException e){}
            }
    } }
```

运行这段程序将会得到图 13-4 所示的结果,图 13-5 所示为运行 ServerDemo.java 后界面发生的变化。这里必须要保证服务器端程序已经运行了,否则会显示服务器不能连接的错误。

图 13-4　ServerDemo.java 程序的运行结果

图 13-5　界面发生变化

SocketDemo.java 创建了一个 Socket 对象与运行在主机端口 10000 的服务器端程序联系,主机的 IP 地址由 host 参数指定。该程序将获得 Socket 的输入/输出流,围绕 BufferedReader 的输入流和 PrintWriter 的输出流对字符串进行读/写操作就变得非常容易了。该程序向服务器端程序发出各种 DATE/TIME 命令并得到响应,每个响应均被打印,一旦最后一个响应被打印,将执行 try…catch…finally 结构的 finally 子串,finally 子串将在关闭 Socket 之前关闭 BufferedReader 和 PrintWriter(该程序的服务器端程序已在 13.3.3

节介绍,这里简单介绍一下上面程序中用到的 DATE/TIME 命令。DATE 命令指示传送服务器时间;PAUSE 命令指示服务器线程暂停 3s;DOW 命令指示传送服务器当前日期是一周的第几天;DOM 命令指示传送服务器当前日期是当月的第几天;DOY 命令指示传送服务器当前日期是当年的第几天)。

另外,Socket 类中包含了许多有用的方法,例如 getLocalAddress()将返回一个包含客户端程序 IP 地址的 InetAddress 子类对象的引用;getLocalPort()将返回客户端程序的端口号;getInetAddress()将返回一个包含服务器端 IP 地址的 InetAddress 子类对象的引用;getPort()将返回服务器端程序的端口号。

13.4 程序设计的步骤

13.4.1 设计服务器端类

编写一个继承 JFrame 类的 Server(服务器端)类,用于完成游戏的服务器端的各种操作。

导入包及相关类:

```
import java.awt.*;
import java.awt.event.*;
import javax.swing.*;
import java.io.*;
import java.net.*;
import javax.imageio.ImageIO;
import java.awt.image.*;
```

Server 类实现鼠标侦听接口,并定义一些成员变量。

```
public class Server extends JFrame implements ActionListener {
    JPanel contentPane;
    JLabel jLabel2 = new JLabel();
    JTextField jTextField2 = new JTextField("4700");
    JButton jButton1 = new JButton();              //"侦听"按钮
    JLabel jLabel3 = new JLabel();
    JTextField jTextField3 = new JTextField();
    JButton jButton2 = new JButton();              //"发送"按钮
    JButton jButton3 = new JButton();              //"悔棋"按钮
    JScrollPane jScrollPane1 = new JScrollPane();
    JTextArea jTextArea1 = new JTextArea();        //显示聊天内容
    ServerSocket server = null;
    Socket socket = null;
    BufferedReader instr = null;
    PrintWriter os = null;
    public static String[] ss = new String[10];
    //保存刚下的棋子的坐标
    int x = 0;
    int y = 0;
```

双方的落子信息保存在二维数组 allChess[19][19]中,其中 0 表示这个位置并没有棋子,1 表示这个位置是黑子,2 表示这个位置是白子。由于服务器作为黑方,所以 isBlack=true。

```
int[][] allChess = new int[19][19];
boolean isBlack = true;                    //自己是黑方
//标识当前游戏是否可以继续
boolean canPlay = true;
//保存显示的提示信息
String message = "";                       //"自己是黑方,先行"
JPanel panel1 = new JPanel();
GobangPanel panel2 = new GobangPanel();
```

Server 类构造方法添加动作监听器,设置窗口中各组件的位置,其主要由两个 Panel 组成,一个 Panel 中放置"侦听"按钮 jButton1、"发送"按钮 jButton2、"悔棋"按钮 jButton3 及显示聊天内容的文本区域 jTextArea1,另一个 Panel 中放置棋盘背景图片,并能接收鼠标单击事件。在窗口关闭事件中向对方发送离开信息"quit"。

```
/**
 * 服务器端构造方法
 */
public Server() {
    jbInit();
}
//各组件的初始化
private void jbInit() {
    contentPane = (JPanel) this.getContentPane();
    this.setSize(new Dimension(540,640));
    this.setTitle("服务器");
    jLabel2.setBounds(new Rectangle(22,0,72,28));
    jLabel2.setText("端口号");
    jLabel2.setFont(new java.awt.Font("宋体",0,14));
    jTextField2.setBounds(new Rectangle(73,0,45,24));
    jButton1.setBounds(new Rectangle(120,0,73,25));
    jButton1.setFont(new java.awt.Font("Dialog",0,14));
    jButton1.setBorder(BorderFactory.createEtchedBorder());
    jButton1.setActionCommand("jButton1");
    jButton1.setText("侦听");
    jLabel3.setBounds(new Rectangle(200,0,87,28));
    jLabel3.setText("请输入信息");
    jLabel3.setFont(new java.awt.Font("宋体",0,14));
    jTextField3.setBounds(new Rectangle(274,0,154,24));
    jTextField3.setText("");
    jButton2.setText("发送");
    jButton2.setActionCommand("jButton1");
    jButton2.setBorder(BorderFactory.createEtchedBorder());
    jButton2.setFont(new java.awt.Font("Dialog",0,14));
    jButton2.setBounds(new Rectangle(430,0,43,25));
    jButton3.setText("悔棋");
    jButton3.setActionCommand("jButton1");
    jButton3.setBorder(BorderFactory.createEtchedBorder());
    jButton3.setFont(new java.awt.Font("Dialog",0,14));
```

```
jButton3.setBounds(new Rectangle(480,0,43,25));
jScrollPane1.setBounds(new Rectangle(23,28,493,89));
jTextField3.setText("此处输入发送信息");
jTextArea1.setText("聊天内容");

panel1.setLayout(null);
panel1.add(jLabel2);
panel1.add(jTextField2);
panel1.add(jButton1);
panel1.add(jLabel3);
panel1.add(jTextField3);
panel1.add(jButton2);
panel1.add(jButton3);
panel1.add(jScrollPane1);

jScrollPane1.getViewport().add(jTextArea1);
contentPane.setLayout(null);
contentPane.add(panel1);
contentPane.add(panel2);
panel1.setBounds(0,0,540,120);
panel2.setBounds(10,120,540,460);
jButton1.addActionListener(this);
jButton2.addActionListener(this);
jButton3.addActionListener(this);
this.addWindowListener(new WindowAdapter() {
    public void windowClosing(WindowEvent e) {    //窗口关闭事件
        try {
            sendData("quit|");                     //向对方发送离开信息
            socket.close();
            instr.close();
            System.exit(0);
        } catch (Exception ex) {
        }
    }
});
}
```

actionPerformed()是一个方法,当对象上发生操作时调用。通过 e.getSource()区别哪个按钮发生单击事件,如果是"侦听"按钮 jButton1,则启动服务器侦听;如果是"发送"按钮 jButton2,则调用 sendData()发送文字;如果是"悔棋"按钮 jButton3,则发送悔棋信息。

```
public void actionPerformed(ActionEvent e) {
    if (e.getSource() == jButton1) {      //"侦听"按钮
        int port = Integer.parseInt(jTextField2.getText().trim());
        listenClient(port);
        System.out.print("侦听…");
    }
    if (e.getSource() == jButton2) {      //"发送"按钮
        String s = this.jTextField3.getText().trim();
        sendData(s);
        System.out.print("发送文字");
```

```java
        }
        if (e.getSource() == jButton3) {                    //"悔棋"按钮
            if (canPlay != true) {                          //该对方走棋
                allChess[x][y] = 0;
                panel2.repaint();
                canPlay = true;
                String s = "undo|" + x + "|" + y;
                sendData(s);
                System.out.print("发送悔棋信息");
            } else                                          //对方已走棋
            {
                message = "对方已走棋,不能悔棋了";
                JOptionPane.showMessageDialog(this,message);
                System.out.print("对方已走棋,不能悔棋了");
            }
        }
    }
```

单击"侦听"按钮 jButton1,则启动服务器侦听,同时修改文字为"正在侦听…",程序阻塞直到接收到 Socket 连接。这时向对方发送"已经成功连接…"提示,在聊天区域加入文字"客户端已经连接到服务器"。由于服务器作为黑方,所以棋盘上的信息提示为"自己是黑方,先行"。最后启动接收聊天信息及下棋信息的线程 t,线程 t 不断接收相关信息。

```java
private void listenClient(final int port) {              //侦听
    try {
        if (jButton1.getText().trim().equals("侦听")) {
            new Thread(new Runnable() {
                public void run() {
                    //TODO Auto-generated method stub
                    try {
                        server = new ServerSocket(port);
                        jButton1.setText("正在侦听…");
                        socket = server.accept();
                    } catch (Exception e) {
                        //TODO Auto-generated catch block
                        e.printStackTrace();
                    }//等待,直到客户端连接才往下执行
                    //this.setTitle("你是黑方");
                    sendData("已经成功连接…");
                    jButton1.setText("正在聊天…");
                    jTextArea1.append("客户端已经连接到服务器\n");
                    message = "自己是黑方,先行";
                    panel2.repaint();
                    MyThread t = new MyThread();
                    t.start();
                }
            }).start();
        }
    } catch (Exception ex) {
    }
}
```

内部线程类 MyThread 负责接收数据。当接收到数据时区分是何种数据，如果是"move|x|y"信息，则是对方（白方）走棋信息，修改记录棋盘信息的 allChess 数组，并刷新自己的屏幕；如果是"undo|x|y"信息，则是对方（白方）撤销上步棋信息，修改记录棋盘信息的 allChess 数组，并刷新自己的屏幕；如果是"over"信息，则是游戏一方胜利了，对话框显示输赢信息；如果是"quit"信息，则是对方离开了，游戏结束。

```java
//内部线程类
class MyThread extends Thread {                    //该线程类负责接收数据
    public void run() {
        try {
            while (true) {
                this.sleep(100);
                instr = new BufferedReader(new InputStreamReader(socket.getInputStream()));
                if (instr.ready()) {                //检查是否有数据
                    String cmd = instr.readLine();
                    jTextArea1.append("客户端：" + cmd + "\n");
                    //在每个 | 字符处进行分解
                    ss = cmd.split("\\|");
                    if (cmd.startsWith("move")) {   //对方白子走棋信息
                        int x = Integer.parseInt(ss[1]);
                        int y = Integer.parseInt(ss[2]);
                        allChess[x][y] = 2;         //白子
                        message = "轮到自己下棋子";
                        panel2.repaint();
                        canPlay = true;
                    }
                    if (cmd.startsWith("undo")) {
                        JOptionPane.showMessageDialog(null,"对方撤销上步棋");
                        int x = Integer.parseInt(ss[1]);
                        int y = Integer.parseInt(ss[2]);
                        allChess[x][y] = 0;
                        panel2.repaint();
                        canPlay = false;
                    }
                    if (cmd.startsWith("over")) {
                        JOptionPane.showMessageDialog(null,"游戏结束,对方胜!");
                        panel2.setEnabled(false);
                        canPlay = false;
                    }
                    if (cmd.startsWith("quit")) {
                        JOptionPane.showMessageDialog(null,"游戏结束,对方离开了!!");
                        panel2.setEnabled(false);
                        canPlay = false;
                    }
                    if (cmd.startsWith("chat")) {
                        jTextArea1.append("客户端说：" + ss[1] + "\n");
                    }
                }
            }
        } catch (Exception ex) {
            System.out.print("error: " + ex);
```

```
        }
    }
}
```

sendData(String s)方法负责发送数据给客户端。

```
private void sendData(String s) {           //发送数据
    try {
        os = new PrintWriter(socket.getOutputStream());
        os.println(s);
        os.flush();
        if (!s.equals("已经成功连接…"))
            this.jTextArea1.append("Server:" + s + "\n");
    } catch (Exception ex) {
    }
}
```

main()方法实例化 Server 类,并显示服务器名称及 IP 地址。

```
public static void main(String arg[]) {
    JFrame.setDefaultLookAndFeelDecorated(true);
    Server frm = new Server();
    frm.setVisible(true);
    try {
        InetAddress address = InetAddress.getLocalHost().getLocalHost();
        frm.setTitle(frm.getTitle() + "名称及 IP 地址:" + address.toString());
    } catch (Exception e) {
        //异常处理代码
    }
}
```

内部类 GobangPanel 继承面板 JPanel,可以显示棋盘背景图片。在 paintComponent (Graphics g)中通过双缓冲技术防止屏幕闪烁。双缓冲技术就是将要显示的信息首先绘制到缓冲图片(BufferedImage bi)中,绘制完成后将此图片一次性显示到屏幕上,这样可以避免屏幕闪烁。

```
class GobangPanel extends JPanel {
    BufferedImage bgImage = null;           //棋盘背景图片
    GobangPanel() {
        this.addMouseListener(new MouseLis());
        String imagePath = "";
        try {
            imagePath = System.getProperty("user.dir") + "/background2.jpg";
            bgImage = ImageIO.read(new File(imagePath.replaceAll("\\\\",
                    "/")));
        } catch (IOException e) {
            //TODO Auto-generated catch block
            e.printStackTrace();
        }
    }
```

```java
protected void paintComponent(Graphics g) {
    super.paintComponent(g);
    //通过双缓冲技术防止屏幕闪烁
    BufferedImage bi = new BufferedImage(500,500,
            BufferedImage.TYPE_INT_RGB);
    Graphics g2 = bi.createGraphics();
    g2.setColor(Color.BLACK);
    //绘制背景
    g2.drawImage(bgImage,1,20,this);
    //输出标题信息
    g2.setFont(new Font("黑体",Font.BOLD,15));
    g2.drawString("游戏信息: " + message,130,60);

    //绘制棋盘
    for (int i = 0; i < 19; i++) {
        g2.drawLine(10,70 + 20 * i,370,70 + 20 * i);
        g2.drawLine(10 + 20 * i,70,10 + 20 * i,430);
    }
    //标注点位
    g2.fillOval(68,128,6,6);
    g2.fillOval(308,128,6,6);
    g2.fillOval(308,368,6,6);
    g2.fillOval(68,368,6,6);
    g2.fillOval(308,248,6,6);
    g2.fillOval(188,128,6,6);
    g2.fillOval(68,248,6,6);
    g2.fillOval(188,368,6,6);
    g2.fillOval(188,248,6,6);

    //绘制全部棋子
    for (int i = 0; i < 19; i++) {
        for (int j = 0; j < 19; j++) {
            if (allChess[i][j] == 1) {
                //黑子
                int tempX = i * 20 + 10;
                int tempY = j * 20 + 70;
                g2.fillOval(tempX - 7,tempY - 7,14,14);
            }
            if (allChess[i][j] == 2) {
                //白子
                int tempX = i * 20 + 10;
                int tempY = j * 20 + 70;
                g2.setColor(Color.WHITE);
                g2.fillOval(tempX - 7,tempY - 7,14,14);
                g2.setColor(Color.BLACK);
                g2.drawOval(tempX - 7,tempY - 7,14,14);
            }
        }
    }
    g.drawImage(bi,0,0,this);
}
```

内部类 MouseLis 继承 MouseAdapter 适配器,实现 mousePressed(MouseEvent e)事件。在此事件中首先判断单击位置是否在棋盘中,并且此处有无棋子,如果无,则根据下棋方棋子的颜色来修改棋盘对应数组 allChess 中此处 allChess[x][y]元素的值。落子后刷新自己的屏幕,并调用自己类中的方法 checkWin()判断这个棋子是否和其他的棋子连成五子,即判断输赢,如果赢了,则发送游戏结束信息给对方。

```java
class MouseLis extends MouseAdapter {
    public void mousePressed(MouseEvent e) {
        if (canPlay == true) {
            x = e.getX();
            y = e.getY();
            if (x >= 10 && x <= 370 && y >= 70 && y <= 430) {
                x = x / 20;
                y = (y - 60) / 20;
                if (allChess[x][y] == 0) {
                    //判断当前要下的是什么颜色的棋子
                    if (isBlack == true) {
                        allChess[x][y] = 1;
                        //isBlack = false;
                        message = "轮到白方";
                        sendData("move|" + String.valueOf(x) + "|"
                                + String.valueOf(y));
                        canPlay = false;
                        repaint();
                    } else {
                        allChess[x][y] = 2;
                        //isBlack = true;
                        message = "轮到黑方";
                        sendData("move|" + String.valueOf(x) + "|"
                                + String.valueOf(y));
                        canPlay = false;
                        //白子
                        repaint();
                    }
                    //判断这个棋子是否和其他的棋子连成五子,即判断游戏是否结束
                    boolean winFlag = this.checkWin();
                    if (winFlag == true) {
                        message = "游戏结束,"
                                + (allChess[x][y] == 1 ? "黑方" : "白方")
                                + "胜";
                        sendData("over|" + message);
                        JOptionPane.showMessageDialog(null,message);
                        System.out.println(message);
                        canPlay = false;
                    }
                } else {
                    message = "当前位置已经有棋子,请重新落子!";
                    System.out.println(message);
                }
            }
            repaint();
```

```
        } else {
            message = "该对方走棋!";
            JOptionPane.showMessageDialog(null,message);
        }
    }
```

checkWin()判断这个棋子是否和其他的棋子连成五子,即判断输赢。它是以(x,y)为中心,通过横向、纵向、斜方向的判断来统计相同颜色棋子的个数。

```
private boolean checkWin() {
    boolean flag = false;
    //保存有多少相同颜色的棋子相连
    int count = 1;
    //判断横向是否有5个棋子相连,特点为纵坐标相同
        //即allChess[x][y]中的y值是相同的
    int color = allChess[x][y];
    //通过循环做棋子相连的判断
    //横向的判断
    int i = 1;
    while (color == allChess[x + i][y + 0]) {
        count++;
        i++;
    }
    i = 1;
    while (color == allChess[x - i][y - 0]) {
        count++;
        i++;
    }
    if (count >= 5) {
        flag = true;
    }
    //纵向的判断
    int i2 = 1;
    int count2 = 1;
    while (color == allChess[x + 0][y + i2]) {
        count2++;
        i2++;
    }
    i2 = 1;
    while (color == allChess[x - 0][y - i2]) {
        count2++;
        i2++;
    }
    if (count2 >= 5) {
        flag = true;
    }
    //斜方向的判断(右上 + 左下)
    int i3 = 1;
    int count3 = 1;
    while (color == allChess[x + i3][y - i3]) {
        count3++;
        i3++;
```

```
            }
            i3 = 1;
            while (color == allChess[x - i3][y + i3]) {
                count3++;
                i3++;
            }
            if (count3 >= 5) {
                flag = true;
            }
            //斜方向的判断(右下 +左上)
            int i4 = 1;
            int count4 = 1;
            while (color == allChess[x + i4][y + i4]) {
                count4++;
                i4++;
            }
            i4 = 1;
            while (color == allChess[x - i4][y - i4]) {
                count4++;
                i4++;
            }
            if (count4 >= 5) {
                flag = true;
            }
            return flag;
}
```

13.4.2 设计客户端类

编写一个继承 JFrame 类的 Client(客户端)类,用于完成游戏的客户端的各种操作。
导入包及相关类:

```
import java.awt.*;
import java.awt.event.*;
import java.awt.image.BufferedImage;
import javax.imageio.ImageIO;
import javax.swing.*;
import java.io.*;
import java.net.*;
```

Client 类实现鼠标侦听接口,并定义一些成员变量。

```
public class Client extends JFrame implements ActionListener {
    JPanel contentPane;
    JLabel jLabel1 = new JLabel();
    JTextField jTextField1 = new JTextField("127.0.0.1");
    JLabel jLabel2 = new JLabel();
    JTextField jTextField2 = new JTextField("4700");
    JButton jButton1 = new JButton();          //"连接"按钮
    JLabel jLabel3 = new JLabel();
    JTextField jTextField3 = new JTextField();
```

```
JButton jButton2 = new JButton();              //"发送"按钮
JButton jButton3 = new JButton();              //"悔棋"按钮
JScrollPane jScrollPane1 = new JScrollPane();
JTextArea jTextArea1 = new JTextArea();
BufferedReader instr = null;
Socket socket = null;
PrintWriter os = null;
public static String[] ss = new String[10];
//保存棋子的坐标
int x = 0;
int y = 0;
```

双方的落子信息保存在二维数组 allChess[19][19] 中,其中 0 表示这个位置并没有棋子,1 表示这个位置是黑子,2 表示这个位置是白子。由于客户端作为白方,所以 isBlack=false。

```
int[][] allChess = new int[19][19];      //保存之前下过的所有棋子的坐标
boolean isBlack = false;                 //自己是白方
//标识当前游戏是否可以继续
boolean canPlay = false;
//保存显示的提示信息
String message = "";                     //自己是白方,黑方先行
JPanel panel1 = new JPanel();
GobangPanel panel2 = new GobangPanel();
```

Client 类构造方法添加动作监听器,设置窗口中各组件的位置,其主要由两个 Panel 组成,一个 Panel 中放置"连接"按钮 jButton1、"发送"按钮 jButton2、"悔棋"按钮 jButton3 及显示聊天内容的文本区域 jTextArea1,另一个 Panel 中放置棋盘背景图片,并能接收鼠标单击事件。在窗口关闭事件中向对方发送离开信息"quit"。

```
/**
 * 客户端构造方法
 */
public Client() {
    jbInit();
}
private void jbInit() {
    contentPane = (JPanel) this.getContentPane();
    jLabel1.setFont(new java.awt.Font("宋体",0,14));
    jLabel1.setText("服务器 IP 地址");
    jLabel1.setBounds(new Rectangle(20,22,87,28));
    this.setSize(new Dimension(540,640));
    this.setTitle("客户端");
    jTextField1.setBounds(new Rectangle(114,26,108,24));
    jLabel2.setText("端口号");
    jLabel2.setFont(new java.awt.Font("宋体",0,14));
    jButton1.setBounds(new Rectangle(400,28,73,25));
    jButton1.setFont(new java.awt.Font("Dialog",0,14));
    jButton1.setBorder(BorderFactory.createEtchedBorder());
    jButton1.setActionCommand("jButton1");
```

```java
        jButton1.setText("连接");
        jLabel3.setBounds(new Rectangle(23,57,87,28));
        jLabel3.setText("请输入信息");
        jLabel3.setFont(new java.awt.Font("宋体",0,14));
        jTextField3.setBounds(new Rectangle(114,60,314,24));

        jButton2.setText("发送");
        jButton2.setActionCommand("jButton1");
        jButton2.setBorder(BorderFactory.createEtchedBorder());
        jButton2.setFont(new java.awt.Font("Dialog",0,14));
        jButton2.setBounds(new Rectangle(440,58,73,25));
        jButton3.setText("悔棋");
        jButton3.setActionCommand("jButton1");
        jButton3.setBorder(BorderFactory.createEtchedBorder());
        jButton3.setFont(new java.awt.Font("Dialog",0,14));
        jButton3.setBounds(new Rectangle(480,28,43,25));
        jScrollPane1.setBounds(new Rectangle(23,85,493,69));
        jTextField3.setText("此处输入发送信息 ");
        jTextArea1.setText("");
        panel1.setLayout(null);
        panel1.add(jLabel1);
        panel1.add(jTextField1);
        panel1.add(jLabel2);
        panel1.add(jTextField2);
        panel1.add(jButton1);
        panel1.add(jLabel3);
        panel1.add(jTextField3);
        panel1.add(jButton2);
        panel1.add(jButton3);
        panel1.add(jScrollPane1);
        jScrollPane1.getViewport().add(jTextArea1);
        contentPane.setLayout(null);
        contentPane.add(panel1);
        contentPane.add(panel2);
        panel1.setBounds(0,0,540,160);
        panel2.setBounds(10,160,540,460);
        jButton1.addActionListener(this);
        jButton2.addActionListener(this);
        jButton3.addActionListener(this);
        this.addWindowListener(new WindowAdapter() {
            public void windowClosing(WindowEvent e) {
                try {
                    sendData("quit|");           //向对方发送离开信息
                    socket.close();
                    instr.close();
                    os.close();
                    System.exit(0);
                } catch (Exception ex) {
                }
            }
        });
    }
```

actionPerformed()是一个方法,当对象上发生操作时调用。通过 e.getSource()区别哪个按钮发生单击事件,如果是"连接"按钮 jButton1,则调用 connectServer(ip,port)实现与服务器的连接;如果是"发送"按钮 jButton2,则调用 sendData()发送文字;如果是"悔棋"按钮 jButton3,则发送悔棋信息。

```java
public void actionPerformed(ActionEvent e) {
    if (e.getSource() == jButton1) {              //"连接"按钮
        String ip = jTextField1.getText().trim();
        int port = Integer.parseInt(jTextField2.getText().trim());
        connectServer(ip,port);
    }
    if (e.getSource() == jButton2) {              //"发送"按钮
        String s = this.jTextField3.getText().trim();
        sendData(s);
    }
    if (e.getSource() == jButton3) {              //"悔棋"按钮
        if (canPlay != true) {                    //该对方走棋
            allChess[x][y] = 0;
            panel2.repaint();
            canPlay = true;
            String s = "undo|" + x + "|" + y;
            sendData(s);
            System.out.print("发送悔棋信息");
        } else                                    //对方已走棋
        {
            message = "对方已走棋,不能悔棋了";
            JOptionPane.showMessageDialog(this,message);
            System.out.print("对方已走棋,不能悔棋了");
        }
    }
}
```

"连接"按钮 jButton1 从文本框得到服务器 IP 地址及端口 port,调用 connectServer(ip,port)启动与服务器的连接,同时修改文字为"连接服务器…",程序阻塞直到 Socket 连接成功。连接成功后"连接"按钮 jButton1 的文字改为"正在聊天"。由于客户端作为白方,所以棋盘上的信息提示为"自己是白方,黑方先行"。最后启动接收聊天信息及下棋信息的线程 t,线程 t 不断接收相关信息。

```java
private void connectServer(String ip,int port) {    //连接
    try {
        if (jButton1.getText().trim().equals("连接")) {
            jButton1.setText("连接服务器…");
            socket = new Socket(ip,port);
            this.setTitle("你是白方");
            jButton1.setText("正在聊天");
            message = "自己是白方,黑方先行";
            panel2.repaint();
            MyThread t = new MyThread();
            t.start();
        }
```

```
        } catch (Exception ex) {
        }
    }
```

客户端内部线程类 MyThread 与服务器端内部线程类 MyThread 的代码类似,该线程类负责接收数据。当接收到数据时区分是何种数据,如果是"move|x|y"信息,则是对方(黑方)走棋信息,修改记录棋盘信息的 allChess 数组,并刷新自己的屏幕;如果是"undo|x|y"信息,则是对方(黑方)撤销上步棋信息,修改记录棋盘信息的 allChess 数组,并刷新自己的屏幕;如果是"over"信息,则是游戏一方胜利了,对话框显示输赢信息;如果是"quit"信息,则是对方离开了,游戏结束。其代码如下:

```
//内部线程类
class MyThread extends Thread {
    public void run() {
        try {
            os = new PrintWriter(socket.getOutputStream());
            instr = new BufferedReader(new InputStreamReader(socket.getInputStream()));
            while (true) {
                this.sleep(100);
                if (instr.ready()) {
                    String cmd = instr.readLine();
                    //在每个|字符处进行分解
                    ss = cmd.split("\\|");
                    if (cmd.startsWith("move")) { //对方黑子走棋信息
                        int x = Integer.parseInt(ss[1]);
                        int y = Integer.parseInt(ss[2]);
                        allChess[x][y] = 1;          //黑子落在(x,y)处
                        message = "轮到自己下棋子";
                        panel2.repaint();
                        canPlay = true;
                    }
                    if (cmd.startsWith("undo")) {
                        JOptionPane.showMessageDialog(null,"对方撤销上步棋");
                        int x = Integer.parseInt(ss[1]);
                        int y = Integer.parseInt(ss[2]);
                        allChess[x][y] = 0;
                        panel2.repaint();
                        canPlay = false;
                    }
                    if (cmd.startsWith("over")) {
                        JOptionPane.showMessageDialog(null,"游戏结束,对方胜!");
                        panel2.setEnabled(false);
                        canPlay = false;
                    }
                    if (cmd.startsWith("quit")) {
                        JOptionPane.showMessageDialog(null,"游戏结束,对方离开了!");
                        panel2.setEnabled(false);
                        canPlay = false;
```

```
                    if (cmd.startsWith("chat")) {
                        jTextArea1.append("服务器端说:" + ss[1] + "\n");
                    }
                }
            }
        } catch (Exception ex) {
            System.out.print("error: " + ex);}
    }
}
```

sendData(String s)方法负责发送数据给服务器端。

```
private void sendData(String s) {                //发送数据
    try {
        os = new PrintWriter(socket.getOutputStream());
        os.println(s);
        os.flush();
        this.jTextArea1.append("Client:" + s + "\n");
    } catch (Exception ex) {
    }
}
```

main()方法实例化 Client 类并显示。

```
public static void main(String arg[]) {
    JFrame.setDefaultLookAndFeelDecorated(true);
    Client frm = new Client();
    frm.setVisible(true);
}
```

内部类 GobangPanel 继承面板 JPanel，可以显示棋盘背景图片。在 paintComponent（Graphics g）中通过双缓冲技术防止屏幕闪烁。双缓冲技术就是将要显示的信息首先绘制到缓冲图片（BufferedImage bi）中，绘制完成后将此图片一次性显示到屏幕上，这样可以避免屏幕闪烁。其代码与服务器端此部分的代码一样。

```
class GobangPanel extends JPanel {
    …//见服务器端此部分的代码

}
```

内部类 MouseLis 继承 MouseAdapter 适配器，实现 mousePressed（MouseEvent e）事件。在此事件中首先判断单击位置是否在棋盘中，并且此处有无棋子，如果无，则根据下棋方棋子的颜色来修改棋盘对应数组 allChess 中此处 allChess[x][y]元素的值。落子后刷新自己的屏幕，并调用自己类中的方法 checkWin()判断这个棋子是否和其他的棋子连成五子，即判断输赢，如果赢了，则发送游戏结束信息给对方。其代码与服务器端此部分的代码一样。

```
class MouseLis extends MouseAdapter {
    public void mousePressed(MouseEvent e) {
        …//见服务器端此部分的代码
    }
}
```

checkWin()判断这个棋子是否和其他的棋子连成五子,即判断输赢。它是以(x,y)为中心,通过横向、纵向、斜方向的判断来统计相同颜色棋子的个数。

```
private boolean checkWin() {
    …//见服务器端此部分的代码
}
```

当一方连成五子时,游戏结束,效果如图13-6所示。

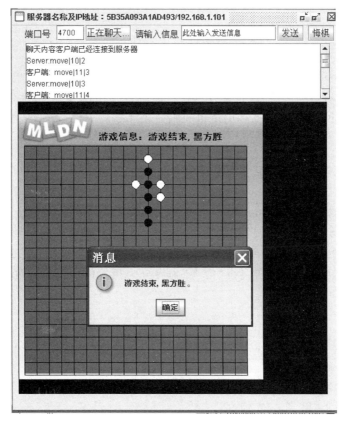

图13-6 游戏结束的效果图

第 14 章

源码下载

网络中国象棋游戏

中国象棋是一种家喻户晓的棋类游戏,它吸引了无数的玩家。在信息化的今天,用纸棋盘、木棋子下象棋有点太落伍,能否来点革新精神,把古老的象棋也请进计算机呢?本章就介绍制作基于 UDP 的 P2P 网络中国象棋的原理和过程。

14.1 网络中国象棋游戏介绍

1. 棋盘

棋子活动的场所叫作"棋盘",在长方形的平面上,绘有 9 条平行的竖线和 10 条平行的横线,它们共有 90 个交叉点,棋子就摆在这些交叉点上;中间第 5、6 条横线之间未画竖线的空白地带称为"河界",整个棋盘以"河界"为界分为相等的两部分;两方将帅坐镇、绘有"米"字方格的地方叫作"九宫"。

2. 棋子

象棋的棋子共 32 个,分为红、黑两组,各 16 个,由对弈双方各执一组,每组的兵种是一样的,分别有 7 种。

- 红方:帅、仕、相、车、马、炮、兵。
- 黑方:将、士、象、车、马、炮、卒。

其中,帅与将、仕与士、相与象、兵与卒的作用完全相同,只是为了区分红棋和黑棋。

3. 各棋子的走法说明

1)帅或将

移动范围:只能在九宫内移动。

移动规则:每一步只可以水平或垂直移动一点。

2)仕或士

移动范围:只能在九宫内移动。

移动规则：每一步只可以沿对角线方向移动一点。

3）相或象

移动范围：河界的一侧。

移动规则：每一步只可以沿对角线方向移动两点，另外在移动的过程中不能够穿越障碍。

4）马

移动范围：任何位置。

移动规则：每一步只可以水平或垂直移动一点，再按对角线方向向左或者右移动，另外在移动的过程中不能够穿越障碍。

5）车

移动范围：任何位置。

移动规则：可以在水平或垂直方向移动任意个无阻碍的点。

6）炮

移动范围：任何位置。

移动规则：移动起来和车很相似，但它必须跳过一个棋子吃掉对方的一个棋子。

7）兵或卒

移动范围：任何位置。

移动规则：每一步只能向前移动一点。过河以后，它便增加了向左、向右移动的能力，但不允许向后移动。

4. 关于胜、负、和

在对局中，若出现下列情况之一，本方输，对方赢：

(1) 己方的帅（将）被对方棋子吃掉；

(2) 己方发出认输请求；

(3) 己方走棋超出步时限制。

14.2 程序设计的思路

14.2.1 棋盘的表示

棋盘的表示就是使用一种数据结构来描述棋盘及棋盘上的棋子，这里使用一个二维数组 Map。一个典型的中国象棋棋盘是使用 9×10 的二维数组表示的，每一个元素代表棋盘上的一个交点，一个没有棋子的交点所对应的元素是 -1。二维数组 Map 保存了当前棋盘的布局，当 Map[x][y]=i 时说明此处是棋子 i，否则此处为空。本程序中下棋的棋盘界面使用图 14-1 所示的图片资源。

14.2.2 棋子的表示

棋子设计相应的类，每种棋子图案使用对应的图片资源，如图 14-2 所示。

为设计程序方便，将 32 个棋子对象赋给数组 chess。在 chess[i]中，如果 i 小于 16，那

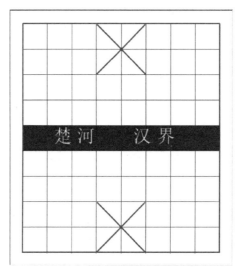

图 14-1 棋盘图片资源

图 14-2 棋子图片资源

么说明它是黑方的棋子,否则是红方的棋子。这样就可以得到人们所需要的全部象棋棋子,黑方对应的是 0~15,红方对应的是 16~31。

具体含义如下:

0 将 1 士 2 士 3 象 4 象 5 马 6 马 7 车 8 车 9 炮 10 炮 11~15 卒

16 帅 17 仕 18 仕 19 相 20 相 21 马 22 马 23 车 24 车 25 炮 26 炮 27~31 兵

游戏开始时根据不同角色(红方或黑方)初始化棋盘。注意初始化棋盘时,无论游戏者是红方还是黑方,必须保证自己的棋子在下方(南边),对方的棋子在上方,这样才能使游戏者进行正常角度的游戏(对方看到时在上方,这需要在传递棋子信息时将棋子信息对调成对方角度的棋子)。

14.2.3 走棋规则

对于象棋来说,有马走日、象走田等一系列复杂的规则。走法是博弈程序中一个相当复杂而且耗费运算时间的方面,不过,通过良好的数据结构可以显著地提高走法生成的速度。

对于是否能走棋,根据棋子名称的不同,按相应规则判断。

(1) 如果为"车",检查是否走直线,及中间是否有子。

(2) 如果为"马",检查是否走"日"字,是否蹩脚。

(3) 如果为"炮",检查是否走直线,判断是否吃子。如果吃子,检查中间是否只有一个棋子;如果不吃,则检查中间是否有棋子。

(4) 如果为"卒"或"兵",检查是否走直线,走一步及向前走,根据是否过河,检查是否横走。

(5) 如果为"将"或"帅",检查是否走直线,走一步及是否超过范围。

(6) 如果为"士"或"仕",检查是否走斜线,走一步及是否超出范围。

(7) 如果为"象"或"相",检查是否走"田"字,是否蹩脚,及是否超出范围。

那么如何分辨棋子?在程序中使用了棋子对象的 typeName 属性来获取。

在程序中通过 IsAbleToPut(firstchess,x,y) 判断是否能走棋并返回逻辑值,其代码最复杂。其中,参数 firstchess 代表走的棋子对象,参数 x、y 代表走棋的目标位置。对于走动棋子的原始位置(oldx,oldy),可以通过 firstchess.pos.x 获取原 x 坐标 oldx,通过 firstchess.pos.y 获取原 y 坐标 oldy。

IsAbleToPut(idx,x,y) 实现走棋规则判断。

例如"将"或"帅",只能走一格,所以原 x 坐标与新位置 x 坐标之差不能大于 1,GetChessY(idx) 获取的原 y 坐标与新位置 y 坐标之差不能大于 1。

```
if (Math.Abs(x - oldx) > 1 || Math.Abs(y - oldy) > 1)
    return false;
```

由于不能走出九宫,所以 x 坐标为 4、5、6 且 1≤y≤3 或 8≤y≤10(实际上仅需判断是否 8≤y≤10 即可,因为走棋时自己的"将"或"帅"只能在下方的九宫中),否则此步违规,将返回 false。

```
if (x < 4 || x > 6 || (y > 3 && y < 8)) return false;
```

"士"或"仕"只能走斜线一格,所以原 x 坐标与新位置 x 坐标之差为 1,且原 y 坐标与新位置 y 坐标之差也同时为 1。

```
if ((x - oldx) * (y - oldy) == 0) return false;
if (Math.Abs(x - oldx) > 1 || Math.Abs(y - oldy) > 1) return false;
```

由于不能走出九宫,所以 x 坐标为 4、5、6 且 1≤y≤3 或 8≤y≤10,否则此步违规,将返回 false。

```
if (x < 4 || x > 6 || (y > 3 && y < 8)) return false;
```

"炮"只能走直线,所以 x、y 不能同时改变,即(x−oldx)*(y−oldy)=0 保证走直线。然后判断如果 x 坐标改变了,原位置 oldx 和目标位置之间是否有棋子,如果有,则累加之间的棋子个数 c。另外,通过 c 是否为 1 且目标处非己方棋子,能够判断是否可以走棋。

"兵"或"卒"只能向前走一步,根据是否过河,检查是否横走,所以 x 与原坐标 oldx 改变的值不能大于 1,同时 y 与原坐标 oldy 改变的值也不能大于 1。如果过河,则 y<6。

```
    if ((x - oldx) * (y - oldy) != 0)
        return false;
    if (Math.Abs(x - oldx) > 1 || Math.Abs(y - oldy) > 1)
        return false;
    if (y >= 6 && (x - oldx) != 0)
        return false;
    if (y - oldy > 0)
        return false;
    return true;
```

其余棋子的判断方法类似,这里不一一介绍。

14.2.4 坐标转换

在走棋过程中,需要将鼠标像素坐标转换成棋盘坐标,用到 analyse()方法,解析出棋盘坐标(tempx,tempy)。如果单击处有棋子,返回棋子对象;如果无棋子,返回 null。

```
//解析鼠标之下的棋子对象
private Chess analyse(int x, int y)
{
    tempx = (int)Math.floor((double)x / 40) + 1;
    tempy = (int)Math.floor((double)(y - 20) / 40) + 1;
    //防止超出范围
    if (tempx > 9 || tempy > 10 || tempx < 1 || tempy < 1)
    {
        return null;
    }
    else
    {
        int idx = Map[tempx][tempy];
        if (idx == -1)
        {
            return null;
        }
        return chess[idx];
    }
}
```

14.2.5 通信协议设计

网络程序设计的难点在于需要与对方通信,这里使用了 UDP(User Datagram Protocol)。UDP 是用户数据报协议的英文简称。若两台计算机之间的传输类似于传递邮件,两台计算机之间没有明确的连接,使用 UDP 协议建立对等通信。这里虽然两台计算机不分主次,但是在设计时假设一台作主机(红方),等待其他人加入,其他人想加入的时候输入主机的 IP 即可。为了区分通信中传送的是输赢信息、下的棋子位置信息还是重新开始等,在发送信息的首部加上代号,定义了如下协议。

命令|参数|参数…

(1) 联机功能：

```
join|
```

用户如果联机则发此命令，并处于不断接收对方联机的状态。

(2) 联机成功信息：

```
conn|
```

收到对方联机命令，发出此联机成功信息。

(3) 认输信息：

```
lose|
```

如果游戏者认输，则发此命令。

(4) 对方棋子移动信息：

```
move|idx,x,y
```

其中，棋子移动的目标位置坐标(x,y)、棋子移动的起始位置坐标(oldx,oldy)可以从Map(棋盘布局)中获取；idx 是被移动棋子的数组索引号。

注意：本程序在传递棋子移动信息时采用了一个小技巧，即在发送数据的时候把坐标颠倒(把自己的棋盘颠倒)了，也就是将(x,y)坐标以(10－x,11－y)坐标发送给对方。

(5) 游戏结束：

```
succ| + 赢方代号(赢了此局)
```

(6) 退出游戏：

```
quit|
```

14.2.6　网络通信传递棋子信息

游戏开始后，创建线程 th：

```
th = new Thread(this);              //创建线程 th
flag = true;
```

th.start()启动线程后，通过重写 run()不断侦听本机设定的端口，得到对方发送来的信息，根据自己定义的通信协议中传送的是输赢信息、下的棋子位置信息还是重新开始等信息分别处理。

```
public void run() {
    try {
        //指定接收端口
```

```
        DatagramSocket s = new DatagramSocket(receiveport);
        byte[] data = new byte[100];
        DatagramPacket dgp = new DatagramPacket(data,data.length);
        //进入一个无限循环来接收数据报
        while (flag == true){
            s.receive(dgp);                    //接收数据报
            String strData = new String(data);
            String[] a = new String[6];
            a = strData.split("\\|");
            System.out.println("接收数据信息:" + strData + "分割命令: " + a[0]);
            if (a[0].equals("join"))
                //与对方联机
            else if (a[0].equals("conn"))
                //联机成功信息
            else if (a[0].equals("succ"))
                //输赢信息
            else if (a[0].equals("move"))
                //对方的走棋信息,move|棋子索引号|X|Y
            else if (a[0].equals("quit"))
                //对方退出
            else if (a[0].equals("lose"))
                //对方认输
        }
    } catch (SocketException e) {
        //TODO Auto-generated catch block
        e.printStackTrace();
    } catch (IOException e) {
        //TODO Auto-generated catch block
        e.printStackTrace();
    }
}
```

掌握以上关键技术,就可以开发两人对战的网络中国象棋程序了。

14.3 关键技术

14.3.1 UDP 简介

UDP 的中文名称是用户数据报协议,英文全称为 User Datagram Protocol,在网络中它与 TCP 一样用于处理数据报。在 OSI 模型中,UDP 位于第四层——传输层,处在 IP 协议的上一层。UDP 有不提供数据报分组、封装以及不能对数据报排序等缺点。也就是说,当报文发送之后是无法得知其是否安全完整到达的。

在选择使用协议的时候,选择 UDP 协议必须要谨慎,因为在网络质量令人不十分满意的环境下,使用 UDP 时数据包丢失会比较严重。但是由于 UDP 协议不属于连接型协议,具有资源消耗小、处理速度快等优点,所以通常在传送音频、视频和普通数据时使用较多,因为即使偶尔丢失一两个数据包,也不会对接收结果产生太大的影响。例如人们聊天用的 ICQ 和 OICQ 使用的就是 UDP。

使用 java.net 包下的 DatagramPacket 和 DatagramSocket 类可以非常方便地控制用户数据报文，下面对这两个类进行介绍。

14.3.2　DatagramPacket 类

DatagramPacket 类用于处理报文，它将字节数组、目标地址和目标端口等数据封装成报文或者将报文拆卸成字节数组。应用程序在产生数据报时应该注意，TCP/IP 规定数据报最多包含 65 507 个，通常主机接收 548 字节，但大多数平台能够支持 8192 字节大小的报文。

DatagramPacket 类有几个构造方法，尽管形式不同，但通常情况下它们都有两个参数——byte[ ] buf 和 int length。其中，前者包含了对保存自寻址数据报信息的字节数组的引用，后者表示字节数组的长度。

最简单的构造方法如下：

```
DatagramPacket(byte[ ] buf,int length);
```

这个构造方法确定了数据报数组及数组的长度，但没有任何数据报的地址和端口号，这些信息可以通过调用 setAddress(InetAddress addr)和 setPort(int port)方法添加。例如下面的代码：

```
byte[ ] buffer = new byte[100];
DatagramPacket dgp = new DatagramPacket(buffer,buffer.length);
InetAddress ia = InetAddress.getByName("www.disney.com");
dgp.setAddress(ia);
dgp.setPort(6000);              //发送数据报到端口 6000
```

如果要在调用构造方法的同时包含地址和端口号，可以使用：

```
DatagramPacket(byte[ ] buf,int length,InetAddress addr,int port);
```

下面的代码示范了另一种选择：

```
byte[ ] buffer = new byte[100];
InetAddress ia = InetAddress.getByName("www.disney.com");
DatagramPacket dgp = new DatagramPacket(buffer,buffer.length,ia,6000);
```

有时候在创建了 DatagramPacket 对象后想改变字节数组和它的长度，这时可以通过调用以下方法来实现：

```
setData(byte[ ] buf);
setLength(int length);
```

在任何时候都可以通过调用 getData()得到字节数组的引用；通过调用 getLength()获得字节数组的长度。例如：

```
byte[ ] buffer2 = new byte[256];
dgp.setData(buffer2);
dgp.setLength(buffer2.length);
```

DatagramPacket 类的常用方法如下。

- getAddress()、setAddress(InetAddress)：得到、设置数据报地址。
- getDate()、setDate(byte[ ] buf)：得到、设置数据报内容。
- getLength()、setLength(int length)：得到、设置数据报长度。
- getPort()、setPort(int port)：得到、设置端口号。

14.3.3 DatagramSocket 类

DatagramSocket 类在客户端创建数据报套接字与服务器端进行通信连接，并发送和接收数据报套接字。虽然有多个构造方法可以选择，但是创建客户端套接字最便利的选择是使用 DatagramSocket()，服务器端是使用 DatagramSocket(int port)。如果未能创建套接字或绑定套接字到本地端口，那么这两个方法都将抛出一个 SocketException 对象。一旦程序创建了 DatagramSocket 对象，那么程序分别调用 send(DatagramPacket p) 和 receive(DatagramPacket p) 来发送和接收数据报。

DatagramSocket 类的构造方法如下。

- DatagramSocket()：创建数据报套接字，绑定到本地主机任意端口。
- DatagramSocket(int port)：创建数据报套接字，绑定到本地主机指定端口。
- DatagramSocket(int port,InetAddress laddr)：创建数据报套接字，绑定到本地指定地址。

其常用方法如下。

- connect(InetAddress address,int port)：连接指定地址。
- disconnect()：断开套接字连接。
- close()：关闭数据报套接字。
- getInetAddress()：得到套接字所连接的地址。
- getLocalAddress()：得到套接字绑定的主机地址。
- getLocalPort()：得到套接字绑定的主机端口号。
- getPort()：得到套接字的端口号。
- receive(DatagramPacket p)：接收数据报。
- send(DatagramPacket p)：发送数据报。

下面的例子示范了如何创建数据报套接字以及如何通过套接字处理（发送和接收）信息。

【例 14-1】 数据报套接字客户端示例的程序 DatagramDemo.java。

```
import java.io.*;
import java.net.*;
class DatagramDemo{                    //发送数据端
```

```java
public static void main (String[] args){
    String host = "localhost";
    DatagramSocket s = null;
    try{
        s = new DatagramSocket();
        byte[] buffer;
        buffer = new String("Send me a datagram").getBytes();
        InetAddress ia = InetAddress.getByName(host);
        DatagramPacket dgp = new DatagramPacket(buffer,buffer.length,ia,10000);
        s.send(dgp);
        byte[] buffer2 = new byte[100];
        dgp = new DatagramPacket (buffer2,buffer.length,ia,10000);
        s.receive(dgp);
        System.out.println(new String(dgp.getData()));
    }
    catch (IOException e){
        System.out.println(e.toString());
    }
    finally{
        if (s != null)
            s.close();
    }
} }
```

DatagramDemo 由创建一个绑定任意本地(客户端)端口号的 DatagramSocket 对象开始,然后装入带有文本信息的数组 buffer 和描述服务器主机 IP 地址的 InetAddress 子类对象的引用,接下来程序创建了一个 DatagramPacket 对象,该对象加入了带文本信息的缓冲器的引用、InetAddress 子类对象的引用以及服务器端口号 10000。DatagramPacket 的数据报通过 send()方法发送给服务器端程序,于是一个包含服务器端程序响应的新的 DatagramPacket 对象被创建,receive()得到相应的数据报,然后由 getData()方法返回该数据报的一个引用,最后关闭 DatagramSocket。

例 14-2 是相应的服务器端程序。

【例 14-2】 数据报套接字服务器端程序示例。

```java
import java.io.*;
import java.net.*;
class DatagramServerDemo{                   //接收数据端
    public static void main(String[] args) throws IOException{
        System.out.println("Server starting…\n");
        DatagramSocket s = new DatagramSocket(10000);
        byte[] data = new byte[100];
        DatagramPacket dgp = new DatagramPacket(data,data.length);
        //进入一个无限循环来接收数据报
        while (true){
            s.receive(dgp);                 //接收数据报
            System.out.println(new String(data));
            s.send(dgp);
        }
} }
```

该程序创建了一个绑定端口 10000 的数据报套接字,然后创建一个字节数组容纳数据报信息,并创建数据报包。接着程序进入一个无限循环,以接收自寻址数据包、显示内容并将响应返回客户端,套接不会关闭,因为循环是无限的。

在编译 DatagramServerDemo 和 DatagramDemo 的源代码后,输入 java DatagramServerDemo 运行 DatagramServerDemo,然后在同一主机上输入 java DatagramDemo 运行 DatagramDemo,如果 DatagramServerDemo 与 DatagramDemo 运行于不同主机,在输入时要注意在命令行上加服务器程序的主机名或 IP 地址,例如 IP 地址 202.196.32.97 或主机名 DatagramDemo www.yesky.com。

14.3.4 P2P 知识

P2P 的英文全称为 Peer-to-Peer,即点对点。网络中的点对点,可以看成是一种对等的网络模型。P2P 其实是实现网络上不同计算机之间,不经过中继设备直接交换数据或服务的一种技术。P2P 允许网络中的任意一台计算机直接连接到网络中的其他计算机,并与之进行数据交换,这样既消除了中间环节,也使得网络上的沟通变得更容易、更直接。

P2P 作为一种网络模型,它有别于传统的客户机/服务器模型。客户机/服务器模型一般都有预定义的客户机和服务器,而在 P2P 模型中并没有明确的客户机和服务器。其实在 P2P 模型中,每一台计算机既可以看成是服务器,也可以看成是客户机。在传统的客户机/服务器模型中,发送服务请求或者发送数据的计算机一般称为客户机,接收、处理服务或接收数据的计算机一般称为服务器;而在 P2P 模型中,计算机不仅接收数据,还发送数据,不仅提出服务请求,还接收对方的服务请求。

P2P 改变了 Internet 现在以大网站为中心的状态,重返"非中心化",并把权利交还给用户。

14.4 程序设计的步骤

14.4.1 设计棋子类

棋子类的类图如图 14-3 所示。在棋子类的代码中首先定义棋子所属玩家、坐标位置、棋子图案和棋子种类成员变量。

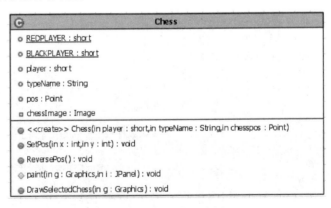

图 14-3 棋子类的类图

```java
class Chess                                //棋子类
{
    public static final short REDPLAYER = 1;
    public static final short BLACKPLAYER = 0;
    public short player;                   //红子为 REDPLAYER, 黑子为 BLACKPLAYER
    public String typeName;                //帅、仕…
    public Point pos;                      //位置
    private Image chessImage;              //棋子图案
```

在棋子类构造方法中,3个参数分别代表哪方、棋子名称和棋子所在棋盘位置。该构造方法中的多分支 if 语句根据棋子种类设置相应棋子的图案。

```java
public Chess(short player,String typeName,Point chesspos) {
    this.player = player;
    this.typeName = typeName;
    this.pos = chesspos;
    //初始化棋子图案
    //不能使用 switch (typeName),因为 switch 不支持 String 类型
    if (player == REDPLAYER) {
        if (typeName.equals("帅"))
            chessImage = Toolkit.getDefaultToolkit().getImage("pic\\帅.png");
        else if (typeName.equals("仕"))
            chessImage = Toolkit.getDefaultToolkit().getImage("pic\\仕1.png");
        else if (typeName.equals("相"))
            chessImage = Toolkit.getDefaultToolkit().getImage("pic\\相.png");
        else if (typeName.equals("马"))
            chessImage = Toolkit.getDefaultToolkit().getImage("pic\\马.png");
        else if (typeName.equals("车"))
            chessImage = Toolkit.getDefaultToolkit().getImage("pic\\车.png");
        else if (typeName.equals("炮"))
            chessImage = Toolkit.getDefaultToolkit().getImage("pic\\炮.png");
        else if (typeName.equals("兵"))
            chessImage = Toolkit.getDefaultToolkit().getImage("pic\\兵.png");
    } else                                 //黑方棋子
    {
        if (typeName.equals("将"))
            chessImage = Toolkit.getDefaultToolkit().getImage("pic\\将1.png");
        else if (typeName.equals("士"))
            chessImage = Toolkit.getDefaultToolkit().getImage("pic\\士.png");
        else if (typeName.equals("象"))
            chessImage = Toolkit.getDefaultToolkit().getImage("pic\\象1.png");
        else if (typeName.equals("马"))
            chessImage = Toolkit.getDefaultToolkit().getImage("pic\\马1.png");
        else if (typeName.equals("车"))
            chessImage = Toolkit.getDefaultToolkit().getImage("pic\\车1.png");
        else if (typeName.equals("炮"))
            chessImage = Toolkit.getDefaultToolkit().getImage("pic\\炮1.png");
        else if (typeName.equals("卒"))
            chessImage = Toolkit.getDefaultToolkit().getImage("pic\\卒1.png");
    }
}
```

SetPos(int x,int y)设置棋子所在棋盘位置。ReversePos()将棋子位置的坐标颠倒(棋盘颠倒),即将(x,y)坐标变成(10-x,11-y)坐标。

```java
public void SetPos(int x,int y)                //设置棋子位置
{
    pos.x = x;
    pos.y = y;
}

public void ReversePos()                       //棋子位置对调
{
    pos.x = 10 - pos.x;
    pos.y = 11 - pos.y;
}
```

在用构造方法创建好棋盘后,用paint()方法绘制棋子到传递过来的棋盘游戏面板上。

```java
//在指定的JPanel上绘制棋子
protected void paint(Graphics g,JPanel i) {
    g.drawImage(chessImage,pos.x * 40 - 40,pos.y * 40 - 20,40,40,
        (ImageObserver) i);
}
```

在棋子类中提供了一个DrawSelectedChess(Graphics g)方法,它将在棋子周围绘制选中棋子的示意边框线,这里是直接绘制在传递过来的游戏面板上。

```java
public void DrawSelectedChess(Graphics g) {
    //绘制选中棋子的示意边框线
    g.drawRect(pos.x * 40 - 40,pos.y * 40 - 20,40,40);
}
```

14.4.2 设计棋盘类

棋盘类是游戏实例,首先定义一个数组 chess 来存储双方的 32 个棋子对象。二维数组 Map 保存了当前棋盘的棋子布局,当 Map[x][y]=i 时说明此处是棋子 i,否则说明此处为空。以下是成员变量定义:

```java
public class ChessBoard extends JPanel implements Runnable {    //棋盘类
    public static final short REDPLAYER = 1;
    public static final short BLACKPLAYER = 0;
    public Chess[] chess = new Chess[32];                //所有棋子
    public int[][] Map = new int[9 + 1][10 + 1];         //棋盘的棋子布局
    public Image bufferImage;                            //双缓冲
    private Chess firstChess2 = null;                    //鼠标单击时选定的棋子
    private Chess secondChess2 = null;
    private boolean first = true;                        //区分第1次跟第2次选中的棋子
    private int x1,y1,x2,y2;
    private int tempx,tempy;
```

```
private int r;                                  //棋子的半径
private boolean IsMyTurn = true;                //IsMyTurn 判断是否该自己走棋了
public short LocalPlayer = REDPLAYER;           //LocalPlayer 记录自己是红方还是黑方
private String message = "";                    //提示信息
//线程消亡的标识位
private boolean flag = false;
private int otherport;                          //对方端口
private int receiveport;                        //本机接收端口
```

当前棋盘的棋子布局的二维数组 Map 的初始化。由于棋子的索引从 0 开始到 31，所以此处初始化为 −1。

```
private void cls_map() {
    int i,j;
    for (i = 1; i <= 9; i++) {
        for (j = 1; j <= 10; j++) {
            Map[i][j] = -1;
        }
    }
}
```

棋盘类构造方法比较简单，主要初始化保存了当前棋盘的棋子布局的二维数组 Map。构造方法并添加鼠标事件监听。

游戏面板的鼠标单击事件处理用户走棋过程。

```
public ChessBoard()                             //构造方法
{
    r = 20;
    cls_map();                                  //初始化当前棋盘的棋子布局
    /**
     * 鼠标事件监听
     */
    addMouseListener(new MouseAdapter() {
        @Override
        public void mouseClicked(MouseEvent e) {
            if (IsMyTurn == false) {
                message = "该对方走棋";
                repaint();
                return;
            }
            int x = e.getX();
            int y = e.getY();
            selectChess(e);
            System.out.println(x);
            repaint();
        }
```

玩家走棋时，首先要选中自己的棋子（第 1 次选择棋子），所以有必要判断是否单击成对方棋子了。如果是自己的棋子，则 firstChess2 记录玩家选择的棋子，同时棋子被加上黑色框线示意被选中。

当玩家选过己方棋子后,单击对方棋子(secondChess2 记录玩家第 2 次选择的棋子),则是吃子,如果将或帅被吃掉,则游戏结束。当然第 2 次选择棋子有可能是玩家改变主意,选择自己的另一棋子,则 firstChess2 重新记录玩家选择的己方棋子。

当玩家选过己方棋子后,单击的目标位置无棋子,则处理没有吃子的走棋过程。调用 IsAbleToPut(CurSelect,x,y)判断是否能走棋,如果符合走棋规则,则发送此步走棋信息。假如单击的目标位置有棋子,则处理吃子的走棋过程。

```java
private void selectChess(MouseEvent e) {
    int idx, idx2;                              //保存第 1 次和第 2 次被单击棋子的索引号
    if (first) {
        //第 1 次选择棋子
        firstChess2 = analyse(e.getX(),e.getY());
        x1 = tempx;
        y1 = tempy;
        if (firstChess2 != null) {
            if (firstChess2.player != LocalPlayer) {
                message = "单击成对方棋子了!";
                return;
            }
            first = false;
        }
    } else {
        //第 2 次选择棋子
        secondChess2 = analyse(e.getX(),e.getY());
        x2 = tempx;
        y2 = tempy;
        //如果是自己的棋子,则换上次选择的棋子
        if (secondChess2 != null) {
            if (secondChess2.player == LocalPlayer) {
                //取消上次选择的棋子
                firstChess2 = secondChess2;
                x1 = tempx;
                y1 = tempy;
                secondChess2 = null;
                return;
            }
        }
        if (secondChess2 == null)               //目标处没棋子,移动棋子
        {
            if (IsAbleToPut(firstChess2,x2,y2)) {
                //从 Map 取掉原 CurSelect 棋子
                idx = Map[x1][y1];
                Map[x1][y1] = -1;
                Map[x2][y2] = idx;
                chess[idx].SetPos(x2,y2);
                //send
                send("move" + "|" + idx + "|" + (10 - x2) + "|"
                        + String.valueOf(11 - y2) + "|");
                //CurSelect = 0;
                first = true;
                repaint();
                SetMyTurn(false);               //该对方了
                //toolStripStatusLabel1.Text = "";
```

```java
            } else {
                //错误走棋
                message = "不符合走棋规则";
            }
            return;
        }
        if (secondChess2 != null
                && IsAbleToPut(firstChess2,x2,y2))         //可以吃子
        {
            first = true;
            //从 Map 取掉原 CurSelect 棋子
            idx = Map[x1][y1];
            idx2 = Map[x2][y2];
            Map[x1][y1] = -1;
            Map[x2][y2] = idx;
            chess[idx].SetPos(x2,y2);
            chess[idx2] = null;
            repaint();
            if (idx2 == 0)                                 //0——"将"
            {
                message = "红方赢了";
                JOptionPane.showConfirmDialog(null,"红方赢了","提示",
                        JOptionPane.DEFAULT_OPTION);
                //send
                send("move" + "|" + idx + "|" + (10 - x2) + "|"
                        + String.valueOf(11 - y2) + "|");
                send("succ" + "|" + "红方赢了" + "|");
                //btnNew.setEnabled(true);                  //可以重新开始
                return;
            }
            if (idx2 == 16)                                //16——"帅"
            {
                message = "黑方赢了";
                JOptionPane.showConfirmDialog(null,"黑方赢了","提示",
                        JOptionPane.DEFAULT_OPTION);
                send("move" + "|" + idx + "|" + (10 - x2) + "|"
                        + String.valueOf(11 - y2) + "|");
                send("succ" + "|" + "黑方赢了" + "|");
                return;
            }
            //send
            send("move" + "|" + idx + "|" + (10 - x2) + "|"
                    + String.valueOf(11 - y2) + "|");
            SetMyTurn(false);                              //该对方了
        } else                                             //不能吃子
        {
            message = "不能吃子";
        }
    }
}
});                                                        //构造方法结束
```

当玩家开始游戏后,向对方发送联机命令 send("join|"),同时启动线程 th 接收对方发来的各种信息。

```java
public void startJoin(String ip, int otherport, int receiveport)    //开始联机
{
    flag = true;
    this.otherport = otherport;
    this.receiveport = receiveport;
    send("join|");
    //创建线程 th
    Thread th = new Thread(this);
    //启动线程
    th.start();
    message = "程序处于等待联机状态!";
}
```

当玩家联机成功后,NewGame(short player)根据玩家的角色(黑方还是红方),调用 InitChess()初始化棋子的布局,布局时按黑方棋子在上、红方棋子在下设计。如果玩家的角色是黑方,为了便于玩家看棋,将所有棋子对调,即黑方棋子在下,红方棋子在上。布局后将所有棋子和棋盘重绘显示。

```java
public final void NewGame(short player)      //棋子的初始布局
{
    cls_map();                                //清空存储棋子信息的数组
    InitChess();                              //初始化棋子的布局
    if (player == BLACKPLAYER) {
        ReverseBoard();                       //将所有棋子对调,即黑方棋子在下,红方棋子在上
    }
    repaint();
}
private void InitChess() {
    //布置黑方棋子
    chess[0] = new Chess(BLACKPLAYER,"将",new Point(5,1));
    Map[5][1] = 0;
    chess[1] = new Chess(BLACKPLAYER,"士",new Point(4,1));
    Map[4][1] = 1;
    chess[2] = new Chess(BLACKPLAYER,"士",new Point(6,1));
    Map[6][1] = 2;
    chess[3] = new Chess(BLACKPLAYER,"象",new Point(3,1));
    Map[3][1] = 3;
    chess[4] = new Chess(BLACKPLAYER,"象",new Point(7,1));
    Map[7][1] = 4;
    chess[5] = new Chess(BLACKPLAYER,"马",new Point(2,1));
    Map[2][1] = 5;
    chess[6] = new Chess(BLACKPLAYER,"马",new Point(8,1));
    Map[8][1] = 6;

    chess[7] = new Chess(BLACKPLAYER,"车",new Point(1,1));
    Map[1][1] = 7;
    chess[8] = new Chess(BLACKPLAYER,"车",new Point(9,1));
    Map[9][1] = 8;
```

```
    chess[9] = new Chess(BLACKPLAYER,"炮",new Point(2,3));
    Map[2][3] = 9;
    chess[10] = new Chess(BLACKPLAYER,"炮",new Point(8,3));
    Map[8][3] = 10;

    for (int i = 0; i<=4; i++) {
        chess[11 + i] = new Chess(BLACKPLAYER,"卒",new Point(1 + i * 2,4));
        Map[1 + i * 2][4] = 11 + i;
    }

    //布置红方棋子
    chess[16] = new Chess(REDPLAYER,"帅",new Point(5,10));
    Map[5][10] = 16;
    chess[17] = new Chess(REDPLAYER,"仕",new Point(4,10));
    Map[4][10] = 17;
    chess[18] = new Chess(REDPLAYER,"仕",new Point(6,10));
    Map[6][10] = 18;
    chess[19] = new Chess(REDPLAYER,"相",new Point(3,10));
    Map[3][10] = 19;
    chess[20] = new Chess(REDPLAYER,"相",new Point(7,10));
    Map[7][10] = 20;
    chess[21] = new Chess(REDPLAYER,"马",new Point(2,10));
    Map[2][10] = 21;
    chess[22] = new Chess(REDPLAYER,"马",new Point(8,10));
    Map[8][10] = 22;

    chess[23] = new Chess(REDPLAYER,"车",new Point(1,10));
    Map[1][10] = 23;
    chess[24] = new Chess(REDPLAYER,"车",new Point(9,10));
    Map[9][10] = 24;

    chess[25] = new Chess(REDPLAYER,"炮",new Point(2,8));
    Map[2][8] = 25;
    chess[26] = new Chess(REDPLAYER,"炮",new Point(8,8));
    Map[8][8] = 26;

    for (int i = 0; i<=4; i++) {
        chess[27 + i] = new Chess(REDPLAYER,"兵",new Point(1 + i * 2,7));
        Map[1 + i * 2][7] = 27 + i;
    }
}
```

ReverseBoard()翻转棋子,将黑、红方棋子对调。

```
private void ReverseBoard()                 //翻转棋子
{
    int x,y,c;
    //对调(x,y)与(10-x,11-y)处的棋子
    for (int i = 0; i < 32; i++)
        if (chess[i] != null)
        {
            chess[i].ReversePos();
```

```
        }
    //对调 Map 记录的棋子索引号
    for (x = 1; x <= 9; x++) {
        for (y = 1; y <= 5; y++) {
            if (Map[x][y] != -1) {
                c = Map[10 - x][11 - y];
                Map[10 - x][11 - y] = Map[x][y];
                Map[x][y] = c;
            }
        }
    }
}
```

上面的方法使用 paint(Graphics g)事件重绘游戏中的棋盘和所有棋子对象。

```
//重绘场景中的所有对象
public void paint(Graphics g) {
    g.clearRect(0,0,this.getWidth(),this.getHeight());
    Image bgImage = Toolkit.getDefaultToolkit().getImage("pic\\qipan.jpg");
    //绘制棋盘
    g.drawImage(bgImage,1,20,this);
    //绘制棋子
    for (int i = 0; i < 32; i++) {
        if (chess[i] != null) {
            chess[i].paint(g,this);
        }
    }
    if (firstChess2 != null) {
        firstChess2.DrawSelectedChess(g);
    }
    if (secondChess2 != null) {
        secondChess2.DrawSelectedChess(g);
    }
    g.drawString(message,0,450);
}
```

IsAbleToPut(firstchess,x,y)判断是否能走棋并返回逻辑值,其代码最复杂。

```
//IsAbleToPut(firstchess,x,y)判断是否能走棋并返回逻辑值
public final boolean IsAbleToPut(Chess firstchess, int x, int y) {
    int i,j,c;
    int oldx,oldy;                              //在棋盘原坐标
    oldx = firstchess.pos.x;
    oldy = firstchess.pos.y;
    String qi_name = firstchess.typeName;
    if (qi_name.equals("将") || qi_name.equals("帅")) {
        if ((x - oldx) * (y - oldy) != 0) {
            return false;
        }
        if (Math.abs(x - oldx) > 1 || Math.abs(y - oldy) > 1) {
            return false;
        }
        if (x < 4 || x > 6 || (y > 3 && y < 8)) {
```

```java
            return false;
        }
        return true;
    }
    if (qi_name.equals("士") || qi_name.equals("仕")) {
        if ((x - oldx) * (y - oldy) == 0) {
            return false;
        }
        if (Math.abs(x - oldx) > 1 || Math.abs(y - oldy) > 1) {
            return false;
        }
        if (x < 4 || x > 6 || (y > 3 && y < 8)) {
            return false;
        }
        return true;
    }

    if (qi_name.equals("象") || qi_name.equals("相")) {
        if ((x - oldx) * (y - oldy) == 0) {
            return false;
        }
        if (Math.abs(x - oldx) != 2 || Math.abs(y - oldy) != 2) {
            return false;
        }
        if (y < 6) {
            return false;
        }
        i = 0;                              //i、j必须有初始值
        j = 0;
        if (x - oldx == 2) {
            i = x - 1;
        }
        if (x - oldx == -2) {
            i = x + 1;
        }
        if (y - oldy == 2) {
            j = y - 1;
        }
        if (y - oldy == -2) {
            j = y + 1;
        }
        if (Map[i][j] != -1) {
            return false;
        }
        return true;
    }
    if (qi_name.equals("马") || qi_name.equals("马")) {
        if (Math.abs(x - oldx) * Math.abs(y - oldy) != 2) {
            return false;
        }
        if (x - oldx == 2) {
            if (Map[x - 1][oldy] != -1) {
                return false;
```

```
            }
        }
        if (x - oldx == -2) {
            if (Map[x + 1][oldy] != -1) {
                return false;
            }
        }
        if (y - oldy == 2) {
            if (Map[oldx][y - 1] != -1) {
                return false;
            }
        }
        if (y - oldy == -2) {
            if (Map[oldx][y + 1] != -1) {
                return false;
            }
        }
        return true;
    }
    if (qi_name.equals("车") || qi_name.equals("车")) {
        //判断是否为直线
        if ((x - oldx) * (y - oldy) != 0) {
            return false;
        }
        //判断是否隔有棋子
        if (x != oldx) {
            if (oldx > x) {
                int t = x;
                x = oldx;
                oldx = t;
            }
            for (i = oldx; i <= x; i += 1) {
                if (i != x && i != oldx) {
                    if (Map[i][y] != -1) {
                        return false;
                    }
                }
            }
        }
        if (y != oldy) {
            if (oldy > y) {
                int t = y;
                y = oldy;
                oldy = t;
            }
            for (j = oldy; j <= y; j += 1) {
                if (j != y && j != oldy) {
                    if (Map[x][j] != -1) {
                        return false;
                    }
                }
            }
        }
```

```
            return true;
        }
        if (qi_name.equals("炮") || qi_name.equals("炮")) {
            boolean swapflagx = false;
            boolean swapflagy = false;
            if ((x - oldx) * (y - oldy) != 0) {
                return false;
            }
            c = 0;
            if (x != oldx) {
                if (oldx > x) {
                    int t = x;
                    x = oldx;
                    oldx = t;
                    swapflagx = true;
                }
                for (i = oldx; i <= x; i += 1) {
                    if (i != x && i != oldx) {
                        if (Map[i][y] != -1) {
                            c = c + 1;
                        }
                    }
                }
            }
            if (y != oldy) {
                if (oldy > y) {
                    int t = y;
                    y = oldy;
                    oldy = t;
                    swapflagy = true;
                }
                for (j = oldy; j <= y; j += 1) {
                    if (j != y && j != oldy) {
                        if (Map[x][j] != -1) {
                            c = c + 1;
                        }
                    }
                }
            }
            if (c > 1)              //与目标处间隔1个以上的棋子
            {
                return false;
            }
            if (c == 0)             //与目标处无间隔棋子
            {
                if (swapflagx == true) {
                    int t = x;
                    x = oldx;
                    oldx = t;
                }
                if (swapflagy == true) {
                    int t = y;
                    y = oldy;
```

```
                        oldy = t;
                    }
                    if (Map[x][y] != -1) {
                        return false;
                    }
                }
                if (c == 1)                         //与目标处间隔 1 个棋子
                {
                    if (swapflagx == true) {
                        int t = x;
                        x = oldx;
                        oldx = t;
                    }
                    if (swapflagy == true) {
                        int t = y;
                        y = oldy;
                        oldy = t;
                    }
                    if (Map[x][y] == -1)            //如果目标处无棋子,则不能走此步
                    {
                        return false;
                    }
                }
                return true;
            }
            if (qi_name.equals("卒") || qi_name.equals("兵")) {
                if ((x - oldx) * (y - oldy) != 0) {
                    return false;
                }
                if (Math.abs(x - oldx) > 1 || Math.abs(y - oldy) > 1) {
                    return false;
                }
                if (y >= 6 && (x - oldx) != 0) {
                    return false;
                }
                if (y - oldy > 0) {
                    return false;
                }
                return true;
            }
        }
        return false;
    }
```

run()方法不断侦听本机设定的端口,得到对方发送来的信息,根据自己定义的通信协议中传送的是输赢信息、下的棋子位置信息还是认输等信息分别处理。

```
//线程执行的内容
public void run() {
    try {
        //指定接收端口
        DatagramSocket s = new DatagramSocket(receiveport);
        byte[] data = new byte[100];
        DatagramPacket dgp = new DatagramPacket(data,data.length);
        //进入一个无限循环来接收数据报
```

```java
while (flag == true) {
    s.receive(dgp);                          //接收数据报
    String strData = new String(data);
    String[] a = new String[6];
    a = strData.split("\\|");
    if (a[0].equals("join")) {
        LocalPlayer = BLACKPLAYER;
        //显示棋子
        NewGame(LocalPlayer);
        if (LocalPlayer == REDPLAYER) {
            SetMyTurn(true);                 //能走棋
        } else {
            SetMyTurn(false);
        }
        //发送联机成功信息
        send("conn|");
    } else if (a[0].equals("conn"))          //联机成功信息
    {
        LocalPlayer = REDPLAYER;
        //显示棋子
        NewGame(LocalPlayer);
        if (LocalPlayer == REDPLAYER) {
            SetMyTurn(true);                 //能走棋
        } else {
            SetMyTurn(false);
        }
    } else if (a[0].equals("succ")) {
        //获取传送信息到本地端口号的远程计算机的 IP 地址
        if (a[1].equals("黑方赢了")) {
            JOptionPane.showConfirmDialog(null,"黑方赢了你可以重新开始!","你输了",
JOptionPane.DEFAULT_OPTION);
        }
        if (a[1].equals("红方赢了")) {
            JOptionPane.showConfirmDialog(null,"红方赢了你可以重新开始!","你输了",
JOptionPane.DEFAULT_OPTION);
        }
        message = "你可以重新开局!";
        //btnNew.setEnabled(true);
    } else if (a[0].equals("move")) {
        //对方的走棋信息,move|棋子索引号|X|Y
        int idx = Short.parseShort(a[1]);
        x2 = Short.parseShort(a[2]);
        y2 = Short.parseShort(a[3]);
        String z = a[4];                     //对方上步走棋的棋盘信息
        message = x2 + ":" + y2;
        Chess c = chess[idx];
        x1 = c.pos.x;
        y1 = c.pos.y;

        //修改棋子位置,显示对方走棋
        idx = Map[x1][y1];
        int idx2 = Map[x2][y2];
        Map[x1][y1] = -1;
        Map[x2][y2] = idx;
        chess[idx].SetPos(x2,y2);
```

```
                    if (idx2 != -1) {
                        chess[idx2] = null;
                    }
                    repaint();
                    IsMyTurn = true;
                    //SetMyTurn(true);
                } else if (a[0].equals("quit")) {
                    JOptionPane.showConfirmDialog(null,"对方退出了,游戏结束!",
"提示",JOptionPane.DEFAULT_OPTION);
                    message = "对方退出了,游戏结束!";
                    flag = false;
                } else if (a[0].equals("lose")) {
                    JOptionPane.showConfirmDialog(null,"恭喜你,对方认输了!",
"你赢了",JOptionPane.DEFAULT_OPTION);
                    SetMyTurn(false);
                    //btnNew.setEnabled(true);
                }
                System.out.println(new String(data));
                //s.send(dgp);
            }
        } catch (SocketException e) {
            //TODO Auto-generated catch block
            e.printStackTrace();
        } catch (IOException e) {
            //TODO Auto-generated catch block
            e.printStackTrace();
        }
    }
```

send(String str)比较简单,主要创建 UDP 网络服务,传送信息到指定计算机的 otherport 端口号,然后关闭 UDP 网络服务。

```
public void send(String str)                        //发送信息
{
    //message = str;
    DatagramSocket s = null;
    try {
        s = new DatagramSocket();
        byte[] buffer;
        buffer = new String(str).getBytes();
        InetAddress ia = InetAddress.getLocalHost();      //本机地址
        //目的主机地址
        DatagramPacket dgp = new DatagramPacket(buffer,buffer.length,ia,otherport);
        s.send(dgp);
        System.out.println("发送信息:" + str);
    } catch (IOException e) {
        System.out.println(e.toString());
    } finally {
        if (s != null)
            s.close();
    }
}
```

14.4.3 设计游戏窗口类

游戏窗口类(Frmchess)实现游戏的全部功能，它继承自 JFrame 组件。游戏窗口由上方的 panel1、中间的 panel2 和下方的 panel3 组成，上方的 panel1 仅显示"帅"字图片；中间的 panel2 是游戏区，它是棋盘类(ChessBoard)对象，实现游戏中的走棋功能；下方的 panel3 添加了"认输"按钮、"开始"按钮及输入对方 IP 和端口的文本框。

```java
import java.awt.BorderLayout;
import java.awt.FlowLayout;
import java.awt.event.MouseAdapter;
import java.awt.event.MouseEvent;
import java.awt.event.WindowAdapter;
import java.awt.event.WindowEvent;
import javax.swing.*;
public class Frmchess extends JFrame {
    ChessBoard panel2 = new ChessBoard();
    JButton button1 = new JButton("认输");
    JButton button2 = new JButton("开始");
    JTextField jTextField1 = new JTextField();        //输入 IP
    JTextField jTextField2 = new JTextField();        //输入对方端口
    public static final short REDPLAYER = 1;
    public static final short BLACKPLAYER = 0;

    public Frmchess() {
        JPanel panel1 = new JPanel(new BorderLayout());
        JPanel panel3 = new JPanel(new BorderLayout());
        String urlString = "C://帅.png";
        JLabel label = new JLabel(new ImageIcon(urlString));
        panel1.add(label,BorderLayout.CENTER);
        panel2.setLayout(new BorderLayout());
        panel3.setLayout(new FlowLayout());
        JLabel jLabel1 = new JLabel("输入 IP");
        JLabel jLabel2 = new JLabel("输入对方端口");
        panel3.add(jLabel1);
        panel3.add(jLabel2);
        jTextField1.setText("127.0.0.1");
        jTextField2.setText("3004");
        panel3.add(jLabel1);
        panel3.add(jTextField1);
        panel3.add(jLabel2);
        panel3.add(jTextField2);
        panel3.add(button1);
        panel3.add(button2);
        this.getContentPane().setLayout(new BorderLayout());
        this.getContentPane().add(panel1,BorderLayout.NORTH);
        this.getContentPane().add(panel2,BorderLayout.CENTER);
        this.getContentPane().add(panel3,BorderLayout.SOUTH);
        this.setSize(380,600);
        this.setDefaultCloseOperation(JFrame.EXIT_ON_CLOSE);
        this.setTitle("网络中国象棋游戏");
```

```java
            this.setVisible(true);
            button1.setEnabled(false);
            button2.setEnabled(true);
            setVisible(true);
            this.addWindowListener(new WindowAdapter() {         //窗口关闭事件
                public void windowClosing(WindowEvent e) {
                    try {
                        panel2.send("quit|");                     //向对方发送离开信息
                        System.exit(0);
                    } catch (Exception ex) {
                    }
                }
            });
            /**
             * 鼠标事件监听
             */
            button1.addMouseListener(new MouseAdapter() {        //"认输"按钮
                @Override
                public void mouseClicked(MouseEvent e) {
                    try {
                        panel2.send("lose|");                     //向对方发送认输信息
                    } catch (Exception ex) {
                    }
                }
            });
```

IsMyChess(int idx)根据棋子数组下标判断是否为自己的棋子，棋子数组下标 idx 是 0～15 为黑方，是 16～31 为红方。

```java
private boolean IsMyChess(int idx) {
    boolean functionReturnValue = false;
    if (idx >= 0 && idx < 16 && LocalPlayer == BLACKPLAYER) {
        functionReturnValue = true;
    }
    if (idx >= 16 && idx < 32 && LocalPlayer == REDPLAYER) {
        functionReturnValue = true;
    }
    return functionReturnValue;
}
```

SetMyTurn()设置是否该自己走棋的提示信息。

```java
//设置是否该自己走棋的提示信息
private void SetMyTurn(boolean bolIsMyTurn) {
    IsMyTurn = bolIsMyTurn;
    if (bolIsMyTurn) {
        message = "请您开始走棋";
    } else {
        message = "对方正在思考……";
    }
}
```

"开始"按钮的单击事件启动联机线程,通过 run() 不断侦听本机设定的端口,得到对方发送来的信息,同时显示棋盘,并默认自己为黑方。

```java
        button2.addMouseListener(new MouseAdapter() {     //"开始"按钮
            @Override
            public void mouseClicked(MouseEvent e) {
                String ip = jTextField1.getText();
                int remoteport = Integer.parseInt(jTextField2.getText());
                int receiveport;
                if (remoteport == 3003)
                    receiveport = 3004;
                else
                    receiveport = 3003;
                panel2.startJoin(ip, remoteport, receiveport); //开始联机
                button1.setEnabled(true);
                button2.setEnabled(true);
            }
        });
    }
    public static void main(String[] args) {
        Frmchess f = new Frmchess();
    }
}
```

如果只有一台计算机,可以运行两个实例,将地址填写为 127.0.0.1,这样一个作为红方,另一个作为黑方,便可以和自己对弈了。注意,对方端口一个为 3003,另一个为 3004。如果是不同的计算机,都可以用 3003。网络中国象棋游戏的初始界面如图 14-4 所示,运行界面如图 14-5 所示。

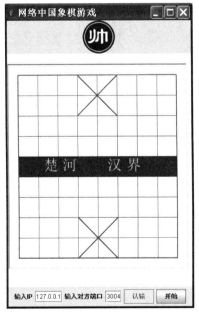

图 14-4 网络中国象棋游戏的初始界面

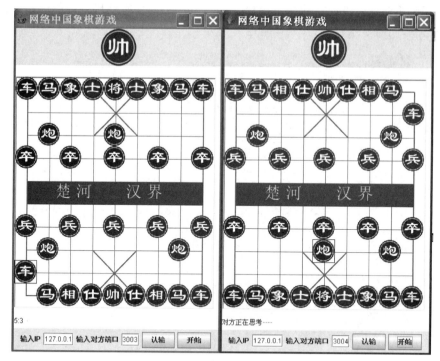

图 14-5 网络中国象棋游戏的运行界面

第15章

源码下载

打 猎 游 戏

15.1 打猎游戏介绍

在打猎游戏界面底部会有野猪随机出现,并以不固定的速度移动,上方有小鸟以反方向飞过。当通过鼠标在它们身上进行单击操作时会打中该动物,此时动物消失,在界面左上角得到相应分数,但是如果动物跑出界面,游戏会扣除一定的分数。

另外,在界面右上角会显示当前剩余的子弹数量,如无子弹,需要等待系统装载子弹。运行程序效果如图 15-1 所示。

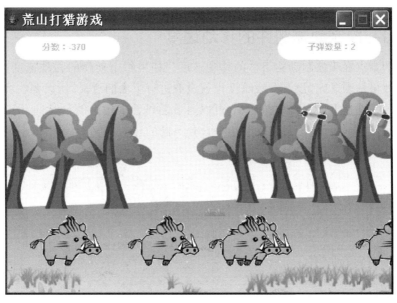

图 15-1 打猎游戏运行界面

15.2 程序设计的思路

15.2.1 游戏素材

在打猎游戏程序中用到森林、小鸟和野猪等，分别使用图15-2所示的素材表示。注意..gif文件本身具有动画效果。

background.jpg

bird.gif

pig.gif

图15-2 相关图片素材

15.2.2 设计思路

使用一个带背景（background.jpg）的面板作为森林，其上显示小鸟、野猪对象。小鸟、野猪对象分别使用继承JLabel类的BirdLabel标签类、继承JLabel类的PigLabel标签类实现。

创建一个继承JFrame类的主窗口类MainFrame，使用两个线程分别生成小鸟和野猪对象，并且它们能响应鼠标事件。

15.3 关键技术

15.3.1 控制动物组件的移动速度

本程序的难点在于控制动物组件的移动速度。如果每个动物的移动速度相同，就会使程序的运行效果枯燥乏味，没有游戏难度也就没有进行下去的意义，所以要在线程中控制每个动物组件的移动速度。在线程循环中，可以通过随机数来确定新创建的动物组件移动线程的休眠时间，这样就可以为每个动物组件设置不同的移动速度。

例如小鸟组件的代码如下：

```java
public class BirdLabel extends JLabel implements Runnable {
    //随机生成线程的休眠时间,即控制小鸟的移动速度
    private int sleepTime = (int) (Math.random() * 300) + 5;
    private int y = 100;
    private Thread thread;                    //将线程作为成员变量
    public void run() {
        parent = null;
        int width = 0;
        try {
            while (width <= 0 || parent == null) {
                if (parent == null){
```

```
                    parent = getParent();              //获取父容器
                } else {
                    width = parent.getWidth();         //获取父容器的宽度
                }
                Thread.sleep(10);
            }
            for (int i = width; i > 0 && parent != null; i -= 8) {
                setLocation(i,y);                      //从右向左移动本组件的位置
                Thread.sleep(sleepTime);               //休眠片刻
            }
        } catch (InterruptedException e) {
            e.printStackTrace();
        }
    }
}
```

run()方法实现不断从右向左移动小鸟组件的位置,每次移动 8 个像素。但是每个小鸟组件的休眠时间不一样,所以产生了移动的速度不同。

野猪角色的移动速度的控制原理与小鸟角色相同。

15.3.2 随机间歇产生动物组件

在 MainFrame 类的内部线程类 PigThread 中调用了 Math 类的 random()方法随机确定线程的休眠时间,这样可以不定时地产生野猪角色。MainFrame 类的内部线程类 PigThread(生成野猪角色的线程)的代码如下:

```
/**
 * 生成野猪角色的线程
 */
class PigThread extends Thread {
    @Override
    public void run() {
        while (true) {
            //创建代表野猪的标签组件
            PigLabel pig = new PigLabel();
            pig.setSize(120,80);                   //设置组件的初始大小
            backgroundPanel.add(pig);              //添加组件到背景面板
            try {
                //线程随机休眠一段时间
                sleep((long) (random() * 3000) + 500);
            } catch (InterruptedException e) {
                e.printStackTrace();
            }
        }
    }
}
```

MainFrame 类的内部线程类 BirdThread(生成小鸟角色的线程)的代码如下:

```
/**
 * 生成小鸟角色的线程
```

```java
*/
class BirdThread extends Thread {
    @Override
    public void run() {
        while (true) {
            //创建代表小鸟的标签组件
            BirdLabel bird = new BirdLabel();
            bird.setSize(50,50);          //设置组件的初始大小
            backgroundPanel.add(bird);    //添加组件到背景面板
            try {
                //线程随机休眠一段时间
                sleep((long) (Math.random() * 3000) + 500);
            } catch (InterruptedException e) {
                e.printStackTrace();
            }
        }
    }
}
```

上段代码中的 random()方法是 Math 类的静态方法,所以在 MainFrame 类的包引用位置使用了"import static java.lang.Math.random;"导入语句。

15.3.3　玻璃面板的显示

JFrame 由根面板、玻璃面板(glassPane)、分层面板组成,分层面板由一个内容面板(contentPane)和一个可选择的菜单条(JMenuBar)组成,而内容面板和可选择的菜单条放在同一分层。玻璃面板是完全透明的,默认为不可见,从而为接收鼠标事件和在所有组件上绘图提供方便。

JFrame 提供的相关方法如下:

```
Container getContentPane();           //获取内容面板
setContentPane(Container);            //设置内容面板
JMenuBar getMenuBar();                //获取菜单条
setMenuBar(JMenuBar);                 //设置菜单条
JLayeredPane getLayeredPane();        //获取分层面板
setLayeredPane(JLayeredPane);         //设置分层面板
Component getGlassPane();             //获取玻璃面板
setGlassPane(Component);              //设置玻璃面板
```

本游戏中子弹信息的提示采用了玻璃面板,在玻璃面板内用一个标签显示子弹信息。

```
infoPane = (JPanel) getGlassPane();                  //获取玻璃面板
JLabel label = new JLabel("装载子弹……");             //创建提示标签组件
label.setHorizontalAlignment(SwingConstants.CENTER);
label.setFont(new Font("楷体",Font.BOLD,32));
label.setForeground(Color.ORANGE);
infoPane.setLayout(new BorderLayout());
infoPane.add(label);                                 //添加提示标签组件到玻璃面板
```

玻璃面板是完全透明的，默认为不可见，所以玻璃面板 infoPane 的显示由 infoPane.setVisible(true)来控制。

15.4 程序设计的步骤

15.4.1 设计小鸟类

在项目中创建一个继承 JLabel 类的 BirdLabel 标签类，用于表示小鸟，并且实现 Runnable 接口。通过线程控制小鸟的移动效果以及实现扣分功能。

导入包及相关类：

```java
import java.awt.Container;
import java.awt.event.*;
import javax.swing.*;
```

BirdLabel 标签类通过 Runnable 接口使用线程。在 BirdLabel 标签类的构造方法中创建小鸟对象，设置为标签组件的图标，并为该组件添加鼠标事件监听器、组件事件监听器，最后将此 BirdLabel 实例 this 作为参数创建线程对象。

```java
public class BirdLabel extends JLabel implements Runnable {
    //随机生成线程的休眠时间,即控制小鸟的移动速度
    private int sleepTime = (int) (Math.random() * 300) + 5;
    private int y = 100;
    private Thread thread;                              //将线程作为成员变量
    private Container parent;
    private int score = 15;                             //该类角色对应的分数
    /**
     * 构造方法
     */
    public BirdLabel() {
        super();
        //创建小鸟对象
        ImageIcon icon = new ImageIcon(getClass().getResource("bird.gif"));
        setIcon(icon);                                  //设置组件图标
        addMouseListener(new MouseAction());            //添加鼠标事件监听器
        //添加组件事件监听器
        addComponentListener(new ComponentAction());
        thread = new Thread(this);                      //创建线程对象
    }
    /**
     * 组件的组件事件监听器
     */
    private final class ComponentAction extends ComponentAdapter {
        public void componentResized(final ComponentEvent e) {
            thread.start();                             //线程启动
        }
    }
```

```java
/**
 * 组件的鼠标事件监听器
 */
private final class MouseAction extends MouseAdapter {
    public void mousePressed(final MouseEvent e) {
        if (!MainFrame.readyAmmo())           //如果没有准备好子弹
            return;                            //什么也不做
        MainFrame.useAmmo();                   //消耗子弹
        appScore();                            //加分
        destory();                             //销毁本组件
    }
}
```

run()方法实现不断从右向左移动小鸟组件的位置,每次移动8个像素。但是每个小鸟组件的休眠时间不一样,所以产生了移动的速度不同。

```java
public void run() {
    parent = null;
    int width = 0;
    try {
        while (width <= 0 || parent == null) {
            if (parent == null){
                parent = getParent();           //获取父容器
            } else {
                width = parent.getWidth();      //获取父容器的宽度
            }
            Thread.sleep(10);
        }
        for (int i = width; i > 0 && parent != null; i -= 8) {
            setLocation(i, y);                  //从右向左移动本组件的位置
            Thread.sleep(sleepTime);            //休眠片刻
        }
    } catch (InterruptedException e) {
        e.printStackTrace();
    }
    if (parent != null) {
        MainFrame.appScore(-score * 10);        //自然销毁将扣分
    }
    destory();                                  //移动完毕,销毁本组件
}
```

destory()方法实现从父容器中移除本Label组件。

```java
public void destory() {
    if (parent == null)
        return;
    parent.remove(this);                        //从父容器中移除本组件
    parent.repaint();
    parent = null;                              //通过该语句终止线程循环
}
```

appScore()是给游戏加分的方法。

```
    private void appScore() {
        MainFrame.appScore(15);
    }
}
```

15.4.2 设计野猪类

在项目中创建一个继承 JLabel 类的 PigLabel 标签类,用于表示野猪,并且实现 Runnable 接口。通过线程控制野猪的移动效果以及实现扣分功能。其代码基本上与继承 JLabel 类的 BirdLabel 标签类相似。

```
import java.awt.Container;
import java.awt.event.*;
import javax.swing.*;
```

PigLabel 标签类通过 Runnable 接口使用线程。在 PigLabel 标签类的构造方法中创建野猪对象,设置为标签组件的图标,并为该组件添加鼠标事件监听器、组件事件监听器,最后将此 PigLabel 实例 this 作为参数创建线程对象。

```
public class PigLabel extends JLabel implements Runnable {
    //随机生成休眠时间,即控制野猪的移动速度
    private int sleepTime = (int) (Math.random() * 300) + 30;
    private int y = 260;                        //组件的垂直坐标
    private int score = 10;                     //该角色对应的分数
    private Thread thread;                      //内置线程对象
    private Container parent;                   //组件的父容器对象
    /**
     * 构造方法
     */
    public PigLabel() {
        super();
        ImageIcon icon = new ImageIcon(getClass().getResource(
                "pig.gif"));                    //加载野猪图片
        setIcon(icon);                          //设置本组件的图标
        //添加鼠标事件监听器
        addMouseListener(new MouseAdapter() {
            //按下鼠标按键的处理方法
            public void mousePressed(final MouseEvent e) {
                if (!MainFrame.readyAmmo())
                    return;
                MainFrame.useAmmo();            //消耗子弹
                appScore();                     //给游戏加分
                destory();                      //销毁本组件
            }
        });
        //添加组件事件监听器
        addComponentListener(new ComponentAdapter() {
```

```
                //调整组件大小
                public void componentResized(final ComponentEvent e) {
                    thread.start();                     //启动线程
                }
            });
            thread = new Thread(this);                  //初始化线程对象
    }
    public void run() {
        parent = null;
        int width = 0;
        while (width <= 0 || parent == null) {
            if (parent == null)
                parent = getParent();
            else
                width = parent.getWidth();              //获取父容器的宽度
        }
        //从左向右移动本组件
        for (int i = 0; i < width && parent != null; i += 8) {
            setLocation(i, y);
            try {
                Thread.sleep(sleepTime);                //休眠片刻
            } catch (InterruptedException e) {
                e.printStackTrace();
            }
        }
        if (parent != null) {
            MainFrame.appScore(-score * 10);            //自然销毁将扣分
        }
        destory();
    }
    public void destory() {
        if (parent == null)
            return;
        parent.remove(this);                            //从容器中移除本组件的方法
        parent.repaint();
        parent = null;                                  //通过该语句终止线程循环
    }
    private void appScore() {                           //加分的方法
        MainFrame.appScore(20);
    }
}
```

15.4.3 设计背景面板类

背景面板类 BackgroundPanel 实现在面板上显示森林图片的背景。

```
import java.awt.Graphics;
import java.awt.Image;
import javax.swing.JPanel;
public class BackgroundPanel extends JPanel {
    private Image image;                                //背景图片
```

```java
    public BackgroundPanel() {
        setOpaque(false);                                    //设置为透明
        setLayout(null);
    }
    public void setImage(Image image) {
        this.image = image;
    }
    /**
     * 绘出背景
     */
    protected void paintComponent(Graphics g) {
        if (image != null) {
            int width = getWidth();                          //图片的宽度
            int height = getHeight();                        //图片的高度
            g.drawImage(image,0,0,width,height,this);        //绘出图片
        }
        super.paintComponent(g);
    }
}
```

15.4.4 设计主窗口类

在项目中创建一个继承 JFrame 类的主窗口类 MainFrame，在该类中分别创建生成小鸟和小猪角色的内部线程类。

```java
import static java.lang.Math.random;
import java.awt.*;
import java.awt.event.*;
import javax.swing.*;
public class MainFrame extends JFrame {
    private static long score = 0;                           //分数
    private static Integer ammoNum = 5;                      //子弹的数量
    private static JLabel scoreLabel;                        //分数
    private BackgroundPanel backgroundPanel;
    private static JLabel ammoLabel;
    private static JPanel infoPane;
```

在 MainFrame()构造方法中首先进行窗口的大小调整。子弹信息的提示采用了玻璃面板，在玻璃面板内用一个标签 label 显示子弹信息。其次创建带背景的面板 backgroundPanel，添加鼠标事件监听器，最后添加显示子弹数量的标签组件。

```java
public MainFrame() {
    super();
    setResizable(false);                                     //调整窗口的大小
    setTitle("打猎游戏");
    infoPane = (JPanel) getGlassPane();                      //获取玻璃面板
    JLabel label = new JLabel("装载子弹……");                  //创建提示标签组件
    label.setHorizontalAlignment(SwingConstants.CENTER);
    label.setFont(new Font("楷体",Font.BOLD,32));
```

```
        label.setForeground(Color.ORANGE);
        infoPane.setLayout(new BorderLayout());
        infoPane.add(label);                               //添加提示标签组件到玻璃面板

        setAlwaysOnTop(true);                              //使窗口保持在最顶层
        setBounds(100,100,573,411);
        setDefaultCloseOperation(JFrame.EXIT_ON_CLOSE);
        backgroundPanel = new BackgroundPanel();           //创建带背景的面板
        backgroundPanel.setImage(new ImageIcon(getClass()
                .getResource("background.jpg")).getImage());   //设置背景图片
        getContentPane().add(backgroundPanel,BorderLayout.CENTER);
        //添加鼠标事件监听器
        addMouseListener(new FrameMouseListener());
        scoreLabel = new JLabel();                         //显示分数的标签组件
        scoreLabel.setHorizontalAlignment(SwingConstants.CENTER);
        scoreLabel.setForeground(Color.ORANGE);
        scoreLabel.setText("分数:");
        scoreLabel.setBounds(25,15,120,18);
        backgroundPanel.add(scoreLabel);
        ammoLabel = new JLabel();                          //显示子弹数量的标签组件
        ammoLabel.setForeground(Color.ORANGE);
        ammoLabel.setHorizontalAlignment(SwingConstants.RIGHT);
        ammoLabel.setText("子弹数量:" + ammoNum);
        ammoLabel.setBounds(422,15,93,18);
        backgroundPanel.add(ammoLabel);
}
```

appScore(int num)方法实现游戏加分功能。

```
public synchronized static void appScore(int num) {
    score += num;
    scoreLabel.setText("分数:" + score);
}
```

useAmmo()方法实现消耗子弹的功能。在子弹数量递减后判断是否小于 0，如果小于 0，则显示提示信息面板 infoPane，程序等待 1 秒钟的装载子弹时间，恢复子弹数量为 5 颗，隐藏提示信息面板。

```
public synchronized static void useAmmo() {               //消耗子弹
    synchronized (ammoNum) {
        ammoNum--;                                         //子弹数量递减
        ammoLabel.setText("子弹数量:" + ammoNum);
        if (ammoNum <= 0) {                                //判断子弹数量是否小于 0
            new Thread(new Runnable() {
                public void run() {
                    //显示提示信息面板
                    infoPane.setVisible(true);
                    try {
                        //1 秒钟的装载子弹时间
                        Thread.sleep(1000);
                    } catch (InterruptedException e) {
```

```
                    e.printStackTrace();
                }
                ammoNum = 5;                            //恢复子弹数量
                //修改子弹数量标签的文本
                ammoLabel.setText("子弹数量：" + ammoNum);
                infoPane.setVisible(false);             //隐藏提示信息面板
            }
        }).start();
    }
}
```

readyAmmo()判断子弹是否够用。

```
public synchronized static boolean readyAmmo() {
    synchronized (ammoNum) {
        return ammoNum > 0;
    }
}
```

内部类 FrameMouseListener 实现窗口的鼠标事件监听器。

```
private final class FrameMouseListener extends MouseAdapter {
    public void mousePressed(final MouseEvent e) {
        Component at = backgroundPanel.getComponentAt(e.getPoint());
        if (at instanceof BackgroundPanel) {    //如果单击到面板也扣除子弹
            MainFrame.useAmmo();                //消耗子弹
        }
    }
}
```

main(String args[])是游戏程序的主方法。

```
public static void main(String args[]) {
    EventQueue.invokeLater(new Runnable() {
        public void run() {
            try {
                MainFrame frame = new MainFrame();
                frame.setVisible(true);
                frame.start();
            } catch (Exception e) {
                e.printStackTrace();
            }
        }
    });
}
```

调用 start()方法启动生成野猪角色的线程和生成小鸟角色的线程。

```
public void start() {
    new PigThread().start();
```

```
        new BirdThread().start();
}
```

生成野猪角色的线程类的代码如下：

```
class PigThread extends Thread {
    @Override
    public void run() {
        while (true) {
            //创建代表野猪的标签组件
            PigLabel pig = new PigLabel();
            pig.setSize(120,80);          //设置组件的初始大小
            backgroundPanel.add(pig);     //添加组件到背景面板
            try {
                //线程随机休眠一段时间
                sleep((long) (random() * 3000) + 500);
            } catch (InterruptedException e) {
                e.printStackTrace();
            }
        }
    }
}
```

生成小鸟角色的线程类的代码如下：

```
class BirdThread extends Thread {
    @Override
    public void run() {
        while (true) {
            //创建代表小鸟的标签组件
            BirdLabel bird = new BirdLabel();
            bird.setSize(50,50);          //设置组件的初始大小
            backgroundPanel.add(bird);    //添加组件到背景面板
            try {
                //线程随机休眠一段时间
                sleep((long) (Math.random() * 3000) + 500);
            } catch (InterruptedException e) {
                e.printStackTrace();
            }
        }
    }
}
```

至此完成打猎游戏的设计。

第 16 章

源码下载

2.5D推箱子游戏

16.1　2.5D推箱子游戏介绍

在通常的概念中,2D就是所谓的二维,也就是平面图形,即由x与y坐标构成的图形,其内容由水平的X轴与垂直的Y轴描绘确定,也就是由长和高形成二维平面。

3D也称为三维,其内容除了有水平的X轴与垂直的Y轴外还有表示进深的Z轴,故称三维(XYZ),也就是由长、宽、高3个要素形成三维立体。

2D与3D的主要区别在于,3D可以包含360°的信息,能从各个角度去表现,构成近似于现实空间的有质感视角;而2D通常只能表现表格、棋盘等平面数据。3D的立体感、光影效果要比2D图形好得多,因为它的立体、光线、阴影都是相对真实存在的,2D显然不具备这些优势。高拟真度、高自由度使得3D图形大受人们欢迎。

所以3D图形开始成为主流,应用于电影、电视乃至游戏的各个角落。但是,因为3D技术实现的复杂性及对用户环境的高要求,在所有领域完全使用3D构图还不现实,由此引发了另一种图形表现形式——2.5D图形的出现。

2.5D介于3D与2D之间,既模拟了3D的空间感,也兼具了2D的灵动、简单,是一种"优势"的综合体。诚然,2.5D最早的出现动机只是为了2D到3D的过渡,但就其应用而讲,好的2.5D图形既有3D的自由度与质感,又能利用2D图形将漫画式人物塑造得惟妙惟肖,使其拥有纯3D无法做到的优势。因此,2.5D在现在乃至未来的一段较长时间里会和3D并存,直到3D图形的开发效率及表现形式能彻底取代2.5D为止。用户能够利用斜45°的2D图片来得到3D效果,图16-1所示为一张2.5D的实际效果图。

本章使用2.5D技术开发立体效果的推箱子游戏,游戏效果如图16-2所示,玩家可以通过方向键控制人物移动箱子到目的地。

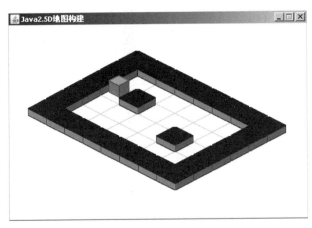

图 16-1　2.5D 的效果图

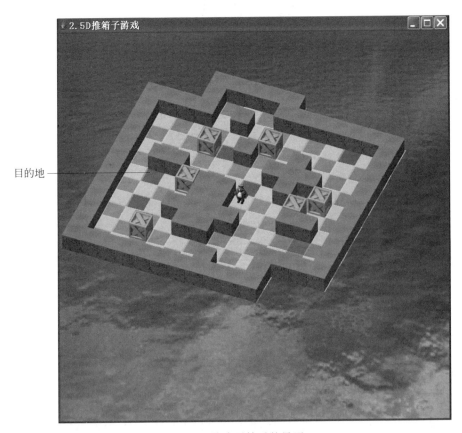

目的地

图 16-2　游戏开始后的界面

16.2　程序设计的思路

在 2.5D 推箱子游戏中利用了斜 45°视角,所以产生如图 16-3 所示的 14×14 的网格,需要绘制地图中的多边形,而不是矩形。其代码如下:

```java
public void myDrawRect(Graphics g,int x,int y){          //绘制多边形
    Graphics2D g2D = (Graphics2D)g;
    if(g2D == null){
        return;
    }
    GeneralPath path = new GeneralPath();
    path.moveTo(x + 14, y);
    path.lineTo(x + 53, y + 10);
    path.lineTo(x + 37, y + 37);
    path.lineTo(x - 2, y + 26);
    path.lineTo(x + 14, y);
    g2D.fill(path); //g.draw(myPath);
}
```

图 16-3 2.5D 游戏的网格界面

图 16-3 所示的网格用 map1 数组存储，列号从左向右逐渐增加，行序号从右向左逐渐增加，如图 16-4 所示。

2.5D 的呈现技术与 2D 的绘制方式基本相同，在绘制时只需要注意绘制的顺序。由于本游戏中的地图元素使用的是等大图元（每个物体大小相同），所以可以先绘制底层地图，再绘制上层（建筑物）地图。因此用两个数组 map1、map2 分别表示地图的两层，在第 1 层数组 map1 中 0 表示白色空地、1 表示灰色空地、2 表示目的地；在第 2 层数组 map2 中 1 表示箱子、2 表示墙、3 表示绿色的箱子。第 1 层和第 2 层中的 -1 代表该处没有任何地图元素。

图 16-4 数组存储示意图

```
//map1 为第 1 层,map2 为第 2 层
    private int[][] map1 = {                              //第 1 层地图,即地板层
        {-1, -1, -1, 1, 0, 1, 0, 1, -1, -1, -1, -1, -1, -1},
        {-1, -1, -1, 0, 1, 0, 1, 0, 1, 0, 1, 0, 1, 0},
        {0, 1, 0, 1, 0, 1, 0, 1, 0, 1, 0, 2, 0, 1},
        {1, 0, 1, 0, 1, 0, 1, 0, 1, 0, 1, 0},
```

```
            {0,1,0,1,0,2,0,1,0,1,0,1,0,1},
            {1,0,1,0,1,0,1,0,1,0,1,0,1,0},
            {0,1,0,1,0,1,0,2,0,1,0,1,0,1},
            {1,0,2,0,1,0,1,0,1,0,1,0,1,0},
            {0,1,0,1,0,1,0,1,0,1,0,1,0,1},
            {1,0,2,0,1,0,1,0,1,0,1,2,1,0},
            {0,1,0,1,0,1,0,1,0,1,0,1,0,1},
            {1,0,1,0,1,0,1,0,1,0,1,0,1,0},
            {0,1,0,1,0,1,0,1,0,1,0,-1,-1,-1},
            {1,0,1,0,1,0,1,0,1,0,1,-1,-1,-1}
    };
    private int[][] map2 = {                           //第2层地图,建筑物
            {-1,-1,-1,2,2,2,2,2,-1,-1,-1,-1,-1,-1},
            {-1,-1,-1,2,0,0,0,2,2,2,2,2,2,2},
            {2,2,2,2,0,2,0,0,0,0,0,0,0,2},
            {2,0,0,0,0,0,0,1,0,0,0,0,0,2},
            {2,0,0,0,1,0,2,0,0,2,0,0,0,2},
            {2,0,0,0,0,0,0,0,2,2,2,0,0,2},
            {2,0,2,2,0,0,0,0,2,0,1,0,2},
            {2,0,0,0,1,2,2,0,0,0,1,0,0,2},
            {2,0,0,0,0,2,2,0,0,0,2,2,0,2},
            {2,0,0,0,2,2,2,2,0,0,0,0,0,2},
            {2,0,0,0,0,2,2,0,0,0,0,0,2},
            {2,0,0,1,0,0,0,0,0,0,2,2,2,2},
            {2,0,0,0,0,0,2,0,0,2,-1,-1,-1},
            {2,2,2,2,2,2,2,2,2,2,2,-1,-1,-1}
    };
```

在2.5D游戏中,为了配合倾斜后的x、y坐标拼接,大部分平面图必须转换为45°图。图16-5所示为游戏中人物和箱子的45°图。这样在游戏中不需要再对图片进行变换。虽然也可以在平面图上自动换算出所需要的斜视图形,但细节处通常不够理想,而且会耗费不必要的运算资源,还是交给美工直接切出成品图最好。

图16-5 人物和箱子的45°图

注意,在2D游戏中箱子是平面图,在2.5D游戏中箱子是45°图。图16-6所示为箱子平面图和45°图的对比。

图16-6 箱子平面图和45°图的对比

16.3 程序设计的步骤

16.3.1 设计游戏界面类

在项目中创建一个继承 JPanel 的 PushBox 类,用于显示游戏界面和实现游戏逻辑。导入包和相关类:

```
import java.awt.*;
import java.awt.event.KeyEvent;
import java.awt.event.KeyListener;
import java.awt.geom.GeneralPath;
import javax.swing.JPanel;
```

PushBox 类实现 KeyListener 接口,从而监听键盘事件,并定义一些成员变量。

```
public class PushBox extends JPanel implements KeyListener{
    private Image pic[] = null;              //图片
    int initX = 200, initY = 70;
    //map1 为第 1 层,map2 为第 2 层
    private int[][] map1 = {                 //第 1 层地图,即地板层
        {-1,-1,-1,1,0,1,0,1,-1,-1,-1,-1,-1,-1},
        {-1,-1,-1,0,1,0,1,0,1,0,1,0,1,0},
        {0,1,0,1,0,1,0,1,0,1,0,2,0,1},
        {1,0,1,0,1,0,1,0,1,0,1,0,1,0},
        {0,1,0,1,0,2,0,1,0,1,0,1,0,1},
        {1,0,1,0,1,0,1,0,1,0,1,0,1,0},
        {0,1,0,1,0,1,0,2,0,1,0,1,0,1},
        {1,0,2,0,1,0,1,0,1,0,1,0,1,0},
        {0,1,0,1,0,1,0,1,0,1,0,1,0,1},
        {1,0,2,0,1,0,1,0,1,0,1,2,1,0},
        {0,1,0,1,0,1,0,1,0,1,0,1,0,1},
        {1,0,1,0,1,0,1,0,1,0,1,0,1,0},
        {0,1,0,1,0,1,0,1,0,-1,-1,-1},
        {1,0,1,0,1,0,1,0,1,0,1,-1,-1,-1}
    };
    private int[][] map2 = {                 //第 2 层地图,建筑物
        {-1,-1,-1,2,2,2,2,2,-1,-1,-1,-1,-1,-1},
        {-1,-1,-1,2,0,0,0,2,2,2,2,2,2,2},
        {2,2,2,2,0,2,0,0,0,0,0,0,0,2},
        {2,0,0,0,0,0,0,1,0,0,0,0,0,2},
        {2,0,0,0,1,0,2,0,0,2,0,0,0,2},
        {2,0,0,0,0,0,0,0,2,2,2,0,0,2},
        {2,0,2,2,0,0,0,0,0,2,0,1,0,2},
        {2,0,0,0,1,2,2,0,0,0,1,0,0,2},
        {2,0,0,0,0,2,2,0,0,0,2,2,0,2},
        {2,0,0,0,0,2,2,2,2,0,0,0,0,2},
        {2,0,0,0,0,2,2,2,0,0,0,0,0,2},
        {2,0,0,0,2,2,0,0,0,0,0,0,0,2},
        {2,0,0,1,0,0,0,0,0,2,2,2,2},
        {2,0,0,0,0,0,0,2,0,0,2,-1,-1,-1},
        {2,2,2,2,2,2,2,2,2,2,2,-1,-1,-1}
    };
```

```
//定义一些常量,对应地图的元素
final byte WALL = 2, BOX = 1, BOXONEND = 3, END = 2,
        WhiteGRASS = 0, BlackGRASS = 1;
private int row = 7, column = 7;
//加载图片
Image box = Toolkit.getDefaultToolkit().getImage("images\\box.png");
Image wall = Toolkit.getDefaultToolkit().getImage("images\\wall.png");
Image greenBox = Toolkit.getDefaultToolkit().getImage("images\\greenbox.png");
Image man = Toolkit.getDefaultToolkit().getImage("images\\a1.png");              //人物
Image background = Toolkit.getDefaultToolkit().getImage("images\\background.jpg");
```

PushBox 类构造方法设定焦点在本面板上,并将本面板作为监听对象。

```
public PushBox() {
    setFocusable(true);                                     //设置焦点
    this.addKeyListener(this);
}
```

myDrawRect(Graphics g, int x, int y)绘制游戏网格中的多边形。

```
public void myDrawRect(Graphics g, int x, int y){           //绘制多边形
    Graphics2D g2D = (Graphics2D)g;
    if(g2D == null){
        return;
    }
    GeneralPath path = new GeneralPath();
    path.moveTo(x + 14, y);
    path.lineTo(x + 53, y + 10);
    path.lineTo(x + 37, y + 37);
    path.lineTo(x - 2, y + 26);
    path.lineTo(x + 14, y);
    g2D.fill(path); //g.draw(myPath);
}
```

paint(Graphics g)绘制游戏界面。在 2.5D 游戏中需要注意绘制的顺序。由于本游戏中的地图元素使用的是等大图元(每个物体大小相同),所以可以先绘制底层地图,再绘制上层(建筑物)地图。

```
public void paint(Graphics g) {
    g.clearRect(0, 0, this.getWidth(), getHeight());
    g.setColor(Color.BLACK);
    g.drawImage(background, 0, 0, 800, 800, this);          //绘制游戏背景
    //绘制第 1 层,即地板层
    //WhiteGRASS = 0, END = 2, BlackGRASS = 1;
    for(int i = 0; i < map1.length; i++){
        for(int j = 0; j < map1[i].length; j++){
            //根据索引值进行坐标转换
            int X = initX + 36 * j - 15 * i;
            int Y = initY + 10 * j + 25 * i;
            if(map1[i][j] == WhiteGRASS){                   //白色空地
```

```
            /*设置paint的颜色*/
            g.setColor(new Color(255,220,220,220));
            this.myDrawRect(g,X,Y);
        }
        else if(map1[i][j] == BlackGRASS){          //灰色空地
            g.setColor(new Color(255,170,170,170));
            this.myDrawRect(g,X,Y);
        }
        else if(map1[i][j] == END){                 //目的地
            g.setColor(new Color(255,60,255,120));
            this.myDrawRect(g,X,Y);
        }
    }
}
//开始绘制第2层,即建筑物所在层
for(int i = 0; i < map2.length; i++){
    for(int j = 0; j < map2[i].length; j++){
        //根据索引值进行坐标转换
        int X = initX + 36 * j - 15 * i;
        int Y = initY + 10 * j + 25 * i;
        if(map2[i][j] == BOX){                      //第2层上有箱子处
            g.drawImage(box,X - 1,Y - 27,this);

        }
        else if(map2[i][j] == WALL){                //墙
            g.drawImage(wall,X,Y - 25,this);
        }
        else if(map2[i][j] == BOXONEND){            //目的地的绿色箱子
            g.drawImage(greenBox,X - 1,Y - 27,this);
        }
        //绘制人
        if(i == row && j == column){
            g.drawImage(man,X - 1,Y - 27,this);
        }
    }
}
```

以下是键盘事件,根据玩家的按键处理人物角色的移动。当人物角色移动时,此处没考虑是否符合游戏规则,例如碰到墙不移动。最后调用 repaint()重新绘制窗口。

```
public void keyPressed(KeyEvent e) {
    //TODO Auto - generated method stub
    if (e.getKeyCode() == KeyEvent.VK_UP) {         //向上
        moveUp();
    }
    if (e.getKeyCode() == KeyEvent.VK_DOWN) {       //向下
        moveDown();
    }
    if (e.getKeyCode() == KeyEvent.VK_LEFT) {       //向左
        moveLeft();
    }
```

```java
            if (e.getKeyCode() == KeyEvent.VK_RIGHT) {        //向右
                moveRight();
            }
            repaint();
            if (isWin()) {
                JOptionPane.showMessageDialog(this,"恭喜您通过此关!");
            }
}
private void moveLeft() {
    column--;
}
private void moveDown() {
    row++;
}
private void moveRight() {
    column++;
}
private void moveUp() {
    row--;
}
```

isWin()判断当前是否已经胜利,只需要检查当前界面是否还存在没有变绿的箱子(在目的地的箱子)即可。

```java
public boolean isWin(){
    for(int i = 0; i < map2.length; i++){
        for(int j = 0; j < map2[i].length; j++){
            if(map2[i][j] == BOX){                    //有不是绿色的箱子
                return false;
            }
        }
    }
    return true;
}
```

16.3.2 设计游戏窗口类

在项目中创建一个继承JFrame的BoxFrame2类,用于显示游戏面板PushBox。

```java
import java.awt.Container;
import javax.swing.JFrame;
public class BoxFrame2 extends JFrame {
    public BoxFrame2() {
        //默认的窗口名称
        setTitle("2.5D 推箱子游戏");
        //获得自定义面板 PushBox 的实例
        PushBox panel = new PushBox();
        Container contentPane = getContentPane();
        contentPane.add(panel);
        setSize(800,800);
```

```java
    public static void main(String[] args) {
        BoxFrame2 e1 = new BoxFrame2();
        //设定允许窗口关闭操作
        e1.setDefaultCloseOperation(JFrame.EXIT_ON_CLOSE);
        //显示窗口
        e1.setVisible(true);
    }
}
```

因为在人物角色移动时没考虑是否符合游戏规则,所以会出现如图 16-7 所示的效果。

图 16-7　人物角色在墙上

因此对人物角色的移动需要判断是否符合游戏规则。2.5D 推箱子游戏规则的实现基本上与 2D 推箱子游戏一致,不过由于采用了两层技术,所以地图信息存储在两个数组 map1、map2 中,而 2D 推箱子游戏的地图信息存储在一个数组 map 中。其具体代码如下:

```java
private void moveLeft() {
    //TODO Auto-generated method stub
    //左一位 p1 为 WALL
    if (map2[row][column - 1] == WALL)
        return;
    //左一位 p1 为 BOX
    if (map2[row][column - 1] == BOX || map2[row][column - 1] == BOXONEND) {
        if (map2[row][column - 2] == WALL)
            return;
        if (map2[row][column - 2] == BOX)
            return;
        if (map2[row][column - 2] == BOXONEND)
            return;
        //左两位 p2 为 END、GRASS 则向上一步
```

```java
            if (map1[row][column - 2] == END
                    || map1[row][column - 2] == WhiteGRASS
                    || map1[row][column - 2] == BlackGRASS) {
                //左左一位 p2 为 END
                if (map1[row][column - 2] == END)           //上上一位 p2 为 END
                    map2[row][column - 2] = BOXONEND;
                if (map1[row][column - 2] == WhiteGRASS     //上上一位 p2 为 GRASS
                        || map1[row][column - 2] == BlackGRASS)
                    map2[row][column - 2] = BOX;
                map2[row][column - 1] = -1;                 //原来箱子被移掉
                //人离开后修改人的坐标
                man = Toolkit.getDefaultToolkit().getImage("images\\b1.png");    //向左人物
                column--;
            }
    } else {
        //左一位为 GRASS、END,其他情况不用处理
        if (map1[row][column - 1] == WhiteGRASS
                || map1[row][column - 1] == BlackGRASS
                || map1[row][column - 1] == END) {
            //人离开后修改人的坐标
            man = Toolkit.getDefaultToolkit().getImage("images\\b1.png");    //向左人物
            column--;
        }
    }
}
private void moveUp() {
    //TODO Auto-generated method stub
    //上一位 p1 为 WALL
    if (map2[row - 1][column] == WALL)
        return;
    //上一位 p1 为 BOX,必须考虑 P2
    if (map2[row - 1][column] == BOX || map2[row - 1][column] == BOXONEND) {
        if (map2[row - 2][column] == WALL)
            return;
        if (map2[row - 2][column] == BOX)
            return;
        if (map2[row - 2][column] == BOXONEND)
            return;
        //上两位 p2 为 END、GRASS 则向上一步
        if (map1[row - 2][column] == END
                || map1[row - 2][column] == WhiteGRASS
                || map1[row - 2][column] == BlackGRASS) {
            //上两位 p2 为 END
            if (map1[row - 2][column] == END)           //上上一位 p2 为 END
                map2[row - 2][column] = BOXONEND;
            if (map1[row - 2][column] == WhiteGRASS     //上上一位 p2 为 GRASS
                    || map1[row - 2][column] == BlackGRASS)
                map2[row - 2][column] = BOX;
            map2[row - 1][column] = -1;                 //原来箱子被移掉
            //人离开后修改人的坐标
            man = Toolkit.getDefaultToolkit().getImage("images\\c1.png");    //向上人物
            row--;
        }
```

```
        } else {
            //上一位为 GRASS、END,无须考虑 P2
            if (map1[row - 1][column] == WhiteGRASS
                    || map1[row - 1][column] == BlackGRASS
                    || map1[row - 1][column] == END) {
                //人离开后修改人的坐标
                man = Toolkit.getDefaultToolkit().getImage("images\\c1.png");        //向上人物
                row -- ;
            }
        }
    }
```

其他两种方向的代码与上述相似,这里不再列出。从代码中可见 2.5D 推箱子与 2D 推箱子的规则判断基本一致,不过采用了两层技术,第 1 层(即地板层)一直保持不变,所以在判断目的地时不用考虑人物角色、箱子是否在目的地,从而影响判断。加上此逻辑判断后,人物角色就不会出现可以随意移动的情况了。游戏的最终效果如图 16-8 所示。

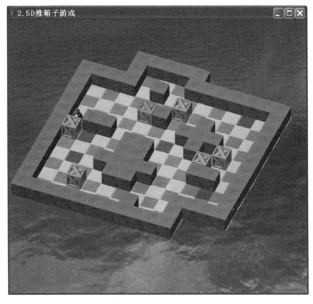

图 16-8　游戏的最终效果

第 17 章

源码下载

俄罗斯方块游戏

17.1 俄罗斯方块游戏介绍

俄罗斯方块游戏是一款风靡全球的电视游戏机和掌上游戏机游戏,它曾经造成的轰动与带来的经济价值可以说是游戏史上的一件大事。这款游戏最初是由苏联的游戏制作人 Alex Pajitnov 制作的,它看似简单却变化无穷,其游戏过程仅需要玩家将不断下落的各种形状的方块移动、翻转,如果某一行被方块充满了,那么就将该行消除,当窗口中无法再容纳下落的方块时游戏结束。

通过上述介绍,可见俄罗斯方块游戏的需求如下:

(1) 由移动的方块和不能动的固定方块组成。
(2) 一行排满则消除该行。
(3) 能产生多种方块。
(4) 玩家可以看到游戏的积分和下一方块的形状。
(5) 下一方块可以逆时针旋转。

俄罗斯方块游戏的界面如图 17-1 所示。

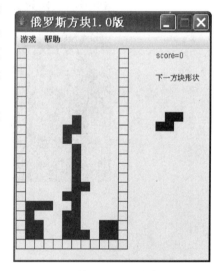

图 17-1 俄罗斯方块游戏的界面

17.2 程序设计的思路

17.2.1 俄罗斯方块的形状设计

游戏中下落的方块有着各种不同的形状,要在游戏中绘制不同形状的方块,就需要使用合理的数据表示方式。目前常见的俄罗斯方块有 7 种基本的形状以及它们旋转以后的变形体,基本形状如图 17-2 所示。

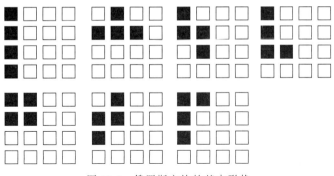

图 17-2 俄罗斯方块的基本形状

每种形状都由不同的黑色小方格组成,在屏幕上只需要显示必要的黑色小方格就可以表现出各种形状。它们的数据逻辑可以使用一个 4×4 的二维数组表示,数组的存储值为 0 或者 1,如果值为 1,表示需要显示一个黑色方块;如果值为 0,表示不显示。

例如,⊥字形方块的数组存储格式如下:

```
int[ ][ ] shapes = new int[ ][ ]{
              {0,1,0,0},
              {1,1,1,0},
              {0,0,0,0},
              {0,0,0,0}},
```

每种形状逆时针转动就会形成一个新的形状,为了程序处理简单,可以把基本形状的变形体都使用二维数组定义好,这样就不需要编写每个方块的旋转方法了。

注意,本游戏中将每种形状用一维数组存储也是可行的。例如,⊥字形方块最初为"0,1,0,0,1,1,1,0,0,0,0,0,0,0,0,0",由于是 4×4 方阵,所以分解如下:

```
0,1,0,0,
1,1,1,0,
0,0,0,0,
0,0,0,0
```

可见这是⊥字形。如果旋转 1 次,则为"0,1,0,0,1,1,0,0,0,1,0,0,0,0,0,0",由于是 4×4 方阵,分解如下:

```
0,1,0,0,
1,1,0,0,
0,1,0,0,
0,0,0,0
```

可见这是⊣字形。如果旋转两次,则为"1,1,1,0,0,1,0,0,0,0,0,0,0,0,0,0",由于是 4×4 方阵,分解如下:

```
1,1,1,0,
0,1,0,0,
0,0,0,0,
0,0,0,0
```

可见这是 T 字形。如果旋转 3 次，则为"0,1,0,0,0,1,1,0,0,1,0,0,0,0,0,0"，由于是 4×4 方阵，分解如下：

```
0,1,0,0,
0,1,1,0,
0,1,0,0,
0,0,0,0
```

可见这是卜字形。这样轻松地解决了旋转后方块形状的问题，所以可以定义一个二维数组存储这种形状及所有变形体。

```
int[][] shapes = { { 0,1,0,0,1,1,1,0,0,0,0,0,0,0,0,0 },
                   { 0,1,0,0,1,1,0,0,0,1,0,0,0,0,0,0 },
                   { 1,1,1,0,0,1,0,0,0,0,0,0,0,0,0,0 },
                   { 0,1,0,0,0,1,1,0,0,1,0,0,0,0,0,0 } }
```

由于二维数组 shapes 仅能保存一种形状及其变形体，所以用三维数组存储 7 种形状及其变形体。

17.2.2 俄罗斯方块游戏的屏幕

游戏屏幕由一定行数和列数的单元格组成，如图 17-3 所示。

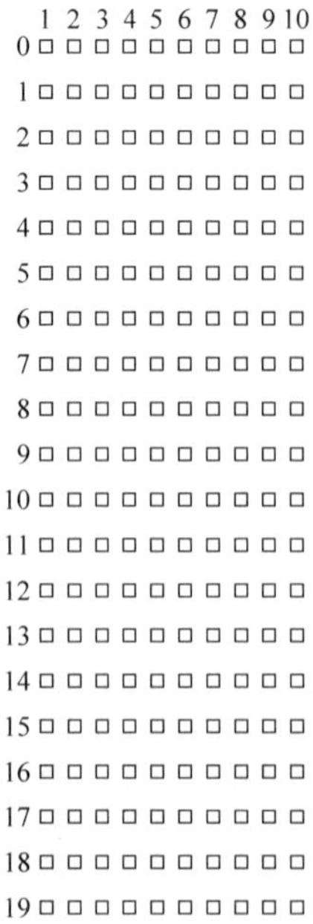

```
   1 2 3 4 5 6 7 8 9 10
 0 □ □ □ □ □ □ □ □ □ □
 1 □ □ □ □ □ □ □ □ □ □
 2 □ □ □ □ □ □ □ □ □ □
 3 □ □ □ □ □ □ □ □ □ □
 4 □ □ □ □ □ □ □ □ □ □
 5 □ □ □ □ □ □ □ □ □ □
 6 □ □ □ □ □ □ □ □ □ □
 7 □ □ □ □ □ □ □ □ □ □
 8 □ □ □ □ □ □ □ □ □ □
 9 □ □ □ □ □ □ □ □ □ □
10 □ □ □ □ □ □ □ □ □ □
11 □ □ □ □ □ □ □ □ □ □
12 □ □ □ □ □ □ □ □ □ □
13 □ □ □ □ □ □ □ □ □ □
14 □ □ □ □ □ □ □ □ □ □
15 □ □ □ □ □ □ □ □ □ □
16 □ □ □ □ □ □ □ □ □ □
17 □ □ □ □ □ □ □ □ □ □
18 □ □ □ □ □ □ □ □ □ □
19 □ □ □ □ □ □ □ □ □ □
```

图 17-3 屏幕网格

为了存储游戏中的已固定方块,采用二维数组 map,当相应的数组元素值为 1 时绘制一个黑色小方块。一个俄罗斯方块形状在屏幕中的显示,只需要把屏幕中相应的单元格绘制成黑色方块即可。如图 17-4 所示,其中显示了一个 L 字形方块,只需要按照 L 字形方块一维数组的定义,将它的一维数组的数据用 paint()方法绘制到屏幕即可。

方块下落的基本处理方式就是当前方块下移一行的位置,然后根据当前方块的数组的数据和存储固定方块的二维数组 map 重新绘制一次屏幕即可,如图 17-4 所示。所以要使用一个坐标记录当前方块形状所在的行号 y 和列号 x。

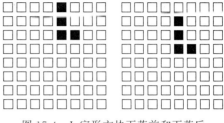

图 17-4　L 字形方块下落前和下落后

17.2.3　俄罗斯方块游戏的运行流程

俄罗斯方块游戏就是在一个线程或者定时器的控制下进行重绘事件,玩家利用键盘输入改变游戏状态,系统每隔一定的时间重绘当前下落方块和 map 数组存储的固定方块,从而产生动态游戏效果。

俄罗斯方块在下落的过程中可能会遇到种种情况,例如是否需要消行、是否需要终止下落并且产生新形状的方块等。

首先判断是否可以继续下落,如果可以,则 y++即可;如果方块不能够继续下落,则将当前形状的方块添加到二维数组 map 中,界面中产生新形状的方块并且判断是否需要消行,最后请求重新绘制屏幕。

17.3　程序设计的步骤

17.3.1　设计游戏界面类

在项目中创建一个继承 JPanel 的俄罗斯方块类 Tetrisblok,用于实现游戏界面,完成方块的自动下落、满行消去、计算得分和方块的旋转/移动等功能。

导入包及相关类:

```
import java.awt.*;
import java.awt.event.*;
import javax.swing.*;
import javax.swing.Timer;
```

俄罗斯方块类 Tetrisblok 在继承 JPanel 的同时实现键盘事件接口 KeyListener。

```
class Tetrisblok extends JPanel implements KeyListener {
    private int blockType;                                  //blockType 代表方块的类型
    private int turnState;                                  //turnState 代表方块旋转的状态
    private int score = 0;
    private int nextblockType = -1, nextturnState = -1;     //下一方块的类型和状态
```

```java
        private int x,y;                                //当前方块的位置
        private Timer timer;                            //定时器
        //游戏地图,存储已经放下的方块(1)及围墙(2),空白处为(0)
        int[][] map = new int[12][21];
        //方块的形状,有倒Z、Z、L、J、I、田、⊥字形7种
        //存储7种形状及其旋转、变形
        private final int shapes[][][] = new int[][][] {
                //I字形
                {       { 0,0,0,0,1,1,1,1,0,0,0,0,0,0,0,0 },
                        { 0,1,0,0,0,1,0,0,0,1,0,0,0,1,0,0 },
                        { 0,0,0,0,1,1,1,1,0,0,0,0,0,0,0,0 },
                        { 0,1,0,0,0,1,0,0,0,1,0,0,0,1,0,0 } },
                //倒Z字形
                {       { 0,1,1,0,1,1,0,0,0,0,0,0,0,0,0,0 },
                        { 1,0,0,0,1,1,0,0,0,1,0,0,0,0,0,0 },
                        { 0,1,1,0,1,1,0,0,0,0,0,0,0,0,0,0 },
                        { 1,0,0,0,1,1,0,0,0,1,0,0,0,0,0,0 } },
                //Z字形
                {       { 1,1,0,0,0,1,1,0,0,0,0,0,0,0,0,0 },
                        { 0,1,0,0,1,1,0,0,1,0,0,0,0,0,0,0 },
                        { 1,1,0,0,0,1,1,0,0,0,0,0,0,0,0,0 },
                        { 0,1,0,0,1,1,0,0,1,0,0,0,0,0,0,0 } },
                //J字形
                {       { 0,1,0,0,0,1,0,0,1,1,0,0,0,0,0,0 },
                        { 1,0,0,0,1,1,1,0,0,0,0,0,0,0,0,0 },
                        { 1,1,0,0,1,0,0,0,1,0,0,0,0,0,0,0 },
                        { 1,1,1,0,0,0,1,0,0,0,0,0,0,0,0,0 } },
                //田字形
                {       { 1,1,0,0,1,1,0,0,0,0,0,0,0,0,0,0 },
                        { 1,1,0,0,1,1,0,0,0,0,0,0,0,0,0,0 },
                        { 1,1,0,0,1,1,0,0,0,0,0,0,0,0,0,0 },
                        { 1,1,0,0,1,1,0,0,0,0,0,0,0,0,0,0 } },
                //L字形
                {       { 1,0,0,0,1,0,0,0,1,1,0,0,0,0,0,0 },
                        { 1,1,1,0,1,0,0,0,0,0,0,0,0,0,0,0 },
                        { 1,1,0,0,0,1,0,0,0,1,0,0,0,0,0,0 },
                        { 0,0,1,0,1,1,1,0,0,0,0,0,0,0,0,0 } },
                //⊥字形
                {       { 0,1,0,0,1,1,1,0,0,0,0,0,0,0,0,0 },
                        { 0,1,0,0,1,1,0,0,0,1,0,0,0,0,0,0 },
                        { 1,1,1,0,0,1,0,0,0,0,0,0,0,0,0,0 },
                        { 0,1,0,0,0,1,1,0,0,1,0,0,0,0,0,0 } } };
```

三维数组shapes存储Z、倒Z、L、J、I、田、⊥7种方块形状,每个二维数组存储一种方块旋转、变形的形状。

在生成新方块的newblock()方法中判断是否已有下一方块,如果没有,则同时产生当前方块和下一方块的形状代号和旋转状态;如果已有下一方块,则将已有的下一方块作为当前方块,再随机产生下一方块的形状代号nextblockType(0～6)和旋转状态nextturnState(0～3),若旋转状态为1,则是旋转1次后的方块,若旋转状态为2,则是旋转两次后的方块。

```java
public void newblock() {
    //没有下一方块
    if(nextblockType == -1 && nextturnState == -1){
        blockType = (int) (Math.random() * 1000) % 7;
        turnState = (int) (Math.random() * 1000) % 4;
        nextblockType = (int) (Math.random() * 1000) % 7;
        nextturnState = (int) (Math.random() * 1000) % 4;
    }
    else{                                   //已有下一方块
        blockType = nextblockType;
        turnState = nextturnState;
        nextblockType = (int) (Math.random() * 1000) % 7;
        nextturnState = (int) (Math.random() * 1000) % 4;
    }
    x = 4;y = 0;                            //屏幕上方中央
    if (gameover(x,y) == 1) {               //游戏结束
        newmap();
        drawwall();
        score = 0;
        JOptionPane.showMessageDialog(null,"GAME OVER");
    }
}
```

drawwall()用于在 map 数组中保存围墙的信息,围墙在 0 列和 11 列以及底部第 20 行。游戏区域在 0～19 行、1～10 列范围内。

```java
public void drawwall() {
    int i,j;
    for (i = 0; i < 12; i++) {              //底部第 20 行
        map[i][20] = 2;
    }
    for (j = 0; j < 21; j++) {              //在 0 列和 11 列
        map[11][j] = 2;
        map[0][j] = 2;
    }
}
```

newmap()初始化地图,将游戏区域清空(置零)。

```java
//初始化地图
public void newmap() {
    int i,j;
    for (i = 0; i < 12; i++) {
        for (j = 0; j < 21; j++) {
            map[i][j] = 0;
        }
    }
}
```

Tetrisblok()构造方法产生一个新的下落方块,同时启动定时器。定时器每隔 0.5s 触发一次。在定时器触发事件中完成屏幕的重绘,同时判断当前方块是否可以下落。如果不

可以下落，则固定当前方块，并消去可能的满行，同时产生新的当前方块。

```java
Tetrisblok() {
    newblock();
    newmap();
    drawwall();
    timer = new Timer(500,new TimerListener());      //0.5s
    timer.start();
}
//定时器监听
class TimerListener implements ActionListener {
    public void actionPerformed(ActionEvent e) {
        if (blow(x,y + 1,blockType,turnState) == 1) {    //可以下落
            y = y + 1;                                    //当前方块下移
        }
        if (blow(x,y + 1,blockType,turnState) == 0) {    //不可以下落
            add(x,y,blockType,turnState);                 //固定当前方块
            delline();                                    //消去满行
            newblock();                                   //产生新的方块
        }
        repaint();                                        //屏幕重绘
    }
}
```

以下是菜单事件的代码。通过定时器的启动、停止来达到游戏的继续和暂停。

```java
public void newGame()                                //新游戏
{
    newblock();
    newmap();
    drawwall();
}
public void pauseGame()                              //暂停游戏
{
    timer.stop();
}
public void continueGame()                           //继续游戏
{
    timer.start();
}
```

turn()是旋转当前方块的方法，将旋转次数 turnState 加 1 后，blow(x,y,blockType,turnState)判断是否可以旋转，如果不可以，则将旋转次数恢复为原来的值。

```java
//旋转当前方块的方法
public void turn() {
    int tempturnState = turnState;
    turnState = (turnState + 1) % 4;
    if (blow(x,y,blockType,turnState) == 1) {        //可以旋转
    }
    if (blow(x,y,blockType,turnState) == 0) {        //不可以旋转
        turnState = tempturnState;                    //将旋转次数恢复为原来的值
```

```
    }
    repaint();
}
```

　　left()是左移当前方块的方法。blow(x−1,y,blockType,turnState)判断是否可以左移,如果可以,则将当前方块的 x 减 1 后重绘。right()是右移的方法,原理与 left()相似。

```
//左移的方法
public void left() {
    if (blow(x - 1,y,blockType,turnState) == 1) {
        x = x - 1;
    }
    repaint();
}
//右移的方法
public void right() {
    if (blow(x + 1,y,blockType,turnState) == 1) {
        x = x + 1;
    }
    repaint();
}
```

　　down()是当前方块下落的方法。blow(x,y+1,blockType,turnState)判断是否可以下落,如果可以下落,则将当前方块的 y 加 1 后重绘;如果不可以下落,则固定当前方块,并消去可能的满行,同时产生新的当前方块。

```
//下落的方法
public void down() {
    if (blow(x,y + 1,blockType,turnState) == 1) {    //可以下落
        y = y + 1;
    }
    if (blow(x,y + 1,blockType,turnState) == 0) {    //不可以下落
        add(x,y,blockType,turnState);
        newblock();
        delline();
    }
    repaint();
}
```

　　blow(int x,int y,int blockType,int turnState)判断当前方块的位置(x,y)是否合法,如果"shapes[blockType][turnState][a*4+b]==1) && (map[x+b+1][y+a]==1"(即当前方块和地图中的固定方块重叠)或者"shapes[blockType][turnState][a*4+b]==1) && (map[x+b+1][y+a]==2"(表示碰到围墙),返回 0,表示不合法;否则返回 1,表示合法。

```
//判断移动或旋转后当前方块的位置是否合法
public int blow(int x, int y, int blockType, int turnState) {
    for (int a = 0; a < 4; a++) {
```

```
                for (int b = 0; b < 4; b++) {
                    if (((shapes[blockType][turnState][a * 4 + b] == 1) && (map[x + b + 1]
[y + a] == 1))
                    || ((shapes[blockType][turnState][a * 4 + b] == 1) && (map[x + b + 1][y + a] == 2))) {
                        return 0;
                    }
                }
            }
            return 1;
        }
```

delline()是消去满行的方法。如果第 d 行满行,则上方方块下移。

```
//消行的方法
public void delline() {
    int c = 0;
    for (int b = 0; b < 21; b++) {
        for (int a = 0; a < 12; a++) {
            if (map[a][b] == 1) {
                c = c + 1;
                if (c == 10) {                          //该行满行
                    score += 10;
                    for (int d = b; d > 0; d--) {
                        for (int e = 0; e < 12; e++) {  //上方方块下移
                            map[e][d] = map[e][d - 1];
                        }
                    }
                }
            }
        }
        c = 0;
    }
}
```

gameover(int x,int y)是判断游戏结束的方法。

```
public int gameover(int x, int y) {
    if (blow(x, y, blockType, turnState) == 0) {
        return 1;
    }
    return 0;
}
```

add(int x,int y,int blockType,int turnState)把当前方块添加到游戏地图 map 中。

```
public void add(int x, int y, int blockType, int turnState) {
    int j = 0;
    for (int a = 0; a < 4; a++) {
        for (int b = 0; b < 4; b++) {
            if (shapes[blockType][turnState][j] == 1) {
                map[x + b + 1][y + a] = shapes[blockType][turnState][j];
```

```
        }
        j++;
    }
}
```

paint(Graphics g)是屏幕重绘的方法。

```
public void paint(Graphics g) {
    super.paint(g);                    //调用父类的 paint()方法,实现初始化清屏
    int i,j;
    //绘制当前方块
    for (j = 0; j < 16; j++) {
        if (shapes[blockType][turnState][j] == 1) {
            g.fillRect((j % 4 + x + 1) * 15,(j / 4 + y) * 15,15,15);
        }
    }
    //绘制已经固定的方块和围墙
    for (j = 0; j < 21; j++) {
        for (i = 0; i < 12; i++) {
            if (map[i][j] == 1) {      //绘制已经固定的方块
                g.fillRect(i * 15,j * 15,15,15);
            }
            if (map[i][j] == 2) {      //绘制围墙
                g.drawRect(i * 15,j * 15,15,15);
            }
        }
    }
    g.drawString("score = " + score,225,15);
    g.drawString("下一方块形状",225,50);
    //在窗口右侧区域绘制下一方块
    for (j = 0; j < 16; j++) {
        if (shapes[nextblockType][nextturnState][j] == 1) {
            g.fillRect(225 + (j % 4) * 15,(j / 4) * 15 + 100,15,15);
        }
    }
}
```

以下是键盘事件,通过左、右键左、右移动方块,通过向上键旋转方块,通过向下键向下移动方块。

```
        //键盘监听
        public void keyPressed(KeyEvent e) {
            switch (e.getKeyCode()) {
            case KeyEvent.VK_DOWN:
                down();
                break;
            case KeyEvent.VK_UP:
                turn();
                break;
            case KeyEvent.VK_RIGHT:
```

```java
                right();
                break;
            case KeyEvent.VK_LEFT:
                left();
                break;
        }
    }
    //无用
    public void keyReleased(KeyEvent e) {
    }
    //无用
    public void keyTyped(KeyEvent e) {
    }
}
```

17.3.2 设计游戏窗口类

在项目中创建一个继承 JFrame 的 TetrisFrame 类，用于显示游戏界面 Tetrisblok，同时加入菜单及菜单事件监听。

```java
import java.awt.event.ActionEvent;
import java.awt.event.ActionListener;
import javax.swing.*;
public class TetrisFrame extends JFrame implements ActionListener{
    static JMenu game = new JMenu("游戏");
    JMenuItem newgame = game.add("新游戏");
    JMenuItem pause = game.add("暂停");
    JMenuItem goon = game.add("继续");
    JMenuItem exit = game.add("退出");
    static JMenu help = new JMenu("帮助");
    JMenuItem about = help.add("关于");
    Tetrisblok a = new Tetrisblok();
    public TetrisFrame(){
        addKeyListener(a);
        this.add(a);
        newgame.addActionListener(this);    //"新游戏"菜单项
        pause.addActionListener(this);      //"暂停"菜单项
        goon.addActionListener(this);       //"继续"菜单项
        about.addActionListener(this);      //"关于"菜单项
        exit.addActionListener(this);       //"退出"菜单项
    }
    public void actionPerformed(ActionEvent e) {
        if(e.getSource() == newgame)        //"新游戏"菜单项
        {
            a.newGame();
        }else if(e.getSource() == pause)    //"暂停"菜单项
        {
            a.pauseGame();
        }else if(e.getSource() == goon)     //"继续"菜单项
        {
            a.continueGame();
```

```java
        }else if(e.getSource() == about)                    //"关于"菜单项
        {
            DisplayToast("左、右键移动,向上键旋转");
        } else if(e.getSource() == exit)                     //"退出"菜单项
        {
            System.exit(0);
        }
    }
    public void DisplayToast(String str) {
        JOptionPane.showMessageDialog(null,str,"提示",
                    JOptionPane.ERROR_MESSAGE);
    }
    public static void main(String[] args) {
        TetrisFrame frame = new TetrisFrame();
        JMenuBar menu = new JMenuBar();
        frame.setJMenuBar(menu);
        menu.add(game);
        menu.add(help);
        frame.setLocationRelativeTo(null);
        frame.setDefaultCloseOperation(JFrame.EXIT_ON_CLOSE);  //结束按钮可用
        frame.setSize(320,375);
        frame.setTitle("俄罗斯方块 1.0 版");
        //frame.setUndecorated(true);
        frame.setVisible(true);
        frame.setResizable(false);
    }
}
```

至此完成俄罗斯方块游戏。

第 18 章

源码下载

两人麻将游戏

18.1 两人麻将游戏介绍

麻将起源于中国,它集益智性、趣味性、博弈性于一体,是中国传统文化的重要组成部分。不同地区的麻将游戏的规则稍有不同。每副麻将 136 张牌,主要有"饼(筒)""条(索子)""万(万贯)"等。与其他牌相比,麻将的玩法最为复杂、有趣,但它的基本打法简单,容易上手,因此成为中国历史上最能吸引人的博戏形式之一。

1. 麻将术语

麻将术语是"吃""碰""杠""听"。

- 吃:如果一位玩家手中的两张牌加上上家刚打的一张牌恰好成了顺子,他就可以吃牌。
- 碰:如果某方打出一张牌,而自己手中有两张以上的牌与该牌相同的时候,可以选择碰牌。碰牌后,取得对方打出的这张牌,加上自己提供的两张相同的牌成为刻子,倒下这个刻子,不能再出,然后再出一张牌。"碰"比"吃"优先,如果要碰的牌刚好是出牌方下家要吃的牌,则吃牌失败,碰牌成功。
- 杠:其他人打出一张牌,自己手中有 3 张相同的牌,则可以杠牌。杠牌分明杠和暗杠两种。
- 听:当将手中的牌都凑成了有用的牌,只需要再加上第 14 张便可和牌时,就可以进入听牌阶段。

2. 牌数

每副麻将共 136 张牌。

(1) 万子牌:从一万到九万各 4 张,共 36 张。

(2) 饼子牌:从一饼到九饼各 4 张,共 36 张。

(3) 条子牌:从一条到九条各 4 张,共 36 张。

(4)风牌(也属于字牌):东、南、西、北各4张,共16张。

(5)字牌:中、发、白各4张,共12张。

本章设计的是两人麻将游戏程序,可以实现玩家(人)和计算机对下。该游戏有吃牌、碰牌功能,以及和牌判断。为了降低程序的复杂度,游戏没有设计杠牌功能。另外,在程序中对计算机出牌进行了智能设计,游戏运行的初始界面如图18-1所示。

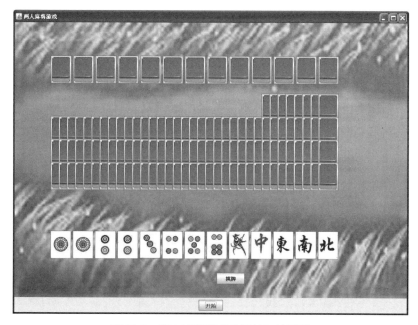

图 18-1 两人麻将游戏运行的初始界面

18.2 程序设计的思路

18.2.1 素材图片

一副麻将共136张牌。万子牌从一万到九万,饼子牌从一饼到九饼,条子牌从一条到九条,字牌有东、南、西、北、中、发、白。在设计时图片文件按以下规律编号:一饼到九饼为11.jpg~19.jpg,一条到九条为21.jpg~29.jpg,一万到九万为31.jpg~39.jpg,字牌为41.jpg~47.jpg,将牌为48.jpg和49.jpg,如图18-2所示。

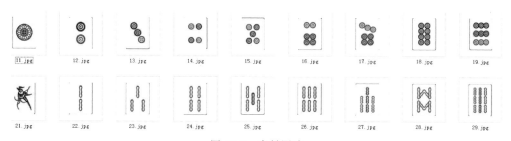

图 18-2 素材图片

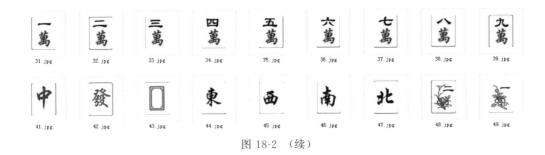

图 18-2 （续）

18.2.2 游戏逻辑的实现

在游戏中用两个定时器实现游戏逻辑及动画效果。time1 定时器主要实现在每局开始时给玩家自己和对家(计算机)发初始的 13 张牌的动画效果。time1 定时器执行 26 次，每隔 50ms 执行一次。

```
time1 = new Timer(50,new TimerListener());     //50 为 50ms,数字越小速度越快
time1.start();
//定时器监听,实现发牌过程
class TimerListener implements ActionListener {
    public void actionPerformed(ActionEvent e) {
        Shift();                               //发牌
    }
}
```

time2 定时器实现游戏逻辑。在游戏中有两个牌手，一个是玩家自己(0 号牌手)，另一个是计算机(1 号牌手)。time2 定时器根据 Order 来控制游戏的出牌顺序。Order＝0 是玩家，Order＝1 是计算机，当然 Order＝2、3 可以扩展成 4 人麻将(不再探讨,有兴趣的读者可以修改这里实现 4 人麻将)。

玩家自己出过牌则 Order＋＋,使得 Order＝1,从而轮到计算机智能出牌,计算机出完牌 Order＝0,这样又轮到玩家出牌。

```
time2 = new Timer(1000,new TimerListener2());
//定时器监听,实现出牌逻辑
class TimerListener2 implements ActionListener {
    public void actionPerformed(ActionEvent e) {
        fun2();
    }
}
private void fun2()                            //出牌顺序的控制
{
    if (Order == 0)                            //是玩家
    {
        if(MyTurn == false){
            MyTurn = true;                     //轮到玩家出牌
            Get_btn.setVisible(true);          //"摸牌"按钮可见
            //以下处理吃、碰、摸牌
            ...
```

```
        }
        return;
    }
    ComputerOut(Order);              //计算机智能出牌
    Order = 0;
}
```

在游戏过程中,playersCard 数组记录两个牌手的牌,其中 playersCard[0]记录玩家自己(0 号牌手)的牌,playersCard[1]记录计算机(1 号牌手)的牌。同理,playersOutCard 数组记录两个牌手出过的牌。所有的牌存入 m_aCards 数组,并且为了便于知道该发哪张牌,用 k 记录已发出牌的个数,从而知道要摸的牌是 m_aCards[k]。

18.2.3 碰牌和吃牌的判断

在游戏过程中,玩家自己可以碰牌和吃牌,所以需要判断对于计算机(1 号牌手)刚出的牌,玩家是否可以碰、吃,如果可以碰、吃,则显示"碰牌""吃牌"及"摸牌"按钮。

能否碰牌的判断比较简单,由于每张牌对应文件的主文件名是 imageID,所以仅统计相同 imageID 的牌即可知道是否有两张以上的牌相同,如有,则可以碰牌。

```
//是否可以碰牌
private Boolean canPeng(ArrayList a,Card card)
{
    int i,n;
    n = 0;
    Card c;
    for (i = 0; i < a.size(); i++) {
        c = (Card)a.get(i);
        if(c.imageID == card.imageID){
            n++;
        }
    }
    if(n >= 2){
        return true;
    }
    return false;
}
```

能否吃牌的判断也比较简单,由于牌手手里的牌(a 数组)已经排过序,只要判断是否符合以下 3 种情况即可:

```
1 * *
* 1 *
* * 1
```

1 代表对方刚出的牌,如果符合这 3 种情况,则可以吃牌。

```
//是否可以吃牌
private Boolean canChi(ArrayList a,Card card)
```

```
{
    int i,n;
    n = 0;
    Card c1,c2;
    for (i = 0; i < a.size() - 1; i++) {        //1**
        c1 = (Card)a.get(i);
        c2 = (Card)a.get(i + 1);
        if(c1.m_nNum == card.m_nNum + 1 && c1.m_nType == card.m_nType
            &&c2.m_nNum == card.m_nNum + 2 && c2.m_nType == card.m_nType){
            return true;
        }
    }
    for (i = 0; i < a.size() - 1; i++) {        //*1*
        c1 = (Card)a.get(i);
        c2 = (Card)a.get(i + 1);
        if(c1.m_nNum == card.m_nNum - 1 && c1.m_nType == card.m_nType
            &&c2.m_nNum == card.m_nNum + 1 && c2.m_nType == card.m_nType){
            return true;
        }
    }
    for (i = 0; i < a.size() - 1; i++) {        //**1
        c1 = (Card)a.get(i);
        c2 = (Card)a.get(i + 1);
        if(c1.m_nNum == card.m_nNum - 2 && c1.m_nType == card.m_nType
            &&c2.m_nNum == card.m_nNum - 1 && c2.m_nType == card.m_nType){
            return true;
        }
    }
    return false;
}
```

18.2.4 和牌算法

1. 数据结构的定义

麻将由"万""饼(筒)""条(索)""字"4类牌组成,其中"万"又分为"一万""二万"…"九万"各4张,共36张,"饼""条"类似,"字"分为"东""南""西""北""中""发"和"白"各4张,共28张。

这里定义了一个 4×10 的数组 allPai,它记录着牌手手中的牌的全部信息,行号记录类别信息,第 0~3 行分别代表"饼""条""万"和"字"。

以第 2 行为例,它的第 0 列记录了牌中所有"万"的总数,第 1~9 列分别对应"一万"~"九万"的个数,"饼""条"类似。"字"不同的是第 1~7 列对应的是"中""发""白""东""南""西"和"北"的个数,第 8、9 列恒为 0。

根据麻将的规则,数组中的牌总数一定为 3n+2,其中 n=0、1、2、3、4。例如有下面的数组:

```
private int[][] allPai = {
                {6,1,1,1,0,3},        //饼
                {5,0,2,0,3},          //条
```

```
            {0},               //万
            {3,0,3}            //字
};
```

它表示牌手手中的牌为"一饼""二饼""三饼""五饼""五饼""五饼","一条""二条""四条""四条""四条","发""发""发",共6张"饼"、5张"条"、0张"万"、3张"字"。

2. 算法设计

由于"七对子""十三幺"这种特殊牌型的和牌依据不是牌的相互组合,而且规则不尽相同,这里将这类情况排除在外。

尽管能构成和牌的形式千变万化,但稍加分析可以看出它离不开一个模型:可以分解为"三、三、…、三、二"的形式(总牌数为3n+2),其中的"三"表示的是"顺"或"刻"(连续3张牌叫作"顺",例如"三饼""四饼""五饼","字"牌不存在"顺";3张同样的牌叫作"刻",例如"三饼""三饼""三饼");其中的"二"表示的是"将"(两张相同的牌可作为"将",例如"三饼""三饼")。

在代码实现中,首先判断牌手手中的牌是否符合这个模型,这样就用极少的代码排除了大多数情况,具体方法是用3除allPai[i][0],其中i=0、1、2、3,只有在余数有且仅有一个为2,其余全为0的情况下才可能构成和牌。

对于余数为0的牌,一定要能分解成"刻"和"顺"的组合,这是一个递归的过程,由bool Analyze(int[],bool)处理。

对于余数为2的牌,一定要能分解成一对"将"与"刻"及"顺"的组合,由于任何数目大于等于2的牌均有作为"将"的可能,需要对每张牌进行轮询,如果它的数目大于等于2,去掉这对"将"后再分析它能否分解为"刻"和"顺"的组合,这个过程的开销相对较大,放在了程序的最后进行处理。在递归和轮询过程中,尽管每次去掉了某些牌,但最终都会再次将这些牌加上,使得数组中的数据保持不变。

最后分析bool Analyze(int[],bool),数组参数表示"万""饼""条""字"牌之一,布尔参数指出数组参数是否为"字"牌,这是因为"字"牌只能"刻"不能"顺"。对于数组中的第1张牌,要构成和牌,它必须与其他牌构成"顺"或"刻"。

如果数目大于等于3,那么它一定是以"刻"的形式组合。例如,当前有3张"五万",如果它们构不成"刻",则必须有3张"六万"、3张"七万"与其构成3个"顺"(注意,此时"五万"是数组中的第1张牌),否则就会剩下"五万"不能组合,而此时的3个"顺"实际上也是3个"刻"。去掉这3张牌,递归调用bool Analyze(int[],bool),如果成功则和牌。当该牌不是"字"牌且其下两张牌均存在时,它还可以构成"顺",去掉这3张牌,递归调用bool Analyze(int[],bool),如果成功则和牌。如果此时还不能构成和牌,说明该牌不能与其他牌顺利组合,传入的参数不能分解为"顺"和"刻"的组合,不可以构成和牌。

这里根据上述思想单独设计一个类文件(huMain.java)验证和牌算法,代码如下:

```
ublic class huMain {
    //定义手中的牌
    private int[][] allPai = {
            {6,1,4,1},         //饼
            {3,1,1,1},         //条
```

```java
                    {0},                        //万
                    {5,2,3}                     //字
    };
    public huMain() {                           //验证和牌
        if (Win (allPai))
            System.out.print("Hu!\n");
        else
            System.out.print("Not Hu!\n");
    }
    //判断是否和牌
    public Boolean Win(int[][] allPai) {
        int jiangPos = 0;                       //"将"的位置
        int yuShu;                              //余数
        Boolean jiangExisted = false;
        int i,j;
        //第1步是否满足"三、三、三、三、二"
        for(i = 0;i < 4;i++)
        {
            yuShu = allPai[i][0] % 3;
            if (yuShu == 1) {
                return false;
            }
            if (yuShu == 2) {
                if (jiangExisted) {
                    return false;
                }
                jiangPos = i;                   //"将"在哪行
                jiangExisted = true;
            }
        }
        //不含"将"处理
        for(i = 0;i < 4;i++)
        {
            if (i != jiangPos) {
                if (!Analyze(allPai[i],i == 3)){
                    return false;
                }
            }
        }
        //该类牌中要包含"将",因为要对"将"进行轮询,效率较低,放在最后
        Boolean success = false;                //指出除掉"将"后能否通过
        for(j = 1;j < 10;j++)                   //对列进行操作,用j表示
        {
            if (allPai[jiangPos][j] >= 2){
                //除去这两张"将"牌
                allPai[jiangPos][j] -= 2;
                allPai[jiangPos][0] -= 2;
                if(Analyze(allPai[jiangPos],jiangPos == 3))
                    success = true;
                //还原这两张"将"牌
                allPai[jiangPos][j] += 2;
                allPai[jiangPos][0] += 2;
                if (success) break;
```

```java
            }
        }
        return success;
    }
    //分解成"刻""顺"组合
    private Boolean Analyze(int[] aKindPai,Boolean ziPai) {
        int i,j;
        if (aKindPai[0] == 0)
            return true;
        //寻找第 1 张牌
        for(j = 1;j < 10;j++){
            if (aKindPai[j]!= 0)
                break;
        }
        Boolean result;
        if (aKindPai[j]>= 3)                //作为"刻"牌
        {
            //除去这 3 张"刻"牌
            aKindPai[j] -= 3;
            aKindPai[0] -= 3;
            result = Analyze(aKindPai,ziPai);
            //还原这 3 张"刻"牌
            aKindPai[j] += 3;
            aKindPai[0] += 3;
            return result;
        }
        //作为"顺"牌
        if ((!ziPai)&&(j < 8) &&(aKindPai[j + 1]> 0) &&(aKindPai[j + 2]> 0)){
            //除去这 3 张"顺"牌
            aKindPai[j] -- ;
            aKindPai[j + 1] -- ;
            aKindPai[j + 2] -- ;
            aKindPai[0] -= 3;
            result = Analyze(aKindPai,ziPai);
            //还原这 3 张"顺"牌
            aKindPai[j]++;
            aKindPai[j + 1]++;
            aKindPai[j + 2]++;
            aKindPai[0] += 3;
            return result;
        }
        return false;
    }
}
```

18.2.5 实现计算机智能出牌

在游戏中有两个牌手,一个是玩家自己(0 号牌手),另一个是计算机(1 号牌手)。如果计算机只能随机出牌,则游戏的可玩性较差,所以智能出牌是本游戏的一个设计重点。

为了判断出牌,首先需要计算牌手手中各种牌型的数量。paiArray 数组存储和牌算法数据结构,它记录牌手手中的牌的全部信息,行号记录类别信息,第 0~3 行分别代表"饼"

"条""万"和"字"。这里给出一个智能出牌的算法。

假设 Cards 为牌手手中所有的牌。

(1) 判断字牌的单张,即 paiArray 中行号为 3 的元素是否为 1。如果是,则找到,返回它在 Cards 中的索引号。

(2) 判断顺子、刻子(3 张相同的),有则从 paiArray 中消去,即不需要考虑这些牌。

(3) 判断单张非字牌(饼、条、万),有则找到,返回它在 Cards 中的索引号。

(4) 判断两张牌(饼、条、万,包括字牌),有则找到(即拆双牌),返回它在 Cards 中的索引号。

(5) 如果以上情况均没出现,则随机选出一张牌,当然此种情况一般不会出现。

```java
//计算机智能出牌 V1.0,计算出牌的索引号
private int ComputerCard(ArrayList cards) {
    //计算牌手手中各种牌型的数量
    int i,j,k;
    int[][] paiArray = {{0,0,0,0,0,0,0,0,0,0},
                        {0,0,0,0,0,0,0,0,0,0},
                        {0,0,0,0,0,0,0,0,0,0},
                        {0,0,0,0,0,0,0,0,0,0}};
    Card card = null;
    for (i = 0; i <= 13; i++) {
        card = (Card)cards.get(i);
        if(card.imageID > 10 &&card.imageID < 20)     //饼
        {
            paiArray[0][0] += 1;
            paiArray[0][card.imageID - 10] += 1;
        }
        if(card.imageID > 20 &&card.imageID < 30)     //条
        {
            paiArray[1][0] += 1;
            paiArray[1][card.imageID - 20] += 1;
        }
        if(card.imageID > 30 &&card.imageID < 40)     //万
        {
            paiArray[2][0] += 1;
            paiArray[2][card.imageID - 30] += 1;
        }
        if(card.imageID > 40 &&card.imageID < 50)     //字
        {
            paiArray[3][0] += 1;
            paiArray[3][card.imageID - 40] += 1;
        }
    }
    System.out.print(paiArray);
    //计算机智能选牌
    //(1)判断字牌的单张,有则找到
    for (j = 1; j < 10; j++) {
        if(paiArray[3][j] == 1)
        {
            //获取手中牌的位置下标
            k = ComputerSelectCard(cards,3 + 1,j);
```

```java
            return k;
        }
    }
    //(2)判断顺子、刻子(3张相同的)
    for (i = 0; i < 3; i++) {
        for (j = 1; j < 10; j++) {
            if(paiArray[i][j] >= 3)                    //刻子
                paiArray[i][j] -= 3;
            if(j <= 7 && paiArray[i][j] >= 1 && paiArray[i][j+1] >= 1
              && paiArray[i][j+2] >= 1)
            {                                          //顺子
                paiArray[i][j] -= 1;
                paiArray[i][j+1] -= 1;
                paiArray[i][j+2] -= 1;
            }
        }
    }
    //(3)判断单张非字牌(饼、条、万),有则找到
    for (i = 0; i < 3 ; i++) {
        for (j = 1; j < 10; j++){
            if(paiArray[i][j] == 1){
                //获取手中牌的位置下标
                k = ComputerSelectCard(cards, i+1, j);
                return k;
            }
        }
    }
    //(4)判断两张牌(饼、条、万,包括字牌),有则找到,拆双牌
    for (i = 3; i >= 0; i--) {
        for (j = 1; j < 10; j++){
            if(paiArray[i][j] == 2){
                //获取手中牌的位置下标
                k = ComputerSelectCard(cards, i+1, j);
                return k;
            }
        }
    }
    //(5)如果以上情况均没出现,则随机选出一张牌
    Random rd1 = new Random();
    k = rd1.nextInt(14);                               //随机选出一张牌
    return k;
}
```

18.3 关键技术

18.3.1 对 ArrayList 进行排序

Java 中的 ArrayList 需要通过 Collections 类的 sort() 方法进行排序。如果用户想自定义排序方式,则需要用类来实现 Comparator 接口并重写 compare() 方法。

在调用 Collections 类的 sort() 方法时，将 ArrayList 对象与实现 Comparator 接口的类的对象作为参数传入。

示例：Collections.sort(studentList,new SortByAge());

```java
import java.util.ArrayList;
import java.util.Collections;
import java.util.Comparator;
import java.util.List;
public class Test {
 public static void main(String[] args) {
   Student zlj = new Student("丁晓宇",21);
   Student dxy = new Student("赵四",22);
   Student cjc = new Student("张三",11);
   Student lgc = new Student("刘武",19);

   List<Student> studentList = new ArrayList<Student>();
   studentList.add(zlj);
   studentList.add(dxy);
   studentList.add(cjc);
   studentList.add(lgc);

   Collections.sort(studentList,new SortByAge());
   for (Student student : studentList) {
       System.out.println(student.getName() + " / " + student.getAge());
   }
   System.out.println(" = ");
   Collections.sort(studentList,new SortByName());
   for (Student student : studentList) {
       System.out.println(student.getName() + " / " + student.getAge());
   }
  }
}

class SortByAge implements Comparator {         //按年龄排序的 Comparator
 public int compare(Object o1,Object o2) {
   Student s1 = (Student) o1;
   Student s2 = (Student) o2;
   if (s1.getAge() > s2.getAge())
    return 1;
   return 0;
  }
}
class SortByName implements Comparator {        //按姓名排序的 Comparator
 public int compare(Object o1,Object o2) {
   Student s1 = (Student) o1;
   Student s2 = (Student) o2;
   return s1.getName().compareTo(s2.getName());
  }
}
```

18.3.2 设置 Java 组件的重叠顺序

当 Java 组件重叠时,setComponentZOrder()方法指定在容器中 Z 轴顺序的索引可以设置组件的绘制顺序。Z 轴顺序确定了绘制组件的顺序,即具有最高 Z 轴顺序的组件将被第一个绘制,而具有最低 Z 轴顺序的组件将被最后一个绘制。在组件重叠的地方,具有较低 Z 轴顺序的组件将遮挡(覆盖)具有较高 Z 轴顺序的组件。

在 setComponentZOrder(Component comp,int index)方法中,参数 comp 是要移动的组件;参数 index 为在容器的列表中插入组件的位置,如果是 getComponentCount(),指追加到容器的尾部。

例如:

```
private void outCardOrder(ArrayList cards)    //整理出过的牌,Z轴深度(重叠遮挡)问题
{
    for (int n = 0; n < cards.size(); n++) {    //重新设置出过的牌在场景中的Z轴位置
        this.setComponentZOrder((Card)cards.get(n),0);
    }
}
```

这样将出过的牌进行整理,得到后出的牌遮挡以前出的牌的效果,如图 18-3 所示。

如果在容器间移动的 index 不在 [0,getComponentCount()]范围内,或者在容器内移动的 index 不在[0,getComponentCount()-1]范围内,会抛出 IllegalArgumentException 异常。

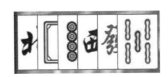

图 18-3 后出的牌遮挡以前出的牌

18.4 程序设计的步骤

18.4.1 设计麻将牌类

Card 类为麻将牌类,其构造函数根据参数 type 指定麻将牌的类型,根据参数 num 指定麻将牌的点数,通过牌的类型和牌的点数可以得出对应的麻将牌图片。麻将牌的所有图片文件如图 18-2 所示。

麻将牌类 Card 可以实现麻将牌的正面、背面显示以及移动的功能。

```
package classes{                              //该类所在的包
import javax.swing.Icon;
import javax.swing.ImageIcon;
import javax.swing.JButton;
public class Card extends JButton {
    public Boolean m_bFront;                  //是否显示牌正面的标志
    public int m_nType;                       //牌的类型,饼=1,条=2,万=3,字=4
    public int m_nNum;                        //牌的点数(一~九)
    private String FrontURL;                  //牌文件的URL路径
```

```java
        public int imageID;                                      //牌的图像编号 ID
        public int cardID;                                       //牌的在数组中的索引 ID
        public int x,y;                                          //牌的坐标
        //构造函数,参数 type 指定牌的类型,参数 num 指定牌的点数
        public Card(int type,int num)
        {
            m_nType = type;
            m_nNum = num;
            //根据牌的类型及编号来设置牌的路径及文件名
            switch (m_nType){
                case 1:                                          //饼(筒)
                    FrontURL = "res/nan/1";
                    break;
                case 2:                                          //条
                    FrontURL = "res/nan/2";
                    break;
                case 3:                                          //万
                    FrontURL = "res/nan/3";
                    break;
                case 4:                                          //字
                    FrontURL = "res/nan/4";
                    break;
            }
            imageID = m_nType * 10 + num;
            FrontURL = FrontURL + String.valueOf(m_nNum);        //URL 地址
            FrontURL = FrontURL + ".jpg";
            showPic(FrontURL);
            this.m_bFront = true;
            this.setSize(51,67);                                 //麻将牌方块的大小
            this.x = getX();
            this.y = getY();
        }
        public void setFront(Boolean b) {                        //是否显示牌的正面
            this.m_bFront = b;
            if (b == true){
                showPic(FrontURL);                               //显示正面图片
            }
            else{
                showPic("res/bei.jpg");                          //显示背面图片
            }
        }
        public void showPic(String FrontURL) {                   //显示指定牌的正面
            Icon icon = new ImageIcon(FrontURL);                 //获取指定牌的图标
            setIcon(icon);
        }
        public void MoveTo(int x1,int y1){
            this.setLocation(x1,y1);
            //go(this,(x1 - x)/30,(y1 - y)/30);
        }
        public int getX(){
            return this.getBounds().x;
        }
        public int getY(){
```

```
            return this.getBounds().y;
    }
    public int getImageID(){
            return imageID;
    }
}
```

18.4.2 设计游戏面板类

导入包及相关的类:

```java
import java.awt.*;
import java.awt.event.*;
import java.io.File;
import java.io.IOException;
import javax.imageio.ImageIO;
import javax.swing.*;
import java.util.ArrayList;
import java.util.Random;
import javax.swing.Timer;
import java.util.Collections;
import java.util.Comparator;
//声音
import sun.audio.*;
import java.io.*;
public class frogPanel extends JPanel implements MouseListener{
    public Card m_aCards[];                        //牌数组
    public int m_nScore;                           //当前积分
    public Card m_LastCard;                        //牌手上次选定的牌
    //记录两个牌手拿到的牌
    public ArrayList<Card> playersCard[] = new ArrayList[2];
    //记录两个牌手出过的牌
    public ArrayList<Card> playersOutCard[] = new ArrayList[2];
    private int k = 0;                             //记录已发出牌的个数
    private Card PlayerSelectCard;                 //牌手选定的麻将牌
    private Boolean MyTurn = false;                //是否该玩家出牌
    private int Order = 0;                         //记录轮到谁出牌
    private Card JustOutCard;                      //上家刚出的麻将牌
    private Image image;                           //背景图片
    Timer time1;                                   //控制发牌的计时器
    Timer time2;                                   //控制游戏出牌顺序的计时器
    JButton Get_btn = new JButton();               //实例化"摸牌"按钮
    JButton Peng_btn = new JButton();              //实例化"碰牌"按钮
    JButton Chi_btn = new JButton();               //实例化"吃牌"按钮
    JButton Out_btn = new JButton();               //实例化"出牌"按钮
    JButton Win_btn = new JButton();               //实例化"和牌"按钮
```

gameMain()加载136张麻将牌到舞台,同时重置游戏,完成洗牌功能,即随机交换 m_aCards数组中的两张牌;并将136张麻将牌的背面显示在舞台上,设置两家26张初始的麻将牌的位置;对舞台上所需要的按钮添加事件监听。

```java
public void gameMain()
{
    LoadCards();                                //加载136张麻将牌到舞台
    ResetGame();                                //重置游戏
    this.setLayout(null);
    Get_btn.setText("摸牌");    Get_btn.setSize(70,27);
    Peng_btn.setText("碰牌");   Peng_btn.setSize(70,27);
    Chi_btn.setText("吃牌");    Chi_btn.setSize(70,27);
    Out_btn.setText("出牌");    Out_btn.setSize(70,27);
    Win_btn.setText("和牌");    Win_btn.setSize(70,27);
    this.add(Get_btn);
    Get_btn.setLocation(500,600);
    this.add(Peng_btn);
    Chi_btn.setLocation(600,600);
    this.add(Chi_btn);
    Peng_btn.setLocation(700,600);
    this.add(Out_btn);
    Out_btn.setLocation(800,600);
    this.add(Win_btn);
    Win_btn.setLocation(900,600);
    Get_btn.setVisible(false);                  //"摸牌"按钮不可见
    Out_btn.setVisible(false);                  //"出牌"按钮不可见
    Win_btn.setVisible(false);                  //"和牌"按钮不可见
    Chi_btn.setVisible(false);                  //"吃牌"按钮不可见
    Peng_btn.setVisible(false);                 //"碰牌"按钮不可见
    //4个按钮的单击事件监听此处略,见后文
}
```

LoadCards()创建136张麻将牌,并将牌添加到Panel场景和m_aCards数组中。

```java
//LoadCards()创建136张麻将牌,并将牌添加到Panel场景和m_aCards数组中
public void LoadCards()                         //创建136张麻将牌
{
    m_aCards = new Card[136];
    int type,num,n,count = 0;
    Card card;
    
    for(type = 1; type <= 3; type ++)           //饼、条、万
    {
        for(num = 1; num <= 9; num ++){
            for(n = 1; n <= 4; n++){
                card = new Card(type,num);      //创建饼、条、万牌
                this.add(card);                 //将牌添加到Panel场景
                m_aCards[count] = card;         //将牌添加到数组
                count++;
            }
        }
    }
    type = 4;                                   //字牌
    for(num = 1; num <= 7; num ++){
        for(n = 1; n <= 4; n ++){
            card = new Card(type,num);          //创建字牌
```

```java
            this.add(card);                        //将牌添加到 Panel 场景
            m_aCards[count] = card;                //将牌添加到数组
            count++;
        }
    }
}
```

ResetGame()完成洗牌操作，通过 time1 定时器发给两家初始的 26 张麻将牌，并设置 26 张初始麻将牌的位置。

```java
public void ResetGame()                            //设置麻将牌的初始位置
{
    ExchangeCards();                               //洗牌操作
    //开始发牌
    time1 = new Timer(50,new TimerListener());     //50 为 50ms,数字越小速度越快
    time1.start();
    time2 = new Timer(1000,new TimerListener2());
    m_LastCard = null;                             //上次玩家所选择的牌
    JustOutCard = null;                            //上家刚出的牌
    playersCard[0] = new ArrayList();              //玩家手中的牌
    playersCard[1] = new ArrayList();              //计算机手中的牌

    playersOutCard[0] = new ArrayList();           //玩家出过的牌
    playersOutCard[1] = new ArrayList();           //计算机出过的牌
    Peng_btn.setVisible(false);
    Chi_btn.setVisible(false);
    m_nScore = 0;                                  //当前的积分
}
```

ExchangeCards()完成洗牌功能，即随机交换 m_aCards 数组中的两张牌，并将 136 张麻将牌的背面显示在面板上。

```java
public void ExchangeCards()                        //洗牌,即随机交换两张牌
{
    int i,j,n;
    int num = 50;                                  //洗 50 次
    Card temp;
    Random rd1 = new Random();
    for(n = 0; n < num; n++)
    {
        //Random 的 nextInt(int n)方法返回一个[0,n)范围内的随机数
        i = rd1.nextInt(136);                      //随机选出第 1 张牌
        j = rd1.nextInt(136);                      //随机选出第 2 张牌
        //交换两张牌在数组中的索引位置
        temp = m_aCards[i];
        m_aCards[i] = m_aCards[j];
        m_aCards[j] = temp;
    }
    for (n = 0; n < m_aCards.length; n++) {        //重新设置 136 张牌在面板中的位置
        m_aCards[n].x = 90 + 20 * (n % 34);
        m_aCards[n].y = 170 + 55 * (n - n % 34)/34;
```

```java
            m_aCards[n].MoveTo(m_aCards[n].x,m_aCards[n].y);
            //m_aCards[n].setComponentZOrder(m_aCards[n],n);
            this.setComponentZOrder(m_aCards[n],0);
            m_aCards[n].setFront(false);           //显示麻将牌的背面
    }
}
```

Shift()设置最初 26 张麻将牌的位置,同时对发给玩家自己的麻将牌加上监听,当用鼠标单击麻将牌时,系统将调用 mouseClicked;对发给对家(计算机)的麻将牌则不需要监听。在给每个牌手发完 13 张牌以后,需要调用 sortPoker2(cards)按花色理一下牌手手中的牌。

```java
public void Shift()           //设置最初发的26张麻将牌的位置,即每个牌手的13张麻将牌的位置
{
    int i,j;
    i = k%2;
    j = (k-k%2)/2;
    switch (i) {
        case 0:                                    //玩家自己
            m_aCards[k].setFront(true);            //显示麻将牌的正面
            m_aCards[k].MoveTo(90 + 55 * j,500);
            //监听每张麻将牌,当用鼠标单击麻将牌时,系统将调用 mouseClicked
            m_aCards[k].addMouseListener(this);
            break;
        case 1:                                    //玩家的对家(计算机)
            m_aCards[k].MoveTo(90 + 55 * j,80);
            m_aCards[k].setFront(false);           //显示麻将牌的背面
            //m_aCards[k].rotation = 180;          //180°旋转牌
            break;
    }
    playersCard[(k%2)].add(m_aCards[k]);           //按顺序存储到记录两个牌手的牌的数组
    k++;
    if(k == 26){
        //结束发牌
        time1.stop();
        //玩家按花色理一下手中的牌
        sortPoker2(playersCard[0]);
        //计算机按花色理一下手中的牌
        sortPoker2(playersCard[1]);
        Get_btn.setVisible(true);                  //"出牌"按钮可见
        time2.start();                             //开始游戏逻辑
        //OuterPlayerNum = 0;                      //出牌人数为 0
    }
}
```

sortPoker2(ArrayList cards)按花色理一下玩家手中的牌 cards。由于 imageID 是按照花色编号的,所以按照 imageID 的大小排序就可以了。

```java
public void sortPoker2(ArrayList cards){          //按花色理一下牌手手中的牌
    int index,n,newx,y;
```

```java
            Card temp;
            n = cards.size();                              //牌的个数
            //排序
            Collections.sort(cards,new SortByImageID());
            System.out.println("排序后 2");
            for (index = 0; index < n; index++) {          //重新设置各张牌在场景中的位置
                newx = 90 + 55 * index;
                y = ((Card)cards.get(index)).getY();
                ((Card)cards.get(index)).MoveTo(newx,y);
                ((Card)cards.get(index)).cardID = index;
            }
        }
    class SortByImageID implements Comparator {
        public int compare(Object o1,Object o2) {
            Card s1 = (Card) o1;
            Card s2 = (Card) o2;
        if (s1.getImageID() > s2.getImageID())
        return 1;
        return 0;
        }
    }
```

玩家手中的牌可以响应鼠标单击,当玩家单击麻将牌时,系统将调用 mouseClicked 事件函数。e.getSource()可以获取用户单击的麻将牌对象,将此牌上移 20 像素。如果已经选过牌,则还需要将已经选过的牌下移 20 像素。

```java
//当玩家单击麻将牌时,系统将自动调用此函数
public void mouseClicked(MouseEvent e) {
//TODO Auto-generated method stub
//找到相应的麻将牌对象
int i;
if(MyTurn == false||Get_btn.isShowing() == true)return;
Card card = null;
    for (i = 0; i < playersCard[0].size(); i++) {
        if (playersCard[0].get(i) == e.getSource())        //获取触发事件的对象
        {   card = playersCard[0].get(i);
            System.out.println("单击的是" + String.valueOf(card.m_nType)
                + String.valueOf(card.m_nNum));
            break;
        }
    }
    if(card == null)return;                                //没找到相应的麻将牌对象
    if(card.m_bFront == true){
    card.MoveTo(card.getX(),card.getY() - 20);
    card.y -= 20;                                          //上移 20 像素
    if(m_LastCard == null){                                //未选过的牌
        m_LastCard = card;
        PlayerSelectCard = card;
    }else{                                                 //已经选过的牌
        m_LastCard.MoveTo(m_LastCard.getX(),m_LastCard.getY() + 20);
        m_LastCard.y += 20;                                //下移 20 像素
```

```
            m_LastCard = card;
            PlayerSelectCard = card;
        }
    }
}
```

以下是 4 个按钮的单击事件处理。

在"摸牌"按钮的单击事件中,将 m_aCards[k]牌移动到玩家牌所在的位置,并按花色理牌;调用 ComputerCardNum(playersCard[0])计算牌手手中各种牌型的数量,并判断是否和牌,如果和牌,则游戏结束。

```
Get_btn.addActionListener(new ActionListener() {
    public void actionPerformed(final ActionEvent e) {
        OnBtnGetClick();                    //"摸牌"按钮事件
    }
});
private void OnBtnGetClick()                //"摸牌"按钮事件
{
    //玩家按花色理一下手中的牌
    m_aCards[k].MoveTo(90 + 55 * 13,500);
    m_aCards[k].setFront(true);             //显示麻将牌的正面
    playersCard[0].add(m_aCards[k]);        //第 14 张牌
    //监听第 14 张牌
    //m_aCards[k].addMouseListener(this);   //错误
    cardAddMouseListener(m_aCards[k]);
    sortPoker2(playersCard[0]);             //按顺序存储到记录牌手手中的牌的数组
    Boolean result1;
    result1 = ComputerCardNum(playersCard[0]); //计算牌手手中各种牌型的数量,判断是否和牌
    if(result1)                             //和牌了
    {
        Get_btn.setVisible(false);          //"摸牌"按钮不可见
        Peng_btn.setVisible(false);
        Chi_btn.setVisible(false);
        return;                             //玩家不需要再出牌
    }
    k++;                                    //下一张要摸的牌在 m_aCards 数组中的索引号
    Get_btn.setVisible(false);              //"摸牌"按钮不可见
    Peng_btn.setVisible(false);
    Chi_btn.setVisible(false);
    Out_btn.setVisible(true);               //"出牌"按钮可见
}
//对玩家拿的牌加上监听
private void cardAddMouseListener(Card card){
    card.addMouseListener(this);
}
```

在"出牌"按钮的单击事件中,将被选中的牌 PlayerSelectCard 移到左侧,并从 playersCard[0]中删除被选中的牌。Order++则可以轮到计算机出牌。

```
Out_btn.addActionListener(new ActionListener() {
    public void actionPerformed(final ActionEvent e) {
```

```java
            if(PlayerSelectCard!= null){
                Out_btn.setVisible(false);            //"出牌"按钮不可见
                playersOutCard[0].add(PlayerSelectCard);
                PlayerSelectCard.x = playersOutCard[0].size() * 25 - 25; //移动被选中的牌
                PlayerSelectCard.y = 420;
                PlayerSelectCard.MoveTo(PlayerSelectCard.x,PlayerSelectCard.y);
                outCardOrder(playersOutCard[0]);     //整理玩家出的牌的Z轴深度
                //玩家的牌减少
                playersCard[0].remove(PlayerSelectCard);
                m_LastCard = null;
                PlayerSelectCard = null;
                Order++;                              //下家
                MyTurn = false;
            }
        }
    });
    private void outCardOrder(ArrayList cards)        //整理出过的牌,Z轴深度(重叠遮挡)问题
    {
        for (int n = 0; n < cards.size(); n++) {     //重新设置出过的牌在场景中的Z轴位置
            this.setComponentZOrder((Card)cards.get(n),0);
        }
    }
```

对于碰牌和吃牌,这里不再区分处理,仅将对家的牌加入玩家自己牌的 playersCard[0] 数组中。对 playersCard[0] 中记录的牌进行排序,以达到理牌的目的。最后计算牌手手中各种牌型的数量,判断是否和牌,如果和牌,则"出牌"按钮不可见,否则"出牌"按钮可见,玩家选择牌后可以出牌。

```java
        //对于碰牌和吃牌,这里不再区分处理
        Chi_btn.addActionListener(new ActionListener() {   //"吃牌"按钮单击事件
            public void actionPerformed(final ActionEvent e) {
            Card card;
            card = playersOutCard[1].get(playersOutCard[1].size()-1);
            card.MoveTo(90 + 55 * 13,500);
            card.setFront(true);                          //显示麻将牌的正面
            playersCard[0].add(card);                     //第 14 张牌
            //监听第 14 张牌
            //card.addEventListener(MouseEvent.CLICK,OnCardClick);
            cardAddMouseListener(card);

            sortPoker2(playersCard[0]);                   //按顺序存储到记录牌手手中的牌的数组
            Boolean result1;
            result1 = ComputerCardNum(playersCard[0]);    //计算牌手手中各种牌型的数量,判断是
                                                          //否和牌
            if(result1)                                   //和牌了
            {
                Get_btn.setVisible(false);                //"摸牌"按钮不可见
                Peng_btn.setVisible(false);
                Chi_btn.setVisible(false);
                return;                                   //玩家不需要再出牌
            }
            Get_btn.setVisible(false);                    //"摸牌"按钮不可见
            Out_btn.setVisible(true);                     //"出牌"按钮可见
```

```java
            Peng_btn.setVisible(false);
            Chi_btn.setVisible(false);
    }
});
    Peng_btn.addActionListener(new ActionListener(){      //"碰牌"按钮单击事件
        public void actionPerformed(final ActionEvent e) {
            //代码同吃牌
        }
    });
}
```

time2 定时器实现游戏逻辑。在游戏中有两个牌手,一个是玩家自己(0 号牌手),另一个是计算机(1 号牌手)。time2 定时器根据 Order 来控制游戏的出牌顺序,Order＝0 是玩家,Order＝1 是计算机。

```java
private void fun2()                                    //出牌顺序的控制
{
    if (Order == 0)                                    //是玩家
    {
        if(MyTurn == false)
        {
            MyTurn = true;                             //轮到玩家出牌
            Get_btn.setVisible(true);                  //"摸牌"按钮可见
            if(playersOutCard[1].size()> 0)
            {
                //取计算机刚出的牌,即最后一张(已出的牌中)
                Card card = playersOutCard[1].get(playersOutCard[1].size()-1);
                //判断计算机出的牌玩家是否可以吃、碰
                if(canPeng(playersCard[0],card))       //是否可以碰牌
                {
                    Peng_btn.setVisible(true);         //"碰牌"按钮可见
                }
                if (canChi(playersCard[0],card))       //是否可以吃牌
                {
                    Chi_btn.setVisible(true);          //"吃牌"按钮可见
                }
                //不能吃、碰,则只能直接摸牌
                if (!canChi(playersCard[0],card)&&!canPeng(playersCard[0],card))
                {
                    Peng_btn.setVisible(false);
                    Chi_btn.setVisible(false);
                    //OnBtnGetClick();                 //直接摸牌
                }
            }
            else{                                      //对家没出过牌,直接摸牌
                //OnBtnGetClick();                     //直接摸牌
            }
        }
        return;
    }
    ComputerOut(Order);                                //计算机智能出牌
    Order = 0;
}
```

为了在不能吃、碰的情况下自动摸牌，而不需要在玩家单击"摸牌"按钮后才摸牌，可以将上面的"直接摸牌"两行注释取消掉，这样就可以减少让玩家摸牌的麻烦，但是若可以选择吃、碰，这时还是可以让玩家单击"摸牌"按钮的，因为玩家可以放弃吃、碰。

ComputerOut(Order:int)实现计算机智能出牌，首先将 m_aCards[k]牌移动到对家（计算机）牌所在的位置，并按花色理牌；调用 ComputerCardNum(playersCard[0])计算牌手手中各种牌型的数量，并判断是否和牌。如果和牌，则游戏结束，否则调用 ComputerCard(playersCard[1])智能出牌，同时播放对应的声音文件。

```
//ComputerOut(Order:int)实现计算机智能出牌
private void ComputerOut(int Order)                 //计算机出牌
{
    int i;
    //对家(计算机)摸牌
    m_aCards[k].MoveTo(90 + 55 * 13,80);
    m_aCards[k].setFront(false);                    //显示麻将牌的背面
    playersCard[1].add(m_aCards[k]);                //第 14 张牌

    Boolean result1;
    result1 = ComputerCardNum(playersCard[1]);      //计算计算机手中各种牌型的数量,判断和牌
    if(result1)                                     //和牌了
    {
        return;                                     //对家(计算机)不需要再出牌
    }
    i = ComputerCard(playersCard[1]);               //智能出牌
    //i = 0;                                        //总是出第 1 张牌,没有智能出牌
    Card card = playersCard[1].remove(i);
    //添加到计算机出过牌的数组
    playersOutCard[1].add(card);
    outCardOrder(playersOutCard[1]);                //整理出过的牌,Z 轴深度问题
    card.setFront(true);                            //显示麻将牌的正面
    //判断计算机出的牌,选择声音文件
    String music = "res/sound/二条.wav";
    //根据牌的类型及编号来设置牌的路径及文件名
    music = "res/sound/" + toChineseNumString(card.m_nNum);
    switch (card.m_nType)
    {
        case 1:                                     //饼(筒)
            music += "饼.wav";
            break;
        case 2:                                     //条
            music += "条.wav";
            break;
        case 3:                                     //万
            music += "万.wav";
            break;
        case 4:                                     //字
            music = "res/sound/give.wav";
            break;
    }
    playMusic(music);
    //计算机按花色理一下手中的牌
    sortPoker2(playersCard[1]);
```

```
        card.x = playersOutCard[1].size() * 25 - 25;
        card.y = 10;
        card.MoveTo(card.x,card.y);
        k++;                              //发过牌的总数
        Order++;
        if (Order == 2)
         Order = 0;
}
```

由于声音文件的命名是汉字加扩展名,例如一万.mp3、二万.mp3,所以在计算机出牌时用 toChineseNumString(n:int)将牌面的数字转换成汉字。

```
//toChineseNumString(n:int)
private String toChineseNumString(int n){
    String music = "";
    switch (n){
        case 1: music = "一"; break;
        case 2: music = "二"; break;
        case 3: music = "三"; break;
        case 4: music = "四"; break;
        case 5: music = "五"; break;
        case 6: music = "六"; break;
        case 7: music = "七"; break;
        case 8: music = "八"; break;
        case 9: music = "九"; break;
    }
    return music;
}
```

播放声音文件用到 Flash 提供的 AudioPlayer 类,使用 AudioPlayer.player.start()方法播放指定的声音文件。

```
//播放声音文件
private void playMusic(String music){
    try {
    FileInputStream fileau = new FileInputStream(music);   //文件名为"sloop.au"
    //AudioPlayer 类的访问受限制
    //在 preference->java->complier->errors/warning->deprecated and restricted API 下
    //把 Forbidden reference 的 Error 改成 warning
    AudioStream as = new AudioStream(fileau);
    AudioPlayer.player.start(as);
    }
    catch (Exception e) {
    }
}
```

在和牌算法中需要计算每种花色的麻将牌的数量以及每种牌型的数量,ComputerCardNum(cards:Array)根据 cards 计算出数据按和牌的数据结构存入 paiArray 中,调用和牌算法中的 Win(paiArray)判断是否和牌。如果和牌,停止游戏逻辑(下家不再继续出牌)。注意,和牌时要删除对玩家所有牌的监听,避免玩家单击牌有响应。

```java
//计算手中各种牌型的数量
private Boolean ComputerCardNum(ArrayList cards)        //playersCard[0]
{
    int i;
    Card card = null;
    int[][] paiArray = {{0,0,0,0,0,0,0,0,0,0},
                        {0,0,0,0,0,0,0,0,0,0},
                        {0,0,0,0,0,0,0,0,0,0},
                        {0,0,0,0,0,0,0,0,0,0}};
    for (i = 0; i <= 13; i++) {
        card = (Card)cards.get(i);
        if(card.imageID > 10 &&card.imageID < 20)       //饼
        {
            paiArray[0][0] += 1;
            paiArray[0][card.imageID - 10] += 1;
        }
        if(card.imageID > 20 &&card.imageID < 30)       //条
        {
            paiArray[1][0] += 1;
            paiArray[1][card.imageID - 20] += 1;
        }
        if(card.imageID > 30 &&card.imageID < 40)       //万
        {
            paiArray[2][0] += 1;
            paiArray[2][card.imageID - 30] += 1;
        }
        if(card.imageID > 40 &&card.imageID < 50)       //字
        {
            paiArray[3][0] += 1;
            paiArray[3][card.imageID - 40] += 1;
        }
    }
    huMain hu = new huMain();                           //和牌算法类
    Boolean result1;
    result1 = hu.Win(paiArray);                         //是否和牌的判断
    if(result1){
    JOptionPane.showMessageDialog(null,"你和牌了!","提示",JOptionPane.OK_OPTION);
        time2.stop();                                   //停止游戏逻辑
        //将玩家所有牌的监听删除
        for (i = 0; i < playersCard[0].size(); i++) {
            //删除监听器
            m_aCards[i].removeActionListener(null);
            //removeEventListener(MouseEvent.CLICK,OnCardClick);
        }   //for 语句结束
    }
    return(result1);
}
```

"开始"按钮完成游戏时的初始化工作:从舞台上删除所有已存在的牌,清空记录两个牌手已有牌的数组 playersCard,清空记录两个牌手出的牌的数组 playersOutCard,清空要发牌的数组 m_aCards;控制出牌顺序定时器 time2 停止计时等工作;再次重新加载 136 张麻将牌到舞台,重新发 26 张牌给玩家和计算机。

```java
public void OnBtnNewClick()                             //"开始"按钮
{
```

```java
    if(m_aCards!= null){
        //从舞台上删除所有的牌
        int n = m_aCards.length;
        for (int i = 0; i < n; i++) {
            this.remove(m_aCards[i]);              //从 Panel 移除
            m_aCards[i] = null;
        }                                          //for 语句结束
    }
    playersCard = null;                            //将记录两个牌手已有牌的数组清空
    m_aCards = null;                               //将记录要发牌的数组清空
    playersOutCard = null;                         //将记录两个牌手出的牌的数组清空
    k = 0;                                         //将发牌数量清空
    MyTurn = false;
    if (time2 != null) {
        time2.stop();                              //游戏逻辑控制,出牌顺序定时器
    }
    playersCard = new ArrayList[2];
    playersOutCard = new ArrayList[2];
    //LoadCards();                                 //加载 136 张麻将牌到舞台
    //ResetGame();                                 //重新发 26 张牌给玩家和计算机
    gameMain();
    Get_btn.setVisible(false);                     //"摸牌"按钮不可见
    Out_btn.setVisible(false);                     //"出牌"按钮不可见
    Win_btn.setVisible(false);                     //"和牌"按钮不可见
}
```

18.4.3 设计游戏主窗口类

导入包及相关的类:

```java
import java.awt.BorderLayout;
import java.awt.EventQueue;
import java.awt.event.*;
import javax.swing.*;
public class frogFrame extends JFrame {
    public static void main(String args[]) {
        EventQueue.invokeLater(new Runnable() {
            public void run() {
                try {
                    frogFrame frame = new frogFrame();
                    frame.setVisible(true);
                } catch (Exception e) {
                    e.printStackTrace();
                }
            }
        });
    }
    public frogFrame() {
        super();
        getContentPane().setLayout(new BorderLayout());
        setTitle("两人麻将游戏");
        setBounds(50,50,980,730);
        setDefaultCloseOperation(JFrame.EXIT_ON_CLOSE);
```

```java
        final JPanel panel = new JPanel();                    //实例化 JPanel
        getContentPane().add(panel,BorderLayout.SOUTH);       //添加到下方
        final frogPanel gamePanel = new frogPanel();          //实例化游戏面板
        //添加到中央位置
        getContentPane().add(gamePanel,BorderLayout.CENTER);
        final JButton Start_btn = new JButton();              //实例化"开始"按钮
        Start_btn.setText("开始");
        //注册事件
        Start_btn.addActionListener(new ActionListener() {
            public void actionPerformed(final ActionEvent e) {
                //开始游戏
                gamePanel.OnBtnNewClick();
                //gamePanel.gameMain();
                gamePanel.repaint();
            }
        });
        panel.add(Start_btn);
    }
}
```

—该两人麻将游戏还有许多地方需要完善,例如碰、吃牌功能,需要记录哪几张牌"吃"和"碰",则这几张牌不能再出,可以通过在 Card 类中增加 Selected 属性来记录是否用于"吃"和"碰",这样玩家在选择出牌时判断 Selected 属性的真假就可以知道是否能出。另外还有对"杠"的处理,本游戏没有考虑,读者可以进一步完善。该游戏的运行界面和吃碰界面如图 18-4 和图 18-5 所示。

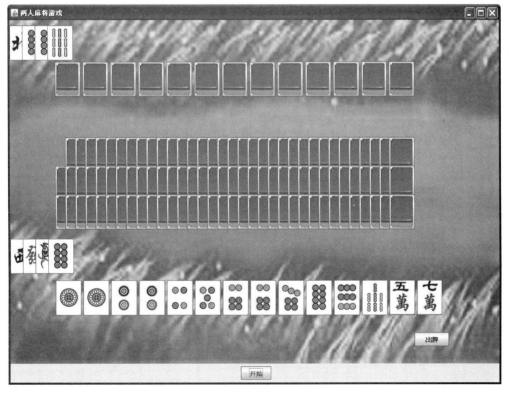

图 18-4　两人麻将游戏的运行界面

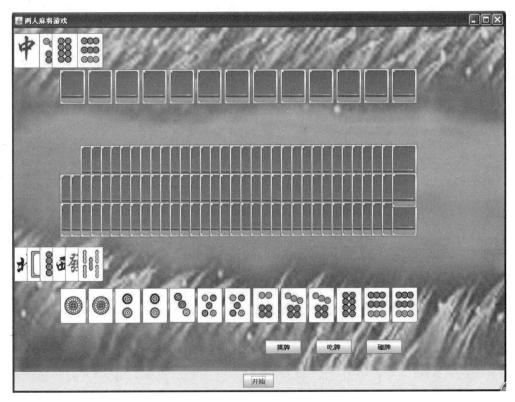

图 18-5 两人麻将游戏的吃碰界面

第二部分

Android

第19章

源码下载

Android游戏界面开发基础

学习 Android 游戏开发,必须先要搭建 Android 开发环境。本章创建第一个 Android 项目,讲解 Android 程序的项目结构、资源组织和界面组件等。本章是进行 Android 开发的基础,无论是对应用系统开发还是游戏开发,都至关重要。

19.1 Android 开发基础

Android 是一种以 Linux 为基础的开源操作系统,主要用于移动设备。最初由 Andy Rubin 开发,主要支持手机。

2005 年 8 月,Android 被 Google 收购。2007 年 11 月,Google 与 84 家硬件制造商、软件开发商及电信营运商组建开放手机联盟,共同研发改良 Android 操作系统,使其应用逐渐扩展到平板电脑及其他领域。

Android 操作系统具有开放性的特点,是可定制的,允许被用于其他电子产品,包括笔记本电脑、上网本、智能本、电子书阅读器和智能电视(谷歌电视)。此外,Android 已经可以应用到手表、耳机、车载 CD/DVD 播放机、冰箱、车载卫星导航系统、家庭自动化系统、游戏机、镜子、摄像头、便携式媒体播放器、固定电话和跑步机等终端设备。

19.1.1 Android 开发环境

现在主流的 Android 开发环境有:①Eclipse+ADT 插件+SDK;②Android Studio+SDK;③IntelliJ IDEA+SDK,现在国内大部分开发人员还是使用 Eclipse。从 Google 宣布不再更新 ADT 后,官网去掉了集成 Android 开发环境的 Eclipse 下载链接,各种现象都表示开发者终将过渡到 Android Studio,当然这段过渡时间可能会很长。本书学习使用 Eclipse 搭建 Android 开发环境。建议读者使用 Android Studio 开发,使用方法和 Eclipse 类似。

由于以前使用 Eclipse+ADT 插件+SDK 搭建 Android 开发环境,需要引入 Android SDK 工具包,之后添加 ADT 插件,这种安装方式比较烦琐,为此 Google 提供了一个集成的安卓开发环境安装包 adt-bundle-windows，可以在 32 位和 64 位的 Windows 版系统使用。安装包包括集成 ADT 插件的 Eclipse 和 Android SDK，这样可以省去许多麻烦的操作。

本章以 adt-bundle-windows-x86-20130219 安装包为例进行讲解。

1. 安装 adt-bundle-windows-x86-20130219 安装包

将 adt-bundle-windows-x86-20130219 解压后，可以看到有两个文件夹，eclipse 和 android-sdk-windows。在 eclipse 文件夹里面有一个 eclipse.exe 文件，双击启动 eclipse。

2. 配置 SDK 路径

第一种方法，选择菜单 Windows→Preferences，在 Preferences 对话框（图 19-1 所示）的左侧选择 Android，将 SDK 路径粘贴到 SDK Location 框中（或者单击 Browse 找到 SDK 路径），然后单击 Apply 按钮，等待一会儿，可以看到 SDK 版本，最后单击 OK 按钮即可完成 SDK 路径配置。

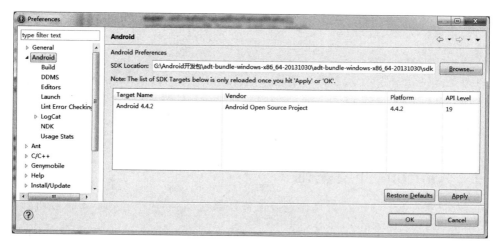

图 19-1　Preferences 对话框

第二种方法，设置系统环境变量，添加 ANDROID_SDK_HOME，将自己的 SDK 路径添加即可。

3. 模拟器的配置

单击 手机图标，可以进行配置模拟器（或称虚拟机），但有时会提示没有 SDK，此时需要将 SDK 路径导入（详见上一步）。单击 New 创建模拟器，在创建虚拟机的对话框中，AVD Name 中输入自己虚拟机名字（本例输入 xmj1），Device 中设置屏幕大小，Target Name 中选择 SDK 版本，CUP/ABI 中选择"Intel，SD 卡 64MB"，后面默认即可。创建成功后如图 19-2 所示。

4. 验证模拟器

单击图 19-2 中的 Start 按钮，模拟器就可以运行了。在模拟器中可查看 Android 程序运行效果。

注意：Windows 下 Eclipse 启动不起来，会弹出报错框，原因是没有安装 JDK（Java SE Development Kit），需要从 http://www.oracle.com 下载 jdk（建议 jdk7 以上版本）和环境变量配置。

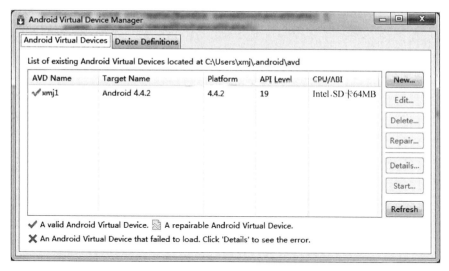

图 19-2　配置虚拟机

19.1.2　创建第一个 Android 项目

使用一个装有 ADT 插件的 Eclipse 创建一个新 Android 工程项目，步骤如下。

步骤 1：在 Eclipse 中，选择 File→New→ Android Application Project，选择建立 Android Project，弹出 New Android Application 对话框，如图 19-3 所示。

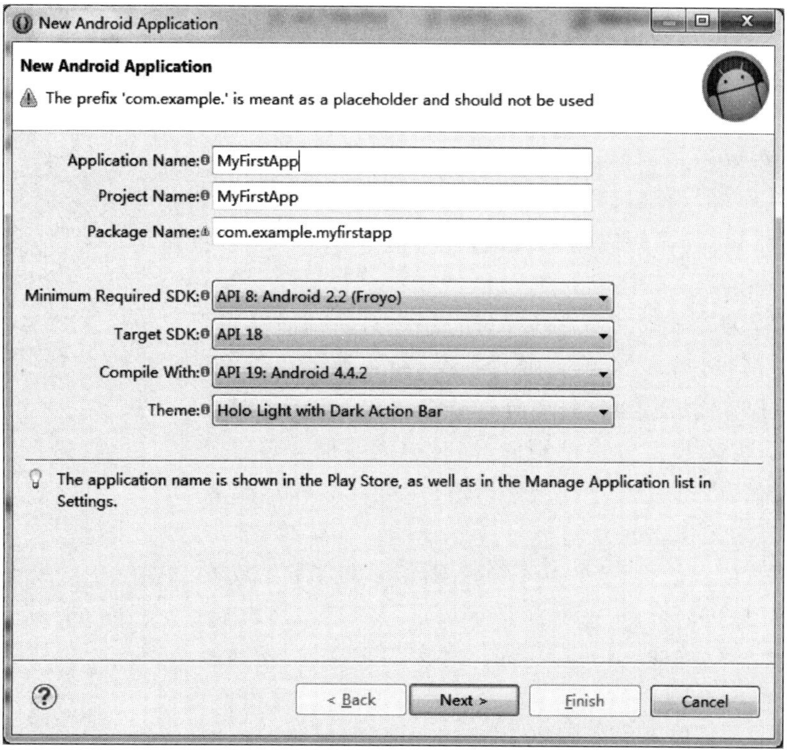

图 19-3　New Android Application 对话框

在 Application Name 框中输入项目名称(如 MyFirstApp),同时选择一个最低 SDK 版本和构建目标 SDK 版本。被选中的目标 SDK 版本将作为要编译 Android 应用程序的版本,然后单击 Next 按钮。

提示:建议尽可能选择最新 SDK 版本。虽然可以创建支持较旧版本的应用,但是选择最新版本能更加轻松地优化应用。使用最新的 Android 设备有更佳的用户体验功能。

步骤 2:指定创建项目工作空间,即项目存放的文件夹目录,设置应用程序的其他细节。然后单击 Next 按钮。

步骤 3:进入启动图标配置界面,这里的图标就是应用程序安装到手机上显示的图标,然后单击 Next 按钮。

步骤 4:进入创建 Activity 界面,选择一个 Activity 类型,然后单击 Next 按钮。

步骤 5:设置 Activity 名称,同时给 Activity 的布局起一个名字。单击 Finish 按钮完成项目的创建,这个项目中包含了一些默认的文件(不同版本下创建的目录结构和自动生成的代码有所不同)。

提示:Activity 是活动的意思。一个 Activity 一般代表手机上的一屏,相当于浏览器的一个页面,是 Android 程序的可视化界面窗口。Activity 可容纳控件、菜单等界面组件,能够响应所有的窗口事件,实现用户交互。一个应用程序常由多个 Activity 构成,它们之间可互相跳转,进行数据传递。Android 采用 Intent(意图)在 Activity 之间和程序之间传递数据。

19.1.3 Android 程序结构

新建一个 Android 程序项目时,Eclipse 开发环境为其构建基本结构,设计者可以在此基础上开发应用程序。掌握 Android 程序结构是很有必要的。接下来展示 MyFirstApp 程序的组成结构,如图 19-4 所示。

常用的文件和文件夹如下。

src 目录:包含 App 所需的全部程序代码文件,大多数时候都是在这里编写 Java 代码的。

gen 目录:只关注 R.java 文件,它是由 ADT 自动产生的,里面定义了一个 R 类,可以将其看作一个 id(资源编号)的字典,包含了用户界面、图形、字符串等资源的 id。而我们平时使用的资源就是通过 R 文件来调用的,同时编译器也会看这个资源列表,没有用到的资源不会被编译进去,可以为 App 节省空间。

assets 目录:存放资源,而且不会在 R.java 文件下生成资源 id,需要使用 AssetsManager 类进行访问。

libs 目录:存放一些 jar 包,比如 v4、v7 的兼容包,或者第三方的一些包。

res 资源目录:用来存放资源,其中 drawable 存放图片资源;layout 存放界面的布局文件,都是 XML 文件;values 包含

图 19-4 Android 程序结构

使用 XML 格式的参数的描述文件,如 string.xml 字符串、color.xml 颜色、style.xml 风格样式等。

AndroidManifest.xml 配置文件:系统的控制文件,用于告诉 Android 系统 App 所包含的一些基本信息,比如组件、资源、需要的权限,以及兼容的最低版本 SDK 等。

例如:

(1) 指定为竖屏,在 AndroidManifest.xml 文件中设置指定的 Activity 屏幕方向的属性如下:

```
android:screenOrientation = "portrait"
```

或者在 onCreate()方法中指定,代码如下:

```
setRequestedOrientation(ActivityInfo.SCREEN_ORIENTATION_PORTRAIT);
```

(2) 指定为横屏,在 AndroidManifest.xml 文件中设置指定的 Activity 屏幕方向的属性如下:

```
android:screenOrientation = "landscape"
```

或者在 onCreate()方法中指定,代码如下:

```
setRequestedOrientation(ActivityInfo.SCREEN_ORIENTATION_LANDSCAPE);
```

19.1.4　Android 资源的使用

Android 中的资源是可以在代码中使用的外部文件,这些文件作为应用程序的一部分,被编译到应用程序当中。各种资源都被保存到 Android 项目的 res 目录下对应的子目录中,可以在 Java 文件中使用,也可以在其他 XML 资源中使用。

R.java 文件在根包中定义了一个顶级类 public static final class R,定义若干内部类,R.java 将内部静态类创建为一个命名空间,以保持字符串资源 ID。在 XML 文件中可以通过@[<package>.]XXX/XXX(@[<包名称>.]文件夹名称/文件名)的语法格式使用字符串资源。

注意:在 Android 中,资源文件的文件名不能是大写字母,必须是以小写字母开头,由小写字母 a~z、0~9 或下画线"_"组成。

19.1.5　Android 常用的视图

单击菜单栏上的 Windows→Show View 即可打开对应的视图,如图 19-5 所示。单击 Other,显示如图 19-6 所示 Android 中的一些其他常用的视图。

其实主要的还是 LogCat 的使用,因为和 Java 程序不同,Android App 运行在虚拟机上,控制台只显示其安装状态而并不会显示其他相关信息,所以用户会在 LogCat 上查看程序运行的日志信息。

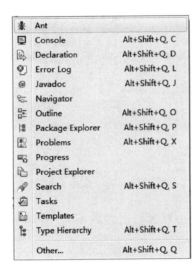

图 19-5　视图

图 19-6　其他常用的视图

19.1.6　Android 的四大组件

Android 四大基本组件分别是 Activity（活动）、Service（服务）、Content Provider（内容提供者）、BroadcastReceiver（广播接收器）。在游戏开发中主要涉及 Activity。

1. Activity（活动）

应用程序中，一个 Activity 通常就是一个单独的屏幕，它上面可以显示一些控件，也可以监听并处理用户的事件。

Activity 之间通过 Intent 进行通信。在 Intent 的描述结构中，有两个最重要的部分：动作和动作对应的数据。

典型的动作类型有 MAIN（程序入口）、VIEW、PICK 和 EDIT 等。动作对应的数据以 URI 的形式进行表示。例如，要查看一个人的联系方式，需要创建一个动作类型为 VIEW 的 intent，以及一个表示这个人的 URI。

AndroidManifest.xml 配置文件中含有如下过滤器的 Activity 组件为默认启动类，当程序启动时系统自动调用它。

```
<intent-filter>
    <action android:name = "android.intent.action.MAIN" />
    <category android:name = "android.intent.category.LAUNCHER" />
</intent-filter>
```

2. Service（服务）

一个 Service 就是一段没有用户界面的程序，可以用来开发如后台监控类程序。

3. Content Provider(内容提供者)

Android 平台提供了 Content Provider,它使一个应用程序的指定数据集提供给其他应用程序。这些数据可以存储在文件系统中,在一个 SQLite 数据库中,或以任何其他合理的方式保存。

4. BroadcastReceive(广播接收器)

BroadcastReceive 用于响应来自其他应用程序或者系统的广播消息,这些消息有时被称为事件或者意图。例如,应用程序可以使用 BroadcastReceive 对外部事件(如电话呼入时,或者数据网络可用时)进行接收并做出响应。BroadcastReceive 没有用户界面,但可以启动一个 Activity 或 Service 来响应收到的信息,或者用 NotificationManager 来通知用户。通知可以用很多种方式来吸引用户的注意力——闪动背灯、震动、播放声音等。

提示:必须注意的是四大基本组件都需要注册才能使用,每个 Activity、Service、Content Provider 和 BroadcastReceiver 都需要在 AndroidManifest.xml 配置文件中进行配置注册。AndroidManifest.xml 配置文件中未进行声明的 Activity、Service、Content Provider 和 BroadcastReceiver 不为系统所见,不可使用。

19.2 布局管理

Java 语言中,把创建的组件放置窗口容器中,需要设置窗口界面的格式,可使用布局管理器(layout manager)排列界面上的组件。Java 中的布局管理器包括 FlowLayout、GridLayout、BorderLayout、CardLayout 和 GridBagLayout。

Android 程序同样也需要使用布局管理,由布局管理来管理容器内的所有界面元素组件。在 Android App 中,布局是一种可用于放置很多控件的容器,它可以按照一定的规律调整内部控件的位置,从而编写出精美的界面。布局的内部除了放置控件外,也可以放置布局,通过多层布局的嵌套,就能够完成一些比较复杂的界面实现,如图 19-7 所示。用户界面(UI)是 Android 应用程序开发不可或缺的一部分。其不仅能为用户提供输入,还能够根据(用户)执行的动作,提供相应的反馈。因此,作为开发人员,能够理解 UI(用户界面)是如何构成的就显得尤为重要,UI 的组成如图 19-7 所示。

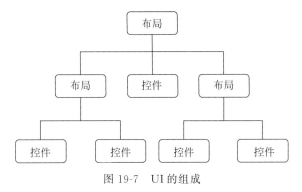

图 19-7 UI 的组成

Android 布局使用一个 XML 文件来构成布局更加符合大家的阅读习惯,而 XML 类似于 HTML 使用 XML 元素的名称代表一个 View 控件。所以<TextView>元素会在界面中创建一个 TextView 控件,而一个<LinearLayout>则会创建一个 LinearLayout 线性布局容器。

Android 中有六大布局,分别是:LinearLayout(线性布局)、RelativeLayout(相对布局)、FrameLayout(帧布局)、TableLayout(表格布局)、AbsoluteLayout(绝对布局)和 GridLayout(网格布局)。

1. LinearLayout(线性布局)

LinearLayout 是一种常用的布局,正如它名字所描述的,这个布局会将它所包含的控件在线性方向上依次排列。通过 android:orientation 属性指定控件排列方向是 vertical 或者是 horizontal,控件就会在竖直方向上或者水平方向上进行排列。

例如:一个简单的竖直线性布局上面有 3 个按钮。

```xml
<?xml version = "1.0" encoding = "utf-8"?>
<LinearLayout xmlns:android = "http://schemas.android.com/apk/res/android"
    android:orientation = "vertical"
    android:layout_width = "match_parent"
    android:layout_height = "match_parent"
    android:gravity = "right|center_vertical">
<Button
    android:id = "@+id/bn1"
    android:layout_width = "wrap_content"
    android:layout_height = "wrap_content"
    android:text = "@string/bn1"/>
<Button
    android:id = "@+id/bn2"
    android:layout_width = "wrap_content"
    android:layout_height = "wrap_content"
    android:text = "@string/bn2"/>
<Button
    android:id = "@+id/bn3"
    android:layout_width = "wrap_content"
    android:layout_height = "wrap_content"
    android:text = "@string/bn3"/>
</LinearLayout>
```

字符串资源 string.xml 修改如下:

```xml
<?xml version = "1.0" encoding = "utf-8"?>
<resources>
    <string name = "app_name">MyFirstApp</string>
    <string name = "action_settings">Settings</string>
    <string name = "hello_world">Hello world!</string>
    <string name = "bn1">按钮一</string>
    <string name = "bn2">按钮二</string>
    <string name = "bn3">按钮三</string>
</resources>
```

示例运行效果如图 19-8 所示。

图 19-8　竖直线性布局

2. RelativeLayout（相对布局）

RelativeLayout 也是一种常用的布局，和 LinearLayout 的排列规则不同的是，RelativeLayout 显得更加随意一些，它通过相对定位的方式让控件出现在布局的任何位置。

例如：相对容器内兄弟组件、父容器的位置决定了它自身的位置。

```xml
<?xml version = "1.0" encoding = "utf-8"?>
< RelativeLayout xmlns:android = "http://schemas.android.com/apk/res/android"
        android:layout_width = "match_parent"
        android:layout_height = "match_parent">
    <!-- 定义该组件位于父容器中间 -->
    < TextView
        android:id = "@ + id/view01"
        android:layout_width = "wrap_content"
        android:layout_height = "wrap_content"
        android:background = "@drawable/leaf"
        android:layout_centerInParent = "true"/>
    <!-- 定义该组件位于 view01 组件的上方 -->
    < TextView
        android:id = "@ + id/view02"
        android:layout_width = "wrap_content"
        android:layout_height = "wrap_content"
        android:background = "@drawable/leaf"
        android:layout_above = "@id/view01"
        android:layout_alignLeft = "@id/view01"/>
    <!-- 定义该组件位于 view01 组件的下方 -->
    < TextView
        android:id = "@ + id/view03"
        android:layout_width = "wrap_content"
        android:layout_height = "wrap_content"
        android:background = "@drawable/leaf"
        android:layout_below = "@id/view01"
        android:layout_alignLeft = "@id/view01"/>
    <!-- 定义该组件位于 view01 组件的左边 -->
    < TextView
        android:id = "@ + id/view04"
```

```
            android:layout_width = "wrap_content"
            android:layout_height = "wrap_content"
            android:background = "@drawable/leaf"
            android:layout_toLeftOf = "@id/view01"
            android:layout_alignTop = "@id/view01"/>
    <!-- 定义该组件位于view01组件的右边 -->
    <TextView
            android:id = "@ + id/view05"
            android:layout_width = "wrap_content"
            android:layout_height = "wrap_content"
            android:background = "@drawable/leaf"
            android:layout_toRightOf = "@id/view01"
            android:layout_alignTop = "@id/view01"/>
</RelativeLayout>
```

语句 android:background = "@drawable/leaf" 设置 TextView 组件背景图片是 leaf.jpg 叶子图片,运行效果如图 19-9 所示。

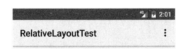

图 19-9 相对布局

RelativeLayout 的代码略复杂些,主要有两个属性：一个是 android:layout_toxxxOf,是一个控件位于另一个控件上下左右的相对位置；另一个是 android:layout_alignxxx,表示一个控件与另一个控件对齐。下面对 RelativeLayout 列出更详细的属性规则。

相对位置规则：

```
android:layout_above 将该控件的底部置于给定 ID 的控件之上
android:layout_below 将该控件的顶部置于给定 ID 的控件之下
android:layout_toLeftOf 将该控件的右边缘和给定 ID 的控件的左边缘对齐
android:layout_toRightOf 将该控件的左边缘和给定 ID 的控件的右边缘对齐
```

兄弟控件对齐规则：

```
android:layout_alignBaseline 将该控件的 baseline 和给定 ID 控件的 baseline 对齐
android:layout_alignBottom 将该控件的底部边缘与给定 ID 控件的底部边缘对齐
```

android:layout_alignTop 将给定控件的顶部边缘与给定 ID 控件的顶部边缘对齐
android:layout_alignLeft 将该控件的左边缘与给定 ID 控件的左边缘对齐
android:layout_alignRight 将该控件的右边缘与给定 ID 控件的右边缘对齐

父控件对齐规则：

android:alignParentBottom 如果值为 true,则将该控件的底部和父控件的底部对齐
android:layout_alignParentLeft 如果值为 true,则将该控件的左边与父控件的左边对齐
android:layout_alignParentRight 如果值为 true,则将该控件的右边与父控件的右边对齐
android:layout_alignParentTop 如果值为 true,则将空间的顶部与父控件的顶部对齐

中央位置规则：

android:layout_centerVertical 如果值为真,该控件将被置于垂直方向的中央
android:layout_centerHorizontal 如果值为真,该控件将被置于水平方向的中央
android:layout_centerInParent 如果值为真,该控件将被置于父控件水平方向和垂直方向的中央

重力规则：

android:gravity[setGravity(int)]设置容器内各个子组件的重力方向
android:ignoreGravity[setIgnoreGravity(int)]设置容器哪个子组件不受重力方向影响

3. FrameLayout（帧布局）

FrameLayout 相比于前面两种布局简单得多,这种布局没有任何的定位方式,所有的控件都会摆放在布局的左上角,不像其他布局那样充满了各种各样的规则。帧布局容器为每个加入其中的组件创建一个空白的区域(即一帧),每个组件占据一帧,这些帧都会根据 gravity 属性自动对齐并按照添加的顺序先后叠加在一起。

例如：为 3 个 TextView 设置不同大小与背景色,并依次覆盖。

```
< FrameLayout xmlns:android = "http://schemas.android.com/apk/res/android"
    xmlns:tools = "http://schemas.android.com/tools"
    android:id = "@ + id/FrameLayout1"
    android:layout_width = "match_parent"
    android:layout_height = "match_parent"
    tools:context = ".MainActivity"
    android:foreground = "@drawable/logo"
    android:foregroundGravity = "right|bottom">
    < TextView
        android:layout_width = "200dp"
        android:layout_height = "200dp"
        android:background = "#FF6143" />
    < TextView
        android:layout_width = "150dp"
        android:layout_height = "150dp"
        android:background = "#7BFE00" />
    < TextView
        android:layout_width = "100dp"
```

```
        android:layout_height = "100dp"
        android:background = "#FFFF00" />
</FrameLayout>
```

示例运行效果如图 19-10 所示。

4. TableLayout（表格布局）

TableLayout 允许使用表格的方式来排列控件。既然是表格，就一定会有行和列，在设计表格时尽量使每一行都拥有相同的列数，这样的表格是非常简单的。但是当表格的某行一定要有不相等的列数时，就需要通过合并单元格（layout_columnSpan 横跨几列）的方式来应对。

表格布局必须包含子控件 TableRow，它表示表格中的一行，一行中又可以包括多个控件（水平），各个控件相互对齐。TableRow 实际是一个横向的线性布局。

图 19-10　帧布局

例如，用表格布局 TableLayout 实现用户注册界面，运行效果如图 19-11 所示。

```
<TableLayout xmlns:android = "http://schemas.android.com/apk/res/android"
 android:layout_width = "match_parent" android:layout_height = "match_parent">
    <TableRow
        android:id = "@+id/tableRow1"
        android:layout_height = "wrap_content"
        android:gravity = "center" >
        <TextView
        android:layout_width = "wrap_content"
        android:layout_height = "wrap_content"
        android:text = "用户名" />
        <EditText
        android:id = "@+id/userName"
        android:layout_weight = "1"
        android:layout_height = "wrap_content" />
    </TableRow>
    <TableRow
        android:id = "@+id/tableRow2"
        android:layout_height = "wrap_content"
        android:gravity = "center">
        <TextView
        android:layout_width = "wrap_content"
        android:layout_height = "wrap_content"
        android:text = "密码" />
        <EditText
        android:id = "@+id/password"
        android:layout_weight = "1"
        android:layout_height = "wrap_content"
        android:inputType = "textPassword"/>
    </TableRow>
    <TableRow
```

```
          android:id = "@ + id/tableRow3"
          android:layout_height = "wrap_content"
          android:gravity = "center" >
          < Button
          android:id = "@ + id/register"
          android:layout_width = "wrap_content"
          android:layout_height = "wrap_content"
          android:text = "注 册"
          android:layout_span = "2" />
     </TableRow >
</TableLayout >
```

5． GridLayout（网格布局）

GridLayout 是 Android 4.0 版本之后新增的布局管理器，因此正常情况下需要在 Android 4.0 之后的版本中才能使用。GridLayout 和前面所讲的 TableLayout（表格布局）有点类似，不过它有很多前者没有的功能，因此也更加好用。

图 19-11 表格布局实现用户注册界面

GridLayout 主要的属性如下。

- android:orientation：可以自己设置布局中组件的排列方式。
- android:rowCount 和 columnCount：可以自定义网格布局的行、列数目。
- android:layout_row 和 layout_column：可以直接设置组件位于某行和某列。例如：

```
android:layout_row = "1"              //设置组件位于第二行,行号是从 0 开始算
android:layout_column = "2"           //设置组件位于第三列,列号是从 0 开始算
```

android:layout_rowSpan 和 layout_columnSpan：可以设置组件跨几行或者几列。例如：

```
android:layout_rowSpan = "2"          //纵向跨 2 行
android:layout_columnSpan = "3"       //横向跨 2 列
```

例如：用网格布局 GridLayout 实现计算器界面。运行效果如图 19-12 所示。

```
< GridLayout xmlns:android = "http://schemas.android.com/apk/res/android"
     xmlns:tools = "http://schemas.android.com/tools"
     android:id = "@ + id/GridLayout1"
     android:layout_width = "wrap_content"
     android:layout_height = "wrap_content"
     android:columnCount = "4"
     android:orientation = "horizontal"
     android:rowCount = "6" >
     < TextView
          android:layout_columnSpan = "4"
          android:layout_gravity = "fill"
          android:layout_marginLeft = "5dp"
          android:layout_marginRight = "5dp"
          android:background = "♯FFCCCC"
```

```xml
        android:text = "0"
        android:textSize = "50sp" />
<Button
    android:layout_columnSpan = "2"
    android:layout_gravity = "fill"
    android:text = "回退" />
<Button
    android:layout_columnSpan = "2"
    android:layout_gravity = "fill"
    android:text = "清空" />
<Button android:text = " + " />
<Button android:text = "1" />
<Button android:text = "2" />
<Button android:text = "3" />
<Button android:text = " - " />
<Button android:text = "4" />
<Button android:text = "5" />
<Button android:text = "6" />
<Button android:text = " * " />
<Button android:text = "7" />
<Button android:text = "8" />
<Button android:text = "9" />
<Button android:text = "/" />
<Button
    android:layout_width = "wrap_content"
    android:text = "." />
<Button android:text = "0" />
<Button android:text = " = " />
</GridLayout>
```

代码很简单,只是"回退"与"清空"按钮横跨两列,其他的按钮都是直接添加的,默认每个组件都是占一个单元格。需要注意的是,通过 android:layout_rowSpan 或 android:layout_columnSpan 设置组件跨多行或者多列时,要让组件填满跨过的行或列,需要添加属性 android:layout_gravity="fill"。因为 GirdLayout 是 Android 4.0 版本后才推出的,所以 minSDK 的版本要改为 14 或者以上的版本。

图 19-12　网格布局实现计算器

19.3 UI 界面控件

Android 提供了大量的 UI 界面控件,合理地使用这些控件就可以轻松地编写出友好的 App 界面。大多数的界面控件都在 android.view 和 android.widget 包中,android.view.View 为它们的父类;还有 Dialog 系列控件,它们的父类为 android.app.Dialog。

19.3.1 TextView 控件

android.widget.TextView 一般用来做文本展示,它继承自 android.view.View,在 android.widget 包中,常用属性设置如表 19-1 所示。

表 19-1 TextView(文本显示)控件常用属性

属性名称	说明
android:text=""	文字显示
android:autoLink=""	链接类型,如 Web 网址、email 邮件、phone 电话、map 地图等
android:hint="请输入数字"	当 TextView 中显示的内容为空时,显示该文本
android:textColor = "#ff8c00"	字体颜色
android:textSize="20dip"	字体大小
android:layout_gravity="center_vertical"	设置控件显示的位置:默认为 top,这里设为居中(center_vertical)显示,还可以设为 bottom 等

TextView 的示例如下。

textview.xml 布局文件:

```xml
<?xml version = "1.0" encoding = "utf-8"?>
<LinearLayout xmlns:android = "http://schemas.android.com/apk/res/android"
    android:orientation = "vertical" android:layout_width = "fill_parent"
    android:layout_height = "fill_parent">
    <!--
        TextView - 文本显示控件
     -->
    <TextView android:layout_width = "fill_parent"
        android:layout_height = "wrap_content" android:id = "@+id/textView" />
</LinearLayout>
```

Activity 文件_TextView.java 代码:

```java
package com.webabcd.view;
import android.app.Activity;
import android.os.Bundle;
import android.widget.TextView;
public class _TextView extends Activity {
    @Override
    protected void onCreate(Bundle savedInstanceState) {
        //TODO Auto-generated method stub
        super.onCreate(savedInstanceState);
        this.setContentView(R.layout.textview);
```

```
        setTitle("TextView");                        //设置 Activity 的标题
        TextView txt = (TextView) this.findViewById(R.id.textView);
        //设置文本显示控件的文本内容,需要换行可使用"\n"
        txt.setText("我是 TextView\n 显示文字用的");
    }
}
```

19.3.2　EditText 控件

android.widget.EditText 为输入框,继承自 android.widget.TextView,在 android.widget 包中,常用属性设置如表 19-2 所示。

表 19-2　EditText(输入框)控件常用属性

属 性 名 称	说　　明
android:hint="请输入用户名"	输入框的提示文字
android:password=""	true 为密码框
android:phoneNumber=""	true 为电话框
android:digits="1234567890.+-*/%\n()"	设置允许输入哪些字符
android:numeric=""	数字框,可取值 Integer 正整数、signed 整数(可带负号)或 decimal 浮点数

TextView 的示例如下。

edittext.xml 布局文件:

```
<?xml version = "1.0" encoding = "utf - 8"?>
<LinearLayout xmlns:android = "http://schemas.android.com/apk/res/android"
    android:orientation = "vertical" android:layout_width = "fill_parent"
    android:layout_height = "fill_parent">

    <!--
        EditText - 可编辑文本控件
     -->
    <EditText android:id = "@ + id/editText" android:layout_width = "fill_parent"
        android:layout_height = "wrap_content">
    </EditText>
</LinearLayout>
```

Activity 文件_EditText.java 代码:

```
package com.webabcd.view;
import android.app.Activity;
import android.os.Bundle;
import android.widget.EditText;
public class _EditText extends Activity {
    @Override
    protected void onCreate(Bundle savedInstanceState) {
        //TODO Auto - generated method stub
        super.onCreate(savedInstanceState);
        this.setContentView(R.layout.edittext);
        setTitle("EditText");
```

```
        EditText txt = (EditText) this.findViewById(R.id.editText);
        txt.setText("我可编辑");
    }
}
```

19.3.3 Button 控件

android.widget.Button 是最常用的按钮，它继承自 android.widget.TextView，在 android.widget 包中，常用子类有 CheckBox、RadioButton、ToggleButton。

通常用法：

首先 super.findViewById(id) 得到在 layout 中声明的 Button 的引用，用 setOnClickListener(View.OnClickListener) 添加监听；然后在 View.OnClickListener 监听器中使用 v.equals(View) 方法判断哪个按钮被按下，分别进行处理。

Button 的示例如下。

button.xml 布局文件：

```xml
<?xml version = "1.0" encoding = "utf-8"?>
<LinearLayout xmlns:android = "http://schemas.android.com/apk/res/android"
    android:orientation = "vertical" android:layout_width = "fill_parent"
    android:layout_height = "fill_parent">

    <TextView android:layout_width = "fill_parent"
        android:layout_height = "wrap_content" android:id = "@+id/textView" />

    <!-- Button - 按钮控件 -->
    <Button android:id = "@+id/button"
        android:layout_width = "wrap_content" android:layout_height = "wrap_content">
    </Button>
</LinearLayout>
```

Activity 文件_Button.java 代码：

```java
package com.webabcd.view;
import android.app.Activity;
import android.os.Bundle;
import android.view.View;
import android.widget.Button;
import android.widget.TextView;
public class _Button extends Activity {
    @Override
    protected void onCreate(Bundle savedInstanceState) {
        //TODO Auto-generated method stub
        super.onCreate(savedInstanceState);
        this.setContentView(R.layout.button);
        setTitle("Button");

        Button btn = (Button) this.findViewById(R.id.button);
        btn.setText("click me");

        //setOnClickListener() - 响应按钮的鼠标单击事件
```

```
        btn.setOnClickListener(new Button.OnClickListener(){
            @Override
            public void onClick(View v) {
                TextView txt = (TextView) _Button.this.findViewById(R.id.textView);
                txt.setText("按钮被单击了");
            }
        });
    }
}
```

19.3.4 ImageView 控件

ImageView 控件负责显示图片，其图片的来源可以是在资源文件中的 id，也可以是 Drawable 对象或者位图对象，还可以是 Content Provider 的 URI。ImageView 控件常用属性和方法如表 19-3 和表 19-4 所示。

表 19-3 ImageView（图片）控件常用属性

属 性 名 称	说 明
Android：adjustViewBounds	设置是否需要 ImageView 调整自己的边界，保证图片的显示比例
Android：maxHeight	最大高度
Android：maxWidth	最大宽度
Android：src	图片路径
Android：scaleType	调整或移动图片

表 19-4 ImageView（图片）控件常用方法

方 法 名 称	说 明
setAlpha(int)	设置 ImageView 透明度
setImageBitmap(Bitmap)	设置 ImageView 所显示的内容为 Bitmap 对象
setImageDrawable(Drawable)	设置 ImageView 所显示内容为 Drawable（资源中的图片）
setImageURI(Uri)	设置 ImageView 所显示内容为 Uri
setSelected(boolean)	设置 ImageView 的选择状态
setImageResource(int)	设置 ImageView 所显示内容指定的 id 资源

ImageView 的示例如下。
imageview.xml 布局文件：

```
<?xml version = "1.0" encoding = "utf-8"?>
<LinearLayout xmlns:android = "http://schemas.android.com/apk/res/android"
    android:orientation = "vertical" android:layout_width = "fill_parent"
    android:layout_height = "fill_parent">
    <!-- ImageView - 图片显示控件 -->
    <ImageView android:id = "@+id/imageView" android:layout_width = "wrap_content"
        android:layout_height = "wrap_content"></ImageView>
</LinearLayout>
```

Activity 文件_ImageView.java 代码：

```java
package com.webabcd.view;
import android.app.Activity;
import android.os.Bundle;
import android.widget.ImageView;
public class _ImageView extends Activity {
    @Override
    protected void onCreate(Bundle savedInstanceState) {
        //TODO Auto-generated method stub
        super.onCreate(savedInstanceState);
        this.setContentView(R.layout.imageview);
        setTitle("ImageView");
        ImageView imgView = (ImageView) this.findViewById(R.id.imageView);
        imgView.setBackgroundResource(R.drawable.icon01);          //指定需要显示的图片
    }
}
```

19.3.5　ImageButton 控件

ImageButton（图片按钮）继承自 ImageView 类，与 Button 的最大区别在于 ImageButton 中没有 text 属性。在 ImageButton 控件中，既可以通过 android：src 属性来设置按钮中显示的图片，也可以通过 setImageResource(int) 来设置。

ImageButton 的示例如下。

imagebutton.xml 布局文件：

```xml
<?xml version = "1.0" encoding = "utf-8"?>
<LinearLayout xmlns:android = "http://schemas.android.com/apk/res/android"
    android:orientation = "vertical" android:layout_width = "fill_parent"
    android:layout_height = "fill_parent">
    <TextView android:layout_width = "fill_parent"
        android:layout_height = "wrap_content" android:id = "@+id/textView" />
    <!-- ImageButton - 图片按钮控件 -->
    <ImageButton android:id = "@+id/imageButton"
        android:layout_width = "wrap_content" android:layout_height = "wrap_content">
    </ImageButton>
</LinearLayout>
```

Activity 文件_ImageButton.java 代码：

```java
package com.webabcd.view;
import android.app.Activity;
import android.os.Bundle;
import android.view.View;
import android.widget.Button;
import android.widget.ImageButton;
import android.widget.TextView;
public class _ImageButton extends Activity {
    @Override
    protected void onCreate(Bundle savedInstanceState) {
```

```
        //TODO Auto-generated method stub
        super.onCreate(savedInstanceState);
        this.setContentView(R.layout.imagebutton);
        setTitle("ImageButton");
        ImageButton imgButton = (ImageButton) this.findViewById(R.id.imageButton);
        //设置图片按钮的背景
        imgButton.setBackgroundResource(R.drawable.icon01);
        //setOnClickListener() – 响应图片按钮的鼠标单击事件
        imgButton.setOnClickListener(new Button.OnClickListener(){
            @Override
            public void onClick(View v) {
                TextView txt = (TextView) _ImageButton.this.findViewById(R.id.textView);
                txt.setText("图片按钮被单击了");
            }
        });
    }
}
```

19.3.6　Android 菜单

任何一款 Android 应用程序都需要"菜单"的使用。在 Android 下,每一个 Activity 都可捆绑一个菜单 menu。定义和使用菜单必须在 Activity 中重写 onCreateOptionsMenu 和 onOptionsItemSelected 这两个方法,举例如下:

```
@Override
public boolean onCreateOptionsMenu(Menu menu) {
    super.onCreateOptionsMenu(menu);         //调用基类的方法,以便调出系统菜单(如果有的话)
    menu.add(0, 1, 0, "重新开始").setIcon(R.drawable.refresh);
    menu.add(0, 2, 0, "游戏指南").setIcon(R.drawable.help);
    menu.add(0, 3, 0, "关于游戏").setIcon(R.drawable.info);
    menu.add(0, 4, 0, "不想玩了").setIcon(R.drawable.exit);
    return true;                              //返回值为"true",表示菜单可见,即显示菜单
}
```

menu.add 的方法中的参数如下。

第一个 int 类型的 group ID 参数,代表的是组概念,它可以将几个菜单项归为一组,以便更好地以组的方式管理菜单按钮,可以用到的方法有:

- removeGroup(id);
- setGroupCheckable(id, checkable, exclusive);
- setGroupEnabled(id, boolean enabled);
- setGroupVisible(id, visible)。

在不同场合下显示不同的 menu 的时候,合理使用这个参数将更为有效地处理菜单的显示,否则一般情况下几个菜单都归为一组。

第二个 int 类型的 item ID 参数,代表的是项目编号,这个参数非常重要,一个 item ID 对应一个 menu 中的选项。在后面示例使用菜单的时候,就是靠这个 item ID 来判断用户选中的是哪个选项。

第三个 int 类型的 order ID 参数,代表的是菜单项的显示顺序。默认是 0,表示菜单的显示顺序就是按照 add 的顺序来显示。

第四个 string 类型的 title 参数,表示选项中显示的文字。

menu.setIcon 方法,就是为菜单添加图标显示。此方法可使用资源文件。

设计好菜单后接着重写 onOptionsItemSelected 方法,用以对菜单做出响应。示例代码:

```
@Override
public boolean onOptionsItemSelected(MenuItem item)
{
  super.onOptionsItemSelected(item);
  switch(item.getItemId()){
    case 1:
      //处理代码
      break;
    case 2:
      //处理代码
      break;
    case 3:
      //处理代码
      break;
    case 4:
      finish();
      break;
  }
  return true;
}
```

以上就是 Android 菜单的基本用法。

19.3.7　ImageView 控件的应用——数字拼图游戏

1. 设计思路

游戏设计时采用 9 个 ImageView 图片控件代表 8 个数字方块和 1 个空块。这 9 个 ImageView 图片控件按照顺序 id 定义为 mImageView1 到 mImageView9(即方块编号 1 到 9)。如图 19-13 所示左上角的 mImageView1 图片控件(方块编号 1)显示数字 6 图片,右下角 mImageView9 图片控件(方块编号 9)显示数字 5 图片。当数字方块与空块交换时仅仅交换图片而不是图片控件位置。

游戏过程中,由于 ImageView 图片控件不移动,记录每个 ImageView 图片控件上面的数字图片,使用 T 数组实现。

```
int []T = {-1,3,2,1,4,8,5,7,6,0};        //每个方块上数字图片
```

这个数组按顺序记录 mImageView1 到 mImageView9(即方块编号 1 到 9)上面的数字,例如:T[1]=3 则 mImageView1 显示数字 3 图片;T[2]=2 则 mImageView2 显示数字 2 图片;T[9]=0 则 mImageView9 显示空白图片。

图 19-13　数字拼图游戏

当 ImageView 图片控件交换时，则 T 数组的数据进行交换，从而记录每个 ImageView 图片控件上面的数字图片。

2. 程序设计的步骤

（1）设计布局。

使用 TableLayout 表格布局添加 mImageView1 到 mImageView9 图片控件，并设计成 3 行 3 列。

（2）设计 MainActivity 代码实现游戏逻辑。

```
//ImageView img1, img2, img3, img4, img5, img6, img7, img8, img9;
int []picture = {R.drawable.kong,R.drawable.im1,R.drawable.im2,R.drawable.im3,
                 R.drawable.im4,R.drawable.im5,R.drawable.im6,R.drawable.im7,
                 R.drawable.im8,R.drawable.im9,R.drawable.im10};
int []imageViewId = {0, R.id.mImageView1, R.id.mImageView2, R.id.mImageView3,
                     R.id.mImageView4, R.id.mImageView5, R.id.mImageView6,
                     R.id.mImageView7, R.id.mImageView8, R.id.mImageView9};
int []T = {-1,3,2,1,4,8,5,7,6,0};                        //每个方块上数字图片
ImageView []img = new ImageView[10];
@Override
public void onCreate(Bundle savedInstanceState)
{
    super.onCreate(savedInstanceState);
    setContentView(R.layout.activity_main);
    img[1] = (ImageView) this.findViewById(R.id.mImageView1);
    img[2] = (ImageView) this.findViewById(R.id.mImageView2);
    img[3] = (ImageView) this.findViewById(R.id.mImageView3);
```

```java
img[4] = (ImageView) this.findViewById(R.id.mImageView4);
img[5] = (ImageView) this.findViewById(R.id.mImageView5);
img[6] = (ImageView) this.findViewById(R.id.mImageView6);
img[7] = (ImageView) this.findViewById(R.id.mImageView7);
img[8] = (ImageView) this.findViewById(R.id.mImageView8);
img[9] = (ImageView) this.findViewById(R.id.mImageView9);
//设置对应的数字图片
img[1].setImageResource(picture[T[1]]);  /* img1.setImageResource(R.drawable.im1); */
img[2].setImageResource(picture[T[2]]);
img[3].setImageResource(picture[T[3]]);
img[4].setImageResource(picture[T[4]]);
img[5].setImageResource(picture[T[5]]);
img[6].setImageResource(picture[T[6]]);
img[7].setImageResource(picture[T[7]]);
img[8].setImageResource(picture[T[8]]);
img[9].setImageResource(picture[T[9]]);
for(int i = 1;i <= 9;i++)
{
    img[i].setOnClickListener(new click());         //添加监听器对象
}
}
```

click 是监听器类实现 OnClickListener 接口并重写；onClick(View view)实现单击后判断是否可以移动数字方块和实现与空白方块交换图片。

```java
class click implements OnClickListener
{
  public void onClick(View view)
  {
      int myid = view.getId();
      for(int i = 1;i <= 9;i++)
    {
        //if (myid == R.id.mImageView1)
          if (myid == imageViewId[i])        //根据 id 判断是那个 ImageView(即方块 i)
              if(canmove(i))
              {
                  change_block(i);         //与空白方块交换图片
              }
      }
  }
}
```

canmove(int n)判断是否可以移动编号 n 的数字方块。

```java
public boolean canmove(int n)
{
    int i;
    i = kong_pos();          //找到空块对应的编号
    if(i == n)
```

```
        {
            Toast.makeText(MainActivity.this, "你单击了空块",Toast.LENGTH_SHORT ).show();
            return false;
        }
        //以下是判断是否在空块四周
        int row = (n-1)/3;                      //编号 n 的方块所在行列号
        int col = (n-1) % 3;
        int row1 = (i-1)/3;                     //编号 i 的方块(即空块)所在行列号
        int col1 = (i-1) % 3;
        if(Math.abs(row - row1) == 1&& col == col1 || row == row1&& Math.abs(col - col1) == 1 )
        {
            return true;
        }
        return false;
}
```

kong_pos()返回空块的编号。

```
public int kong_pos()                   //返回空块的编号
{
    for(int i = 1;i <= 9;i++)
        if(T[i] == 0)
            return i;
    return -1;
}
```

change_block(int m)是将空块和当前被单击的块交换,注意,这里交换的仅仅是方块上面的数字图片,方块本身没有移动。

```
public void change_block(int m)
//m 是当前被单击的块编号,空块的编号是 n,
//ImageView imageView1 是被单击的块,imageView2 是空块
{
    ImageView imageView1 = null,imageView2 = null;
    int n = kong_pos();
    imageView1 = img[m];
    imageView2 = img[n];
    T[n] = T[m];
    T[m] = 0;
    //imageView1,imageView1 交换图片
    imageView1.setImageResource(picture[T[m]]);
    imageView2.setImageResource(picture[T[n]]);
}
```

gameWin( )判断游戏是否成功。

```
public boolean gameWin( )
{
    for(int i = 1;i < 9;i++)
    {
```

```
        if (T[i]!= i)              //判断编号 i 方块的数字图片是否也是 i
            return false;
    }
    return true;
}
```

当游戏呈现如图 19-14 所示状态,则游戏成功,至此完成数字拼图游戏。

图 19-14 数字拼图游戏成功界面

第 20 章

源码下载

Android游戏图形开发基础

现在流行的 Android 游戏(如益智类游戏等),在开发时就需要对大量的图形、图像进行处理。通过本章的学习,读者能掌握 Android 应用中图形、图像的处理工具,以及在 Android 平台上开发小游戏。

20.1 绘制几何图形

一个 Android 游戏经常需要在界面上绘制各种图形。比如一个 Android 游戏运行时根据用户选择的结果生成各种各样的图片,使得游戏内容丰富精彩,这就需要借助于 Android 图形系统的支持。在 Android 中,绘制图像最常用的是 Paint 类、Canvas 类、Bitmap 类和 BitmapFactory 类。

在现实生活中,绘图需要画笔和画布。同样,Android 绘图系统中 Paint 类就是画笔,Canvas 类就是画布,通过这两个类就可在 Android 系统中绘图。

读者通过前面学习 Java 的 Swing 游戏编程可知,在 Swing 中绘图的一般思路是开发一个自定义类,该类继承 JPanel,并且重写 JPanel 的 paint (Graphics g)方法。Android 的绘图思路与此类似。要在 Android 游戏中绘图,首先要铺好画布,即首先创建一个继承自 View 类或 SurfaceView 类的视图,并且在该类中重写它的 onDraw (Canvas canvas)方法,然后在显示绘图的 Activity 中添加该视图。

在 Android 系统中绘制几何图形,需要用到一些绘图工具,这些绘图工具都在 android. graphics 包中。

20.1.1 画布类

画布类主要实现了屏幕的绘制过程,其中包含了很多实用的方法,如绘制路径、区域、贴图、画点、画线、渲染文本,其常用方法如表 20-1 所示。

表 20-1　画布（Canvas）类的常用方法

方法	功能
Canvas()	创建一个空的画布，可以使用 setBitmap() 方法来设置绘制具体的画布
Canvas(Bitmap bitmap)	以 bitmap 对象创建一个画布，则将内容都绘制在 bitmap 上，bitmap 不得为 null
drawColor()	设置 Canvas 的背景颜色。例如，drawColor(Color.BLACK) 会把整个画布区域染成纯黑色，覆盖掉原有内容
setBitmap()	设置具体画布
clipRect()	设置显示区域，即设置裁剪区
rotate()	旋转画布
skew()	设置偏移量
drawLine(float x1, float y1, float x2, float y2)	绘制从点(x1, y1)到点(x2, y2)的直线
drawCircle(float x, float y, float radius, Paint paint)	绘制以(x, y)为圆心、radius 为半径的圆
drawRect(float x1, float y1, float x2, float y2, Paint paint)	绘制从左上角(x1, y1)到右下角(x2, y2)的矩形
drawText(String text, float x, float y, Paint paint)	绘制文字
drawPath(Path path, Paint paint)	绘制从一点到另一点的连接路径线段
drawPoint(float x, float y, Paint paint)	在(x, y)画点，第 3 个参数为 Paint 对象
drawTextOnPath(String text, Path path, float hOffset, float vOffset, Paint paint)	在路径上绘制文本
drawPath(Path path, Paint paint)	绘制一个路径，参数 path 为 Path 路径对象
drawBitmap(Bitmap bitmap, Rect src, Rect dst, Paint paint)	贴图，参数 1 就是我们常规的 Bitmap 对象，参数 2 是源区域（这里是 bitmap），参数 3 是目标区域（应该在 canvas 的位置和大小），参数 4 是 Paint 画刷对象，当原始 Rect 不等于目标 Rect 时会缩放和拉伸

从上表可以看出，Canvas 绘制图形简单灵活，最后一个参数均为 Paint 对象。如果把 Canvas 当作绘画师的画布，那么 Paint 对象就是绘画的工具，如画笔、画刷、颜料等。

20.1.2　画笔类

画笔类用来描述所绘制图形的颜色和风格，例如，线条宽度、颜色等信息，常用方法如表 20-2 所示。

表 20-2　画笔（Paint）类的常用方法

方法	功能
Paint()	构造方法，创建一个画笔对象
setColor(int color)	设置颜色
setStrokeWidth(float width)	设置画笔宽度
setTextSize(float textSize)	设置文字尺寸

续表

方 法	功 能
setAlpha(int a)	设置透明度 alpha 值,范围为 0~255
setAntiAlias(boolean b)	是否抗锯齿,true 值则除去边缘锯齿
paint.setStyle(Paint.Style style)	设置图形为空心(Paint.Style.STROKE)或实心(Paint.Style.FILL)
setLinearText(boolean linearText)	设置线性文本
setTextAlign(Paint.Align align)	设置文本对齐
setTypeface(Typeface typeface)	设置字体,Typeface 包含了字体的类型、粗细、倾斜、颜色等

最终,Canvas 和 Paint 在 Android 游戏 View 中的 onDraw 方法里直接使用。

```
@Override
protected void onDraw(Canvas canvas) {
    Paint paintRed = new Paint();
    paintRed.setColor(Color.Red);
    canvas.drawPoint(11,3,paintRed);          //在坐标(11,3)上画一个红色的点
}
```

20.1.3 路径类

当绘制一些由线段组成的图形(如三角形、四边形等)时,需要用 Path 类来描述线段路径,常用方法如表 20-3 所示。

表 20-3 路径(Path)类的常用方法

方 法	功 能
lineTo(float x, float y)	从当前点到指定点画连线
moveTo(float x, float y)	移动到指定点
close()	关闭绘制连线路径
addArc(RectF oval, float startAngle, float sweepAngle)	为路径添加一个多边形
addCircle(float x, float y, float radius, Path.Direction dir)	给 path 添加圆圈
addOval(RectF oval, Path.Direction dir)	添加椭圆形
addRect(RectF rect, Path.Direction dir)	添加一个矩形区域
addRoundRect(RectF rect, float[] radii, Path.Direction dir)	添加一个圆角矩形区域
isEmpty()	判断路径是否为空
transform(Matrix matrix)	应用矩阵变换
transform(Matrix matrix, Path dst)	应用矩阵变换并将结果放到新的路径(即第 2 个参数)中

20.1.4 游戏开发中几何图形绘制过程

在 Android 游戏开发中绘制几何图形的一般过程为:
(1) 创建一个 View 的子类,并重写 View 类的 onDraw()方法;

(2) 在 View 的子类视图中使用画布对象 Canvas 绘制各种图形;

(3) 使用 invalidate()方法刷新画面。

【例 20-1】 绘制几何图形和文字示例。

本例继承自 Android.view.View 的 TestView 类,重写 View 类的 onDraw()方法,在 onDraw()方法中运用 Paint 对象(画笔)的不同设置值,在 Cavas(画布)上分别绘制了矩形、圆形、三角形和文字。以 paint.setColor()改变图形颜色,以 paint.setStyle()的设置来控制画出的图形是空心还是实心。程序的最后一段,就是直接在 Canvas 绘制文字。

```java
package com.example.ex20_1;
import android.os.Bundle;
import android.view.View;
import android.app.Activity;
import android.content.Context;
import android.graphics.Canvas;
import android.graphics.Color;
import android.graphics.Paint;
import android.graphics.Path;
public class MainActivity extends Activity {
    @Override
    public void onCreate(Bundle savedInstanceState) {
        super.onCreate(savedInstanceState);
        //setContentView(R.layout.activity_main);
        TestView tView = new TestView(this);
        setContentView(tView);
    }
    private class TestView extends View {              //继承自 Android.view.View 的 TestView 类
        public TestView(Context context)
        {
            super(context);
        }
        /* 重写 onDraw()方法 */
        protected void onDraw(Canvas canvas)
        {
            canvas.drawColor(Color.CYAN);              //设置背景为青色
            Paint paint = new Paint();                 //定义画笔
            paint.setStrokeWidth(3);                   //设置画笔宽度
            paint.setStyle(Paint.Style.STROKE);        //设置画空心图形
            paint.setAntiAlias(true);                  //去锯齿

            /* 画空心矩形(正方形) */
            canvas.drawRect(10,10,70,70,paint);
            /* 设置画实心图形 */
            paint.setStyle(Paint.Style.FILL);
            /* 画实心矩形(正方形) */
            canvas.drawRect(100,10,170,70,paint);
            /* 设置画笔颜色为蓝色 */
            paint.setColor(Color.BLUE);
            /* 画圆心为(100,120),半径为 30 的实心圆 */
```

```
            canvas.drawCircle(100,120,30,paint);
            /*在上面的实心圆上画一个小白点*/
            paint.setColor(Color.WHITE);
            canvas.drawCircle(91,111,6,paint);
            /*设置画笔颜色为红色*/
            paint.setColor(Color.RED);
            /*画三角形*/
            Path path = new Path();
            path.moveTo(100, 170);
            path.lineTo(70, 230);
            path.lineTo(130,230);
            path.close();
            canvas.drawPath(path,paint);
            /*用画笔书写文字  */
            paint.setTextSize(28);
            paint.setColor(Color.BLUE);
            //canvas.drawText(getResources().getString(R.string.hello_world),30,270,paint);
            canvas.drawText("Hello world!",30,270,paint);
        }
    }
}
```

程序运行效果如图 20-1 所示。注意，这里 TestView 类是内部私有类 private，如果一个内部类只希望被外部类中的方法操作，那么可以使用 private 声明内部类。TestView 类也可以作为公共类单独建立 Java 文件。

【**例 20-2**】 绘制一个可以在任意指定位置显示的小球。

本 Android 程序的设计模式是采用 MVC 模式，即把应用程序分为表现层（View）、控制层（Control）、业务模型层（Model）。在本示例中，按照这种模式，图形界面布局为表现层，Activity 控制程序为控制层，实现几何作图的绘制过程属于业务模型层。在业务模型层，将圆心坐标设为(x, y)，则圆的位置随控制层任意输入的坐标值而改变。

主要设计步骤如下。

（1）编写 View 子类 TestView。

业务模型层的绘制小球程序文件 TestView.java

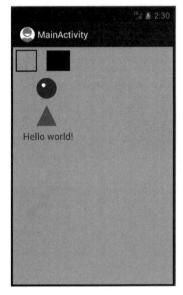

图 20-1　绘制几何图形和文字示例

```
package com.example.ex20_2;
import android.util.AttributeSet;
import android.view.View;
import android.content.Context;
import android.graphics.Canvas;
```

```java
import android.graphics.Color;
import android.graphics.Paint;
public class TestView extends View       //继承 View 的绘制图形类,即自定义 View 组件类
{
    int x, y;
    public TestView(Context context, AttributeSet attrs) {
        super(context, attrs);
    }
    void setXY(int _x, int _y) {             //传递由控制层设置的坐标值
        x = _x;
        y = _y;
    }
    protected void onDraw(Canvas canvas) {
        super.onDraw(canvas);
        /*设置背景为青色*/
        canvas.drawColor(Color.CYAN);
        Paint paint = new Paint();
        paint.setAntiAlias(true);                //去锯齿
        paint.setColor(Color.BLACK);             //设置 paint 的颜色
        canvas.drawCircle(x, y, 15, paint);      //画一个实心圆
        paint.setColor(Color.WHITE);             //在实心圆上画一个小白点
        canvas.drawCircle(x - 6, y - 6, 3, paint);
    }
}
```

(2) 把 TestView 添加到布局界面中。表现层的图形界面布局程序文件为 activity_main.xml。

```xml
<LinearLayout xmlns:android = "http://schemas.android.com/apk/res/android"
    xmlns:tools = "http://schemas.android.com/tools"
    android:id = "@ + id/LinearLayout1"
    android:layout_width = "match_parent"
    android:layout_height = "match_parent"
    android:orientation = "vertical" >
    <LinearLayout
        android:layout_width = "match_parent"
        android:layout_height = "wrap_content"
        android:layout_gravity = "center_horizontal" >
        <TextView
            android:id = "@ + id/textView1"
            android:layout_width = "wrap_content"
            android:layout_height = "wrap_content"
            android:text = "输入位置:"
            android:textSize = "24sp" />
        <EditText
            android:id = "@ + id/editText1"
            android:layout_width = "82dp"
            android:layout_height = "wrap_content"
            android:layout_weight = "0.34"
            android:ems = "10"
```

```xml
                android:textSize = "24sp" />
            <Button
                android:id = "@+id/button1"
                android:layout_width = "wrap_content"
                android:layout_height = "wrap_content"
                android:text = "确定"
                android:textSize = "24sp" />
    </LinearLayout>
    <!-- 在界面布局中设置绘制图形的 View 组件,导入自定义 View 组件时要带包名 -->
    <com.example.ex20_2.TestView
        android:id = "@+id/testView1"
        android:layout_width = "match_parent"
        android:layout_height = "match_parent" />
</LinearLayout>
```

（3）在控制层的主程序 MainActivity.java 中建立 TestView 对象与布局文件的关联。

```java
//控制层的主程序 MainActivity.java
package com.example.ex20_2;
import android.os.Bundle;
import android.app.Activity;
import android.view.View;
import android.view.View.OnClickListener;
import android.widget.Button;
import android.widget.EditText;
public class MainActivity extends Activity
{
    int x1 = 150, y1 = 50;
    TestView testView; Button btn; EditText edit_y;
    public void onCreate(Bundle savedInstanceState)
    {
        super.onCreate(savedInstanceState);
        setContentView(R.layout.activity_main);
        testView = (TestView)findViewById(R.id.testView1);
        testView.setXY(y1, y1);
        btn = (Button)findViewById(R.id.button1);
        edit_y = (EditText)findViewById(R.id.editText1);
        btn.setOnClickListener(new mClick());
    }
    class mClick implements OnClickListener
    {
        public void onClick(View v)
        {
            //方法 Integer.parseInt(String)将字符串 String 转换为整型数据
            y1 = Integer.parseInt(edit_y.getText().toString());
            testView.setXY(x1, y1);
            testView.invalidate();
        }
    }
}
```

图 20-2　在任意指定位置显示的小球

20.2　Android 游戏开发基础——View 和 SurfaceView 游戏框架

对于玩家来说，游戏是动态的；对于游戏开发人员来说，游戏是静态的。它只是不停地播放不同的画面，让玩家看到了动态的效果。

Android 游戏开发首先要熟悉 3 个重要的类：View（视图）、Canvas（画布）、Paint（画笔）。通过画笔可以在画布上绘制出各种精彩的图形、图片等，然后通过 View（视图）可以将画布上的内容展现在手机屏幕上。

其次要熟悉"刷屏"的概念。在画布中绘制的图像不管是图片还是图形都是静态的，只有通过不断地展现不同的画布，才能实现动态的效果。在手机上，画布永远只是一张，所以不可能通过不断地播放不同的画布来实现动态效果，这时就需要对画布进行刷新来实现动态效果。

刷新画布如同使用一块橡皮擦，首先擦去之前画布上的所有内容，然后重新绘制画布，如此反复，形成动态效果。擦拭画布的过程称为刷屏（刷新屏幕）。

Android 游戏开发中比较重要和复杂的就是显示和游戏逻辑的处理。Android 中涉及显示的为视图，Android 游戏开发中常用的 3 种视图如下。

（1）View：显示视图，内置画布，提供图形绘制函数、触屏事件、按键事件函数等；必须在 UI 主线程内更新画面，速度较慢。

（2）SurfaceView：基于 View 视图进行拓展的视图类，更适用于 2D 游戏开发；它是 View 的子类，类似使用双缓冲机制，在新启动的线程中主动重新绘制画面，更新画面，所以刷新界面速度比 View 快。

（3）GLSurfaceView：基于 SurfaceView 视图再次进行拓展的视图类，专用于 3D 游戏开发的视图，是 SurfaceView 的子类（openGL 专用）。

根据游戏特点，更新画面的类型一般分为以下两类。

（1）被动更新。画面依赖于 onTouch 来更新，例如棋类游戏，可以直接使用 invalidate。因为在这种情况下，这一次触摸 Touch 和下一次的触摸 Touch 间隔的时间比较长，不会对操作产生影响。

（2）主动更新。游戏画面需要一个单独的线程不停地重绘角色的状态，例如一个人在一直跑动。这种情况下应避免阻塞主 UI 线程。所以 View 显得不合适，需要用 SurfaceView 来控制。

20.2.1 View 游戏框架

对于常规的游戏，在 View 中需要处理以下几种问题：
- 触摸屏事件；
- 刷新 View；
- 绘制 View。

1. 触摸屏事件

触摸屏事件指的是在触摸屏中按下、抬起和移动事件（模拟器中为鼠标事件）。在 Android 系统中，通过 OnTouchListener 监听接口来处理屏幕事件，当在 View 的范围内触摸按下、抬起或移动等动作时都会触发该事件。

在设计简单触摸屏事件程序时，要实现 View.OnTouchListener 接口，并重写该接口的监听函数 onTouch(View v, MotionEvent event)。

在监听函数 onTouch(View v, MotionEvent event)中，参数 v 为事件源对象；参数 event 为事件对象，事件对象为下列常数之一：
- MotionEvent.ACTION_DOWN 按下；
- MotionEvent.ACTION_UP 抬起；
- MotionEvent.ACTION_MOVE 移动。

2. 刷新 View

主要由 invalidate(int l, int t, int r, int b)刷新局部，4 个参数分别为左、上、右、下。整个 View 刷新则是 invalidate()，刷新一个矩形区域 invalidate(Rect dirty)，执行 invalidate 方法将导致 onDraw()方法被重新调用。

如果在线程中刷新，除了使用 handler 方式外，可以在 Thread 中直接使用 postInvalidate 方法来实现。

3. 绘制 View

主要是在 onDraw()中通过形参 canvas 来处理，相关的绘制主要有 drawRect、drawLine、drawPath 等。

下面介绍 View 游戏框架实例。

20.2.2 View 游戏框架实例

【例 20-3】 这是个简单的游戏框架,实现了对屏幕上文本对象的位置控制,达到其跟随手指移动的效果。

步骤 1:新建一个 Android 项目 move_txt,创建完毕后,新建一个 MyView 继承于 android.view.View 类,实现游戏中图形、文字绘制。代码如下:

```java
package com.example.move_text;
import android.content.Context;
import android.graphics.Canvas;
import android.graphics.Color;
import android.graphics.Paint;
import android.view.KeyEvent;
import android.view.MotionEvent;
import android.view.View;
public class MyView extends View {
    private int textX = 20, textY = 20;
    /**
     * 构造函数
     * @param context
     */
    public MyView(Context context) {
        super(context);
        setFocusable(true);                              //设置焦点
    }
    /* 重写绘图函数 */
    @Override
    protected void onDraw(Canvas canvas) {
        Paint paint = new Paint();                       //创建一个画笔实例
        paint.setColor(Color.BLUE);                      //设置画笔颜色
        paint.setTextSize(18);                           //设置画笔文本大小
        canvas.drawText("Hi,夏敏捷你好!", textX, textY, paint);  //绘制文本
        super.onDraw(canvas);
    }
```

在 onDraw(Canvas canvas)函数中建议不要创建对象,否则会警告错误信息,这是因为 onDraw(Canvas canvas)调用频繁,不断进行创建和垃圾回收会影响 UI 显示的性能。

为了实现屏幕上文本对象的位置控制,达到跟随手指移动的效果。触屏事件监听函数 onTouchEvent(MotionEvent event)需要重写。在 View 中如果需要强制调用绘制方法 onDraw,可以使用 invalidate()方法,在子线程中使用 postInvailidate()方法。

```java
    /**     * 重写触屏事件函数     */
    @Override
    public boolean onTouchEvent(MotionEvent event) {
        //获取用户手指触屏的 X 坐标赋值与文本的 X 坐标
        int x = (int)event.getX();
        //获取用户手指触屏的 Y 坐标赋值与文本的 Y 坐标
        int y = (int)event.getY();
```

```
            textX = x;
            textY = y;
            invalidate();           //重绘画布
            return true;
    }
```

同时,为了实现键盘操作文本对象移动,也重写按键按下事件、按键抬起事件。

```
    /***
     * 重写按键按下事件
     * @param  keyCode 当前用户点击的按键
     * @param  event 按键的动作事件队列,此类还定义了很多静态常量键值
     */
    @Override
    public boolean onKeyDown(int keyCode, KeyEvent event) {
        //判定用户按下的键值是否是方向键的"上、下、左、右"键
        if(keyCode == KeyEvent.KEYCODE_DPAD_UP)
        {
            //"上"按键被点击,应该让文本的Y坐标变小
            textY -= 2;
        }else if(keyCode == KeyEvent.KEYCODE_DPAD_DOWN)
        {
            //"下"按键被点击,应该让文本的Y坐标变大
            textY += 2;
        }else if(keyCode == KeyEvent.KEYCODE_DPAD_LEFT)
        {
            //"左"按键被点击,应该让文本的X坐标变小
            textX -= 2;
        }else if(keyCode == KeyEvent.KEYCODE_DPAD_RIGHT)
        {
            //"右"按键被点击,应该让文本的X坐标变大
            textX += 2;
        }
        return super.onKeyDown(keyCode, event);
    }
    /**
     * 重写按键抬起事件
     */
    @Override
    public boolean onKeyUp(int keyCode, KeyEvent event) {
        //invalidate();不能在当前子线程中循环调用执行
        //postInvalidate();可以在子线程中循环调用执行
        invalidate();                          //重新绘制画布
        return super.onKeyUp(keyCode, event);
    }
}
```

步骤 2:修改 MainActivity 类,显示绘制的 View。

```
public class MainActivity extends Activity {
    @Override
    protected void onCreate(Bundle savedInstanceState) {
```

```
        super.onCreate(savedInstanceState);
        setContentView(new MyView(this));
    }
}
```

修改配置文件 AndroidManifest.xml，设置应用程序为全屏，这里设置主题为黑色背景，并隐去状态栏和应用标题。

```
android:theme = "@android:style/Theme.Black.NoTitleBar.Fullscreen"
```

修改配置文件也可以不通过隐去状态栏和应用标题方法，而用如下方法实现。

```
public class MainActivity extends Activity {
    @Override
    public void onCreate(Bundle savedInstanceState) {
        super.onCreate(savedInstanceState);
        //隐去标题栏(应用程序的名字)
        this.requestWindowFeature(Window.FEATURE_NO_TITLE);
        //隐去状态栏部分(电池等图标和一切修饰部分)
        this.getWindow().setFlags(WindowManager.LayoutParams.FLAG_FULLSCREEN, WindowManager.LayoutParams.FLAG_FULLSCREEN);
        setContentView(new MyView(this));        //设置显示 View 实例
    }
}
```

20.2.3 SurfaceView 游戏框架

SurfaceView 框架和 View 框架类似，仍然需要一个 MainActivity 做相应的设置，然后剩下的任务就交给 SurfaceView。SurfaceView 游戏框架 onTouch 和 onKey 都是类似的用户操作响应函数，最重要的是 run 函数，该函数是线程的 run 函数，该函数将一直不断地执行处理屏幕绘制和逻辑变化，来实现动画与交互的效果。

SurfaceView 框架和 View 框架的最本质区别是 View 要在 UI 的主线程中更新画面，而 SurfaceView 是在一个新的单独线程中重新绘制画面，所以不会阻塞 UI 的主线程。

下面介绍 SurfaceView 游戏框架实例。

20.2.4 SurfaceView 游戏框架实例

【例 20-4】 同样实现了对屏幕上文本对象的位置控制，达到文本对象跟随手指移动的效果。

步骤 1：新建项目 GameSurfaceView，创建完毕后，新建一个 MySurfaceView 类继承于 SurfaceView，并实现 android.view.SurfaceHolder.Callback 接口，代码如下。

```
package com.example.GameSurfaceView;
import android.content.Context;
import android.graphics.Canvas;
```

```java
import android.graphics.Color;
import android.graphics.Paint;
import android.view.MotionEvent;
import android.view.SurfaceHolder;
import android.view.SurfaceHolder.Callback;
import android.view.SurfaceView;

//Callback 接口用于 SurfaceHolder 对 SurfaceView 的状态进行监听
public class MySurfaceView extends SurfaceView implements Callback{
    private SurfaceHolder sfh;                      //用于控制 SurfaceView
    private Paint paint;
    private int textX = 30, textY = 30;
    public MySurfaceView(Context context) {
        super(context);
        sfh = this.getHolder();                     //获得 SurfaceHolder 对象
        sfh.addCallback(this);                      //为 SurfaceView 添加状态监听
        paint = new Paint();                        //实例一个画笔
        paint.setTextSize(30);                      //设置字体大小
        paint.setColor(Color.GREEN);                //设置画笔的颜色
    }
    @Override
    //当 SurfaceView 被创建完成后响应
    public void surfaceCreated(SurfaceHolder holder) {
        myDraw();
    }
    @Override
    //当 SurfaceView 状态发生改变时响应
    public void surfaceChanged(SurfaceHolder holder, int format, int width,
            int height) {

    }
    @Override
    //当 SurfaceView 状态被摧毁时响应
    public void surfaceDestroyed(SurfaceHolder holder) {

    }
```

SurfaceView 是通过 SurfaceHolder 来修改其数据的，所以，即使重写 View 的 onDraw(Canvas canvas)函数，在 SurfaceView 启动时也不会被执行到，因此本例自定义绘图函数 myDraw()。

```java
public void myDraw()
{
    //获取 SurfaceView 的 Canvas 对象,同时对获取的 Canvas 画布进行加锁
    //防止 SurfaceView 在绘制过程中被修改、摧毁等发生的状态改变
    //另外一个 lockCanvas(Rect rect)函数,其中传入一个 Rect 矩形类的实例
    //用于得到一个自定义大小的画布
    Canvas canvas = sfh.lockCanvas();
    //填充背景色即刷屏,每次在画布绘图前都对画布进行一次整体的覆盖
    canvas.drawColor(Color.BLACK);
```

```
        canvas.drawText("This is a Text !", textX, textY, paint);    //绘制内容
        sfh.unlockCanvasAndPost(canvas);                              //解锁画布和提交
    }
```

重写触屏监听事件。

```
    public boolean onTouchEvent(MotionEvent event) {
        textX = (int)event.getX();
        textY = (int)event.getY();
        myDraw();                                         //调用自定义绘图函数 myDraw()
        return super.onTouchEvent(event);
    }
}
```

步骤 2：修改 MainActivity 类，让其显示自定义的 SurfaceView 视图。

```
public class MainActivity extends Activity {
    @Override
    protected void onCreate(Bundle savedInstanceState) {
        super.onCreate(savedInstanceState);
        //显示自定义的 SurfaceView 视图
        setContentView(new MySurfaceView(this));
    }
}
```

配置文件中设置应用程序为全屏。

```
android:theme = "@android:style/Theme.NoTitleBar.Fullscreen"
```

20.2.5 SurfaceView 视图添加线程

在游戏中，基本上不会等到用户每次触发了按键事件、触屏事件才去重绘画布，而是会固定一个时间去刷新画布；如游戏中的倒计时、动态的花草、流水等，这些游戏元素并不会跟玩家交互，但是这些元素都是动态的。所以，游戏开发中会有一个线程不停地去重绘画布，实时地更新游戏元素的状态。

当然游戏中除了画布给玩家最直接的动态展现外，也会有很多逻辑需要不断地去更新，如怪物的 AI(人工智能)、游戏中钱币的更新等，需要添加线程实现。

在 Android 中创建线程方法与 Java 中创建线程的方法相同，可采用两种途径：
(1) 创建自己的 Thread 线程子类；
(2) 在用户自己的类中实现 Runnable 接口。

注意：Android 中的线程放弃了 Java 线程中不安全的做法。例如，在 Java 中终止一个 Thread 线程，可以调用 stop()、destroy()等方法实现，但在 Android 中，这些方法都不能实现，故不能直接使用。

1. 创建 Thread 子类实现线程

通过继承 Thread 类，并改写 run()方法来实现一个线程。Thread 类的 run()方法是用

来定义线程对象被调用之后所执行的操作。Thread 类中 run() 方法没有具体内容，所以用户程序需要创建自己的 Thread 子类，并重写 run() 方法来覆盖 Thread 类原来的 run() 方法。

要创建和执行一个线程需要完成下列步骤：

（1）创建一个 Thread 类的子类；

（2）在 Thread 子类中重写 run() 方法，在 run() 方法中包含线程要实现的操作，并通过 Handler 对象发送 Message 的消息；

（3）用 new 创建一个线程对象；

（4）调用 start() 方法启动线程。

下面实现一个 Thread 类的子类，代码如下。

```java
public class MyThread extends Thread {                  //继承 Thread 类并重写 run()方法
    private final static String TAG = "My Thread ===> ";
    public void run(){                                   //重写 run 方法
        Log.d(TAG, "run");
        for(int i = 0; i < 100; i++)
        {
            Log.e(TAG, Thread.currentThread().getName() + "i =   " + i);
        }
    }
}
```

如果启动线程代码如下。

```java
new MyThread().start();
```

2. Runnable 接口实现线程

Runnable 接口只有一个抽象方法 run()，所有实现 Runnable 接口的用户类都必须具体实现这个 run() 方法，为它编写方法体并定义具体操作。当线程转入运行状态时，它所执行的就是 run() 方法中规定的操作。

下面给出了一个实现了 Runnable 接口的类，代码如下。

```java
public class MyRunnable implements Runnable{
    private final static String TAG = "My Runnable ===> ";
    @Override
    public void run() {                                  //重写 run()方法
        //线程所要执行任务的代码
        Log.d(TAG, "run");
        for(int i = 0; i < 1000; i++)
        {
            Log.e(TAG, Thread.currentThread().getName() + "i =   " + i);
        }
    }
}
```

实现 Runnable 接口的类来创建线程过程如下。

```
MyRunnable mr = new MyRunnable();        //创建 Runnable 实现类的对象
Thread t = new Thread(mr);               //创建 Thread 对象
t.run();                                 //调用 Thread 对象中 run 方法
```

【例 20-5】 下面给【例 20-4】实例中的 SurfaceView 视图添加线程，用于不停地重绘画布及不停地执行游戏逻辑。

修改后，MySurfaceView 类代码如下。

```
package com.example.GameSurfaceView2;
import android.content.Context;
import android.graphics.Canvas;
import android.graphics.Color;
import android.graphics.Paint;
import android.view.KeyEvent;
import android.view.MotionEvent;
import android.view.SurfaceHolder;
import android.view.SurfaceHolder.Callback;
import android.view.SurfaceView;

//Callback 接口用于 SurfaceHolder 对 SurfaceView 的状态进行监听
public class MySurfaceView extends SurfaceView implements Callback, Runnable {
    //用于控制 SurfaceView 的大小、格式等，并且主要用于监听 SurfaceView 的状态
    private SurfaceHolder sfh;
    private Paint paint;                    //声明一个画笔
    private int textX = 30, textY = 30;     //文本坐标
    private Thread th;                      //声明一个线程
    private boolean flag;                   //线程消亡的标识符
    private Canvas canvas;                  //声明一个画布
    private int screenW, screenH;           //声明屏幕的宽和高
    /**
     * SurfaceView 初始化函数
     * @param context
     */
    public MySurfaceView(Context context) {
        super(context);
        sfh = this.getHolder();             //实例 SurfaceView
        sfh.addCallback(this);              //为 SurfaceView 添加状态监听
        paint = new Paint();                //实例一个画笔
        paint.setTextSize(20);              //设置字体大小
        paint.setColor(Color.WHITE);        //设置画笔的颜色
        setFocusable(true);                 //设置焦点
    }
```

自定义的 SurfaceView 继承 SurfaceView 类并实现 SurfaceHolder.Callback 接口，SurfaceHolder.Callback 在底层的 Surface 状态发生变化的时候通知 View。SurfaceHolder.Callback 具有如下的接口。

surfaceCreated(SurfaceHolder holder)：当第一次创建 Surface 后会立即调用该函数，在该函数中进行和绘制界面相关的初始化工作，一般情况下都是在另外的线程来绘制界面，

不在这个函数中绘制。

surfaceChanged(SurfaceHolder holder, int format, int width, int height)：当 Surface 的状态(大小和格式)发生变化的时候会调用该函数,在 surfaceCreated 调用后该函数至少会被调用一次。

surfaceDestroyed(SurfaceHolder holder)：当 Surface 销毁时激发,一般在这里将画面的线程停止、释放。

```java
/**
 * SurfaceView 视图创建,响应此函数
 */
@Override
public void surfaceCreated(SurfaceHolder holder) {
    screenW = this.getWidth();
    screenH = this.getHeight();
    flag = true;                            //把线程运行的标识设置成 true
    th = new Thread(this);                  //创建一个线程对象
    th.start();                             //启动线程
}
/**
 * SurfaceView 视图状态发生改变时,响应此函数
 */
@Override
public void surfaceChanged(SurfaceHolder holder, int format, int width,
        int height) {
}
/**
 * SurfaceView 视图消亡时,响应此函数
 */
@Override
public void surfaceDestroyed(SurfaceHolder holder) {
    flag = false;                           //把线程运行的标识设置成 false
    sfh.removeCallback(this);
}
/**
 * 游戏绘图
 */
public void myDraw() {
    try {
        canvas = sfh.lockCanvas();
        if (canvas != null) {
            //利用绘制矩形的方式刷屏
            //canvas.drawRect(0, 0, this.getWidth(), this.getHeight(),
            //paint();
            //利用填充画布刷屏,会把整个画布区域染成纯黑色,覆盖原有内容
            canvas.drawColor(Color.BLACK);
            canvas.drawText("大家好!", textX, textY, paint);
        }
    } catch (Exception e) {
        //TODO: handle exception
    } finally {
        if (canvas != null) {
```

```
                    sfh.unlockCanvasAndPost(canvas);        //结束锁定画图,并提交改变
                }
            }
        }
        /**
         * 触屏事件监听
         */
        @Override
        public boolean onTouchEvent(MotionEvent event) {
            textX = (int) event.getX();
            textY = (int) event.getY();
            return true;
        }
        @Override
        public boolean onKeyDown(int keyCode, KeyEvent event) {
            return super.onKeyDown(keyCode, event);
        }
        /**
         * 游戏逻辑
         */
        private void logic() {
            //编写游戏逻辑
        }
        @Override
        public void run() {
            while (flag) {
                long start = System.currentTimeMillis();
                myDraw();                                    //调用自定义画图方法
                logic();                                     //调用编写的游戏逻辑
                long end = System.currentTimeMillis();
                try {
                    if (end - start < 50) {
                        Thread.sleep(50 - (end - start));    //让线程休息多少毫秒
                    }
                } catch (Exception e) {
                    e.printStackTrace();
                }
            }
        }
}
```

代码说明。

(1) 线程标识位。

在代码中"boolean flag;"语句声明一个布尔值,它主要用于以下两点。

① 便于消亡线程。

一个线程一旦启动,就会执行 run() 函数,执行结束后,线程也会伴随着消亡。由于游戏开发中使用的线程一般都会在 run() 函数中使用一个 while 死循环,在这个循环中会调用绘图和逻辑函数,使得不断地刷新画布和更新逻辑,那么游戏暂停或结束时,为了便于销毁线程,在此设置一个标识位来控制。

② 防止重复创建线程及程序异常。

为什么会重复创建线程，首先从 Android 系统的手机谈起。熟悉或者接触过 Android 系统的人都知道，Android 手机上一般都有 Back(返回)与 Home 按键。不管当前手机运行了什么程序，只要点击 Back 或者 Home 按键的时候，默认会将当前的程序切入系统后台运行，也正因为如此，会造成 MySurfaceView 视图的状态发生改变。

当点击 Back 按钮并重新进入程序的过程要比点击 Home 按钮多执行了一个构造函数。即当点击 Back(返回)按键时，SurfaceView 视图会被重新加载。

因此，线程的初始化与线程的启动都写在视图的 surfaceCreated 创建函数中，并且在视图被摧毁时将线程标识位的值改变为 false，这样既可避免"线程已启动"的异常，还可以避免点击 Back 按键无限增加线程数的问题。

（2）获取 SurfaceView 视图的宽和高。

在 SurfaceView 视图中获取视图的宽和高的方法如下。

```
this.getWidth();  获取视图宽度
this.getHeight(); 获取视图高度
```

本例中 surfaceCreated(SurfaceHolder holder) 获取视图的宽和高。

```
public void surfaceCreated(SurfaceHolder holder) {
    screenW = this.getWidth();
    screenH = this.getHeight();
    flag = true;                        //把线程运行的标识设置成 true
    th = new Thread(this);              //创建一个线程对象
    th.start();                         //启动线程
}
```

在 SurfaceView 视图中获取视图的宽和高，一定要在视图创建之后才可以获取到，也就是在 surfaceCreated 函数之后获取，在此函数执行之前获取到的永远是零，因为当前视图还没有创建，是没有宽和高值的。所以，在 surfaceview 构造函数中调用"ScreenW＝this.getWidth();"和"ScreenH＝this.getHeight();"值全部为 0；

（3）在绘图函数中进行 try…catch 处理。

因为当 SurfaceView 未创建时，调用 lockCanvas()函数会返回 null，Canvas 进行绘图时也会出现不可预知的问题，所以要对绘制函数中进行 try…catch 处理。既然 lockCanvas()函数有可能返回 null，那么为了避免其他使用 Canvas 实例进行绘制的函数报错，在使用 Canvas 开始绘制操作时，需要对其进行判定是否为 null。

（4）刷帧时间尽可能保持一致。

虽然在线程循环中设置了休眠时间，但是这样并不完善。比如，在当前项目中，run()的 while 循环中除了调用绘图函数，还一直调用处理游戏逻辑的 logic() 函数。虽然在当前项目的逻辑函数中并没有写任何的代码，但是假设这个逻辑函数 logic()中写了几千行的逻辑，那么系统在处理逻辑时，时间的开销是否和上次的相同，这是无法预料的，但是可以尽可能地让其时间差值趋于相同。假设游戏线程的休眠时间为 X 毫秒，一般线程的休眠写法为：

```
Thread.sleep(X);
```

优化写法步骤如下。

步骤1：首先通过系统函数获取到一个时间戳。

```
long start = System.currentTimeMillis();            //在线程中的绘图、逻辑等函数
```

步骤2：处理以上所有函数之后,再次通过系统函数获取到一个时间戳。

```
long end = System.currentTimeMillis();
```

步骤3：通过这两个时间戳的差值,就可以知道这些函数所消耗的时间：如果(end - start) > X,那线程就完全没有必要去休眠；如果(end - start) < X,那线程的休眠时间应该为 X-(end - start)。

线程休眠应更改为以下写法：

```
if ((end - start) < X) {
    Thread.sleep(X - (end - start));
}
```

一般游戏中刷新时间在 50~100 毫秒,也就是每秒 10~20 帧；当然还要视具体情况和项目而定。

（5）SurfaceHolder 对象。

SurfaceView 中调用 getHolder() 函数,可以获得当前 SurfaceView 中的 Surface 对应的 SurfaceHolder 对象,Surface 就在 SurfaceHolder 对象内。虽然 Surface 保存了当前窗口的像素数据,但是在使用过程中不直接和 Surface 联系,由 SurfaceHolder 的 Canvas lockCanvas() 函数来获取 Canvas 对象,通过在 Canvas 上绘制内容来修改 Surface 中的数据。

SurfaceHolder 中重要的方法如下。

- addCallback(SurfaceHolder.Callback callback)：为 SurfaceHolder 添加一个 SurfaceHolder.Callback 回调接口；
- lockCanvas()：获取 Surface 中的 Canvas 对象并将之锁定；
- unlockCanvasAndPost(Canvas canvas)：当修改 Surface 中的数据完成后,释放同步锁,并提交改变,然后将新的数据进行展示。

在调用 lockCanvas 函数获取 Canvas 后,SurfaceView 会获取 Surface 的一个同步锁,直到调用 unlockCanvasAndPost(Canvas canvas) 函数才释放该锁,这里的同步机制保证在 Surface 绘制过程中不会被改变(被摧毁、修改)。

20.2.6 View 和 SurfaceView 的区别

1. 更新画布

在 View 视图中对于画布的重新绘制,是通过调用 View 提供的 postInvalidate() 与

invalidate()这两个函数来执行的,也就是说画布是由系统主 UI 进行更新。当系统主 UI 线程更新画布时可能会引发一些问题,如更新画面的时间一旦过长,就会造成主 UI 线程被绘制函数阻塞,会引发无法响应按键、触屏等消息的问题。

SurfaceView 视图中对于画布的重绘是由一个新的单独线程去执行处理,所以不会出现因主 UI 线程阻塞而导致无法响应按键、触屏信息等问题。

2. 视图机制

Android 中的 View 视图是没有双缓冲机制的,而 SurfaceView 视图则有。简单理解为,SurfaceView 视图就是一个由 View 拓展出来的更加适合游戏开发的视图类。

3. View 与 SurfaceView 各有其优点

比如一款棋牌类游戏,此类型游戏画面的更新属于被动更新。因为画布的重绘主要依赖于按键和触屏事件(当玩家有了操作之后画布才需要进行更新),所以此类游戏选择 View 视图进行开发比较合适,而且也减少了因使用 SurfaceView 需单独起一个新的线程来不断更新画布所带来的运行开销。

如果是主动更新画布的游戏类型,比如在 RPG、飞行射击等类型的游戏中,很多元素都是动态的,需要不断重绘元素状态,这时再使用 View 显然就不合适了。所以开发游戏到底使用哪种视图更加合适,这完全取决于游戏类型、风格与需求。

总体来说,SurfaceView 更加适合游戏开发,因为它能适应更多的游戏类型。

20.3 检测用户在屏幕上的操作

20.3.1 单击按键手势识别

Android 手机提供了几个常用按键:Home 键、Menu(菜单)键、Back(返回)键、音量键,单击按键有相应的处理动作。

例如,单击 Home 键系统执行应用程序当前 Activity 的 onStop()方法后跳出界面;单击 Menu 键时会在屏幕下端弹出相应的菜单选项;单击 Back 键,系统默认执行应用程序当前 Activity 的 finish()方法后跳出界面。通过按键的监听事件可以实现单击有关按键的动作,完成一些必需或复杂的功能。按键的监听通过重写 onKeyDown()方法实现,其中涉及 KeyEvent 类的使用。

【例 20-6】 检测用户按了系统键(Home 键、菜单键、返回键、音量键等)还是普通键,分别给予不同的提示消息框。

```
package com.example.ex_chechkeydown;
import android.app.Activity;
import android.os.Bundle;
import android.view.KeyEvent;
import android.widget.Toast;
public class MainActivity extends Activity {
    /** Called when the activity is first created. */
```

```java
@Override
public void onCreate(Bundle savedInstanceState) {
    super.onCreate(savedInstanceState);
    setContentView(R.layout.activity_main);
}
@Override
//在 KeyDown 事件中输出按下的键的 KeyCode
public boolean onKeyDown(int keyCode, KeyEvent event) {
    if (event.isSystem()) {                    //系统键
        Toast.makeText(this, "按下了系统按键(Home 键、菜单键、返回键、音量键等)",
            Toast.LENGTH_LONG).show();
    } else {                                   //普通键
        Toast.makeText(this, KeyEvent.keyCodeToString(keyCode),
            Toast.LENGTH_LONG).show();
        return super.onKeyDown(keyCode, event);
    }
    return true;
}
```

请读者自行运行程序代码，测试按键结果。

20.3.2 触摸屏幕

Android 游戏应当能够监测到用户触摸屏幕的动作。通过实现 OnTouchListener()接口，重写 onTouch()方法处理触摸事件，以及使用 MotionEvent 类的相关方法进行相应的判断和提示。前面在 View 和 SurfaceView 游戏框架中，通过 OnTouchListener()接口来处理视图中的触摸事件。当然也可以在 Activity 中实现 OnTouchListener()接口来处理触摸事件。

【例 20-7】 在 Activity 中实现 OnTouchListener()接口来处理触摸事件，获取触屏的位置坐标后，显示位置和系统时间。

```java
package com.example.ex_checktouch;
import java.util.Calendar;
import android.app.Activity;
import android.os.Bundle;
import android.view.MotionEvent;
import android.view.View;
import android.view.View.OnTouchListener;
import android.widget.LinearLayout;
import android.widget.Toast;
public class MainActivity extends Activity implements OnTouchListener {
    @Override
    protected void onCreate(Bundle savedInstanceState) {
        super.onCreate(savedInstanceState);                    //调用父类构造方法
        LinearLayout layout = new LinearLayout(this);          //定义线性布局
        layout.setOnTouchListener(this);                       //设置触摸事件监听器
        setContentView(layout);                                //使用布局
    }
```

```java
@Override
public boolean onTouch(View v, MotionEvent event) {
    int x = (int)event.getX();                          //点击的位置坐标
    int y = (int)event.getY();
    Calendar c = Calendar.getInstance();                //取得系统日期
    int hour = c.get(Calendar.HOUR_OF_DAY);
    int minute = c.get(Calendar.MINUTE);
    String strMin = "";
    if(minute < 10){
        strMin = "0" + minute;
    }else{
        strMin = "" + minute;
    }
    Toast.makeText(this, "触摸位置:" + x + "," + y + ", 时间:" + hour + ":" + strMin,
Toast.LENGTH_LONG).show();
    return true;
}
}
```

20.3.3 手势识别

Android 平台的游戏开发中可能需要涉及手势识别。所谓的手势识别就是识别手指在屏幕上拖动或者滑动时的轨迹，即做出的手势（Gesture），据手势来执行上下左右拉动页面或执行翻页、文字识别等相应的处理。

一般情况下，游戏框架 View 类有个 OnTouchListener 接口，通过重写它的 onTouch (View v, MotionEvent event) 方法，可以处理一些触屏事件，但是如果需要处理一些手势，用这个接口处理就会很麻烦（因为要根据用户触摸的轨迹去判断是什么手势）。下面详细介绍手势识别功能。

Android 中手势识别提供了相应类和接口：

- android.view.GestureDetector 类；
- GestureDetector.OnGestureListener 接口。

Android 提供了 GestureDetector 类，通过这个类可以识别很多的手势，主要是通过它的 onTouchEvent(event)方法完成不同手势的识别。

构造函数 GestureDetector（Context context，GestureDetector.OnGestureListener listener）的第 1 个参数为 Context，所以它附着到某视图 View 时，最简单的方法就是直接从基类传递 Context；第 2 个参数为实现 GestureDetector.OnGestureListener 手势交互监听接口的对象。

GestureDetector.OnGestureListener 接口提供了多个抽象事件方法，根据 GestureDetector 的手势识别结果调用相对应的手势事件方法。手势事件方法主要有以下几点。

(1) boolean onDown(MotionEvent e)。

按下（onDown）：手指触屏的瞬间被识别为按下动作。任何手势动作都会先执行一次按下（onDown）动作。按下动作之后总会执行一次抬起（onSingleTapUp）动作。

(2) boolean onFling(MotionEvent e1, MotionEvent e2, float velocityX, float velocityY)。

抛掷(onFling)：手指在触摸屏上迅速滑动并松开的动作。

(3) void onShowPress(MotionEvent e)。

按住(onShowPress)：手指按在触摸屏上，但比长按的持续时间短，之后执行一次抬起(onSingleTapUp)动作。

(4) void onLongPress(MotionEvent e)。

长按(onLongPress)：手指按在触摸屏持续一段时间后才松开。在识别为长按动作之后识别出一次按住(onShowPress)动作。

(5) boolean onSingleTapUp(MotionEvent e)。

抬起(onSingleTapUp)：手指离开触摸屏的瞬间。

(6) boolean onScroll(MotionEvent e1, MotionEvent e2, float distanceX, float distanceY)。

滚动(onScroll)：手指在触摸屏上滑动。

虽然 GestureDetector 能识别手势，但是不同的手势要怎么处理，应该是程序员自己实现的。

【例 20-8】 下面就以实现手势识别的 onFling 动作为例，这里 CwjView 是从 View 类继承的，在视图 View 中实现抛掷滑动的手势识别，并利用坐标的变化值来判断手指的上下左右滑动。

```java
class CwjView extends View {
    private GestureDetector mGD;              //手势识别器
    public CwjView(Context context, AttributeSet attrs) {
        super(context, attrs);
        mGD = new GestureDetector(context, new GestureDetector.OnGestureListener() {
            public boolean onFling(MotionEvent e1, MotionEvent e2, float velocityX, float velocityY) {
                int dx = (int)(e2.getX() - e1.getX());   //计算滑动的距离
                if (Math.abs(dx) > MAJOR_MOVE && Math.abs(velocityX) > Math.abs(velocityY)) {
                                                          //必须大于MAJOR_MOVE的动作才识别
                    if (velocityX > 0) {
                        //向右边
                    } else {
                        //向左边
                    }
                    return true;
                } else {
                    return false;     //当然也可以通过velocityY处理向上和向下的动作
                }
            }
        });
    }
}
```

接下来是要让 View 接受触控，需要使用下面代码让 GestureDetector 类去处理 onTouchEvent 方法。

```java
@Override
public boolean onTouchEvent(MotionEvent event) {
```

```
            mGD.onTouchEvent(event);
            return true;
    }
}
```

20.4 MediaPlayer 播放音频与视频

可以通过 MediaPlayer 这个 API 来播放音频和视频。该类是 Androd 多媒体框架中的一个重要组件，通过该类可以以最少的步骤来获取、解码和播放音视频。

MediaPlayer 支持 3 种不同的媒体来源：
- 本地资源；
- 内部的 URI，比如可以通过 ContentResolver 来获取；
- 外部 URL（流），从网络上获取 Android 所支持的音视频。

20.4.1 MediaPlayer 使用步骤

（1）获取 MediaPlayer 实例。

可以直接 new 或者调用 create 方法创建：

```
MediaPlayer mp = new MediaPlayer();
MediaPlayer mp = MediaPlayer.create(this, R.raw.test);        //无须再调用 setDataSource
```

另外 create 还有这样的形式：

```
create(Context context, Uri uri, SurfaceHolder holder)
```

通过 Uri 和指定 SurfaceHolder 创建一个多媒体播放器。

（2）设置播放文件。

① raw 下的资源：

```
MediaPlayer.create(this, R.raw.test);
```

② 本地文件路径：

```
mp.setDataSource("/sdcard/test.mp3");
```

③ 网络 URL 文件：

```
mp.setDataSource("http://www.xxx.com/music/test.mp3");
```

另外 setDataSource()方法有多个，里面有这样一个类型的参数 fileDescriptor，在使用这个 API 的时候，需要把文件放到 res 文件夹平级的 assets 文件夹里，然后使用下述代码设置 DataSource。

```
AssetFileDescriptor fileDescriptor = getAssets().openFd("rain.mp3");
m_mediaPlayer.setDataSource(fileDescriptor.getFileDescriptor(),fileDescriptor.
getStartOffset(), fileDescriptor.getLength());
```

20.4.2　MediaPlayer 相关方法

MediaPlayer 包括以下的方法：
- getCurrentPosition()：得到当前的播放位置。
- getDuration()：得到文件的时间。
- getVideoHeight()：得到视频高度。
- getVideoWidth()：得到视频宽度。
- isLooping()：是否循环播放。
- isPlaying()：是否正在播放。
- pause()：暂停。
- prepare()：准备（同步）。
- prepareAsync()：准备（异步）。
- release()：释放 MediaPlayer 对象。
- reset()：重置 MediaPlayer 对象。
- seekTo(int msec)：指定播放的位置（以毫秒为单位的时间）。
- setAudioStreamType(int streamtype)：指定流媒体的类型。
- setDisplay(SurfaceHolder sh)：设置用 SurfaceHolder 来显示多媒体。
- setLooping(boolean looping)：设置是否循环播放。
- setOnBufferingUpdateListener(MediaPlayer.OnBufferingUpdateListener listener)：网络流媒体的缓冲监听。
- setOnCompletionListener(MediaPlayer.OnCompletionListener listener)：网络流媒体播放结束监听。
- setOnErrorListener(MediaPlayer.OnErrorListener listener)：设置错误信息监听。
- setOnVideoSizeChangedListener(MediaPlayer.OnVideoSizeChangedListener listener)：视频尺寸监听。
- setScreenOnWhilePlaying(boolean screenOn)：设置是否使用 SurfaceHolder 显示。
- setVolume(float leftVolume, float rightVolume)：设置音量。
- start()：开始播放。
- stop()：停止播放。

20.4.3　MediaPlayer 使用示例

1．使用 MediaPlayer 播放音频

使用 MediaPlayer 播放音频，运行效果如图 20-3 所示。

关键代码 MainActivity.java 如下：

图 20-3　MediaPlayer 播放音频

```
public class MainActivity extends AppCompatActivity implements View.OnClickListener{
    private Button btn_play;
    private Button btn_pause;
    private Button btn_stop;
    private MediaPlayer mPlayer = null;
    private boolean isRelease = true;              //判断 MediaPlayer 是否释放

    @Override
    protected void onCreate(Bundle savedInstanceState) {
        super.onCreate(savedInstanceState);
        setContentView(R.layout.activity_main);
        bindViews();
    }

    private void bindViews() {
        btn_play = (Button) findViewById(R.id.btn_start);
        btn_pause = (Button) findViewById(R.id.btn_pause);
        btn_stop = (Button) findViewById(R.id.btn_stop);

        btn_play.setOnClickListener((OnClickListener) this);
        btn_pause.setOnClickListener((OnClickListener) this);
        btn_stop.setOnClickListener((OnClickListener) this);       }

    @Override
    public void onClick(View v) {
        switch (v.getId()){
            case R.id.btn_play:
```

```java
            if(isRelease){
                mPlayer = MediaPlayer.create(this,R.raw.fly);
                isRelease = false;
            }
            mPlayer.start();                          //开始播放
            btn_play.setEnabled(false);
            btn_pause.setEnabled(true);
            btn_stop.setEnabled(true);
            break;
        case R.id.btn_pause:
            mPlayer.pause();                          //暂停播放
            btn_play.setEnabled(true);
            btn_pause.setEnabled(false);
            btn_stop.setEnabled(false);
            break;
        case R.id.btn_stop:
            mPlayer.reset();                          //重置 MediaPlayer
            mPlayer.release();                        //释放 MediaPlayer
            isRelease = true;
            btn_play.setEnabled(true);
            btn_pause.setEnabled(false);
            btn_stop.setEnabled(false);
            break;
        }
    }
}
```

注意：本例播放的是 res/raw 目录下的音频文件，创建 MediaPlayer 调用的是 create 方法，第一次启动播放前不需要再调用 prepare()；如果使用构造方法构造，则需要调用一次 prepare() 方法。

2. 使用 MediaPlayer 播放视频

MediaPlayer 主要用于播放音频，没有提供图像输出界面，所以需要借助其他的组件来显示 MediaPlayer 播放的图像输出，可以使用 SurfaceView 来显示。

下面使用 SurfaceView 来做视频播放的例子。

仍使用上面的布局 activity_main.xml，其内部增加 SurfaceView 组件。

```xml
<LinearLayout xmlns:android="http://schemas.android.com/apk/res/android"
    android:layout_width="match_parent"
    android:layout_height="match_parent"
    android:orientation="vertical"
    android:padding="5dp">

    <SurfaceView
        android:id="@+id/sfv_show"
        android:layout_width="match_parent"
        android:layout_height="300dp" />
    <Button
        android:id="@+id/btn_start"
        android:layout_width="wrap_content"
```

```xml
        android:layout_height = "wrap_content"
        android:text = "开始" />
    <Button
        android:id = "@+id/btn_pause"
        android:layout_width = "wrap_content"
        android:layout_height = "wrap_content"
        android:text = "暂停" />
    <Button
        android:id = "@+id/btn_stop"
        android:layout_width = "wrap_content"
        android:layout_height = "wrap_content"
        android:text = "终止" />
</LinearLayout>
```

关键代码 MainActivity.java 如下：

```java
public class MainActivity extends Activity implements View.OnClickListener, SurfaceHolder.Callback {
    private MediaPlayer mPlayer = null;
    private SurfaceView sfv_show;
    private SurfaceHolder surfaceHolder;
    private Button btn_start;
    private Button btn_pause;
    private Button btn_stop;
    @Override
    protected void onCreate(Bundle savedInstanceState) {
        super.onCreate(savedInstanceState);
        setContentView(R.layout.activity_main);
        bindViews();
    }
    private void bindViews() {
        sfv_show = (SurfaceView) findViewById(R.id.sfv_show);
        btn_start = (Button) findViewById(R.id.btn_start);
        btn_pause = (Button) findViewById(R.id.btn_pause);
        btn_stop = (Button) findViewById(R.id.btn_stop);

        btn_start.setOnClickListener(this);
        btn_pause.setOnClickListener(this);
        btn_stop.setOnClickListener(this);

        //初始化 SurfaceHolder 类,SurfaceView 的控制器
        surfaceHolder = sfv_show.getHolder();
        surfaceHolder.addCallback(this);
        surfaceHolder.setFixedSize(320, 220);           //显示的分辨率,不设置为视频默认
    }
    @Override
    public void onClick(View v) {
        switch (v.getId()) {
            case R.id.btn_start:                        //开始播放
                mPlayer.start();
                break;
```

```java
            case R.id.btn_pause:                    //暂停播放
                mPlayer.pause();
                break;
            case R.id.btn_stop:                     //停止播放
                mPlayer.stop();
                break;
        }
    }
    @Override
    public void surfaceCreated(SurfaceHolder holder) {
        mPlayer = MediaPlayer.create(MainActivity.this, R.raw.lesson);    //指定视频文件
        mPlayer.setAudioStreamType(AudioManager.STREAM_MUSIC);
        mPlayer.setDisplay(surfaceHolder);          //设置视频显示在SurfaceView上
    }
    @Override
    public void surfaceChanged(SurfaceHolder holder, int format, int width, int height) {}
    @Override
    public void surfaceDestroyed(SurfaceHolder holder) {}
    @Override
    protected void onDestroy() {
        super.onDestroy();
        if (mPlayer.isPlaying()) {
            mPlayer.stop();
        }
        mPlayer.release();
    }
}
```

代码很简单，布局有个 SurfaceView，然后调用 getHolder 获取一个 SurfaceHolder 对象，在这里完成 SurfaceView 相关的设置——设置显示的分辨率以及一个 Callback 接口。重写 SurfaceView 创建时、发生变化时以及销毁时的 3 个方法，最后是 3 个按钮控制开始、暂停及停止播放视频。

第 21 章

源码下载

Android游戏实例——停车场游戏

21.1 Android 停车场游戏介绍

一个停车场有 5 种颜色的汽车,停车位共 6 个,每种颜色汽车有对应颜色的停车位,停车位之间有的有通道,有的没有。最初 5 种颜色的汽车未停在对应颜色的车位上,游戏过程中,玩家通过合理安排移动的次序,利用空的停车位不断调整汽车位置,最终实现每种颜色汽车停到对应颜色的停车位上,才能顺利地进入下一关。停车场游戏效果如图 21-1 所示。

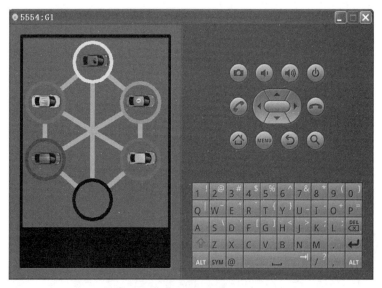

图 21-1　停车场游戏界面

停车场游戏中有蓝色、红色、黄色、绿色、粉红色 5 种颜色的汽车,停车位有蓝色、红色、黄色、绿色、粉红色及黑色共 6 个,其中黑色停车位是空的。

本游戏过程中,玩家单击与空车位直线相通的停车位中的汽车,则汽车进入空车位,而原位置车位则空,如此反复,直到成功出现下一关。游戏同时提供"路线提示"功能,玩家自己如果无法过关,可以通过"提示"菜单功能得到移动车位的次序提示,如图 21-2 所示。

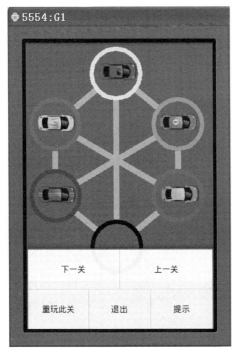 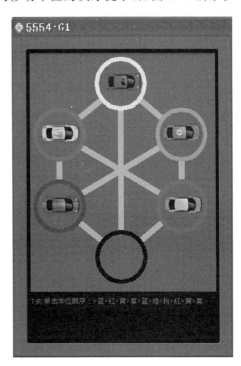

图 21-2　停车场游戏移动车位的次序提示

21.2　程序设计的思路

1. 停车位和汽车颜色编号

停车场游戏中的 6 个车位,为程序设计方便,按停车位顺时针编号,即蓝色停车位为 1 号,红色停车位为 2 号,黄色停车位为 3 号,绿色停车位为 4 号,粉红色停车位为 5 号及黑色停车位为 6 号。游戏最初时,空车位是 6 号;汽车颜色编号采用与其同样颜色的停车位的编号。这样判断游戏是否成功,仅仅判断车位号和此停车位中的汽车颜色编号是否一致,如果一致,则过关。

2. 游戏中的相关数据结构

(1) 通道。

二维数组 a[6,6]存放车位之间是否有通道,1 有通道;0 无通道。

例如:

a[1,2]=1　　表示 1,2 车位之间有通道

a[2,4]=0　　表示 2,4 车位之间无通道

在图 21-1 所示的停车场游戏中,通道信息可如下存储:

a[1,2]=1; a[2,3]=1; a[3,4]=1;

a[4,5]=1；a[5,6]=1；a[6,1]=1；

a[1,4]=1；a[2,5]=1；a[3,6]=1；

其余的元素为 0,表示无通道。

（2）汽车初始位置存储。

一维数组 c[6]存储车位存放车辆的颜色编号：

c[1]=2；表示 1 号蓝色车位存放 2 号红色车。

c[3]=3；表示 3 号黄色车位存放 3 号黄色车,此车位存放成功。

如果车位号和车辆的代号一致,则停车成功。

例如：

在图 21-1 所示的停车场游戏中,最初

c[1]=2；c[2]=5；c[3]=4；c[4]=1；c[5]=3；c[6]=0

其中 c[6]=0;表示 6 号车位没车。

（3）汽车目标位置存储。

按照二维数组 a[6,6]存放车位之间通道,最终实现

c[1]=1；c[2]=2；c[3]=3；c[4]=4；c[5]=5；c[6]=0 即可过关。

3. 实现汽车移动

当玩家单击选中某汽车的图片,通过位置坐标(x,y)与停车位坐标计算可知此车所在的停车位编号 n。判断停车位 n 与空车位 m 之间是否有通道,如果有则汽车移到空车位 m；如果没有相通的空车位则不移动,移动后判断是否成功。

4. 实现"路线提示"功能

从空车位 6 开始考虑,采用类似走迷宫方法,循环试探所有可通向空车位的车位。如果找到 i,加入路线 trace 中,再以 i 为空车位试探,直到成功或次数超过指定次数(如 10 次)；如果不成功,将 i 车位从路线 trace 中删除,继续前空车位的下一个连通车位。

21.3 程序设计的步骤

21.3.1 设计游戏视图 View（CarView.java）

CarView 类定义成员变量：

```
public class CarView extends SurfaceView implements Callback, Runnable {
    private SurfaceHolder sfh;                //用于控制 SurfaceView
    private Paint paint;                      //声明一个画笔
    private Thread th;                        //声明一条线程
    private boolean flag;                     //线程消亡的标识位
    private Canvas canvas;                    //声明一个画布
    private int screenW, screenH;             //声明屏幕的宽和高
    //声明关卡号
    private int grade = 1;                    //当前是第一关
    private int first = -1;                   //被选中车位代号
    private Bitmap pic[] = null;              //汽车图片
```

```java
    private CarParking gameMain = null;            //MainActivity
    private int[][] a;                             //车位之间的通道信息
    private int[] c = new int[7];                  //车位中的车辆颜色代号
    private int[] d = new int[7];                  //车位中的初始车辆颜色代号
    private int Total = 3;                         //总关数
    ArrayList   trace = new ArrayList();
    Point p1 = new Point(20, 240);                 //停车位坐标
    Point p2 = new Point(20, 120);
    Point p3 = new Point(125, 35);
    Point p4 = new Point(230, 120);
    Point p5 = new Point(230, 240);
    Point p6 = new Point(125, 325);
    Point[] p;
    private int gameBackcolor;                     //获取游戏场背景色
    private boolean showAnswer = false;
    private String   answerString;                 //提示结果
```

在窗体加载事件中，实例化存储通道信息的数组 a 和 6 个停车位的坐标数组 p。根据当前的关卡号 grade，调用 init_order(grade) 对第 grade 关的车停放位置和通道信息初始化。

```java
/**
 * SurfaceView 初始化函数
 */
public CarView(Context context) {
    super(context);
    sfh = this.getHolder();                        //实例 SurfaceHolder
    sfh.addCallback(this);                         //为 SurfaceView 添加状态监听
    paint = new Paint();                           //实例一个画笔
    paint.setColor(Color.WHITE);                   //设置画笔颜色为白色
    setFocusable(true);                            //设置焦点
    getPic();                                      //加载图片
    //判断是否有上次游戏信息
    SharedPreferences pre = this.getContext().getSharedPreferences("map", 0);
    int lastGrade = pre.getInt("grade", 1);        //默认值 1
    if(lastGrade == 1)                             //从第一关开始
        grade = 1;
    else                                           //从上次那关继续
        grade = lastGrade;
    gameMain = (CarParking) context;               //MainActivity
    a = new int[7][7];                             //存储通道信息
    p = new Point[] { new Point(0, 0), p1, p2, p3, p4, p5, p6 };    //坐标
    init_order(grade);
    //获取游戏场背景色
    gameBackcolor = pic[0].getPixel(10, 10);
}
```

getPic() 获取所有汽车位图资源到 pic 数组中。

```java
public void getPic() {
    pic = new Bitmap[7];
```

```java
    pic[0] = BitmapFactory.decodeResource(getResources(), R.drawable.back);
    pic[1] = BitmapFactory.decodeResource(getResources(), R.drawable.car1);
    pic[2] = BitmapFactory.decodeResource(getResources(), R.drawable.car2);
    pic[3] = BitmapFactory.decodeResource(getResources(), R.drawable.car3);
    pic[4] = BitmapFactory.decodeResource(getResources(), R.drawable.car4);
    pic[5] = BitmapFactory.decodeResource(getResources(), R.drawable.car5);
    pic[6] = BitmapFactory.decodeResource(getResources(), R.drawable.carback);
}
```

init_order 方法实现对第 n 关的车停放位置和通道信息初始化。此时，一维数组 c 存储车位中的初始车辆颜色代号，由于数组 c 在游戏中不断改变，为能够得到初始信息，所以复制到数组 d 备份保存。

```java
void init_order(int grade)                //对第 n 关的车停放位置和通道信息初始化
{
    for (int i = 1; i <= 6; i++)
        //清空车位之间通道
        for (int j = 1; j <= 6; j++) {
            a[i][j] = 0;
        }
    switch (grade) {
    case 1:// ********* 第一局 *********
        //对第 1 关的通道信息 a 数组初始化
        a[1][2] = 1;          a[2][3] = 1;
        a[3][4] = 1;          a[4][5] = 1;
        a[5][6] = 1;          a[6][1] = 1;
        a[1][4] = 1;          a[2][5] = 1;
        a[3][6] = 1;
        //对第 1 关的车位中的初始车辆颜色代号数组 c 初始化
        c[1] = 2;             c[2] = 3;
        c[3] = 5;             c[4] = 1;
        c[5] = 4;             c[6] = 0;
        break;
    case 2:// ********* 第二局 *********
        a[1][6] = 1;          a[1][5] = 1;
        a[2][3] = 1;          a[2][6] = 1;
        a[3][4] = 1;          a[4][6] = 1;
        a[5][6] = 1;
        c[1] = 5;             c[2] = 4;
        c[3] = 2;             c[4] = 3;
        c[5] = 1;             c[6] = 0;
        break;
    case 3:// ********* 第 3 局 *********
        a[1][3] = 1;          a[1][4] = 1;
        a[2][5] = 1;          a[2][6] = 1;
        a[3][5] = 1;          a[3][6] = 1;
        a[4][6] = 1;
        c[1] = 3;             c[2] = 4;
        c[3] = 5;             c[4] = 1;
        c[5] = 2;             c[6] = 0;
        break;
    default:
```

```
        return;
    }
    //c.CopyTo(d, 0);              //数组d保存每关开始时车位中的初始车辆颜色代号
    for (int i = 0; i < c.length; i++)
        d[i] = c[i];
}
```

在重画线程中,调用 Draw_Road()方法画出车位之间通道,调用 Draw_park()画出停车位。

```
/**
 * SurfaceView 视图创建,响应此函数
 */
public void surfaceCreated(SurfaceHolder holder) {
    screenW = this.getWidth();
    screenH = this.getHeight();
    flag = true;
    th = new Thread(this);                  //实例线程
    th.start();                             //启动线程
}
public void run() {
    while (flag) {
        long start = System.currentTimeMillis();
        myDraw();
        long end = System.currentTimeMillis();
        try {
            if (end - start < 50) {
                Thread.sleep(50 - (end - start));
            }
        } catch (InterruptedException e) {
            e.printStackTrace();
        }
    }
}
/**
 * 游戏绘图
 */
public void myDraw() {
    try {
        canvas = sfh.lockCanvas();
        if (canvas != null) {
            paint1(canvas);
        }
    } catch (Exception e) {
        //TODO: handle exception
    } finally {
        if (canvas != null)
            sfh.unlockCanvasAndPost(canvas);
    }
}
//画游戏界面
public void paint1(Canvas canvas) {
```

```java
            canvas.drawBitmap(pic[0], 0, 0, paint);              //画游戏背景
            Draw_Road();                                          //画出车位之间通道
            Draw_park();                                          //画出停车位
            //显示汽车
            for (int i = 1; i <= 6; i++)
                if (c[i] == 0)
                    canvas.drawBitmap(pic[6], p[i].x, p[i].y, paint);
                else
                    canvas.drawBitmap(pic[c[i]], p[i].x, p[i].y, paint);
            //显示答案
            paint = new Paint();
            paint.setColor(Color.RED);
            if (showAnswer == true)
                canvas.drawText("现在是" + Integer.toString(grade) + "关!"
                        + answerString, 0, 420, paint);
        }
        private void Draw_Road()                                  //画出车位之间通道
        {
            Paint paintRect = new Paint();
            paintRect.setColor(Color.CYAN);
            paintRect.setStyle(Style.STROKE);
            paintRect.setStrokeWidth(10);
            for (int i = 1; i <= 6; i++)
                for (int j = 1; j <= 6; j++) {
                    if (a[i][j] == 1)                             //第 i 和 j 停车位有通道
                    {
                        canvas.drawLine(p[i].x + 30, p[i].y + 17, p[j].x + 30,
                                p[j].y + 17, paintRect);
                    }
                }
        }
        private void Draw_park()                                  //画出停车位
        {
            Paint paintRect = new Paint();
            paintRect.setStrokeWidth(10);
            paintRect.setStyle(Style.STROKE);
            //paintRect.setStyle(Style.FILL);
            paintRect.setColor(Color.BLUE);
            canvas.drawCircle(p1.x + 30, p1.y + 17, 40, paintRect);
            paintRect.setColor(Color.RED);
            canvas.drawCircle(p2.x + 30, p2.y + 17, 40, paintRect);
            paintRect.setColor(Color.YELLOW);
            canvas.drawCircle(p3.x + 30, p3.y + 17, 40, paintRect);
            paintRect.setColor(Color.GREEN);
            canvas.drawCircle(p4.x + 30, p4.y + 17, 40, paintRect);
            paintRect.setColor(Color.MAGENTA);
            canvas.drawCircle(p5.x + 30, p5.y + 17, 40, paintRect);
            paintRect.setColor(Color.BLACK);
            canvas.drawCircle(p6.x + 30, p6.y + 17, 40, paintRect);

            //使用背景色填充停车位
            paintRect.setStrokeWidth(1);
            paintRect.setStyle(Style.FILL);
```

```
        paintRect.setColor(gameBackcolor);
        canvas.drawCircle(p1.x + 30, p1.y + 17, 38, paintRect);
        canvas.drawCircle(p2.x + 30, p2.y + 17, 38, paintRect);
        canvas.drawCircle(p3.x + 30, p3.y + 17, 38, paintRect);
        canvas.drawCircle(p4.x + 30, p4.y + 17, 38, paintRect);
        canvas.drawCircle(p5.x + 30, p5.y + 17, 38, paintRect);
        canvas.drawCircle(p6.x + 30, p6.y + 17, 38, paintRect);
    }
```

onTouchEvent(MotionEvent event)触屏事件处理方法实现汽车移动。当玩家点击选中某汽车的图片,通过位置坐标(x,y)与停车位坐标计算可知此车所在的停车位编号 n。判断停车位 n 与空车位 m 之间是否有通道,如果有,则汽车移到空车位 m；如果没有,相通的空车位则不移动,移动后判断是否成功。

```
/**
 * 触屏事件监听
 */
public boolean onTouchEvent(MotionEvent event) {
    int iAction = event.getAction();
    if (iAction != MotionEvent.ACTION_DOWN) {
        return super.onTouchEvent(event);
    }
    //得到触笔点击的位置
    int x = (int) event.getX();
    int y = (int) event.getY();
    //计算是哪个停车位汽车被点中
    for (int i = 1; i <= 6; i++) {
        if (Math.abs(x - p[i].x - 30) < 20
                && Math.abs(y - p[i].y - 17) < 20) {
            paint = new Paint();
            paint.setColor(Color.RED);
            paint.setStrokeWidth(5);
            paint.setStyle(Style.STROKE);
            //绘制选中示意框
            paint.setColor(Color.YELLOW);
            canvas.drawCircle(p[i].x + 30, p[i].y + 17, 40, paint);
            first = i;                          //被选中车位号
            PlayMusic();
            break;
        }
    }
    if (first == -1)                            //没有选中汽车
        return true;
    int n = first;
    first = -1;
    for (int m = 1; m <= 6; m++) {
        if (c[m] == 0)                          //找出空车位 m
        {
            if (a[m][n] == 1 || a[n][m] == 1)   //如果车位 m, n 之间有通道
            {
                //pBox.Location = p[m];         //汽车移到空车位 m
```

```
                c[m] = c[n];
                c[n] = 0;
            }
            break;
        }
    }
    if (success()) {
        //DisplayToast("恭喜,成功了")
        MyDialog();
    }
    return true;
}
```

MyDialog()弹出对话框,提示用户选择是否继续进入下一关。

```
private void MyDialog() {
    //提示进入下一关
    Builder builder = new AlertDialog.Builder(gameMain);
    builder.setTitle("恭喜过" + Integer.toString(grade) + "关!");
    builder.setMessage("继续下一关吗?");
    builder.setPositiveButton("继续", new DialogInterface.OnClickListener() {
        public void onClick(DialogInterface dialog, int which) {
            //TODO Auto-generated method stub
            //进入下一关
            nextGrade();
        }
    });
    builder.setNegativeButton("退出", new DialogInterface.OnClickListener() {

        public void onClick(DialogInterface dialog, int which) {
            //TODO Auto-generated method stub
            gameMain.finish();
        }
    });
    builder.create().show();
}
```

PlayMusic()播放被单击时的声音。

```
private void PlayMusic() {
    MediaPlayer mplayer = MediaPlayer
            .create(this.getContext(), R.raw.click);
    mplayer.start();
}
```

success()根据车位号和车辆的代号是否一致返回不同的值,如果二者一致,则停车成功返回 true,否则返回 false。

```
private boolean success() {
    //判断车位颜色和车辆颜色是否相一致
    if (c[1] == 1 && c[2] == 2 && c[3] == 3 && c[4] == 4 && c[5] == 5
```

```
                && c[6] == 0)
            return true;
        else
            return false;
}
```

"提示路线"事件主要调用 Next(6) 方法找出按车位移动的次序 trace，找到后显示在屏幕上。

```
private String answer()                    //提示路线
{
    //d.CopyTo(c,0);
    //int copy[] = Arrays.copyOf(a, a.length);
    for (int i = 0; i < d.length; i++)
        c[i] = d[i];
    trace.clear();                         //清空提示路线
    Next(6);
    String path = "单击车位顺序";
    for (int i = 0; i < trace.size(); i++) {
        switch (Integer.parseInt(trace.get(i).toString())) {
            case 1:
                path += ">" + "蓝";
                break;
            case 2:
                path += ">" + "红";
                break;
            case 3:
                path += ">" + "黄";
                break;
            case 4:
                path += ">" + "绿";
                break;
            case 5:
                path += ">" + "粉";
                break;
            case 6:
                path += ">" + "黑";
                break;
        }
    }
    //DisplayToast(path);
    //d.CopyTo(c, 0);
    for (int i = 0; i < d.length; i++)
        c[i] = d[i];
    return path;
}
```

Next() 如何找到停车次序是程序难点。从空车位 6 开始考虑，采用类似走迷宫方法，循环试探所有可通向空车位的车位，如果找到 i，加入路线 trace 中，再以 i 为空车位试探，直到成功或次数超过指定次数（如 10 次）；如果不成功，将 i 车位从路线 trace 中删除，继续前空车位的下一个连通车位。

```java
private void Next(int n) {
    if (success() || trace.size() > 10)
        return;
    for (int m = 1; m <= 6; m++) {
        int i = m + n;
        if (i > 6)
            i = i - 6;
        boolean flag = false;
        int temp = 0;
        if (a[n][i] == 1 || a[i][n] == 1) {
            temp = c[i];
            c[n] = c[i];
            c[i] = 0;
            trace.add(i);                    //i 停车位
            flag = true;
            Next(i);
        }
        if (success())
            break;
        if (!success() && flag == true) {
            c[i] = temp;
            c[n] = 0;
            trace.remove(trace.size() - 1);
        }
    }
}
```

游戏的"下一关""上一关""重玩此关"方法。

```java
/**
 * 游戏下一关
 */
public void nextGrade() {
    if (grade == Total) {
        DisplayToast("通关成功!,恭喜");
        return;
    }
    grade++;
    init_order(grade);
    DisplayToast("现在是" + Integer.toString(grade) + "关!");
}
/**
 * 游戏上一关
 */
public void preGrade() {
    //TODO Auto-generated method stub
    if (grade == 1) {
        DisplayToast("已是第一关了!");
        return;
    }
    grade--;
    init_order(grade);
```

```
            DisplayToast("现在是" + Integer.toString(grade) + "关!");
    }
    /**
     * 游戏重玩
     */
    public void redo() {
        //TODO Auto-generated method stub
        init_order(grade);
        DisplayToast("重玩" + Integer.toString(grade) + "关!");
    }
    /* 显示 Toast 消息提示 */
    public void DisplayToast(String str) {
        Toast.makeText(this.getContext(), str, Toast.LENGTH_SHORT).show();
    }
```

21.3.2 设计游戏界面类（CarParking.java）

游戏界面是一个 Activity，显示自定义的 SurfaceView 视图，并提供下一关、上一关、重玩此关、退出和提示菜单功能。具体代码如下所示：

```
package zzti.edu.xmj3;
import android.app.Activity;
import android.content.SharedPreferences;
import android.os.Bundle;
import android.view.Menu;
import android.view.MenuItem;
import android.view.Window;
import android.view.WindowManager;
public class CarParking extends Activity {
    /** Called when the activity is first created. */
    CarView view = null;
    @Override
    public void onCreate(Bundle savedInstanceState) {
        super.onCreate(savedInstanceState);
        //设置全屏
         this.getWindow().setFlags(WindowManager.LayoutParams.FLAG_FULLSCREEN, WindowManager.LayoutParams.FLAG_FULLSCREEN);
        requestWindowFeature(Window.FEATURE_NO_TITLE);
        //显示自定义的 SurfaceView 视图
        view = new CarView(this);
        setContentView(view);
    }
    //手机的"Menu"按键专门显示菜单
    public boolean onCreateOptionsMenu(Menu menu) {
        //TODO Auto-generated method stub
        menu.add(0,0,0,"下一关");
        menu.add(0,1,0,"上一关");
        menu.add(0,2,0,"重玩此关");
        menu.add(0,3,0,"退出");
        menu.add(0,4,0,"提示");
        return super.onCreateOptionsMenu(menu);
```

```java
    }
    public boolean onOptionsItemSelected(MenuItem item) {
        //TODO Auto-generated method stub
        switch(item.getItemId())
        {
        case 0:                                    //下一关
            view.nextGrade();
            break;
        case 1:                                    //上一关
            view.preGrade();
            break;
        case 2:                                    //重玩此关
            view.redo();
            break;
        case 3:
            this.finish();
            break;
        case 4:                                    //线路提示
            view.showAnswer();
            break;
        }
        return super.onOptionsItemSelected(item);
    }
    protected void onStop() {
        //TODO Auto-generated method stub
        super.onStop();
        save();                                    //退出时保存游戏状态
    }
    public void save()
    {
        //退出时保存游戏状态,如关卡数
        SharedPreferences pre = getSharedPreferences("map", 0);
        SharedPreferences.Editor editor = pre.edit();
        editor.putInt("grade", view.getGrade());
        //editor.putString("mapString", mapString.toString());
        editor.commit();
    }
}
```

至此,完成了 Android 停车场游戏的代码设计。

第 22 章

源码下载

Android游戏实例——连连看游戏

22.1 Android 连连看游戏介绍

"连连看"考验的是玩家的眼力。在有限的时间内,只要把所有能连接的相同图案,两个一对地找出来,每找出一对,它们就会自动消失,只要把所有的图案全部消完即可获得胜利。所谓能够连接,指的是:无论横向或者纵向,从一个图案到另一个图案之间的连线不能超过两个弯(即连线中的直线不超过三根),其中,连线不能从尚未消去的图案上经过。

本章开发 Android 连连看游戏,游戏效果如图 22-1 所示。游戏具有统计消去方块的个数功能,图案方块是 8 行 8 列共 64 个。如果玩家未能通关,可以重新开始新的一局游戏。

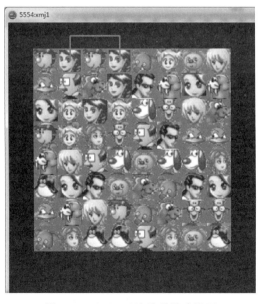

图 22-1　Android 连连看游戏界面

22.2 Android 连连看游戏设计思路

22.2.1 界面设计

采用第 8 章连连看游戏设计思路，在游戏地图 m_map 中存储动物图案的 ID 编号，游戏开始时调用 StartNewGame() 实现将动物图案随机放到地图中，地图中记录的是动物图案的 ID。在 paint(Canvas canvas) 中按地图中记录的动物图案信息将图 22-2 中动物图案（在 res/drawable 文件夹下放置图片 animal.bmp）显示在游戏画布中，生成游戏开始的界面。注意，图 22-2 实际是垂直放置的图片，这里旋转 90 度。

图 22-2　图片 animal.bmp

22.2.2 连通算法和智能查找功能的实现

这个功能设计思路完全与第 8 章连连看游戏设计一样，对选中的两个方块，分别在 (x1, y1)、(x2, y2) 位置，是否可以抵消的判断功能封装在 IsLink() 方法里面，其代码如下：

```
//
//判断选中的两个方块是否可以消除
//
boolean IsLink(int x1, int y1, int x2, int y2)
{
    //代码与第 8 章一样
}
```

把自动查找出一组图案相同可以抵消的方块的功能封装在 Find2Block() 方法里面，其代码与第 8 章连连看游戏设计一样。

```
private boolean Find2Block()
{
    //代码与第 8 章一样，仅仅删除自动查找出方块的提示框代码
}
```

22.3 关键技术

22.3.1 动物方块图案的显示

程序内部是不需要认识动物方块的图像的，只需要用一个 ID 来表示，运行界面上画出来的动物图形是根据地图中 ID，通过提取资源 res/drawable 里的图片 animal.bmp 画的。android.graphics.Canvas 类的 drawBitmap() 方法用于在指定位置显示原始图像或者缩放

后的图像,该方法的常用形式如下。

① drawBitmap(Bitmap bitmap, Rect src, Rect dst, Paint paint)

把 bitmap 指定区域 src 子图像画到屏幕指定的矩形空间 dst 内。

② drawBitmap(Bitmap bitmap, float left, float top, Paint paint)

把 bitmap 显示到(left,top)所指定的左上角位置。

③ drawBitmap(Bitmap bitmap, Matrix matrix, Paint paint)

使用一个 Matrix 参数,用 matrix 对象来指定图片要显示的位置以及要采用形变。

这里主要介绍其中的 drawBitmap(Bitmap bitmap, Rect src, Rect dst, Paint paint)方法。其中参数:

bitmap——要绘制的图像。

方法要将指定的图像绘制在屏幕上,需要创建两个 Rect。第一个矩形 src 代表要绘制 bitmap 的矩形区域;第二个矩形 dst 代表的是要将 bitmap 矩形区域的子图像绘制在屏幕的位置,并将子图像进行缩放以适合 dst 矩形。

以下代码实现在原图 animal.bmp 文件中,截取左上角的四分之一子图像,从坐标(0, 59*6)处截取长、宽为 59 的子图像,并将截取到的子图像显示成 50×50 的大小。

```
Bitmap mBitmap = BitmapFactory.decodeResource(getResources(), R.drawable.animal);
//((BitmapDrawable) mResources.getDrawable(R.drawable.animal2);
canvas.drawBitmap(mBitmap, 0, 0, null);              //画出原图像大小
int  n = 6;
//要绘制的 Bitmap 矩形区域
Rect src2 = new Rect(0,59 * n,59,59 + 59 * n);
//指定图片在屏幕上显示的区域(50 * 50 大小)
Rect dst2 = new Rect(50 + 100,100,50 + 100 + 50,150);
canvas.drawBitmap(mBitmap, src2,dst2,null);
```

Android 游戏开发中需要大量使用 android.graphics.Canvas 类的 drawBitmap()方法,该方法需要重点掌握。

22.3.2 对话框的显示

Android 提供了丰富的对话框 Dialog 函数,包括普通对话框(如提示消息和按钮)、列表、单选、多选、等待、进度条、编辑、自定义等多种形式。Dialog 就是一个在屏幕上弹出一个可以让用户做出选择,或者输入额外信息的对话框。一个对话框并不会占满整个屏幕,并且通常用于模型事件当中,需要用户做出一个决定后才会继续执行。本节重点介绍 AlertDialog 对话框(AlertDialog 是 Dialog 的一个子类)。使用 AlertDialog 可以显示一个标题,最多有 3 个按钮操作的弹出框。

在 AlertDialog 中,定义按钮都是通过 setXXXButton 方法来完成,其中一共有 3 种不同的 Action Buttons 供选择:

(1) setPositiveButton(CharSequence text, DialogInterface.OnClickListener listener) 是一个相当于"OK""确定"操作的按钮。

(2) setNegativeButton (CharSequence text, DialogInterface.OnClickListener listener)是一

个相当于"取消""关闭"操作的按钮。

（3）setNeutralButton（CharSequence text，DialogInterface.OnClickListener listener）是一个相当于"忽略"操作的按钮。

下面通过实例来掌握在 AlertDialog 中定义按钮的方法，例子中定义两个操作按钮。

```java
public class MainActivity extends Activity {
    @Override
    protected void onCreate(Bundle savedInstanceState) {
        super.onCreate(savedInstanceState);
        setContentView(R.layout.activity_main);
        Button buttonNormal = (Button) findViewById(R.id.button_normal);
        buttonNormal.setOnClickListener(new View.OnClickListener() {
            @Override
            public void onClick(View v) {
                showNormalDialog();
            }
        });
    }
    private void showNormalDialog(){
        /* @setIcon 设置对话框图标
         * @setTitle 设置对话框标题
         * @setMessage 设置对话框消息提示
         * setXXX方法返回Dialog对象，因此可以链式设置属性
         */
        final AlertDialog.Builder normalDialog = new AlertDialog.Builder(MainActivity.this);
        normalDialog.setIcon(R.drawable.icon_dialog);
        normalDialog.setTitle("我是一个普通Dialog");
        normalDialog.setMessage("你要点击哪一个按钮呢?");
        normalDialog.setPositiveButton("确定",
            new DialogInterface.OnClickListener() {
            @Override
            public void onClick(DialogInterface dialog, int which) {
                //...To-do
                normalDialog.cancel();          //关闭对话框
            }
        });
        normalDialog.setNegativeButton("关闭",
            new DialogInterface.OnClickListener() {
            @Override
            public void onClick(DialogInterface dialog, int which) {
                //...To-do
                MainActivity.this.finish();     //退出应用程序
            }
        });
        //显示
        normalDialog.show();
    }
}
```

运行效果如图 22-3 所示。本程序中在玩家通关成功后，使用对话框让用户选择是继续开始新游戏还是结束游戏。

图 22-3 对话框效果

22.4 程序设计的步骤

22.4.1 设计游戏视图类(LLKGameView.java)

```java
public class LLKGameView extends SurfaceView implements SurfaceHolder.Callback,OnTouchListener{
    private int W = 50;                            //动物方块图案的宽度
    private int GameSize = 8;                      //布局大小即行列数
    private boolean Select_first = false;          //是否已经选中第一块
    private boolean Select_Second = false;         //是否已经选中第二块
    private int x1, y1;                            //被选中第一块的地图坐标
    private int x2, y2;                            //被选中第二块的地图坐标
    private Point z1 = new Point(0,0);
    private Point z2 = new Point(0,0);             //折点棋盘坐标
    private int m_nCol = 8;
    private int m_nRow = 10;
    private int[] m_map = new int[10 * 10];
    private int BLANK_STATE = -1;
    public enum LinkType {LineType,OneCornerType,TwoCornerType};
    LinkType LType;                                //连通方式
    Paint paint;
    //width,height 记载屏幕的大小
    private int width = 0, height = 0;
    private SurfaceHolder holder;
    private MainActivity gameMain = null;
    private GestureDetector mGestureDetector;
    Bitmap mBitmap = BitmapFactory.decodeResource(getResources(), R.drawable.animal2);
    boolean hint = false;
```

程序从 LLKGameView 构造方法中获取 MainActivity,同时得到屏幕宽度、高度,从而决定方块显示在屏幕上的宽度大小。

```java
public LLKGameView(Context context) {
    super(context);
    paint = new Paint();                           //设置一个笔刷大小是3的黄色的画笔
    paint.setStyle(Paint.Style.STROKE);            //设置样式为空心矩形
    paint.setColor(Color.RED);
    paint.setStrokeWidth(3);
```

```java
        gameMain = (MainActivity)context;                //上下文获取 MainActivity
        holder = this.getHolder();
        holder.addCallback(this);
        this.setOnTouchListener(this);
        this.setLongClickable(true);
        WindowManager manager = gameMain.getWindowManager();
        //获取屏幕的宽和高
        width = manager.getDefaultDisplay().getWidth();
        height = manager.getDefaultDisplay().getHeight();
        this.setFocusable(true);
        W = (int)width/10;
        StartNewGame();                                  //初始化地图
    }
    public void surfaceCreated(SurfaceHolder holder) {
        //TODO Auto-generated method stub
        repaint();                                       //显示游戏画面
    }
```

repaint()显示游戏画面,并调用 paint(c)按地图绘制方块。

```java
public void repaint()
{
    Canvas c = null;
    try{
        c = holder.lockCanvas();
        paint(c);
    }
    finally {
        if(c!= null)
            holder.unlockCanvasAndPost(c);
    }
}
```

paint(Canvas canvas)画游戏界面。

```java
public void paint(Canvas canvas) {
    canvas.drawColor(0, Mode.CLEAR);                     //清空画布
    for (int i = 0; i< m_nCol * m_nRow; i++)
    {
        if(m_map[i] == BLANK_STATE)                      //此处是空白块
        {
            //canvas.save();
            int left = W * (i % GameSize) + W;
            int top = W * (i / GameSize) + W;
            Rect rect = new Rect(left,top,left + W,top + W);
            Paint paint2 = new Paint();                  //设置一个画笔
            paint2.setColor(Color.BLACK);
            canvas.drawRect(rect,paint2);                //清空这块区域
        }
        else
        {
            int n = m_map[i];
```

```
                //按标号 n 从所有动物图案的图片中截图
                //指定图片绘制区域
                Rect src2 = new Rect(0,59 * n,59,59 * n + 59);
                //指定图片在屏幕上显示的区域
                int left = W * (i % GameSize) + W;
                int top = W * (i / GameSize) + W;
                Rect dst2 = new Rect(left,top,left + W,top + W);
                canvas.drawBitmap(mBitmap, src2,dst2,null);
            }
        }
        if(Select_first == true)                    //画选定(x1,y1)处的框线
            DrawSelectedBlock(canvas,x1, y1);
        if(Select_Second == true)                   //画选定(x2,y2)处的框线
            DrawSelectedBlock(canvas,x2, y2);
        //判断是否连通
        if(Select_first == true && Select_Second == true
                &&  IsSame(x1, y1, x2, y2) && IsLink(x1, y1, x2, y2))
        {
            //画选中方块之间连接线
            DrawLinkLine(canvas,x1, y1, x2, y2,LType);   //画选中方块之间连接线
            Select_first = false;
            Select_Second = false;
        }
        //绘制提示信息
        if(hint)
        {
            DrawHint(canvas,x1,    y1,    x2,    y2);
            hint = false;
        }
    }
```

onTouchEvent(MotionEvent e)是用户触屏事件,处理用户选择方块的操作。如果单击非方块区域,则会实现自动查找功能；如果单击方块区域则按游戏逻辑判断是否第一次选择方块和第二次选择方块,以及两次选中的方块是否相同(逻辑与第 8 章代码相似)。最后判断是否已经成功过关,如果成功,则显示对话框让用户选择是否继续。

与第 8 章单击 mouseClicked(MouseEvent e)事件处理主要区别是把绘制选中方块的示意边框线以及连线放到 paint()实现。

```
@Override
public boolean onTouchEvent(MotionEvent e) {        //mouseClicked(MouseEvent e)
    int x, y;
    if (e.getAction() == MotionEvent.ACTION_DOWN)
    {
        //计算被单击的方块位置坐标
        x = (int) ((e.getX() - W) / W);
        y = (int) ((e.getY() - W) / W);
        if(x > m_nCol || y > m_nRow)
        {
            Toast.makeText(this.getContext(), "请单击方块区域", Toast.LENGTH_SHORT).show();
            if(Find2Block())
```

```
                    {
                        hint = true;
                        repaint();
                    }
                    return false;
                }
                //如果该区域无方块
                if (m_map[y * m_nCol + x] == BLANK_STATE) return false;
                if (Select_first == false)
                {
                    x1 = x; y1 = y;
                    //画选定(x1,y1)处的框线
                    //DrawSelectedBlock(canvas,x1,y1);
                    Select_first = true;
                    repaint();
                }
                else
                {
                    x2 = x; y2 = y;
                    //判断第二次点击的方块是否已被第一次点击选取,如果是,则返回
                    if ((x1 == x2) && (y1 == y2)) return false;
                    Select_Second = true;
                    repaint();
                    //判断是否连通
                    if (IsSame(x1, y1, x2, y2) && IsLink(x1, y1, x2, y2))
                    {
                        //清空记录方块的值
                        m_map[y1 * m_nCol + x1] = BLANK_STATE;
                        m_map[y2 * m_nCol + x2] = BLANK_STATE;
                        Select_first = false;
                        Select_Second = false;
                    }
                    else            //重新选定第一个方块
                    {
                        Select_Second = false;
                        //设置重新选定第一个方块的坐标
                        x1 = x; y1 = y;
                        Select_first = true;
                        repaint();
                    }
                }
            }
            //查看是否已经成功过关,如果成功,则显示对话框让用户选择是否继续
            if (IsWin())
            {
                Toast.makeText(this.getContext(), "恭喜您胜利闯关,即将开始新局", Toast.LENGTH_SHORT).show();
                AlertDialog.Builder dialog = new  AlertDialog.Builder(gameMain);
                dialog.setTitle("用户选择");
                dialog.setPositiveButton("开始新局", new okClick());
                dialog.create();
                dialog.show();
            }
```

```
        return false;
    }
```

以下是对话框的按钮事件代码的两个内部类。

```java
//对话框的"开始新局"按钮事件
class okClick implements DialogInterface.OnClickListener{
    public void  onClick(DialogInterface dialog,int which)
    {
        StartNewGame();              //初始化地图
        repaint();                   //刷新游戏屏幕
        dialog.cancel();             //关闭对话框
    }
}
//对话框的"结束游戏"按钮事件
class exitClick implements DialogInterface.OnClickListener{
    public void  onClick(DialogInterface dialog,int which)
    {
        repaint();                   //刷新游戏屏幕
        dialog.cancel();             //关闭对话框
        gameMain.finish();           //单击"结束游戏"按钮退出游戏
    }
}
```

DrawLinkLine(Canvas g,int x1,int y1,int x2,int y2,LinkType LType)画选中方块之间连接线。

```java
private void DrawLinkLine(Canvas g,int x1, int y1, int x2, int y2,LinkType LType)
{
    Point p1 = new Point(x1 * W + W / 2 + W, y1 * W + W / 2 + W);
    Point p2 = new Point(x2 * W + W / 2 + W, y2 * W + W / 2 + W);
    if (LType == LinkType.LineType)
        g.drawLine(p1.x,p1.y,p2.x,p2.y,paint);
    if (LType == LinkType.OneCornerType)
    {
        Point pixel_z1 = new Point(z1.x * W + W / 2 + W, z1.y * W + W / 2 + W);
        g.drawLine(p1.x,p1.y,pixel_z1.x,pixel_z1.y,paint);
        g.drawLine(pixel_z1.x,pixel_z1.y, p2.x,p2.y,paint);
    }
    if (LType == LinkType.TwoCornerType)
    {
        Point pixel_z1 = new Point(z1.x * W + W / 2 + W, z1.y * W + W / 2 + W);
        Point pixel_z2 = new Point(z2.x * W + W / 2 + W, z2.y * W + W / 2 + W);
        if (!(p1.x == pixel_z2.x || p1.y == pixel_z2.y))
        {
            //p1 与 pixel_z2 不在一直线上,则 pixel_z1,pixel_z2 交换
            Point c;
            c = pixel_z1;
            pixel_z1 = pixel_z2;
            pixel_z2 = c;
        }
```

```
                g.drawLine( p1.x,p1.y, pixel_z2.x,pixel_z2.y,paint);
                g.drawLine( pixel_z2.x,pixel_z2.y, pixel_z1.x,pixel_z1.y,paint);
                g.drawLine( pixel_z1.x,pixel_z1.y, p2.x,p2.y,paint);
        }
    }
```

DrawSelectedBlock(Canvas g,int x,int y)画选中方块的示意边框线。

```
    private void DrawSelectedBlock(Canvas g,int x, int y)
    {
        //画选中方块的示意边框线
        int left = x * W + 1 + W;
        int top = y * W + 1 + W;
        System.out.println(x+":" + y);
        System.out.println(left + ":" + top);
        paint.setColor(Color.RED);
        paint.setStyle(Paint.Style.STROKE);          //设置样式为空心矩形
        paint.setStrokeWidth(3);
        g.drawRect(left, top, left + W - 3, top + W - 3,paint);
    }
```

DrawHint(Canvas g,int x1，int y1，int x2，int y2)在查找功能找到的提示方块(x1,y1)和(x2,y2)上画黄色示意框。用户从而知道那两个方块可以连通。

```
    ///< summary>
    ///画提示方块
    ///</ summary>
    private void DrawHint(Canvas g,int x1, int y1, int x2, int y2)
    {
        Paint paint2 = new Paint();
        paint2.setColor(Color.YELLOW);
        paint2.setStyle(Paint.Style.STROKE);         //设置样式为空心矩形
        paint2.setStrokeWidth(3);
        int left,top;
        left = x1 * W + 1 + W;
        top = y1 * W + 1 + W;
        g.drawRect(left, top, left + W - 3, top + W - 3,paint2);
        left = x2 * W + 1 + W;
        top = y2 * W + 1 + W;
        g.drawRect(left, top, left + W - 3, top + W - 3,paint2);
    }
```

22.4.2　设计游戏主界面 Activity(GameMain.java)

游戏主界面是一个 Activity,显示 R.layout.main 布局文件的用户界面,并提供菜单功能。具体代码如下所示:

```
public class MainActivity extends Activity {
    LLKGameView view = null;
    @Override
    protected void onCreate(Bundle savedInstanceState) {
        super.onCreate(savedInstanceState);
        //setContentView(R.layout.activity_main);
```

```
        //设置全屏
        this.getWindow().setFlags(WindowManager.LayoutParams.FLAG_FULLSCREEN,
WindowManager.LayoutParams.FLAG_FULLSCREEN);
        requestWindowFeature(Window.FEATURE_NO_TITLE);
        //显示自定义的 SurfaceView 视图
        view = new LLKGameView(this);
        setContentView(view);
    }
    @Override
    public boolean onCreateOptionsMenu(Menu menu) {
        //Inflate the menu; this adds items to the action bar if it is present.
        getMenuInflater().inflate(R.menu.main, menu);
        return true;
    }
}
```

至此，完成了连连看游戏设计。

22.5 增强连连看游戏程序的功能

为了增强游戏趣味性，可以增加倒计时、显示剩余方块数和重新开局等功能，如图 22-4 所示。

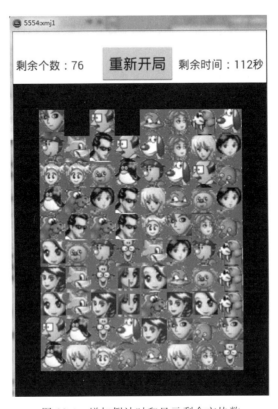

图 22-4 增加倒计时和显示剩余方块数

重新设计游戏主界面 Activity 的布局文件，增加两个 < TextView > 文本标签，一个 < Button > 按钮，最主要是 < com. example. llk. LLKGameView > 自定义视图，它是游戏的画面。

```xml
< LinearLayout xmlns:android = "http://schemas.android.com/apk/res/android"
    xmlns:tools = "http://schemas.android.com/tools"
    android:id = "@ + id/LinearLayout1"
    android:layout_width = "match_parent"
    android:layout_height = "match_parent"
    android:orientation = "vertical"
    android:paddingBottom = "@dimen/activity_vertical_margin"
    android:paddingTop = "@dimen/activity_vertical_margin"
    tools:context = ".MainActivity" >
    < LinearLayout
        android:layout_width = "match_parent"
        android:layout_height = "wrap_content" >
        < TextView
            android:id = "@ + id/textView1"
            android:layout_width = "wrap_content"
            android:layout_height = "wrap_content"
            android:text = " 剩余个数:" />
        < Button
            android:id = "@ + id/button1"
            android:layout_width = "wrap_content"
            android:layout_height = "wrap_content"
            android:layout_marginLeft = "20dp"
            android:text = "重新开局" />
        < TextView
            android:id = "@ + id/textView2"
            android:layout_width = "wrap_content"
            android:layout_height = "wrap_content"
            android:layout_alignParentLeft = "true"
            android:layout_alignParentTop = "true"
            android:text = "剩余时间:" />
    </LinearLayout >
    < com.example.llk.LLKGameView
        android:id = "@ + id/LLKGameView1"
        android:layout_width = "match_parent"
        android:layout_height = "match_parent" />
</LinearLayout >
```

重新设计游戏主界面 Activity 的代码，定义一个倒计时的内部类 TimeCount，它继承 Android 系统提供 CountDownTimer 类实现倒计时功能。在内部类重写计时完毕时触发 onFinish()、计时过程 onTick() 的方法。

图 22-5　游戏主界面 Activity 的布局文件

创建内部类 TimeCount 对象实现 3 分钟倒计时，时间间隔为 1000 毫秒。

```
time = new TimeCount(60000 * 3, 1000);                //构造 CountDownTimer 对象
```

主界面 MainActivity 代码如下：

```java
public class MainActivity extends Activity {
LLKGameView viewLLK = null;
    Button   btn;
    public TextView tv,tv2;
    TimeCount time;
    @Override
    protected void onCreate(Bundle savedInstanceState) {
        super.onCreate(savedInstanceState);
        //设置全屏
         this.getWindow().setFlags(WindowManager.LayoutParams.FLAG_FULLSCREEN, WindowManager.LayoutParams.FLAG_FULLSCREEN);
        requestWindowFeature(Window.FEATURE_NO_TITLE);
        //显示自定义的 SurfaceView 视图改为 Activity 的布局文件
        //view = new LLKGameView(this,null);
        //setContentView(view);
        setContentView(R.layout.activity_main);
        viewLLK = (LLKGameView)findViewById(R.id.LLKGameView1);
        tv = (TextView)findViewById(R.id.textView1);
        btn = (Button)findViewById(R.id.button1);          //重新开局按钮
        tv.setText("剩余个数:" + viewLLK.getTotal());
        tv2 = (TextView)findViewById(R.id.textView2);
        tv2.setText("剩余时间:" + 60 * 3 + "秒");           //3 分钟
        time = new TimeCount(60000 * 3, 1000);             //构造 CountDownTimer 对象
        time.start();                                       //开始计时
```

重新开局按钮单击事件中，初始化地图并刷新游戏屏幕画面，结束以前的倒计时并重新开始 3 分钟倒计时记时。

```java
        btn.setOnClickListener(
            new View.OnClickListener(){
                @Override
                public void onClick(View view)
                {
                    viewLLK.StartNewGame();          //初始化地图
                    tv.setText("剩余个数:" + viewLLK.getTotal());
                    viewLLK.repaint();               //刷新游戏屏幕
                    time.cancel();                   //方法结束计时
                    time = new TimeCount(60000 * 3, 1000);   //构造 CountDownTimer 对象
                    time.start();                    //开始计时
                }
            });
    }
    /**
     * 定义一个倒计时的内部类 TimeCount
     * CountDownTimer 由系统提供
     */
    class TimeCount extends CountDownTimer {
        public TimeCount(long millisInFuture, long countDownInterval) {
            super(millisInFuture, countDownInterval);   //参数依次为总时长,和计时的时间间隔
        }
        @Override
        public void onFinish() {                        //计时完毕时触发
            Toast.makeText(MainActivity.this, "时间到!游戏结束", Toast.LENGTH_SHORT).show();
            tv2.setText(" 剩余时间:" + 0 + "秒");
        }
        @Override
        public void onTick(long millisUntilFinished) {  //计时过程显示
            tv2.setText(" 剩余时间:" + millisUntilFinished / 1000 + "秒");
        }
    }
```

重新设计游戏视图类 LLKGameView，其内部增加剩余块数成员 total，在构造函数中计算初始总块数。

```java
total = m_nCol * m_nRow;         //总块数
```

增加获取剩余块数的方法 getTotal()。

```java
public int getTotal()
{
    return total;
}
```

画游戏界面 paint(Canvas canvas) 中判断连通情况下，剩余块数减少两块，并修改主界面文本标签上"剩余个数"的文字。

```
public void paint(Canvas canvas) {
    //略
    //判断是否连通
    if(Select_first == true && Select_Second == true
            &&  IsSame(x1, y1, x2, y2) && IsLink(x1, y1, x2, y2))
    {
        DrawLinkLine(canvas,x1, y1, x2, y2,LType);      //画选中方块之间连接线
        Select_first = false;
        Select_Second = false;
        total -= 2;
        gameMain.tv.setText(" 剩余个数:" + total);      //修改主界面文本标签上文字
    }
```

至此,完成了增加倒计时和剩余块数功能。

第 23 章

源码下载

Android游戏实例——推箱子游戏

23.1 Android 推箱子游戏介绍

推箱子游戏运行载入相应的地图,屏幕中出现一个推箱子的工人,其周围是围墙、人可以走的通道、几个可以移动的箱子和箱子放置的目的地。让玩家通过滑屏操作或按上、下、左、右键控制工人推箱子,当所有箱子都推到了目的地后出现过关信息,并显示下一关。如果箱子被推错了,玩家可使用菜单选择"撤销"命令撤销上次的移动,或者选择"下一关""上一关"进入不同关卡,直到通过全部关卡。本章开发推箱子游戏支持键盘和触摸屏操作,能自动保存游戏进度(已经玩过几关)。推箱子游戏效果如图 23-1 所示。

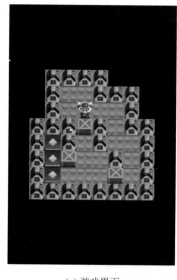
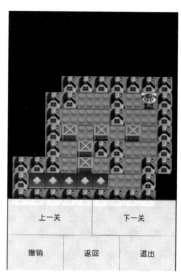

(a) 游戏界面　　　　　　　　(b) 菜单界面

图 23-1　推箱子游戏

23.2 程序设计的思路

由于第 5 章已经介绍了 Java 推箱子游戏的设计思路,这里采用同样的设计思路和数据结构来开发 Android 版推箱子游戏。本例使用的图片资源和第 5 章 Java 推箱子游戏的图片资源相同。注意图片资源需放在项目中的 drawable 文件夹下。

图 23-2　推箱子游戏图片资源

pic1：墙；pic2：箱子；pic3：箱子在目的地上；pic4：目的地；pic5：向下的人；pic6：向左的人；pic7：向右的人；pic8：向上的人；pic9 通道；pic10：站在目的地向下的人；pic11：站在目的地向左的人；pic12：站在目的地向右的人；pic13：站在目的地向上的人。

Android 推箱子游戏清单文件 AndroidManifest.xml 如下：

```xml
<?xml version = "1.0" encoding = "utf-8"?>
<manifest xmlns:android = "http://schemas.android.com/apk/res/android"
    package = "com.box"
    android:versionCode = "1"
    android:versionName = "1.0">
  <uses-sdk android:minSdkVersion = "3" />
  <application android:icon = "@drawable/icon" android:label = "@string/app_name">
      <activity android:name = ".GameMain"
            android:label = "@string/app_name"
            android:screenOrientation = "portrait"
            android:theme = "@android:style/Theme.NoTitleBar.Fullscreen"
            >
          <intent-filter>
              <action android:name = "android.intent.action.MAIN" />
              <category android:name = "android.intent.category.LAUNCHER" />
          </intent-filter>
      </activity>
  </application>
</manifest>
```

布局文件 main.xml 如下：

```xml
<?xml version = "1.0" encoding = "utf-8"?>
<LinearLayout xmlns:android = "http://schemas.android.com/apk/res/android"
    android:orientation = "vertical"
```

```xml
        android:layout_width = "fill_parent"
        android:layout_height = "fill_parent"
        >
    <com.box.GameView
        android:id = "@+id/gameView"
        android:layout_width = "fill_parent"
        android:layout_height = "fill_parent"
        android:focusable = "true"
        android:layout_gravity = "center">
    </com.box.GameView>
</LinearLayout>
```

程序源文件说明：

GameMain.java：主activity；

GameView.java：游戏界面视图；

Map.java：封装游戏当前状态；

MapFactory.java：提供地图数据。

23.3 关键技术

SharedPreferences 是 Android 中一个轻量级的存储类，主要是保存一些小的数据，一些状态信息。例如，当登录一个 App 账号的时候选择记住密码，软件就会记住登录的账号以及密码，以后可以直接单击登录进入账号内部，而不需要再输入账号和密码了。在推箱子游戏中添加可以保存上次玩家的地图状态、关卡号信息的功能。

例如保存登录的账号密码。

（1）使用 saveUserInfo()方法来存储用户的数据。

```
/**
 * 保存用户名、密码的业务方法
 * @param context 上下文
 * @param username 用户名
 * @param pas 密码
 * @return true 保存成功  false 保存失败
 */
public static void saveUserInfo(Context context,String username,String pas){
    /**
     * SharedPreferences 将用户的数据存储到该包下的 shared_prefs/config.xml 文件中，
     * 并且设置该文件的读取方式为私有，即只有该软件自身可以访问该文件
     */
    SharedPreferences sPreferences = context.getSharedPreferences("config", context.MODE_PRIVATE);
    Editor editor = sPreferences.edit();
    //当然 sharedPreferences 会对一些特殊的字符进行转义，使得读取的时候更加准确
    editor.putString("username", username);
    editor.putString("password", pas);
    //这里输入一些特殊的字符来实验效果
```

```
        editor.putString("specialtext", "hajsdh><?//");
        editor.putBoolean("or", true);
        editor.putInt("int", 47);
        //切记最后要使用commit方法将数据写入文件
        editor.commit();
    }
```

(2)当用户重新登录时使用如下代码将其显示出来。

```
//显示用户此前录入的数据
SharedPreferences sPreferences = getSharedPreferences("config", MODE_PRIVATE);
String username = sPreferences.getString("username", "");
String password = sPreferences.getString("password", "");
ed_username.setText(username);
ed_pasw.setText(password);
```

(3)config.xml文件在软件运行之后的内容如下。

```
<?xml version = '1.0' encoding = 'utf-8' standalone = 'yes'?>
< map >
< string name = "specialtext">hajsdh&gt;&lt;?//</string >
< string name = "username">dsa</string >
< string name = "password">dasdasd</string >
< int name = "int" value = "47" />
< boolean name = "or" value = "true" />
</map >
```

在xml文件中"><"被转义为"><",为数据的准确读取做好了规范。至此 SharedPreferences的应用结束,效果如图23-3所示。本游戏使用SharedPreferences记录 上次玩家的地图状态、关卡号信息。

图23-3 SharedPreferences保存登录信息

23.4 程序设计的步骤

23.4.1 设计地图数据类（MapFactory.java）

地图数据类保存所有关卡的原始地图数据，每关数据为一个二维数组，所以此处 map 是三维数组。

```java
package com.map;
public class MapFactory {
    static byte map[][][] = {
        {
            { 0, 0, 1, 1, 1, 0, 0, 0 },
            { 0, 0, 1, 4, 1, 0, 0, 0 },
            { 0, 0, 1, 9, 1, 1, 1, 1 },
            { 1, 1, 1, 2, 9, 2, 4, 1 },
            { 1, 4, 9, 2, 5, 1, 1, 1 },
            { 1, 1, 1, 1, 2, 1, 0, 0 },
            { 0, 0, 0, 1, 4, 1, 0, 0 },
            { 0, 0, 0, 1, 1, 1, 0, 0 }
        },
        //略……
        {
            { 1, 1, 1, 1, 1, 0, 0, 0, 0 },
            { 1, 9, 9, 9, 1, 1, 1, 1, 1 },
            { 1, 9, 1, 9, 1, 9, 9, 9, 1 },
            { 1, 9, 2, 9, 9, 9, 2, 9, 1 },
            { 1, 4, 4, 1, 2, 1, 2, 1, 1 },
            { 1, 4, 5, 2, 9, 9, 9, 1, 0 },
            { 1, 4, 4, 9, 9, 1, 1, 1, 0 },
            { 1, 1, 1, 1, 1, 1, 0, 0, 0 }
        }
    };
    static int count = map.length;                    //总关卡数
    /* public static byte[][] getMap(int grade)
    {
        if(grade >= 0 && grade < count - 1)
            return map[grade].clone();
        return map[0].clone();
    } */
    public static byte[][] getMap(int grade)
    {
        byte temp[][];
        if(grade >= 0 && grade < count)
            temp = map[grade];
        else
            temp = map[0];
        int row = temp.length;
        int column = temp[0].length;
        byte[][] result = new byte[row][column];
```

```java
        for(int i = 0;i < row;i++)
            for(int j = 0;j < column;j++)
                result[i][j] = temp[i][j];
        return result;
    }

    public static int getCount()                //获取总关卡数
    {
        return count;
    }
}
```

23.4.2 设计地图类(Map.java)

由于每移动一步,需要保存当前的游戏状态,所以此处定义该地图类,保存人的位置和游戏地图的当前状态。撤销移动时,恢复地图是通过此类获取人的位置、地图当前状态,关卡数。

```java
package com.map;
public class Map {
    int manX = 0;
    int manY = 0;
    byte map[][];
    int grade;

    //此构造方法用于撤销操作
    //撤销操作只需要人的位置和地图的当前状态(人的位置也可以不要,为了方便而加入)
    public Map(int manX,int manY,byte [][]map)
    {
        this.manX = manX;
        this.manY = manY;
        int row = map.length;
        int column = map[0].length;
        byte temp[][] = new byte[row][column];
        for(int i = 0;i < row;i++)
            for(int j = 0;j < column;j++)
                temp[i][j] = map[i][j];
        this.map = temp;
    }

    //此构造方法用于保存操作
    //恢复地图时需要人的位置,地图当前状态,关卡数(关卡切换时此为基数)
    public Map(int manX,int manY,byte [][]map,int grade)
    {
        this(manX,manY,map);
        this.grade = grade;
    }
    public int getManX() {                //获取人的位置
        return manX;
    }
    public int getManY() {
```

```java
            return manY;
    }
    public byte[][] getMap() {                //获取本关地图
        return map;
    }
    public int getGrade() {                   //获取关卡号
        return grade;
    }
}
```

以上两个类与 Java 版推箱子游戏代码完全一样。

23.4.3　设计游戏视图类(GameView.java)

游戏视图类完成游戏的界面刷新显示,以及相应触屏键盘相关事件。

```java
package com.box;
import java.util.ArrayList;
import android.app.AlertDialog;
import android.app.AlertDialog.Builder;
import android.content.*;
import android.graphics.*;
import android.util.AttributeSet;
import android.view.*;
import android.widget.Toast;
import com.map.Map;
import com.map.MapFactory;
public class GameView extends SurfaceView implements SurfaceHolder.Callback,
        OnGestureListener,OnTouchListener{
    private SurfaceHolder holder;
    private int grade = 0;
    //row,column 记载人的行号、列号
    //leftX,leftY 记载左上角图片的位置,避免图片从(0,0)坐标开始
    private int row = 7,column = 7,leftX = 0,leftY = 0;
    //记载地图的行列数
    private int mapRow = 0,mapColumn = 0;
    //width,height 记载屏幕的大小
    private int width = 0,height = 0;
    private boolean acceptKey = true;
    //程序所用到的图片
    private Bitmap pic[] = null;
    //定义一些常量,对应地图的元素
    final byte WALL = 1,BOX = 2,BOXONEND = 3,END = 4,MANDOWN = 5,MANLEFT = 6,
MANRIGHT = 7,MANUP = 8,GRASS = 9,MANDOWNONEND = 10,MANLEFTONEND = 11,
MANRIGHTONEND = 12,MANUPONEND = 13;
    private Paint paint = null;
    private GameMain gameMain = null;
    private byte[][] map = null;
    private ArrayList<Map> list = new ArrayList<Map>();
    private GestureDetector mGestureDetector;
```

构造方法 GameView()：构造方法中调用 resumeGame()从 Android SharedPreferences 恢复曾保存的游戏状态。initMap()用于初始化本关 grade 游戏地图，它不能恢复上次的游戏状态，仅仅关卡切换时调用 initMap()。

```java
public GameView(Context context, AttributeSet attrs) {
    super(context, attrs);
    gameMain = (GameMain)context;              //上下文获取 GameMain Activity
    getPic();                                  //加载要显示的图片
    holder = this.getHolder();
    holder.addCallback(this);
    this.setOnTouchListener(this);
    this.setLongClickable(true);
    WindowManager manager = gameMain.getWindowManager();
    width = manager.getDefaultDisplay().getWidth();
    height = manager.getDefaultDisplay().getHeight();
    this.setFocusable(true);
    GestureDetector localGestureDetector = new GestureDetector(this);      //手势识别器
    this.mGestureDetector = localGestureDetector;
    //initMap();
    //构造方法执行时优先从数据中恢复游戏
    //关卡切换时调用 initMap()
    resumeGame();
}
```

getPic()用于加载要显示的图片，从 R.drawable 中获取资源图片。

```java
public void getPic()
{
    pic = new Bitmap[14];
    pic[0] = BitmapFactory.decodeResource(getResources(), R.drawable.pic0);
    pic[1] = BitmapFactory.decodeResource(getResources(), R.drawable.pic1);
    pic[2] = BitmapFactory.decodeResource(getResources(), R.drawable.pic2);
    pic[3] = BitmapFactory.decodeResource(getResources(), R.drawable.pic3);
    pic[4] = BitmapFactory.decodeResource(getResources(), R.drawable.pic4);
    pic[5] = BitmapFactory.decodeResource(getResources(), R.drawable.pic5);
    pic[6] = BitmapFactory.decodeResource(getResources(), R.drawable.pic6);
    pic[7] = BitmapFactory.decodeResource(getResources(), R.drawable.pic7);
    pic[8] = BitmapFactory.decodeResource(getResources(), R.drawable.pic8);
    pic[9] = BitmapFactory.decodeResource(getResources(), R.drawable.pic9);
    pic[10] = BitmapFactory.decodeResource(getResources(), R.drawable.pic10);
    pic[11] = BitmapFactory.decodeResource(getResources(), R.drawable.pic11);
    pic[12] = BitmapFactory.decodeResource(getResources(), R.drawable.pic12);
    pic[13] = BitmapFactory.decodeResource(getResources(), R.drawable.pic13);
}
```

resumeGame()从 SharedPreferences 恢复曾保存的游戏状态，包括人的位置（manX, manY）、游戏地图的行列数（row, column）、关卡号 grade，以及上次退出游戏时地图信息。如果没有上次退出游戏时地图信息则初始化本关 grade 游戏地图。

```java
public void resumeGame()
{
```

```java
        SharedPreferences pre = this.getContext().getSharedPreferences("map", 0);
        String mapString = pre.getString("mapString", "");        //地图信息
        if(mapString.equals(""))              //没有地图信息则初始化本关grade游戏地图
            initMap();
        else
        {
            row = pre.getInt("manX", 0);
            column = pre.getInt("manY", 0);
            int rowCount = pre.getInt("row", 0);
            int columnCount = pre.getInt("column", 0);
            grade = pre.getInt("grade", 0);
            map = new byte[rowCount][columnCount];
            String str[] = mapString.split(",");
            int index = 0;
            for(int i = 0;i < rowCount;i++)          //恢复上次退出游戏时的地图
                for(int j = 0;j < columnCount;j++)
                {
                    map[i][j] = (byte)Integer.parseInt(str[index++]);
                }
            getMapSizeAndPosition();
            //getManPosition(); 此处不需要,因为从保存的游戏状态可以获取人的位置信息
        }
    }
    private void getMapSizeAndPosition() {
        //TODO Auto-generated method stub
        mapRow = map.length;
        mapColumn = map[0].length;
        leftX = (width - map[0].length * 30)/2;
        leftY = (height - map.length * 30)/2;
    }
```

initMap()初始化本关grade游戏地图,清空悔步信息列表list。调用getMapSizeAnd-Position()获取游戏区域大小及显示游戏的左上角位置(leftX,leftY)。getManPosition()获取人的当前位置(row,column)。

```java
    public void initMap()
    {
        map = gameMain.getMap(grade);
        list.clear();                    //清空悔步信息列表list
        getMapSizeAndPosition();
        getManPosition();                //获取人的位置信息
        //Map currMap = new Map(row, column, map);
        //list.add(currMap);
    }
    public void getManPosition()
    {
        for(int i = 0;i < map.length;i++)
            for(int j = 0;j < map[0].length;j++)
                if(map[i][j] == MANDOWN || map[i][j] == MANDOWNONEND || map[i][j] == MANUP || map[i][j] == MANUPONEND || map[i][j] == MANLEFT || map[i][j] == MANLEFTONEND || map[i][j] == MANRIGHT || map[i][j] == MANRIGHTONEND)
```

```
            {
                row = i;
                column = j;
                break;
            }
}
```

以下是玩家"撤销""下一关""上一关"操作的代码。undo()用于撤销移动操作。

```
public void undo()                          //玩家撤销
{
    if(acceptKey)                           //本关是否已完成
    {
        if(list.size()> 0)                  //若要撤销必须走过,list有信息,则可以撤销
        {
            Map priorMap = (Map)list.get(list.size() - 1);
            map = priorMap.getMap();
            row = priorMap.getManX();
            column = priorMap.getManY();
            repaint();
            list.remove(list.size() - 1);
        }
        else
            Toast.makeText(this.getContext(), "不能再撤销!", Toast.LENGTH_SHORT).show();
    }
    else
    {
        Toast.makeText(this.getContext(), "此关已完成,不能撤销!", Toast.LENGTH_SHORT).show();
    }
}
```

nextGrade()实现下一关初始化及调用repaint()显示游戏界面。

```
public void nextGrade()                     //下一关
{
    //grade++;
    if(grade >= MapFactory.getCount() - 1)
    {
    Toast.makeText(this.getContext(), "恭喜完成所有关卡!", Toast.LENGTH_LONG).show();
    acceptKey = false;
    }
    else
    {
        grade++;
        initMap();
        repaint();
        acceptKey = true;
    }
}
```

priorGrade()实现上一关初始化及调用 repaint()显示游戏界面。

```java
public void priorGrade()                    //上一关
{
    grade--;
    acceptKey = true;
    if(grade < 0)
        grade = 0;
    initMap();
    repaint();
}

@Override
public void surfaceChanged(SurfaceHolder holder, int format, int width,
        int height) {
    //TODO Auto-generated method stub
}
@Override
public void surfaceCreated(SurfaceHolder holder) {
    //TODO Auto-generated method stub
    paint = new Paint();
    repaint();                              //显示游戏界面
}
@Override
public void surfaceDestroyed(SurfaceHolder holder) {
    //TODO Auto-generated method stub

}
```

Android 按键事件中根据用户的按键消息,分别调用 4 个方向移动的方法,键盘相关事件如下。

```java
@Override
public boolean onKeyDown(int keyCode, KeyEvent event) {
    //TODO Auto-generated method stub
    if(!acceptKey)
        return super.onKeyDown(keyCode, event);
    if(keyCode == 19){
        moveUp();                           //向上
    }
    if(keyCode == 20) {
        moveDown();                         //向下
    }
    if(keyCode == 21) {
        moveLeft();                         //向左
    }
    if(keyCode == 22) {
        moveRight();                        //向右
    }
    repaint();                              //显示游戏界面
    if(isFinished())
    {
```

```java
        //禁用按键
        acceptKey = false;
        //提示进入下一关
        Builder builder = new AlertDialog.Builder(gameMain);
        builder.setTitle("恭喜过关!");
        builder.setMessage("继续下一关吗?");
        builder.setPositiveButton("继续", new DialogInterface.OnClickListener() {

            @Override
            public void onClick(DialogInterface dialog, int which) {
                //TODO Auto-generated method stub
                //进入下一关
                acceptKey = true;
                nextGrade();
            }
        });
        builder.setNegativeButton("退出", new DialogInterface.OnClickListener() {

            @Override
            public void onClick(DialogInterface dialog, int which) {
                //TODO Auto-generated method stub
                gameMain.finish();
            }
        });
        builder.create().show();
    }
    return super.onKeyDown(keyCode, event);
}
```

游戏逻辑主要考虑人物移动,具体设计思路见第 5 章的推箱子。moveUp()用于实现向上移动。

```java
private void moveUp()
{
    //上一位为 BOX,BOXONEND,WALL
    if(map[row-1][column]< 4)
    {
        //上一位为 BOX,BOXONEND
        if(map[row-1][column] == BOX || map[row-1][column] == BOXONEND)
        {
            //上上一位为 END,GRASS 则向上一步,其他不用处理
            if(map[row-2][column] == END || map[row-2][column] == GRASS)
            {
                Map currMap = new Map(row, column, map);
                list.add(currMap);
                byte boxTemp = map[row-2][column] == END?BOXONEND:BOX;
                byte manTemp = map[row-1][column] == BOX?MANUP:MANUPONEND;
                //箱子变成 temp,箱子往前移一步
                map[row-2][column] = boxTemp;
                //人变成 MANUP,往上走一步
                map[row-1][column] = manTemp;
                //人刚才站的地方变成 GRASS 或者 END
```

```
                    map[row][column] = grassOrEnd(map[row][column]);
                    //人离开后修改人的坐标
                    row -- ;
                }
            }
        }
        else
        {
            //上一位为 GRASS,END,其他情况不用处理
            if(map[row - 1][column] == GRASS || map[row - 1][column] == END)
            {
                Map currMap = new Map(row, column, map);
                list.add(currMap);
                byte temp = map[row - 1][column] == END?MANUPONEND:MANUP;
                //人变成 temp,人往上走一步
                map[row - 1][column] = temp;
                //人刚才站的地方变成 GRASS 或者 END
                map[row][column] = grassOrEnd(map[row][column]);
                //人离开后修改人的坐标
                row -- ;
            }
        }
    }
```

向下 moveDown()、向左 moveLeft()、向右移动 moveRight()与向上类似,这里就不再累述。

```
private void moveDown() {//向下
    ...//略
}
```

grassOrEnd(byte man)判断人所在位置是通道 GRASS 还是目的地 END。

```
public byte grassOrEnd(byte man)
{
    byte result = GRASS;
    if(man == MANDOWNONEND || man == MANLEFTONEND || man == MANRIGHTONEND || man == MANUPONEND)
        result = END;
    return result;
}
```

isFinished()验证是否过关。如果有目的地 END 值或人在目的地则没有成功过关。

```
public boolean isFinished()
{
    for(int i = 0;i < mapRow;i++)
        for(int j = 0;j < mapColumn;j++)
            if(map[i][j] == END || map[i][j] == MANDOWNONEND || map[i][j] == MANUPONEND ||
map[i][j] == MANLEFTONEND || map[i][j] == MANRIGHTONEND)
                return false;
    return true;
}
```

paint(Graphics g)用于绘制整个游戏区域图形。

```java
protected void paint(Canvas canvas)
{
    canvas.drawColor(Color.BLACK);
    for(int i = 0;i < mapRow;i++)
        for(int j = 0;j < mapColumn;j++)
        {
            //画出地图 i 代表行数,j 代表列数
            if(map[i][j]!= 0)
                canvas.drawBitmap(pic[map[i][j]], leftX + j * 30,leftY + i * 30, paint);
        }
}
```

repaint()中 lockCanvas()就是锁住整张画布,绘画完成后才更新整张画布的内容到屏幕上,以节省时间提高程序运行的效率,适用于游戏画面的场景。

```java
public void repaint()
{
    Canvas c = null;
    try {
        c = holder.lockCanvas();
        paint(c);
    }
    finally {
        if(c!= null)
            holder.unlockCanvasAndPost(c);
    }
}
```

onFling()是手指滑动事件代码。玩家滑动手指后如何判断工人移动的方向,这里采用判断 X,Y 方向的滑动距离,如果某方向滑动距离大,则认为朝此方向移动。

```java
    @Override
    /**
     *
     * @param e1 按下的点的位置
     * @param e2 松开的点的位置
     * @param velocityX X轴方向的速度
     * @param velocityY Y轴方向的速度
     */
    public boolean onFling(MotionEvent e1, MotionEvent e2, float velocityX, float velocityY) {
        float x1 = e1.getX();        float x2 = e2.getX();
        float y1 = e1.getY();        float y2 = e2.getY();
        float x = Math.abs(x1 - x2);
        float y = Math.abs(y1 - y2);
        if(x > y)                                //X方向移动
            if(x1 < x2)
                this.onKeyDown(22,null);         //向右滑动
            else
                this.onKeyDown(21,null);         //向左滑动
```

```java
            else                                    //Y方向移动
                if(y1 < y2)
                    this.onKeyDown(20,null);        //向下滑动
                else
                    this.onKeyDown(19,null);        //向上滑动
            return false;
    }
    @Override
    public boolean onTouch(View v, MotionEvent event) {
        //TODO Auto-generated method stub
        return mGestureDetector.onTouchEvent(event);
    }
    public int getManX()
    {
        return row;
    }
    public int getManY()
    {
        return column;
    }
    public int getGrade()
    {
        return grade;
    }
    public byte [][] getMap()
    {
        return map;
    }
}
```

23.4.4　设计游戏主界面 Activity（GameMain.java）

游戏主界面是一个 Activity，显示自定义的 SurfaceView 视图。具体代码如下所示：

```java
package com.box;
import android.app.Activity;
import android.content.SharedPreferences;
import android.os.Bundle;
import android.view.Menu;
import android.view.MenuItem;
import com.map.MapFactory;
public class GameMain extends Activity {
    /** Called when the activity is first created. */
    private GameView view = null;
    @Override
    public void onCreate(Bundle savedInstanceState) {
        super.onCreate(savedInstanceState);
        setContentView(R.layout.main);
        view = (GameView)findViewById(R.id.gameView);
    }
```

在 Android 下，每一个 Activity 可捆绑一个 Menu 菜单。定义和使用菜单必须在

Activity 中重写 onCreateOptionsMenu 和 onOptionsItemSelected 这两个方法,这样手机的 Menu 按键则会显示菜单供玩家选择。

```java
@Override
public boolean onCreateOptionsMenu(Menu menu) {
    //TODO Auto-generated method stub
    menu.add(0,0,0,"上一关");
    menu.add(0,1,0,"下一关");
    menu.add(0,2,0,"撤销");
    menu.add(0,3,0,"返回");
    menu.add(0,4,0,"退出");
    return super.onCreateOptionsMenu(menu);
}

@Override
public boolean onOptionsItemSelected(MenuItem item) {
    //TODO Auto-generated method stub
    switch(item.getItemId())
    {
    case 0:                         //上一关
        view.priorGrade();
        break;
    case 1:                         //下一关
        view.nextGrade();
        break;
    case 2:
        view.undo();                //撤销
        break;
    case 3:
        break;
    case 4:
        this.finish();
        break;
    }
    return super.onOptionsItemSelected(item);
}
```

getMap(int grade)用于返回当前关的地图信息。

```java
public byte[][] getMap(int grade)
{
        return MapFactory.getMap(grade);
}
@Override
protected void onStop() {
    //TODO Auto-generated method stub
    super.onStop();
    save();              //退出时保存游戏状态
}
```

save()退出时保存游戏状态,包括工人的位置(manX,manY)、游戏地图的行列数 (row,column)、关卡号 grade,以及退出游戏时的地图信息。

```java
public void save()
{
    byte [][]map = view.getMap();
    int row = map.length;
    int column = map[0].length;
    StringBuffer mapString = new StringBuffer();
    //mapString 最终格式
    for(int i = 0;i < row;i++)
        for(int j = 0;j < column;j++)
        {
            mapString.append(map[i][j]);
            mapString.append(",");
        }
    //最后多加了一个逗号,解析时注意
    SharedPreferences pre = getSharedPreferences("map", 0);
    SharedPreferences.Editor editor = pre.edit();
    editor.putInt("manX", view.getManX());
    editor.putInt("manY", view.getManY());
    editor.putInt("grade", view.getGrade());
    editor.putInt("row", row);
    editor.putInt("column", column);
    editor.putString("mapString", mapString.toString());
    editor.commit();
}
```

本例可以看出，Android 推箱子游戏开发与前面 Java 游戏开发的许多代码是一致的，基本不用修改就可以移植到 Android 游戏上，例如推箱子的规则判断、关卡信息等。所以掌握 Android 运行原理可以轻松实现 Java 游戏移植到 Android。

参 考 文 献

［1］ 陈锐,夏敏捷,葛丽萍.Java游戏编程原理与教程[M].北京：人民邮电出版社,2013.
［2］ 陈锐,李欣,夏敏捷.Visual C♯经典游戏编程开发[M].北京：科学出版社,2011.
［3］ 何青.Java游戏程序设计教程[M].2版.北京：人民邮电出版社,2014.
［4］ 李涛,杨巨峰,李琳.Java手机游戏设计基础[M].北京：清华大学出版社,2011.
［5］ 何升.Java程序设计——游戏动画案例教程[M].北京：清华大学出版社,2013.
［6］ 田家顺,张传铭.手机游戏开发案例全程实录[M].北京：清华大学出版社,2011.
［7］ 张辉.Android游戏开发案例教程[M].北京：清华大学出版社,2015.
［8］ 张思民.Android应用程序设计[M].修订版.北京：清华大学出版社,2018.

图书资源支持

感谢您一直以来对清华版图书的支持和爱护。为了配合本书的使用,本书提供配套的资源,有需求的读者请扫描下方的"书圈"微信公众号二维码,在图书专区下载,也可以拨打电话或发送电子邮件咨询。

如果您在使用本书的过程中遇到了什么问题,或者有相关图书出版计划,也请您发邮件告诉我们,以便我们更好地为您服务。

我们的联系方式:

地　　址:北京市海淀区双清路学研大厦 A 座 714

邮　　编:100084

电　　话:010-83470236　　010-83470237

客服邮箱:2301891038@qq.com

QQ:2301891038(请写明您的单位和姓名)

资源下载:关注公众号"书圈"下载配套资源。

资源下载、样书申请

书圈

获取最新书目

观看课程直播